MATHÉMATIQUES

TERMINALES A2 - A3

Fichier-Guide de l'élève

L. Misset

Professeur au lycée J.-B. Corot de Savigny-sur-Orge

HACHETTE
Lycées

L'auteur remercie vivement les élèves de Terminales A2 et A3 du lycée J.-B. Corot de Savigny : sans leur demande et leurs critiques, depuis 1985, ce fichier-guide n'existerait pas.

Et E. Garraux pour son soutien et sa relecture.

Couverture : Stratus

Dessins : Gilles Alkan

Conception graphique : Stratus

ISBN 2.01.017247.7

PROGRAMME

I. – PROBABILITÉ

T7 *En probabilités, l'objectif est d'entraîner les élèves à décrire, grâce au langage élémentaire des évènements, quelques expériences aléatoires simples, et à calculer des probabilités.*
On évitera toute théorie formalisée.
Pour introduire la notion de probabilité, on s'appuiera sur l'observation d'une série statistique, pratiquée en première : sur un exemple d'expérience aléatoire, on dégagera brièvement les propriétés des fréquences et on mettra en évidence la stabilité de la fréquence d'un évènement donné lorsque l'expérience est répétée un grand nombre de fois.
On se bornera à l'étude d'exemples où la probabilité d'un évènement s'introduit de façon naturelle par addition de probabilités d'évènements élémentaires, en insistant sur le cas où les évènements élémentaires sont équiprobables.

Seul est au programme le cas où les évènements élémentaires sont en petit nombre, ce qui évite tout recours à des formules de combinatoire.

Évènements disjoints, évènement contraire, réunion et intersection de deux évènements.

Commentaire : Les élèves doivent savoir calculer la probabilité de la réunion d'évènements disjoints, d'un évènement contraire, et connaître la formule reliant les probabilités de $A \cup B$ *et de* $A \cap B$.

Travaux pratiques
Exemples de situations de probabilités issues d'expériences aléatoires (urnes, jeux,...)

II. ANALYSE

L'objectif principal est de consolider les moyens d'étude d'une fonction mis en place en première et d'élargir leur champ d'intervention grâce à l'introduction des fonctions exponentielles.

RAPPEL DU PROGRAMME DE PREMIÈRE CONCERNANT LES FONCTIONS NUMÉRIQUES

T4 *L'objectif est, à travers les activités graphiques, d'une part de consolider les éléments mis en place en seconde et d'autre part d'exploiter la dérivation pour l'étude de fonctions usuelles.*
T3 *Les activités sur les fonctions ne sauraient se borner à des exercices portant sur des exemples donnés à priori ; il convient aussi d'étudier des*
T9 *situations issues de la géométrie, des arts graphiques et de la vie économique et sociale, en combinant les phases de mise en équation, de traitement mathématique et d'exploitations des résultats.*

T3589 *Le programme se place dans le cadre des applications définies sur un intervalle.*

T4 *a) comportement global d'une fonction*

Commentaire : Il faut s'assurer que les élèves connaissent les propriétés et la représentation graphique des fonctions usuelles telles que celles qui à x font correspondre : $ax+b$, x^2, x^3, $1/x$, $\sqrt{x}$.
T4 *Il n'y a pas lieu d'effectuer un exposé théorique au sujet du statut de la notion de fonction, des opérations algébriques et de la relation d'ordre sur les fonctions.*
Il n'est pas question d'utiliser le taux de variation pour l'étude d'une fonction.

b) Dérivation

T4 *Tangente à une courbe en un point.*
T3 *Nombre dérivé d'une fonction en a.*
Fonction dérivée : dérivée d'une somme, d'un produit, d'un inverse, d'un quotient. Dérivées des fonctions qui à x associent x^n *où* $n \in Z$, $\sqrt{x}$.
T4 *Commentaire : la notion de tangente à une courbe d'équation* $y=f(x)$ *en un point est considérée comme intuitive et n'a pas à être définie.*
On définit le nombre dérivé de f en a comme le coefficient directeur de la tangente à la courbe représentative de f au point d'abscisse a et on le note $f'(a)$.
Aucune notion sur les limites n'est au programme.

T3 *Les élèves doivent connaître les règles de dérivation et savoir les appliquer à des exemples ne présentant aucune complication technique.*
Les démonstrations de ces règles ne sont pas au programme.
L'étude de points singuliers ($|x|$ *en O ou* $\sqrt{x}$ *en O) est hors programme.*

c) Application à l'étude du comportement global des fonctions.

T358 *On admet les propositions suivantes :*
si f est dérivable sur un intervalle I et si sa dérivée f' est nulle sur I, alors la fonction est constante ; si f est dérivable sur I et si f' est positive sur I, alors la fonction est croissante sur I (on dispose d'un énoncé analogue pour les fonctions décroissantes).

Travaux pratiques :
Exemples d'étude du sens de variation d'une fonction et de tracé de sa courbe représentative. Exemples de recherche d'extremums.

T3589 *Commentaire : Dans l'ensemble des travaux pratiques, on combinera les différents outils du programme (dérivation, emploi des calculatrices et des représentations graphiques).*
On pourra choisir des situations dans des problèmes issus d'autres disciplines ; on évitera de multiplier les exemples donnés a priori et on se gardera de toute technicité gratuite.
Aucune connaissance sur les limites infinies, les limites à l'infini et les branches infinies n'est exigible des élèves.

PROGRAMME DE TERMINALE EN ANALYSE

T3 *a) Calcul sur les dérivées*

Dérivation d'une fonction composée de la forme $x \mapsto f(ax+b)$.
Commentaire : En dehors de ce cas la dérivée d'une fonction composée doit être fournie aux élèves.

b) Comportement à l'infini

T4 *Introduction des symboles* $\lim\limits_{x \to +\infty} f(x)$ *et* $\lim\limits_{x \to -\infty} f(x)$.
T458 *Commentaire : Ces notions sont introduites à l'aide d'une approche numérique et graphique. On s'appuiera sur l'observation du comportement pour les grandes valeurs de x des fonctions de références* $x \mapsto x$, $x \mapsto x^2$, $x \mapsto \sqrt{x}$, $x \mapsto 1/x$, $x \mapsto 1/x^2$.

c) Fonctions exponentielles

Introduction des fonctions $x \mapsto a^x$, *a réel strictement positif.*
Relation $a^x\, a^y = a^{x+y}$. *Représentation graphique.*
T6 *Comparaison des suites* (a^n) *et* (n^p), *a strictement supérieur à 1, p entier naturel.*
Commentaire : À partir d'exemples on montrera l'intérêt d'une extension à $\mathbb{R}$ *de la notion d'exposant.*
Les élèves n'ont pas à connaître le nombre e et la dérivation de $x \to a^x$ *est hors programme.*
Aucune fonction circulaire n'est au programme.

Travaux pratiques :
T358 *Exemples d'étude du sens de variation d'une fonction et de tracé de sa courbe représentative.*
Exemples d'utilisation de la représentation graphique d'une fonction pour résoudre de façon approchée quelques problèmes simples (recherche des
T45689 *solutions d'une équation, de maximums, problèmes simples d'optimisation...).*
Exemples d'étude de phénomènes exponentiels discrets (suites géométriques) ou continus (fonctions exponentielles) issues de situations écono-
T6 *miques, sociales ou scientifiques.*

Commentaire : On pourra, sur quelques exemples simples, étudier le comportement pour les grandes valeurs de x. On montrera alors tout le parti qu'on peut tirer graphiquement de l'exploitation de formes telles que $x \to a+\varphi(x)$ *ou* $x \to ax+b+\varphi(x)$ *où* $\varphi(x)$ *tend vers O lorsque x tend vers*
T8 *l'infini ; ces deux formes doivent être fournies aux élèves et la notion d'asymptote n'est pas au programme.*
En dehors du cas des fonctions $x \mapsto \frac{k}{x}$, *aucune connaissance n'est exigible concernant l'étude d'une fonction rationnelle en un pôle.*

Utilisation du fichier-guide

Plusieurs années d'expérimentation en classes littéraires ont permis l'élaboration de ce fichier-guide, où a été ménagée la place nécessaire à la résolution des exercices proposés. Véritable ***« tout-en-un »****, il est à la fois votre :*

- *cahier de cours,*
- *cahier d'exercices (tous corrigés),*
- *cahier de préparation à l'évaluation,*

pour que vous puissiez pratiquer les mathématiques à votre rythme, à votre niveau quel qu'il soit, de façon autonome, sans avoir l'impression de les subir.

Le programme est décomposé en neuf thèmes (trois par trimestre), suivant une progression permettant de répartir sur l'année les connaissances à acquérir et de revenir plusieurs fois sur certains sujets pour mieux les assimiler.

Délibérément, l'option n'est pas abordée dans ce fichier afin de conserver à cette étude tout son caractère culturel (recherche personnalisée, étude de documents, discussion, originalité,...).

Liens entre les thèmes

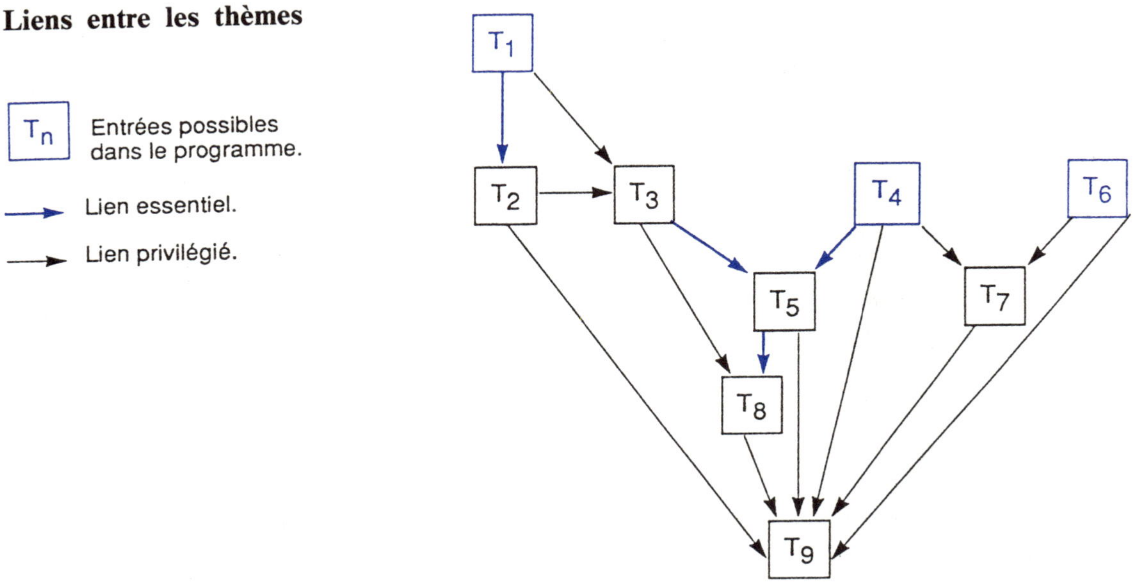

Sommaire

Chaque thème vous propose :

Une première page *présentant les objectifs à atteindre (en accord avec le programme), le plan et tout ce que vous devez savoir et savoir faire en fin de thème.*

Un cours, *essentiellement à partir d'exemples, sans démonstration, qui vous familiarisera progressivement avec le langage mathématique, utile pour l'épreuve orale du baccalauréat. Pour mieux l'assimiler, les connaissances et les méthodes, mises en encadré, sont suivies d'exercices d'application directe, tous corrigés en fin de cours.*

Des exercices d'entraînement, *classés selon trois niveaux de difficultés, et des exercices complémentaires qui vous permettront de consolider vos savoirs et dont les corrigés figurent à la fin du fichier-guide.*

Enfin ***un test d'auto-évaluation*** *qui vous aidera à faire le bilan des connaissances acquises dans ce thème, grâce à sa grille et à sa correction détaillée.*

Quelques conseils pour utiliser au mieux votre fichier-guide, assimiler le cours et progresser rapidement.

(Sans oublier que le professeur est toujours là pour vous aider !)

Parcourez le thème : cela vous donnera une idée des objectifs à atteindre.

Évitez de commencer par les exercices, car l'expérience prouve qu'ainsi les automatismes faux persistent (et les progrès sont plus longs à venir...).

Étudiez le cours : lisez-le, un crayon à la main, sans oublier les « remarques » *ni les* « ⚠ » (attention !) *qui pourront vous éviter des erreurs, et personnalisez-le en mettant en valeur les notions nouvelles pour vous.*

Faites les exercices d'application directe au fur et à mesure, en vérifiant vos résultats avant de passer à l'exercice suivant ou à une autre partie du cours.

Pour les exercices d'entraînement, commencez toujours par ceux de base (niveau *), *poursuivez par ceux d'application moins directe ou demandant plus de réflexion* (niveau **), *enfin approfondissez* (niveau ***).

Si vous rencontrez une difficulté lors d'un exercice, reportez-vous au cours avant de regarder le corrigé !

Vous êtes prêt pour le test : son but est le « sans-faute » en 50 minutes.

Regardez ensuite la correction et jugez vos acquis à l'aide de la grille d'évaluation. Si un bilan [– –] *apparaît dans une des cases noires de la grille, n'hésitez pas à reprendre la partie du cours correspondante.*

Bon courage !!!

L'auteur et ses élèves.

Ce fichier-guide est conforme au contenu et à l'esprit des programmes en vigueur ainsi qu'aux projets de programmes applicables à la rentrée 1992.

Notations mathématiques

Ensembles

$\mathbb{N}$		Ensemble des entiers naturels $\mathbb{N} = \{0 ; 1 ; 2 ; 3 ; ...\}$.
$\mathbb{Z}$		Ensemble des entiers relatifs $\mathbb{Z} = \{... ; -3 ; -2 ; -1 ; 0 ; 1 ; 2 ; 3 ; ...\}$.
$\mathbb{Q}$		Ensemble des nombres rationnels. Il est formé des quotients $\frac{a}{b}$, où a et b sont des entiers relatifs et b est non nul.
$\mathbb{R}$		Ensemble des réels. Il est formé des nombres précédents et d'autres nombres appelés irrationnels comme π, $\sqrt{2}$, $\frac{-4}{\sqrt{3}}$, ... On peut les représenter par une droite graduée : 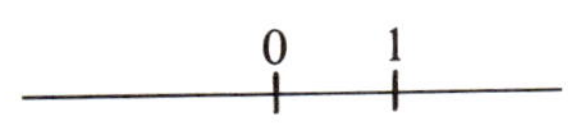
$\varnothing$	T_2	Ensemble vide. Il n'a aucun élément. ⚠ $\{\varnothing\}$ n'est pas le symbole de l'ensemble vide. $\varnothing$ ne veut pas dire : n'existe pas.
$\{a ; b\}$	T_2	Paire a, b. Cet ensemble a deux éléments a et b. On peut écrire $\{-2 ; 3\}$ ou $\{3 ; -2\}$, car un ensemble n'a pas d'ordre à priori.
$(a ; b)$	T_4	Couple a, b. C'est une suite de deux éléments : le 1er est a, le 2e est b. ⚠ Ici l'ordre a de l'importance : $(a ; b)$ ne peut pas s'écrire $(b ; a)$.
	T_2	**Intervalles de bornes *a*, *b*,** formés de tous les réels situés entre a et b. C'est la place des crochets qui indique si les bornes sont prises ou non.
$[a ; b]$		Intervalle fermé a, b. Les bornes a et b sont comprises.
$]a ; b[$		Intervalle ouvert a, b. Les bornes a et b sont exclues.
$[a ; b[$		Intervalle fermé en a et ouvert en b. La borne a est comprise, la borne b est exclue.
$\mathbb{R} \setminus \{a, ...\}$	T_4	Ensemble des réels, privé de a et de ... Il est formé de tous les réels sauf ceux cités entre les accolades.

Opérations

$a - b$	T_1	Différence de a avec b. Touche [–] de la calculatrice.
$a : b$ $a \div b$ a/b $\frac{a}{b}$	T_1	Quotient de a par b. Touche [÷].
$A \cup B$	T_7	Réunion des ensembles A et B. Le résultat est un ensemble formé des éléments qui sont dans A **ou** dans B (ils peuvent être dans les deux en même temps).
$A \cap B$	T_7	Intersection des ensembles A et B. Le résultat est un ensemble formé des éléments qui sont dans A **et** dans B, en même temps.
$\mathbb{R} \times \mathbb{R}$ $\mathbb{R}^2$	T_4	$\mathbb{R}$ croix $\mathbb{R}$. $\mathbb{R}$ carré. Le résultat est l'ensemble des couples de réels. *Exemple :* $1 \in \mathbb{R}$, $2 \in \mathbb{R}$ et $(1 ; 2) \in \mathbb{R} \times \mathbb{R}$.

Fonctions

f	T_3	Fonction f. C'est le nom de la fonction.
$f(x)$	T_3,T_4	f de x, image de x par la fonction f. C'est un nombre.
$x \mapsto 2x - 1$	T_3	Fonction qui à x associe $2x - 1$.
$f(x) = 2x - 1$	T_3	L'image de x par la fonction f est $2x - 1$. $2x - 1$ est l'expression de la fonction.
f'	T_3	f prime, dérivée de la fonction f.
$-x$	T_1	Opposé de x. Touche [+ / –] ; *exemple :* -2 [2][+ / –].
x^n	T_6	x élevé à la puissance n. Touche [x^y] ; *exemple :* 2^3 [2][x^y][3][=].
$\sqrt{x}$	T_1	Racine carrée de x ou radical de x. Touche [$\sqrt{\ }$] ; *exemple :* $\sqrt{2}$ [2][$\sqrt{\ }$].

Relations

$\in$	T	est élément de, appartient à. C'est un verbe liant un élément à l'ensemble auquel il appartient.
$=$	T_2	est égal à. C'est un verbe liant deux éléments mathématiques, de même nature, identiques. On peut remplacer le 1er par le 2e.
$<$; $>$	T_2	est inférieur à ; est supérieur à. On peut ajouter l'adverbe « strictement ».
$\leqslant$; $\geqslant$	T_2	est inférieur ou égal à ; est supérieur ou égal à. ⚠ $4 \leqslant 4$ est une phrase vraie, car 4 est bien inférieur *ou égal à 4*.
$\leqslant 0$; $\geqslant 0$	T_2	est négatif ou nul ; est positif ou nul. On peut omettre « ou nul », car 0 est en même temps positif et négatif.

Conventions du cours

$\mathscr{D}_f$	T_3, T_4	Ensemble de définition de la fonction f. C'est un ensemble de nombres.
$\mathscr{C}_f$	T_4	Courbe représentative de la fonction f. C'est un ensemble de points.
$\mathscr{D}_{f'}$	T_5, T_8	Ensemble de dérivabilité de la fonction f.
VI	T_1	Valeur interdite.
RE	T_1	Racine évidente.
$p(A)$	T_7	Probabilité de l'événement A.
nombre	T_1	Valeur connue, écrit avec des chiffres, autre que 0 (employé dans les formules).
$\lim\limits_{x \to +\infty} f(x)$	T_4	Limite de $f(x)$ quand x tend vers plus l'infini.
$\lim\limits_{\substack{x \to 0 \\ x > 0}} f(x)$	T_4	Limite de f de x quand x tend vers zéro par valeurs supérieures.
	T_4	L'extrémité A appartient à la courbe.
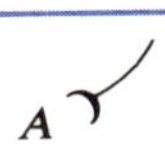	T_4	L'extrémité A n'appartient pas à la courbe.
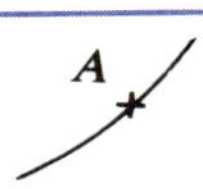	T_4	La courbe passe par A, point à coordonnées entières ou demi-entières.

Thème 1 Factorisation. Signe d'expression

Objectifs

1. ***Reprendre le vocabulaire lié aux quatre opérations.***
2. ***Factoriser une expression simple à l'aide d'une racine évidente, d'une différence de deux carrés, de la forme canonique ou de la mise en évidence d'un facteur commun.***
3. ***Étudier le signe d'une expression.***

Plan

Ce que vous devez savoir et savoir faire à la fin de ce thème

• *Connaître le vocabulaire lié aux quatre opérations.*	• *Reconnaître une somme.*
• *Savoir ce qu'est une racine, une racine évidente, une valeur interdite, une forme canonique.*	• *Factoriser à l'aide d'une racine évidente.* • *Factoriser une différence de deux carrés.*
• *Connaître les règles de calcul avec les fractions.*	• *Trouver la forme canonique d'un polynôme du 2e degré.*
• *Connaître les bonnes questions à se poser pour factoriser.*	• *Reconnaître une expression non factorisable. Reconnaître une expression rationnelle et trouver la(es) valeur(s) interdite(s).* • *Trouver ou faire apparaître un facteur commun et factoriser.*
• *Connaître le signe de* ax + b, *d'un carré, de la somme d'un carré et d'un nombre positif.*	• *Trouver la racine de* ax + b.
• *Connaître la méthode pour étudier le signe d'une expression.*	• *Dresser un tableau de signes.*

I. Pour mémoire

1. Vocabulaire et ce qu'il ne faut pas confondre

a. Les quatre opérations

addition	somme	termes	**soustraction**	$a - b = a + (-b)$	différence de a avec b
multiplication	produit	facteurs	**division**	$\frac{N}{D} = N \times \frac{1}{D}$	quotient du N par D

$$\text{quotient} = \frac{\text{numérateur}}{\text{dénominateur}}$$

↙ ce qui est « en haut »

← trait de fraction

↖ ce qui est « en bas »

$\frac{N}{D} = N \div D$.

b. Différencier un produit d'une somme

Exemple de produit :

- $-2x(x-3)$ est un produit : $(-2x) \times (x-3)$; $-2x$ et $x-3$ sont les facteurs apparents.

Exemples de sommes :

- $2x(x-3)+5$ est une somme : $2x(x-3)$ et 5 sont les termes,
le terme $2x(x-3)$ est formé des facteurs $2x$ et $x-3$.

- $2x^2 - 9x + 6$ est une somme de trois termes, car $2x^2 - 9x + 6$ s'écrit $2x^2 + (-9x) + 6$; $2x^2$, $-9x$ et 6 sont les trois termes de la somme.

⚠ S'il y a un symbole « – », il va toujours avec le nombre qui le suit.
$-x^2 + 4$ est la « même chose » que $4 + (-x^2)$, c'est-à-dire $4 - x^2$.

Cas particuliers $x^2 + 9$ est une somme de deux termes, x^2 et 9 : le premier est un carré, le deuxième un nombre positif.
$x^2 - 9$ est une différence : c'est la différence de x^2 avec 9 (x^2 et 9 sont des carrés).

c. Significations du symbole « – »

- Dans $-x\,(x-3)$

↗ correspond à l'opposé de x sur la calculatrice [+ / –]

↖ la soustraction de x avec 3 sur la calculatrice [–]

Exemple :

5 [+ / –], prendre l'opposé de 5, donne -5.

8 [–] 5, soustraire 5 à 8, donne $8-5$ ou 3.

- « $-x$ » ne signifie pas que son signe est négatif, mais représente « l'opposé » de x !
- $-\frac{5x+1}{x-3}$ signifie l'opposé du quotient $\frac{5x+1}{x-3}$. Il peut s'interpréter de deux façons :

$$-\frac{5x+1}{x-3} = \frac{-(5x+1)}{x-3} = \frac{-5x-1}{x-3} \quad \text{ou} \quad -\frac{5x+1}{x-3} = \frac{5x+1}{-(x-3)} = \frac{5x+1}{-x+3}.$$

- $-x^2$ est l'opposé du carré de x.
- $(-x)^2$ est le carré de l'opposé de x.

d. Lien entre développer et factoriser

Développer, c'est :
mettre un *produit* sous la forme d'une somme.

Factoriser, c'est :
mettre une *somme* sous la forme d'un produit.

■ e. Reconnaître une somme quand il y a des parenthèses et des lettres

Une expression telle qu'il y ait une addition ou une soustraction au moins, à l'extérieur de parenthèses est une somme.	**S'il n'y a ni addition, ni soustraction à l'extérieur de parenthèses, alors l'expression est factorisée.**

Exemples ▶

- $-3x(x+2)$ est factorisée : c'est un produit (le symbole « $-$ » marque l'opposé de $3x$).
- $x(x-3)+1$ est une somme ; ce n'est pas une expression factorisée.
- $5x-4(2x-3)$ est une somme ; ce n'est pas une expression factorisée.
- $(2x+1)^2+(x-1)(x+3)$ n'est pas factorisée ; c'est la somme des termes $(2x+1)^2$ et $(x-1)(x+3)$.
- $2(x^2+4x+4)$ n'est pas vraiment factorisée, car $x^2+4x+4=(x+2)^2$.

Si possible, il faut factoriser au maximum!

■ f. Des parenthèses ! Ne pas confondre !

- $\underbrace{3(2\times 5)}_{3\times 10} = \underbrace{3\times 2}_{6}\underbrace{\times 5}_{\times 5} = 30,$ mais $(\underline{3}\times 2)\times(\underline{3}\times 5) = \underline{3\times 3}\times 2\times 5 = 9\times 10 = 90.$

  on ne met pas le 3 en facteur !

$3[(1-2x)(x+5)] = 3(1-2x)(x+5) = (3-6x)(x+5)$ ou $(1-2x)(3x+15)$.

on ne distribue le « 3 »
que sur l'un des facteurs
et un seul.

- $\frac{1}{3}(2\times 5) = \frac{2\times 5}{3} = \frac{2}{3}\times 5 = 2\times\frac{5}{3},$ mais $\frac{2}{3}\times\frac{5}{3} = \frac{2\times 5}{3\times 3} = \frac{10}{9}.$

on ne divise par 3
que l'un des facteurs
du numérateur et un seul !

- $5x-4(2x-3)$, ce n'est pas $(5x-4)(2x-3)$, car si on développe, on obtient :
  $5x-4(2x-3) = 5x-8x+12 = -3x+12$ (seul $(2x-3)$ est multiplié par -4),
  mais $(5x-4)(2x-3) = 10x^2-15x-8x+12 = 10x^2-23x+12$.

⚠ Ne pas mettre des parenthèses là où il n'y en a pas !

EXERCICES

1. Les expressions suivantes sont-elles des sommes ou des produits? (Pour une somme, entourer le « + » ou le « – » la marquant.)

$(5x-3)(2x+1)-1$; $x+\frac{3}{x+1}$; $\left(x-\frac{1}{x}\right)(x+1)$; $5-3\times\frac{6-1}{4}$; $3x\left(\frac{2x+1}{3}\right)$; $-2x\left(\frac{x+3}{5x}\right)$.

2. Les écritures suivantes sont-elles identiques, c'est-à-dire égales pour toutes valeurs prises par x, a, b ou c?

$-\frac{x+1}{1-x}$ et $\frac{-x-1}{-1+x}$, avec x autre que 1 ; $ab\times ac$ et $a(b\times c)$; $-(x-4)^2$ et $(-x+4)^2$; $-x^2$ et $-(x)^2$;

$2-5x(x-3)$ et $(2-5x)(x+3)$; $\frac{5-x}{4}$ et $-\frac{x-5}{4}$; $-2x(x-1)$ et $2x(1-x)$; $\frac{x+7}{2}$ et $\frac{1}{2}(x+7)$.

3. Dans les expressions suivantes, entourer les « – » désignant un opposé.

$25-x^2$; $\frac{3-5x}{-2x}$; $(x-4)(-x+1)$; $-(x-7)^2$; $\frac{1+x^2}{-x^2}$; $3\times(-2x)^2$; $-\frac{3}{x}+\frac{1}{x+1}-\frac{2}{x}$.

2. Racine évidente

a. Racine

On appelle racine, ou zéro, d'un polynôme une valeur qui annule le polynôme.

C'est-à-dire que si on remplace x par cette valeur, et que l'on calcule, alors le polynôme vaut 0.

Exemple ► $2x^2 - 9x + 10$: si x vaut 2, alors $2x^2 - 9x + 10 = 2 \times 4 - 9 \times 2 + 10 = 8 - 18 + 10 = 0$.

b. Racine évidente (RE)

On appelle racine évidente une valeur simple qui annule le polynôme.

Pour trouver une racine évidente, on calcule le polynôme en remplaçant x par 1, -1, 2, -2, voire 3, jusqu'à ce que l'on obtienne 0.

EXERCICES

Chercher une racine évidente aux polynômes suivants :

4. $3x^2 - 4x + 1$ RE =
si $x = 1$:

5. $3x^2 + 5x - 2$ RE =
si $x = 1$:
si $x = -1$:
si $x = 2$:
si $x = -2$:

6. $-x^2 + 6x - 5$ RE =
si $x = 1$:

7. $x^2 + 3x + 2$ RE =
si $x = 1$:
si $x = -1$:

8. $-2x^2 + x + 3$ RE =
si $x = 1$:
si $x = -1$:

9. $-x^2 + 5x - 6$ RE =
si $x = 1$:
si $x = -1$:
si $x = 2$:

⚠ $-x^2$ veut dire $-(x^2)$. On calcule le carré, puis on prend l'opposé.
Un conseil : calculer le carré du nombre « dans sa tête », puis écrire directement l'opposé du carré.

c. Factoriser à l'aide d'une racine évidente

Théorème

Si RE est une racine évidente d'un polynôme, alors on peut mettre (x – RE) en facteur.

Méthode

Soit un polynôme du 2e degré ayant 3 termes. *Exemple :* $-3x^2 + 11x - 10$.

- On cherche une racine évidente ; si $x = 2$, $-3 \times 4 + 11 \times 2 - 10 = 0$, d'où **RE = 2.**
- On met (x – **RE**) en facteur : **(x – 2).**
  $-3x^2 + 11x - 10 = (x - 2)(\ldots)$, le 2e facteur est nécessairement du 1er degré.
- On regarde $\mathbf{-3x^2}$. Le terme qui, multiplié par x, donne $-3x^2$ est $\mathbf{-3x}$:
  $\mathbf{-3x^2} + 11x - 10 = (\mathbf{x} - 2)(\mathbf{-3x}\ldots)$.
- On regarde **– 10.** Le terme qui, multiplié par -2, donne -10 est **+ 5** :
  $-3x^2 + 11x \mathbf{- 10} = (x \mathbf{- 2})(-3x \mathbf{+ 5})$.

Et voilà, c'est factorisé !

Vérification : on développe.
$(x - 2)(-3x + 5) = -3x^2 + 5x + 6x - 10 = -3x^2 + 11x - 10$.

EXERCICES

Chercher une racine évidente, puis factoriser les polynômes suivants :

10. $x^2 - 9x + 8$ RE = 1.
$= (x - 1)(\qquad)$

11. $3x^2 + 4x + 1$ RE = -1.
$= (\qquad)(\qquad)$

⚠ Si RE = -1,
$x - \text{RE} = x - (-1) = x + 1$.

12. $-x^2 - 3x + 4$ RE =
=

13. $x^2 + 2x + 1$ RE =
=

14. $2x^2 - 5x + 2$ RE =
=

15. $x^2 - 6x + 8$ RE =
=

16. $3x^2 + 5x - 2 =$

17. $x^2 - 10x + 21 =$

18. $x^2 - x - 2 =$

19. $3x^2 + x - 14 =$

3. Différence de deux carrés : $A^2 - B^2 = (A + B)(A - B)$.

C'est une des formes les plus utiles pour factoriser.

a. Comment reconnaître cette forme?

Il y a un carré $(\ )^2$ ou x^2, un nombre positif et un seul signe « – » :
$7 - (x + 2)^2$; $-3x^2 + 4$; $(2x - 1)^2 - 1$; $-x^2 + 1$;
ou bien
il y a deux carrés $(\ )^2$ ou x^2, et un seul signe « – » à l'extérieur des carrés :
$(5x - 2)^2 - (x - 1)^2$; $(-x)^2 - (4x - 9)^2$; $-(x + 3)^2 + (1 - x)^2$; $4(x - 2)^2 - x^2$.

Par contre, $x^2 - 4x$; $-(5x + 3)^2 - 4$; $(-x)^2 + 9$; $4x - 25$ ne sont pas des différences de carrés.

b. Comment factoriser ?

D'abord, écrire l'expression sous forme □ – ○, pour avoir le « – » entre les deux termes, puis faire apparaître les carrés : $(\ )^2 - (\ )^2$.

- $-9x^2 + 4 = 4 - 9x^2 = (2)^2 - (3x)^2 = (2 + 3x)(2 - 3x)$,

car $A = 2$, $A = 2$ et $B = 3x$, $B = -3x$ } $A + B = 2 + 3x$, $A - B = 2 - 3x$

- $(5x - 2)^2 - (x - 1)^2 = (6x - 3)(4x - 1)$,

car $A = 5x - 2$, $A = 5x - 2$ et $B = x - 1$, $-B = -x + 1$ } $A + B = 6x - 3$, $A - B = 4x - 1$

- $7 - (x + 2)^2 = (\sqrt{7})^2 - (x + 2)^2 = (\sqrt{7} + x + 2)(\sqrt{7} - x - 2)$,

car $A = \sqrt{7}$, $A = \sqrt{7}$ et $B = x + 2$, $-B = -x - 2$ } $A + B = \sqrt{7} + x + 2$, $A - B = \sqrt{7} - x - 2$

EXERCICES

Factoriser les différences de carrés suivantes :

20. $(x - 3)^2 - 4x^2 =$
$A =$; $B =$;
$-B =$.

21. $(2x - 3)^2 - (x + 4)^2 =$
$A =$; $B =$;
$-B =$.

22. $-x^2 + 1 =$
$A =$; $B =$;
$-B =$.

23. $25x^2 - 4(x + 3)^2 = (\qquad)^2 - (\qquad)^2$
$= (\qquad)(\qquad)$
$A =$; $B = 2(x + 3) = 2x + 6$
$-B =$.

4. Forme canonique

a. Pour mémoire

Pour *multiplier* deux fractions entre elles, on multiplie les numérateurs entre eux et les dénominateurs entre eux.

• $\frac{2}{3} \times \frac{5}{7} = \frac{2 \times 5}{3 \times 7} = \frac{10}{21}$; • $2 \times \frac{5}{3} = \frac{2 \times 5}{3} = \frac{10}{3}$; • $\frac{1}{3} \times x = \frac{1 \times x}{3} = \frac{x}{3}$.

(le 2 ne multiplie que 5)

⚠ Pour multiplier deux fractions, on ne réduit pas au même dénominateur!

Pour *diviser* une fraction par un nombre, on multiplie le dénominateur par ce nombre.

• $\frac{3}{5} \div 2 = \frac{3}{5} \times \frac{1}{2} = \frac{3}{5 \times 2} = \frac{3}{10}$; • $\frac{1}{2} \div 2 = \frac{1}{4}$; • $\frac{5}{4} \div 3 = \frac{5}{12}$; • $\frac{5}{4} \div 5 = \frac{5}{20} = \frac{1}{4}$.

Pour *élever* une fraction *au carré,* on élève le numérateur au carré et le dénominateur au carré.

• $\left(\frac{1}{3}\right)^2 = \frac{1^2}{3^2} = \frac{1}{9}$; • $\left(\frac{4}{5}\right)^2 = \frac{4^2}{5^2} = \frac{16}{25}$.

⚠ $1^2 = 1 \times 1 = 1$ et $5^2 = 5 \times 5 = 25$.

EXERCICES

Développer et réduire les polynômes suivants :

24. $(x + 3)^2 - 9 = (x + 3)(x + 3) - 9$
$=$

25. $(x - 7)^2 - 49 =$
$=$

26. $\left(x - \frac{11}{2}\right)^2 - \frac{121}{4} =$
$=$

27. $\left(x + \frac{1}{6}\right)^2 - \frac{1}{36} =$
$=$

On remarque qu'il ne reste que les termes en x^2 et en x.
Pour tous nombres a et b : $(a + b)^2 - b^2 = a^2 + 2ab$ et $(a - b)^2 - b^2 = a^2 - 2ab$.

b. Écrire sous la forme d'une différence de deux carrés

On peut lire les égalités précédentes dans l'autre sens :

$a^2 + 2ab = (a + b)^2 - b^2$
$x^2 + \textit{nombre}\ x = \left(x + \frac{\textit{nombre}}{2}\right)^2 - \left(\frac{\textit{nombre}}{2}\right)^2$

$a^2 - 2ab = (a - b)^2 - b^2$
$x^2 - \textit{nombre}\ x = \left(x - \frac{\textit{nombre}}{2}\right)^2 - \left(\frac{\textit{nombre}}{2}\right)^2$

Exemples ►

• $x^2 + 6x = (x + 3)^2 - 3^2$. ($3$: $6 \div 2$; 3^2) Dans ce cas : *nombre* = 6, $\frac{\textit{nombre}}{2} = 3$, $\left(\frac{\textit{nombre}}{2}\right)^2 = 3^2 = 9$.

• $x^2 - 11x = \left(x - \frac{11}{2}\right)^2 - \left(\frac{11}{2}\right)^2 = \left(x - \frac{11}{2}\right)^2 - \frac{121}{4}$; • $x^2 + \frac{1}{3}x = \left(x + \frac{1}{6}\right)^2 - \left(\frac{1}{6}\right)^2$.

EXERCICES

Mettre sous forme d'une différence de deux carrés :

28. $x^2 - 4x =$

29. $x^2 + \frac{3}{2}x =$

30. $x^2 + 10x =$

31. $x^2 + \frac{x}{2} =$

c. Définition de la forme canonique

Un polynôme du 2e degré écrit sous forme d'une expression ne comportant qu'une seule fois la variable est dit mis sous *forme canonique*.

Exemple ►
- $3x^2 - 5$; $-2(x-3)^2$; $(2x+5)^2 - 4$ sont déjà sous forme canonique.
- Mais $x^2 - 9x$; $x^2 - 5x + 3$; $x(x-1) + 5$ ne le sont pas.

⚠ On ne peut mettre sous forme canonique que des polynômes du 2e degré !

Si on cherche à factoriser un polynôme du 2e degré **sans racine évidente**, alors on commence par le mettre sous **forme canonique**. La forme canonique s'emploie en dernier recours pour factoriser.

d. Comment procéder pour trouver la forme canonique

- On réduit le polynôme.
- On l'ordonne suivant les puissances décroissantes de x.
- On regarde le coefficient de x^2.

Exemple : $-40 + x(x+6) = -40 + x^2 + 6x = x^2 + 6x - 40.$

Si le coefficient de x^2 est 1 :
(Le polynôme commence alors par x^2.)
On remplace les deux premiers termes (où figurent x) par une différence de deux carrés :

- $x^2 + 6x - 40 = (x+3)^2 - (3)^2 - 40$
  $= (x+3)^2 - 49.$ **Forme canonique.**

- $x^2 - 3x + \frac{5}{2} = \left(x - \frac{3}{2}\right)^2 - \left(\frac{3}{2}\right)^2 + \frac{5}{2}$
  $= \left(x - \frac{3}{2}\right)^2 - \frac{9}{4} + \frac{10}{4}$
  $= \left(x - \frac{3}{2}\right)^2 + \frac{1}{4}.$ **Forme canonique.**

Si le coefficient de x^2 n'est pas 1 :

On se ramène au cas ci-contre en mettant le coefficient de x^2 en facteur :

- $3x^2 + 8x - 3 = 3\left[x^2 + \frac{8}{3}x - 1\right]$
  (on divise par 3 chaque coefficient, ainsi entre les crochets le polynôme commence par x^2)
  $= 3\left[\left(x + \frac{4}{3}\right)^2 - \left(\frac{4}{3}\right)^2 - 1\right]$, car $\frac{8}{3} \div 2 = \frac{8}{6} = \frac{4}{3}$
  $= 3\left[\left(x + \frac{4}{3}\right)^2 - \frac{16}{9} - \frac{9}{9}\right]$
  $= 3\left[\left(x + \frac{4}{3}\right)^2 - \frac{25}{9}\right].$ **Forme canonique.**

EXERCICE

32. Mettre sous forme canonique :

$x^2 - 6x + 7$;

$x^2 + 4x + 8$;

$x^2 + \frac{7}{2}x - 2$;

$5x^2 - 2x + 10$;

$-x^2 + 3x - 1$; $= -(x^2 - 3x + 1)$ $= -\left[\left(x - \frac{3}{2}\right)^2 - \frac{9}{4} + 1\right]$ $= -\left[\left(x - \frac{3}{2}\right)^2 - \frac{5}{4}\right]$

$-2x^2 + 4x + \frac{5}{2}$; $-2\left[x^2 - 2x - \frac{5}{4}\right]$ $= -2\left[(x-1)^2 - \frac{6}{4}\right]$

e. Factorisation à partir de la forme canonique

On regarde la forme obtenue, ou celle entre crochets :

si c'est la somme d'un carré et d'un nombre positif, alors
on ne peut pas factoriser :

- $\left(x - \frac{3}{2}\right)^2 + \frac{1}{4}$. STOP! Non factorisable.
- $5\left[\left(x - \frac{1}{5}\right)^2 + \frac{49}{25}\right]$. STOP ! Non factorisable.

si c'est la différence de deux carrés, alors
on factorise :

- $(x + 3)^2 - 49 = (x + 3)^2 - (7)^2$
$= (x + 10)(x - 4)$.
- $3\left[\left(x + \frac{4}{3}\right)^2 - \frac{25}{9}\right] = 3\left[\left(x + \frac{4}{3}\right)^2 - \left(\frac{5}{3}\right)^2\right]$
$= 3\left[(x + 3)\left(x - \frac{1}{3}\right)\right] = (x + 3)(3x - 1)$.

on peut distribuer 3 sur le 2e facteur.

EXERCICE

33. Reprendre les polynômes obtenus à l'exercice précédent et les factoriser s'ils sont factorisables.

5. Expression rationnelle et valeur interdite

Une expression ayant un trait de fraction avec *x* au-dessous est une expression rationnelle. (Il ne doit pas y avoir le symbole $\sqrt{}$ avec *x* au-dessous.)

Exemple ► $\frac{3x - 1}{x + 2}$; $\frac{4}{x - 1} - \frac{1}{x}$; $\frac{2}{(x + 3)^2}$; $\frac{\sqrt{5}}{2x}$ sont des expressions rationnelles.

Par contre : $\frac{x - 5}{3}$; $\frac{2}{5}x - \frac{1}{2}$; $x\left(x + \frac{1}{4}\right)$; $\sqrt{3 - 5x}$; $\frac{1}{\sqrt{x + 2}}$ ne sont pas des expressions rationnelles.

Comme la division par 0 n'existe pas, ce qui est sous le trait de fraction ne doit pas être égal à zéro : c'est interdit ! (Essayer ! $24 \,|\underline{\,0\,}$)

Une valeur qui annule le dénominateur d'un quotient s'appelle *une valeur interdite.*

Pour trouver la (ou les) valeur(s) interdite(s) d'une expression rationnelle, on résout l'équation : **dénominateur = 0.**
Les solutions sont les **valeurs interdites.**

Exemples ▶

• $\dfrac{3x-1}{x+2}$. On résout : $x+2=0 \Rightarrow x=-2$.
La Valeur Interdite est -2.

• $\dfrac{2}{(x+3)^2}$. On résout : $(x+3)^2=0$
$(x+3)(x+3)=0$
$x=-3$ ou $x=-3$.
La Valeur Interdite est -3.

• $\dfrac{4}{x-1}-\dfrac{1}{x}$. On résout : $x-1=0 \Rightarrow x=1$; et $x=0$.
Les Valeurs Interdites sont 1 et 0.

• $\dfrac{5}{2x}$. On résout : $2x=0 \Rightarrow x=\dfrac{0}{2}=0$.
La Valeur Interdite est 0.

⚠ *nombre* $\times x=0$ lorsque $x=0$.

EXERCICE

34. Trouver (si elles existent !) les valeurs interdites des expressions suivantes :

$\dfrac{3x}{2x-5}$; $\dfrac{6x+3}{x(x+3)}$; $\dfrac{x}{(x-1)^2}$; $\dfrac{x-3}{9}$;

$\dfrac{5x}{4x-2}+\dfrac{1}{x^2}$; $\dfrac{8x-4}{(x-3)(-1-x)}$; $\dfrac{2}{5}+\dfrac{7x-1}{-3x}$; $\dfrac{-2}{x^2-1}$.

Pour additionner des expressions rationnelles :
on les réduit d'abord au même dénominateur, puis on additionne les numérateurs obtenus.

En effet, en les réduisant au même dénominateur, on les dénomme de la même façon, et comme elles ont le même nom, on peut alors les ajouter.

Exemple ▶

$\dfrac{1}{3}+\dfrac{2}{5}$ « un tiers et deux cinquièmes » ne se dénomment pas de la même façon ;

$=\dfrac{5}{15}+\dfrac{6}{15}$ « cinq quinzièmes et six quinzièmes » ont le même nom, on peut alors ajouter les numérateurs ;

$=\dfrac{5+6}{15}=\dfrac{11}{15}$ « cinq plus six quinzièmes » donnent « onze quinzièmes ».

Avec des lettres, c'est le même procédé :

• $\dfrac{7x-3}{x-3}+\dfrac{2}{x}=\dfrac{(7x-3)\times x}{(x-3)\times x}+\dfrac{2\times(x-3)}{x\times(x-3)}=\dfrac{7x^2-3x+2x-6}{x(x-3)}=\dfrac{7x^2-x-6}{x(x-3)}$.

En général, le dénominateur commun est le produit des dénominateurs qui apparaissent.

• $\dfrac{4}{(2x-1)^2}-9=\dfrac{4}{(2x-1)^2}-\dfrac{9(2x-1)^2}{(2x-1)^2}=\dfrac{4-9(2x-1)^2}{(2x-1)^2}$.

• $5x-3-\dfrac{4x-3}{x+1}=\dfrac{5x(x+1)}{x+1}-\dfrac{3(x+1)}{x+1}-\dfrac{4x-3}{x+1}$

$=\dfrac{5x^2+5x-3x-3-4x+3}{x+1}=\dfrac{5x^2-2x}{x+1}$.

⚠ Le « − » devant un trait de fraction : $-\dfrac{4x-3}{x+1}$; c'est $\dfrac{-4x+3}{x+1}$.

EXERCICE

35. Donner les valeurs interdites des trois expressions précédentes.

$\dfrac{7x-3}{x-3}+\dfrac{2}{x}$; VI :

. $\dfrac{4}{2x-1}-9$; VI :

. $5x-3-\dfrac{4x-3}{x+1}$; VI :

II. Factorisation

1. Algorithme à suivre

Comment et où se poser
les bonnes questions
pour factoriser?

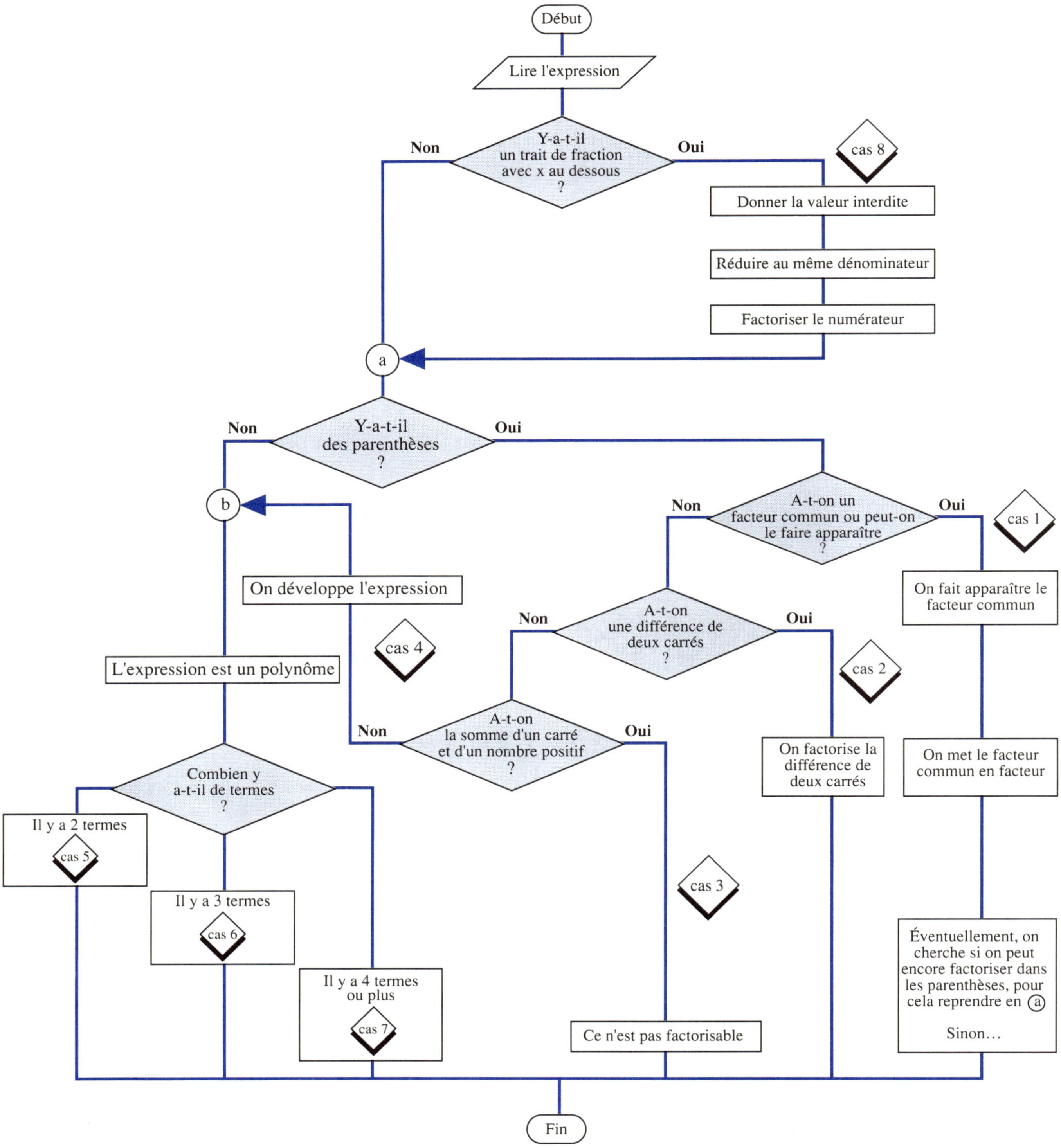

2. Étude des différentes factorisations possibles, à travers des exemples

Comment lire l'algorithme précédent lors d'un exercice.

■ **Cas 1** Il n'y a pas de trait de fraction, il y a des parenthèses, il y a un **facteur commun.**

• $3(x-2)^2-(x-2)(x+1) = 3(x-2)(x-2)-(x-2)(x+1)$. (On met $(x-2)$ en facteur.)
$= (x-2)[3(x-2)-(x+1)] = (x-2)[3x-6-x-1] = (x-2)(2x-7)$.

On fait apparaître un facteur commun :

• $(x+3)^2-3-x = (x+3)(x+3)-1(3+x) = (x+3)(x+3-1) = (x+3)(x+2)$.

■ **Cas 2** Il n'y a pas de trait de fraction, il y a des parenthèses, on ne voit pas de facteur commun, il y a une **différence de deux carrés :**

• $(x+4)^2-9(2x-1)^2 = (x+4)^2-(3(2x-1))^2 = (x+4)^2-(6x-3)^2 = (7x+1)(-5x+7)$.
$A = x+4$ $B = 6x-3$ $A+B$ $A-B$

■ **Cas 3** Il n'y a pas de trait de fraction, il y a des parenthèses, on ne voit pas de facteur commun, ce n'est pas une différence de deux carrés, il y a la **somme d'un carré et d'un nombre positif** ou de deux carrés :

• $(5x+1)^2+4$. • $-x^2-(2x-1)^2 = -[x^2+(2x-1)^2]$. Expressions non factorisables.

■ **Cas 4** Mêmes conditions, mais ce n'est pas la somme d'un carré et d'un nombre positif, alors **on développe** l'expression :

• $(x+3)^2-(5x+11) = (x+3)(x+3)-(5x+11)$
$= x^2+3x+3x+9-5x-11$
$= x^2+x-2$. (Polynôme à trois termes : voir cas 6.)

■ **Cas 5** Il n'y a pas de trait de fraction, il n'y a pas de parenthèses, **le polynôme a deux termes** :

Soit il n'y a que x :

• $3x^2-5x = x(3x-5)$.

On met **x en facteur**

Soit il y a x^2 et un seul $-$:

• $7-4x^2 = (\sqrt{7})^2-(2x)^2$
$= (\sqrt{7}-2x)(\sqrt{7}+2x)$.

Différence de deux carrés.

Soit il y a x^2 et pas de « $-$ » ou deux « $-$ » :

• $4x^2+9$.
• $-x^2-1 = -(x^2+1)$.

Somme d'un carré et d'un nombre positif qui ne se factorise jamais.

■ **Cas 6** Le **polynôme a trois termes** :

Soit il y a une **racine évidente :**

• x^2+x-2, RE = 1.

On met $(x-1)$ en facteur.

x^2+x-2
$= (x-1)(x+2)$.

Sinon, en dernier recours, on cherche la **forme canonique** :

• $2x^2+8x+11 = 2\left[x^2+4x+\frac{11}{2}\right] = 2\left[(x+2)^2-(2)^2+\frac{11}{2}\right]$
$= 2\left[(x+2)^2-4+\frac{11}{2}\right] = 2\left[(x+2)^2+\frac{3}{2}\right]$.

Entre les crochets, somme non factorisable.

■ **Cas 7** Le **polynôme a quatre termes ou plus** :

• $x^3-5x^2-2x+10 = x^2(x-5)-2(x-5) = (x-5)(x^2-2) = (x-5)(x^2-(\sqrt{2})^2)$.

(On regroupe les deux premiers termes et on factorise, puis les deux derniers termes et on factorise afin de faire apparaître un facteur commun. Dans les parenthèses, on remarque que l'on a une différence de deux carrés que l'on peut encore factoriser.)

$x^3-5x^2-2x+10 = (x-5)(x+\sqrt{2})(x-\sqrt{2})$.

■ **Cas 8** Il y a un **trait de fraction avec x au-dessous** :

• $x+2-\dfrac{5x+2}{x+1} = \dfrac{x^2+x+2x+2-5x-2}{x+1} = \dfrac{x^2-2x}{x+1} = \dfrac{x(x-2)}{x+1}$.   VI : -1.

À faire en se posant les questions vues dans l'algorithme et en vérifiant au fur et à mesure le résultat.

36. $\frac{9}{(x-2)^2} - 1$

37. $3x^3 - 3x$

38. $5x^2 + 7x + 2$

39. $-(x-2)^2 - 9$

40. $x - \frac{4}{x}$

41. $\frac{3}{x+2} - \frac{x+1}{2x}$

42. $x^2 - 4 - (3x-1)(x+2)$

43. $(x-1)^2 + (5-2x)^2$

44. $x^2 + 2x + 7$

45. $2x^2 + 7x + 5$

46. $2x^3 - x^2 - 2x + 1$

47. $x^2 + 9 + (x-1)(x+9)$

III. Étude du signe d'une expression

1. Théorèmes à appliquer

Signe de $ax + b$ ($ax + b$ est du 1er degré).
- **On cherche la racine de $ax + b$:** **on résout $ax + b = 0$.**
- **Le polynôme est du signe de a pour les valeurs de x supérieures à la racine.**

x		☐ ← racine	
$ax + b$	signe de $-a$	0	signe de a

(a est le nombre qui multiplie x.)

Exemples ▶

Signe de $2x + 5$.
On cherche la racine : $2x + 5 = 0$ ⊖ 5
$2x = -5$ ⊕ 2
$x = -\frac{5}{2}$.

x		$-\frac{5}{2}$	
$2x + 5$	−	0	+

$a = 2$.

Signe de $-x - 3$.
On cherche la racine : $-x - 3 = 0$ ⊕ 3
$-x = 3$ +/−
$x = -3$

x		-3	
$-x - 3$	+	0	−

$a = -1$, car $-x = -1 \times x$.

Un carré est toujours positif ou nul.

La somme d'un carré et d'un nombre positif est toujours strictement positive.

Exemples ▶

Signe de $(3 - x)^2$: la racine est 3.

x		3	
$(3 - x)^2$	+	0	+

Signe de $x^2 + 4$: il n'y a pas de racine.

x	
$x^2 + 4$	+

Pas de nombre à mettre.
Pas de 0, que des +.

EXERCICE

48. Compléter les tableaux de signes suivants :

x	
$-x + \frac{1}{3}$	

x	
$3x$	

x	6
$\frac{x}{2} - 3$	0

x	
$(-x - 5)^2$	

2. Méthode pour étudier le signe d'une expression

- **On factorise l'expression donnée (si elle ne l'est pas).**
- **On cherche les valeurs interdites et les racines de l'expression factorisée.**
- **On place ces *valeurs dans l'ordre* sur la 1re ligne du tableau.**
- **On dresse un tableau ayant autant de lignes que de facteurs.**
- **On étudie le signe de chaque facteur en justifiant.**
- **On applique la règle des signes :**
  + fois + donne + ;
  − fois − donne + ;
  − fois + donne − .
- **Sur la dernière ligne, on met une *double barre* pour *les valeurs interdites* et 0 pour les racines.**

Exemple ▶

$$E(x) = \frac{4}{(x-1)^2} - 1 = \frac{4 - (x-1)^2}{(x-1)^2} = \frac{(2)^2 - (x-1)^2}{(x-1)^2} = \frac{(1+x)(3-x)}{(x-1)^2}.$$

VI :1; les racines sont − 1 et 3.

x		-1		1		3	
$1 + x$	−	0	+		+		+
$3 - x$	+		+		+	0	−
$(x - 1)^2$	+	0	+	0	+		+
$E(x)$	−	0	+	‖	+	0	−

$a = 1$, car $x = 1 \times x$.
$a = -1$.
Un carré est toujours positif ou nul.

3. Ce qu'il ne faut pas faire

• Signe de $(5x + 1)^2 - x^2$

x	
$(5x+1)^2$	
x^2	
$E(x)$	

Dans ce cas, l'expression n'est pas factorisée : le tableau ne correspond pas au problème et on ne peut pas appliquer la règle des signes.

Il faut **d'abord factoriser**

• Signe de $-3(x + 2)(x - 1)$

x	
$x + 2$	
$x - 1$	
$E(x)$	

Dans ce cas, il manque un facteur : -3 qui est toujours négatif.

Il faut **dresser le tableau avec tous les facteurs**.

EXERCICES

49. $(5x + 1)^2 - x^2 =$

x	
$E(x)$	

50. $-3(x + 2)(x - 1)$

x	-2	1
-3		
$x + 2$		
$x - 1$		
$E(x)$		

Toujours négatif donc pas de 0, mais que des « – »

⚠ • Signe de $x(x + 3)$

x		-3		0	
x	$-$		$-$	0	$+$
$x + 3$	$-$	0	$+$		$+$
$x(x+3)$	$+$	0	$-$	0	$+$

Bien regarder ces exemples !

• Signe de $-x(x + 2)$

x		-2		0	
$-x$	$+$		$+$	0	$-$
$x + 2$	$-$	0	$+$		$+$
$-x(x+2)$	$-$	0	$+$	0	$-$

EXERCICES

Étudier le signe des expressions suivantes.

51. $E(x) = -5(2x + 3)(4 - x)$.

52. $E(x) = x^2 - 3x + 2$.

53. $E(x) = \frac{1}{x} - 4x$.

54. $E(x) = (2x - 3)^2 - (3x + 1)^2$.

55. $E(x) = 2x(1 - x)$.

56. $E(x) = (x + 1)^2(-3x - 4)$.

Page 9

(1) $(5x-3)(2x+1) \ominus 1$: somme ;

$x \oplus \frac{3}{x+1}$: somme ;

$\left(x-\frac{1}{x}\right)(x+1)$: produit ;

$5 \ominus 3\,\frac{6-1}{4}$: somme ;

$3x\left(\frac{2x+1}{3}\right)$ et $-2x\left(\frac{x+3}{5x}\right)$: produits.

(2) $-\frac{x+1}{1-x} \neq \frac{-x-1}{-1+x}$,

mais $\frac{-x-1}{-1+x} = \frac{x+1}{1-x}$;

$ab \times ac \neq a(b \times c)$,

mais : $ab \times ac = a^2(b \times c)$;

$-(x-4)^2 \neq (-x+4)^2$,

mais $(-x+4)^2 = (x-4)^2$;

$-x^2 = -(x)^2$;

$2-5x(x+3) \neq (2-5x)(x+3)$;

$\frac{5-x}{4} = -\frac{x-5}{4}$;

$-2x(x-1) = 2x(1-x)$;

$\frac{x+7}{2} = \frac{1}{2}(x+7)$.

(3) $25-x^2$; $\frac{3-5x}{\ominus 2x}$;

$(x-4)(\ominus x+1)$; $\ominus (x-7)^2$;

$\frac{1+x^2}{\ominus x^2}$; $3x(\ominus 2x)^2$; $\ominus \frac{3}{x} + \frac{1}{x+1} - \frac{2}{x}$.

Page 10

(4) Si $x = 1$, le polynôme vaut 0 : RE = 1.

(5) Si $x = 1$, le polynôme vaut 6,
si $x = -1$, il vaut -4 ;
si $x = 2$, il vaut 20 ;
si $x = -2$, il vaut 0. RE = -2

(6) si $x = 1$, le polynôme vaut 0 : RE = 1.

(7) Si $x = 1$, le polynôme vaut 6 ;
si $x = -1$, il vaut 0. RE = -1.

(8) Si $x = 1$, le polynôme vaut 2 ;
si $x = -1$, il vaut 0. RE = -1.

(9) Si $x = 1$, le polynôme vaut -2 ;
si $x = -1$, -12 ;
si $x = 2$, 0. RE = 2.

Page 11

(10) $x^2 - 9x + 8 = (x-1)(x-8)$.

(11) $3x^2 + 4x + 1 = (x+1)(3x+1)$.

(12) $-x^2 - 3x + 4 = (x-1)(-x-4)$.

(13) $x^2 + 2x + 1 = (x+1)(x+1)$.

(14) $2x^2 - 5x + 2 = (x-2)(2x-1)$.

(15) $x^2 - 6x + 8 = (x-2)(x-4)$.

(16) $3x^2 + 5x - 2 = (x+2)(3x-1)$.

(17) $x^2 - 10x + 21 = (x-3)(x-7)$.

(18) $x^2 - x - 2 = (x+1)(x-2)$.

(19) $3x^2 + x - 14 = (x-2)(3x+7)$.

(20) $(x-3)^2 - (2x)^2 = (3x-3)(-x-3)$.

(21) $(3x+1)(x-7)$.

(22) $1 - x^2 = (1+x)(1-x)$.

(23) $(5x^2) - (2x+6)^2 = (7x+6)(3x-6)$.

Page 12

(24) $(x+3)^2 - 9 = x^2 + 6x$.

(25) $(x-7)^2 - 49 = x^2 - 14x$.

(26) $\left(x-\frac{11}{2}\right)^2 - \frac{121}{4} = x^2 - \frac{22}{2}x = x^2 - 11x$.

(27) $\left(x+\frac{1}{6}\right)^2 - \frac{1}{36} = x^2 + \frac{2}{6}x = x^2 + \frac{1}{3}x$.

(28) $x^2 - 4x = (x-2)^2 - (2)^2$.

(29) $x^2 + \frac{3}{2}x = \left(x+\frac{3}{4}\right)^2 - \left(\frac{3}{4}\right)^2$.

(30) $x^2 + 10x = (x+5)^2 - (5)^2$.

(31) $x^2 + \frac{x}{2} = \left(x+\frac{1}{4}\right)^2 - \left(\frac{1}{4}\right)^2$.

⚠ $\frac{x}{2} = \frac{1}{2}x$

Pages 13 et 14

(32) et (33)

Forme canonique

$x^2 - 6x + 7 = (x-3)^2 - 2$.

$x^2 + 4x + 8 = (x+2)^2 + 4$.

$x^2 + \frac{7}{2}x - 2 = \left(x+\frac{7}{4}\right)^2 - \frac{81}{16}$.

$5x^2 - 2x + 10 = 5\left[\left(x-\frac{1}{5}\right)^2 + \frac{49}{25}\right]$.

$-x^2 + 3x - 1 = -\left[\left(x-\frac{3}{2}\right)^2 - \frac{5}{4}\right]$.

$-2x^2 + 4x + \frac{5}{2} = -2\left[(x-1)^2 - \frac{9}{4}\right]$.

Forme factorisée

$(x-3+\sqrt{2})(x-3-\sqrt{2})$.

Non factorisable.

$(x+4)\left(x-\frac{1}{2}\right)$.

Non factorisable.

$-\left(x-\frac{3}{2}+\frac{\sqrt{5}}{2}\right)\left(x-\frac{3}{2}-\frac{\sqrt{5}}{2}\right)$,

car $\sqrt{\frac{5}{4}} = \frac{\sqrt{5}}{\sqrt{4}} = \frac{\sqrt{5}}{2}$.

$-2\left(x+\frac{1}{2}\right)\left(x-\frac{5}{2}\right)$.

Page 15

(34) $\frac{3x}{2x-5}$; VI : $\frac{5}{2}$.

$\frac{6x+3}{x(x+3)}$; VI : 0 et -3.

$\frac{x}{(x-1)^2}$; VI : 1.

$\frac{x-3}{9}$; pas de valeur interdite.

$\frac{5x}{4x-2} + \frac{1}{x^2}$; VI : $\frac{1}{2}$ et 0.

$\frac{8x-4}{(x-3)(-1-x)}$; VI : 3 et -1.

$\frac{2}{5} + \frac{7x-1}{-3x}$; VI : 0.

$\frac{-2}{x^2-1} = \frac{-2}{(x+1)(x-1)}$; VI : -1 et 1.

(35) VI : 0 et 3.

VI : $\frac{1}{2}$.

VI : -1.

Page 18

(36) $\frac{9}{(x-2)^2} - 1$ *(il y a un trait de fraction avec x au-dessous : **cas 8**)*. VI : 2.

$= \frac{9-(x-2)^2}{(x-2)^2} = \frac{(3)^2-(x-2)^2}{(x-2)^2}$

(le numérateur est une différence de deux carrés : $A = 3$, $B = x-2$)

$= \frac{(x+1)(-x+5)}{(x-2)^2}$.

(37) $3x^3 - 3x$ *(il y a deux termes, avec x : **cas 5**)*

$= x(3x^2-3) = 3x(x^2-1)$ *(différence de deux carrés)*

$= 3x(x+1)(x-1)$.

㊳ $5x^2 + 7x + 2$ *(il y a trois termes,* ***cas 6.*** *On cherche une racine évidente : RE = − 1, on met (x + 1) en facteur)*

$= (x + 1)(5x + 2)$.

㊴ $-(x - 2)^2 - 9$ *(il y a deux signes « − », on le met en facteur :* ***cas 3****).*

$= -[(x - 2)^2 + 9]$

(dans les crochets, c'est la somme d'un carré et d'un nombre positif, donc ce n'est ***pas factorisable****).*

㊵ $x - \frac{4}{x}$ *(il y a un trait de fraction avec x au-dessous :* ***cas 8****)* VI : 0.

$= \frac{x^2 - 4}{x} = \frac{x^2 - 2^2}{x} = \frac{(x + 2)(x - 2)}{x}$

(différence de deux carrés).

㊶ $\frac{3}{x + 2} - \frac{x + 1}{2x}$; (VI : − 2 et 0).

$= \frac{6x - (x + 1)(x + 2)}{2x(x + 2)}$

$= \frac{6x - x^2 - x - 2x - 2}{2x(x + 2)}$

$= \frac{-x^2 + 3x - 2}{2x(x + 2)} = \frac{(x - 1)(-x + 2)}{2x(x + 2)}$

(au numérateur : ***cas 6****, avec RE = 1).*

㊷ $x^2 - 4 - (3x - 1)(x + 2)$ *(il y a des parenthèses, on fait apparaître un facteur commun en factorisant $x^2 - 4 = x^2 - 2^2$:* ***cas 1****)*

$= (x + 2)(x - 2) - (3x - 1)(x + 2)$

$= (x + 2)[x - 2 - 3x + 1]$

$= (x + 2)(-2x - 1)$.

㊸ $(x - 1)^2 + (5 - 2x)^2$ *(il y a des parenthèses, mais ce n'est* ***pas factorisable*** *car c'est la somme de deux carrés :* ***cas 3****).*

㊹ $x^2 + 2x + 7$ *(il y a 3 termes,* ***cas 6****, mais pas de racine évidente, alors on cherche la forme canonique)*

$= (x + 1)^2 - 1^2 + 7$

$= (x + 1)^2 + 6$

(c'est la somme d'un carré et d'un nombre positif, donc ce n'est ***pas factorisable****).*

㊺ $2x^2 + 7x + 5$ *(il y a 3 termes,* ***cas 6.*** *On cherche une racine évidente ici RE = − 1, on met (x + 1) en facteur)*

$= (x + 1)(2x + 5)$.

㊻ $2x^3 - x^2 - 2x + 1$ *(il y a 4 termes,* ***cas 7,*** *on regroupe)*

$= x^2(2x - 1) - 1(2x - 1)$

$= (2x - 1)(x^2 - 1)$

$= (2x - 1)(x + 1)(x - 1)$.

㊼ $x^2 + 9 + (x - 1)(x + 9)$ *(il y a des parenthèses, mais pas de facteur commun, alors on développe :* ***cas 4****)*

$= x^2 + 9 + x^2 - x + 9x - 9$

$= 2x^2 + 8x$; *(il y a 2 termes, avec x, on peut mettre 2x en facteur)*

$= 2x(x + 4)$.

Page 19

㊽

x		$\frac{1}{3}$	
$-x + \frac{1}{3}$	+	0	−

$a = -1$.

x		0	
$3x$	−	0	+

$a = 3$.

x		6	
$\frac{x}{2} - 3$	−	0	+

$a = \frac{1}{2}$.

x		−5	
$(-x - 5)^2$	+	0	+

Un carré est toujours positif ou nul.

Page 20

㊾ $(5x + 1)^2 - x^2$

(différence de deux carrés)

$= (6x + 1)(4x + 1)$. Les racines sont $-\frac{1}{6}$ et $-\frac{1}{4}$, *attention à l'ordre !*

x		$-\frac{1}{4}$		$-\frac{1}{6}$	
$6x + 1$	−		−	0	+
$4x + 1$	−	0	+		+
$(6x + 1)(4x + 1)$	+	0	−	0	+

㊿ $-3(x + 2)(x - 1)$; les racines sont − 2 et 1. − 3 est toujours négatif.

x		−2		1	
−3	−		−		−
$x + 2$	−	0	+		+
$x - 1$	−		−	0	+
$-3(x + 2)(x - 1)$	−	0	+	0	−

(51) $-5(2x + 3)(4 - x)$.

x		$-\frac{3}{2}$		4	
−5	−		−		−
$2x + 3$	−	0	+		+
$4 - x$	+		+	0	−
E(x)	+	0	−	0	+

(52) $x^2 - 3x + 2$; 1 est racine évidente ;

$= (x - 1)(x - 2)$.

x		1		2	
$x - 1$	−	0	+		+
$x - 2$	−		−	0	+
E(x)	+	0	−	0	+

(53) $\frac{1}{x} - 4x$; valeur interdite : 0 ;

$= \frac{1 - 4x^2}{x} = \frac{(1)^2 - (2x)^2}{x}$

$= \frac{(1 - 2x)(1 + 2x)}{x}$;

les racines sont $\frac{1}{2}$ et $-\frac{1}{2}$.

x		$-\frac{1}{2}$		0		$\frac{1}{2}$	
$1 - 2x$	+		+		+	0	−
$1 + 2x$	−	0	+		+		+
x	−		−	0	+		+
E(x)	+	0	−	‖	+	0	−

(54) $(2x - 3)^2 - (3x + 1)^2$

(différence de deux carrés)

$= (5x - 2)(-x - 4)$.

x		−4		$\frac{2}{5}$	
$5x - 2$	−		−	0	+
$-x - 4$	+	0	−		−
E(x)	−	0	+	0	−

(55) $2x(1 - x)$; déjà factorisé.

x		0		1	
$2x$	−	0	+		+
$1 - x$	+		+	0	−
E(x)	−	0	+	0	−

(56) $(x + 1)^2(-3x - 4)$ déjà factorisé ;

(un carré est toujours positif ou nul).

Attention à l'ordre des racines !

x		$-\frac{4}{3}$		−1	
$(x + 1)^2$	+		+	0	+
$-3x - 4$	+	0	−		−
E(x)	+	0	−	0	−

1

Factoriser les expressions suivantes :

1. $4x^2 - 3x$.

2. $-x^2 - 3x + 4$.

3. $(x - 1)^2 + 3x - 3$.

4. $5x^2 - 20$.

5. $x^2 + 2x + 1$.

6. $3x - 2x^2 - 1$.

7. $x^2 - x - 6$. $= \left(x - \frac{1}{2}\right)^2 - \frac{1}{4} - 6$
$= \left(x - \frac{1}{2}\right)^2 - \frac{25}{4}$
$= \left(x - \frac{1}{2} - \frac{5}{2}\right)\left(x - \frac{1}{2} + \frac{5}{2}\right)$
$= (x - 3)(x + 2)$

8. $(2x - 3)^2 - 9$.

9. $1 - \dfrac{1}{(x - 4)^2}$.

10. $6x^2 - 6$.

11. $3x^2 - x - 10$.

12. $3x^2 - 6x + 4$.

13. $(x - 3)^2 + 4$.

14. $-x^2 + 4$.

15. $2 + \dfrac{1}{(2x-1)^2}$.

16. $-x^2 + 3x - 2$.

17. $-3x^2 + 2x + 5$.

18. $(2x-5)^2 - 4x + 10$.

19. $(8x-3)^2 - \dfrac{1}{4}$.

20. $2(x-1)^2 + 7$.

21. $(x-3)^2(x^2-4)$.

22. $3x^2 - 5x - 8$.

23. $3x^2 - 6x + 3$.

24. $(-x+4)^2 - (x^2 - 2x + 1)$.

25. $5x^2 - 9$.

26. $-3x^2 - 4x - 1$.

27. $4 - \dfrac{4}{(x-1)^2}$.

28. $(x-2)(4x^2-1)$.

2

Exercices complémentaires.

29. $2x^2 - 12x + 18$. **30.** $4(-x+3)^2 + 9$. **31.** $4x^2 - 9x$. **32.** $-8x^2 + 3x(x-1)$.

33. $(x-3)^2 - 4x + 12$. **34.** $(2x+1) - (x+7)(2x+1)$. **35.** $x^2 - 7x + 12$. **36.** $x^2 - \frac{1}{2}x + 2$.

37. $x^2 + 4x + 4 - (3x-1)^2$. **38.** $10x^2 - 6x - (5x-3)^2$. **39.** $4x^2 + 15x - 4$. **40.** $9 - \dfrac{25}{(x+4)^2}$.

I

Factoriser, si c'est possible, en indiquant succinctement la méthode utilisée : racine évidente, différence de deux carrés, facteur commun, forme canonique...

1. $4 - (3 - 5x)^2$.

2. $-x^2 - 4x + 5$.

3. $(3x - 2)^2 - 3x + 2$.

4. $-4x^2 + (3x - 1)^2$.

5. $4 + \dfrac{9}{(x + 1)^2}$.

6. $5x^2 - 10x + 7$.

7. $(x - 3)^2 - 6x - 9$.

8. $x^2 - 49 - (5x + 3)(x + 7)$.

II

Étudier le signe des expressions suivantes (factoriser s'il y a lieu) :

1. $(1 - 3x)(x^2 + 4)$.

2. $\dfrac{-2(x+3)^2}{x-1}$.

3. $-5x^2 - 3x + 2$.

4. $36x^2 - 9x$.

5. $1 - \dfrac{4x-1}{3x}$.

6. $(x-3)^2 - 7x(x-3)$.

Grille d'évaluation

A Reconnaître ce qu'il faut faire

B Réaliser ou appliquer

++ réussite totale
+ réussite partielle
– échec partiel
– – échec total
/ non traité

	n° dans le test	A	B
Calculer avec des fractions ou des puissances	II_5, I_6		
Différencier $-x^2$ et $(-x)^2$	I_2		
Trouver pour quelle valeur de x on a : $ax + b = 0$	II		
Résoudre : $nombre \times x = 0$	II_5		
Trouver la (ou les) valeur(s) interdite(s)	I_5, $II_{2,5}$		
Connaître le rôle d'un « – » devant un quotient	II_5		
Reconnaître qu'une expression est déjà factorisée	$II_{1,2}$		
Reconnaître qu'une expression n'est pas factorisable	$I_{5,6,7}$		
Trouver un facteur commun ou le faire apparaître	$I_{3,8}$, II_6		
Voir une racine évidente et factoriser	I_2, II_3		
Reconnaître une différence de deux carrés et factoriser	$I_{1,4,8}$		
Trouver la forme canonique	I_6		
Étudier le signe de $ax + b$	II		
Connaître le signe d'un carré	II_2		
Connaître le signe de la somme d'un carré et d'un nombre positif	II_1		
Dresser un tableau de signes	II		
Mettre les « 0 » et les doubles barres au bon endroit	II		
BILAN			

S'exprimer			Présenter	

Résultats du test

I. Factorisation

① $4 - (3 - 5x)^2$ *(différence de deux carrés)*
$= (-5x + 5)(5x - 1)$.

② $-x^2 - 4x + 5$ *(racine évidente : 1)*
$= (x - 1)(-x - 5)$.

③ $(3x - 2)^2 - 3x + 2$ *(facteur commun)*
$= (3x - 2)(3x - 2) - 1(3x - 2) = (3x - 2)(3x - 3)$.

④ $-4x^2 + (3x - 1)^2$ *(différence de deux carrés)*
$= (3x - 1)^2 - (2x)^2 = (5x - 1)(x - 1)$.

⑤ $4 + \dfrac{9}{(x + 1)^2}$ VI : − 1.
$= \dfrac{4(x + 1)^2 + 9}{(x + 1)^2}$.
Somme d'un carré et d'un nombre positif, non factorisable.

⑥ $5x^2 - 10x + 7$ *(pas de racine évidente)*
$= 5\left[x^2 - 2x + \frac{7}{5}\right]$ *(forme canonique)*
$= 5\left[(x - 1)^2 - 1 + \frac{7}{5}\right] = 5\left[(x - 1)^2 + \frac{2}{5}\right]$.
Dans les crochets, somme d'un carré et d'un nombre positif, non factorisable.

⑦ $(x - 3)^2 - 6x - 9$ *(pas de facteur commun, on développe)*
$= (x - 3)(x - 3) - 6x - 9$
$= x^2 - 3x - 3x + 9 - 6x - 9 = x^2 - 12x$
(on met x en facteur)
$= x(x - 12)$.

⑧ $x^2 - 49 - (5x + 3)(x + 7)$ *(on fait apparaître un facteur commun)*
$= (x + 7)(x - 7) - (5x + 3)(x + 7)$
$= (x + 7)(x - 7 - 5x - 3) = (x + 7)(-4x - 10)$.

II. Signe d'expression

① $(1 - 3x)(x^2 + 4)$, *déjà factorisée.*

x		$\frac{1}{3}$	
$1 - 3x$	+	0	−
$x^2 + 4$	+		+
$E(x)$	+	0	+

$a = -3$.
La somme d'un carré et d'un réel positif est toujours strictement positive.

② $\dfrac{-2(x + 3)^2}{x - 1}$ *(déjà factorisée)* ; VI : 1.

x		-3		1	
-2	−		−		−
$(x + 3)^2$	+	0	+		+
$x - 1$	−		−	0	+
$E(x)$	+	0	+	‖	−

− 2 est toujours négatif.
Un carré est toujours positif ou nul.
$a = 1$.

③ $-5x^2 - 3x + 2$ RE = − 1 *(on met $(x + 1)$ en facteur)*
$= (x + 1)(-5x + 2)$.

x		-1		$\frac{2}{5}$	
$x + 1$	−	0	+		+
$-5x + 2$	+		+	0	−
$E(x)$	−	0	+	0	−

$a = 1$.
$a = -5$.

④ $36x^2 - 9x$ *(on met x en facteur)*
$= x(36x - 9)$ ou $9x(4x - 1)$.

x		0		$\frac{1}{4}$	
x	−	0	+		+
$36x - 9$	−		−	0	+
$E(x)$	+	0	−	0	+

$a = 1$.
$a = 36$.

⑤ $1 - \dfrac{4x - 1}{3x}$ VI : 0 *($3x = 0$ lorsque $x = 0$).*
$= \dfrac{3x - 4x + 1}{3x} = \dfrac{-x + 1}{3x}$.

x		0		1	
$-x + 1$	+		+	0	−
$3x$	−	0	+		+
$E(x)$	−	‖	+	0	−

$a = -1$.
$a = 3$.

⑥ $(x - 3)^2 - 7x(x - 3)$ *(on met $(x - 3)$ en facteur)*
$= (x - 3)(x - 3) - 7x(x - 3) = (x - 3)(x - 3 - 7x)$
$= (x - 3)(-6x - 3)$.

$-6x - 3 = 0$
$-6x = 3$
$6x = -3$
$x = -\dfrac{3}{6}$
$= \dfrac{-1}{2}$.

x		$-\frac{1}{2}$		3	
$x - 3$	−		−	0	+
$-6x - 3$	−	0	−		−
$E(x)$	−	0	+	0	−

Thème 2 Équations - Inéquations - Équations de droites

Objectifs

1. Résoudre des équations.
2. Résoudre des inéquations.
3. Tracer une droite avec précision et trouver l'équation réduite d'une droite.

Plan

Ce que vous devez savoir et savoir faire à la fin de ce thème

Savoir	Savoir faire
• *Connaître la différence entre une égalité et une équation.*	• *Factoriser une expression.*
• *Connaître la règle du produit nul.* • *Connaître la règle du quotient nul.* • *Résoudre :* nombre × x = *0.*	• *Reconnaître la méthode à employer pour résoudre une équation et l'utiliser.*
• *Connaître le lien entre « ⩾ 0 » et « positif ou nul », etc.*	• *Étudier le signe d'une expression.* • *Traduire l'appartenance à un intervalle en inégalité(s) et vice-versa.*
• *Connaître la méthode pour résoudre une inéquation.*	• *Résoudre une inéquation.* • *Lire un tableau de signes.*
• *Connaître les types de droites et les formes d'équation réduite.*	• *Reconnaître le type de droite selon son équation réduite et donner sa pente.* • *Lire la pente d'une droite tracée.* • *Tracer une droite donnée par un point et sa pente, ou par son équation réduite.*
• *Connaître la formule de l'équation réduite d'une droite.*	• *Déterminer l'équation réduite d'une droite.*

I. Résolution d'équations

1. Vocabulaire : égalité et équation

Avant de commencer, il faut savoir *la différence entre « égalité » et « équation »*.

Égalité

- $2 + 3 = 5$.
- $x(3x - 1) = 3x^2 - x$.
- $(a - b)^2 = a^2 - 2ab + b^2$.

Elles sont toujours vraies, quelles que soient les valeurs données aux lettres.

Équation

- $(x + 3)^2 = x^2 + 9$, vraie pour $x = 0$.
- $\dfrac{x - 3}{x} = -2$, vraie pour $x = 1$.
- $x^2 + 4 = 0$, jamais vraie.

Elles ne sont vraies que pour certaines valeurs prisent par les lettres.

Exemples ▶

Développer :
$(x + 5)(x - 3) - (x^2 + 1)$
$= x^2 + 5x - 3x - 15 - x^2 - 1$
$= 2x - 16$.

⚠ On ne peut pas diviser ce résultat par 2, ni par n'importe quel autre nombre, sinon on change d'expression et il n'y a plus d'égalité.

Résoudre : $(x + 5)(x - 3) = x^2 + 1$
$\iff (x + 5)(x - 3) - (x^2 + 1) = 0$
$\iff x^2 + 5x - 3x - 15 - x^2 - 1 = 0$
$\iff 2x - 16 = 0$
$\iff x - 8 = 0 \iff x = 8$
8 est la valeur pour laquelle l'égalité est vraie, appellée **solution de l'équation** : $S = \{8\}$.

Les verbes calculer, développer, factoriser, réduire,... montrent que l'on travaille sur des égalités.

Le verbe **résoudre** montre que l'on travaille sur des équations.

EXERCICES

Parmi les écritures suivantes, encadrer les égalités :

1. $(3x - 1)^2 = 9x^2 - 6x + 1$. **2.** $4x = 0$. **3.** $\dfrac{8}{3} - 1 = \dfrac{5}{3}$. **4.** $(x + 1)(x - 1) = x^2 + 1$. **5.** $\dfrac{x + 3}{3} = x$.

⚠ L'écriture $f(x) = 2x - 5$, sans précision, ne permet pas de savoir si c'est une égalité ou une équation. « Soit $f(x) = 2x - 5$ » indique une égalité et « résoudre $f(x) = 2x - 5$ » indique une équation.

2. Méthode pour résoudre une équation

- Si l'équation comporte un trait de fraction : **étudier le cas 4.**
- Si l'équation ne comporte pas de trait de fraction : on **transpose** tout dans le 1er membre : l'équation **A = B** devient **A − B = 0.**

  Si le 1er membre obtenu est du 1er degré : étudier le cas 1.

  Si le 1er membre n'est pas du 1er degré, on cherche à factoriser afin d'appliquer la règle du **produit nul** : étudier les **cas** 2 et 3.
- On vérifie si les valeurs trouvées ne sont pas interdites.
- On écrit les solutions entre accolades : $S = \{... ; ... ; ...\}$, ou, s'il n'y a pas de solution, $S = \varnothing$.

3. Étude des différents cas à travers des exemples

■ **Cas 1**

$3(x-1) = 5(3x+7)$ — Il n'y a pas de trait de fraction : on transpose.

$3(x-1) - 5(3x+7) = 0$ — Le 1er membre est du 1er degré : on cherche la racine.

$3x - 3 - 15x - 35 = 0$

$-12x - 38 = 0$ — On isole le terme en x.

$-12x = 38$ [+/ −] — On prend les opposés.

$12x = -38$ — On divise par 12 et on simplifie la fraction obtenue.

$x = -\frac{38}{12} = -\frac{19}{6}$. $S = \left\{-\frac{19}{6}\right\}$.

■ **Cas 2**

$(x-3)^2 = (2x-1)^2$ — On transpose, le 1er membre n'est pas du 1er degré : on factorise.

$(x-3)^2 - (2x-1)^2 = 0$ — Différence de deux carrés : $A = x - 3$ et $B = 2x - 1$.

$(3x-4)(-x-2) = 0$ — On applique la **règle du produit nul** :

> **un produit de facteurs est nul si l'un ou l'autre des facteurs est nul.**

$3x - 4 = 0$ ou $-x - 2 = 0$

$x = \frac{4}{3}$ $\qquad x = -2$.

$S = \left\{\frac{4}{3} ; -2\right\}$.

■ **Cas 3**

$(2x+1)^2 = 4x - 8$ — On transpose.

$(2x+1)^2 - 4x + 8 = 0$ — Le 1er membre n'est pas du 1er degré et on ne peut pas factoriser, donc on développe.

$4x^2 + 4x + 1 - 4x + 8 = 0$

$4x^2 + 9 = 0.$ — La somme d'un carré et d'un nombre positif n'est jamais nulle (toujours strictement positive). Pas de solution.

$S = \varnothing$.

■ **Cas 4**

$\frac{3-x}{x-1} = \frac{x}{2}$ — Il y a un trait de fraction : la valeur interdite est 1. On réduit les deux membres au même dénominateur.

$\frac{6-2x}{2(x-1)} = \frac{x^2-x}{2(x-1)}$ — On transpose.

$\frac{6-2x-x^2+x}{2(x-1)} = 0$ — On applique la **règle du quotient nul** :

> **un quotient est nul si le numérateur est nul.**

$-x^2 - x + 6 = 0$ — Le numérateur n'est pas du 1er degré. Une racine évidente est 2, donc on met $(x-2)$ en facteur.

$(x-2)(-x-3) = 0$

$x - 2 = 0$ ou $-x - 3 = 0$ — On applique la **règle du produit nul.**

$x = 2$ $\qquad x = -3$ — Les valeurs trouvées ne sont **pas interdites**.

d'où $S = \{2 ; -3\}$.

EXERCICES

6. Résoudre $\frac{x+3}{2} - \frac{6x-1}{6} = \frac{5}{3}$.

⚠ *nombre* $\times x = 0 \iff x = 0$

7. Résoudre $\left(\frac{2x-1}{2}\right)(4 - x^2) = 0$.

II. Résolution d'inéquations

1. Pour mémoire

a. Comparaison à zéro

$\boxed{\geqslant 0}$ se lit « est positif ou nul ».

$\boxed{> 0}$ se lit « est strictement positif ».

$\boxed{\leqslant 0}$ se lit « est négatif ou nul ».

$\boxed{< 0}$ se lit « est strictement négatif ».

Exemple ▶ La phrase « si x est supérieur à 7, alors l'expression $E(x)$ est positive ou nulle » peut s'écrire :

$$x > 7 \qquad \Rightarrow \qquad E(x) \geqslant 0.$$

EXERCICE

8. Traduire les phrases suivantes en symboles mathématiques :
si x est inférieur ou égal à -2, alors $E(x)$ est strictement positif :
si x est positif ou nul, alors $E(x)$ est inférieur à 3 :
si x est négatif ou nul, alors $E(x)$ est supérieur à 5 :

b. Intervalles et inégalités

L'appartenance à un intervalle se traduit toujours par une inégalité.

EXERCICE

9. Tableau à compléter

Schéma	Intervalle(s)	Inégalité(s)	Borne(s)
	$x \in [-3\,;+\infty[$	$x \geqslant -3$	-3 **comprise** , $+\infty$
	$x \in]0\,;7]$	$0 < x \leqslant 7$	0 exclue, 7 **comprise**
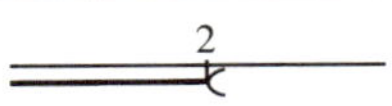	$x \in]-\infty\,;2[$	$x < 2$	$-\infty$, 2 exclue

		$-5 \leqslant x \leqslant 10$	
	$x \in]-\infty\,;-1]$		
			-8 comprise, 0 exclue
		$x > 0$	
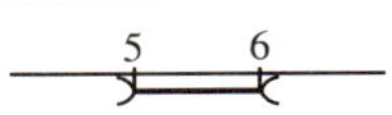			
			4 comprise, $+\infty$
	$x \in]4\,;9]$		

⚠ À l'infini, le crochet est toujours *ouvert* : $]-\infty$,... ou ...; $+\infty[$.
Le crochet est **fermé** seulement s'il y a égalité : $x \geqslant 3 \Leftrightarrow x \in [3; +\infty[$.

2. Comment lire un tableau de signes?

a. Composition d'un tableau de signes

C'est un tableau à double entrée. Chacune des barres de ce tableau a une signification précise.

Variable. ⟶	x		Valeurs particulières de la variable.
Facteurs intervenant dans l'expression.			Signes des différents facteurs.
			Trait opératoire (multiplication ou division).
Expression dont on cherche le signe. ⟶	$E(x)$		Signe de l'expression.

On lit la première et la dernière ligne de ce tableau de la façon suivante :

si x « est égal à » ou « appartient à »,
alors $E(x)$ « est positif » ou « est négatif » ou « est nul » ou « n'existe pas ».

b. Exemples de lecture

	x	4		10	
si...	.....	....		....	
alors...	$E(x)$	+ 0 −		‖	−

- **Si** x est égal à 4, **alors** $E(x)$ est nul ($x = 4 \Rightarrow E(x) = 0$ ou « 4 est une racine »).
- **Si** x appartient à $[4; 10[$, **alors** $E(x)$ est négatif ou nul ($x \in [4; 10[\Rightarrow E(x) \leqslant 0$).
- **Si** x est égal à 10, **alors** $E(x)$ n'existe pas (10 est une valeur interdite).
- $E(x)$ est négatif ou nul si et seulement si $x \in [4; 10[\cup]10; +\infty[$.

EXERCICES

Compléter les lectures suivantes :

10.

x		−3		0		2	
.....							
.....							
.....							
$E(x)$	−	0	+	‖	−	0	+

- si $x = 2$, alors
- si $x \in]0 ; 2]$, alors
- si $x \in]-\infty ; -3[$, alors
- on a $E(x)$ strictement positif si et seulement si
- on a $E(x) \leqslant 0$ si et seulement si

11.

x	0		5	
.....				
$E(x)$	▨	+	0	−

- $E(x)$ n'existe pas si $x \in$
- si $x \in]0; 5[$, alors
- si $x = 7$, alors $E(x)$ est
- on a : $E(x) < 0$ si et seulement si
- on a : $E(x)$ strictement positif si et seulement si

3. Méthode pour résoudre une inéquation

- **On transpose tout dans le 1**[er] **membre, sans changer le sens de l'inégalité.**
- **On factorise le 1**[er] **membre (sauf s'il est du premier degré ou non factorisable).**
- **On *étudie le signe* de ce 1**[er] **membre factorisé à l'*aide d'un* tableau de signes.**
- **On *regarde le sens de l'inégalité :* suivant ce sens, on lit l'ensemble des x correspondant et on écrit cet ensemble solution à l'aide de *crochets*.**

4. Exemples de résolution d'équations

■ Cas 1

$-7x-3 \geqslant 0$, inéquation du 1er degré.

On peut procéder de deux façons.

• $-7x-3 \geqslant 0$ *On isole le terme en x.*

$-7x \geqslant 3$ [+ / −] *On prend les opposés.*

$7x \leqslant -3$ *On divise par le coefficient de x.*

$x \leqslant -\frac{3}{7}$, d'où $S = \left]-\infty ; -\frac{3}{7}\right]$.

• $-7x-3 \geqslant 0$. *On cherche la racine :*

$-7x-3=0 \iff x = \frac{-3}{7}$.

On dresse un **tableau de signes** :

x		$-\frac{3}{7}$	
$-7x-3$	+	0	−

On veut $\boxed{\geqslant 0}$, c'est-à-dire positif ou nul,

d'où $S = \left]-\infty ; -\frac{3}{7}\right]$.

■ Cas 2

$x^2 < 9$ *On transpose.*

$x^2 - 9 < 0$ *On factorise.*

$(x+3)(x-3) < 0$

On dresse un **tableau de signes** :

x		-3		3	
$x+3$	−	0	+		+
$x-3$	−		−	0	+
$(x+3)(x-3)$	+	0	−	0	+

On veut $\boxed{< 0}$, c'est-à-dire « strictement négatif » ;

d'où $S =]-3 ; 3[$.

⚠ Pour une telle inéquation $x^2 < 9$, il ne faut surtout pas « enlever les carrés », car l'inéquation $x < 3$ a pour solution : $S =]-\infty ; 3[$!

■ Cas 3

$\frac{1}{4x} \leqslant x$ *Il y a un trait de fraction.*

On cherche les valeurs interdites.

La valeur interdite est 0.

On réduit les deux membres au même dénominateur.

$\frac{1}{4x} \leqslant \frac{4x^2}{4x}$ *On transpose.*

$\frac{1-4x^2}{4x} \leqslant 0$ *On factorise.*

$\frac{(1+2x)(1-2x)}{4x} \leqslant 0$

⚠ Il ne faut surtout pas enlever le dénominateur, car il a lui aussi un signe qui dépend de x !

On dresse un tableau de signes :

x		$-\frac{1}{2}$		0		$\frac{1}{2}$	
$1+2x$	−	0	+		+	0	+
$1-2x$	+		+		+	0	−
$4x$	−		−	0	+		+
$\frac{(1+2x)(1-2x)}{4x}$	+	0	−	‖	+	0	−

⚠ $4x = 0 \iff x = 0$

• On veut $\boxed{\leqslant 0}$, c'est-à-dire « négatif ou nul »

d'où $S = \left[-\frac{1}{2} ; 0\right[\cup \left[\frac{1}{2} ; +\infty\right[$

5. Théorèmes à utiliser

• **Un carré est toujours positif ou nul.**

x		$\frac{2}{5}$	
$(2-5x)^2$	+	0	+

• **La somme d'un carré et d'un nombre positif est toujours strictement positive.**

x	
$4x^2+9$	+

III. Équations de droites

1. Pente ou coefficient directeur d'une droite

La pente (ou coefficient directeur) d'une droite est un nombre qui marque l'inclinaison de la droite.

a. Lecture sur un graphique

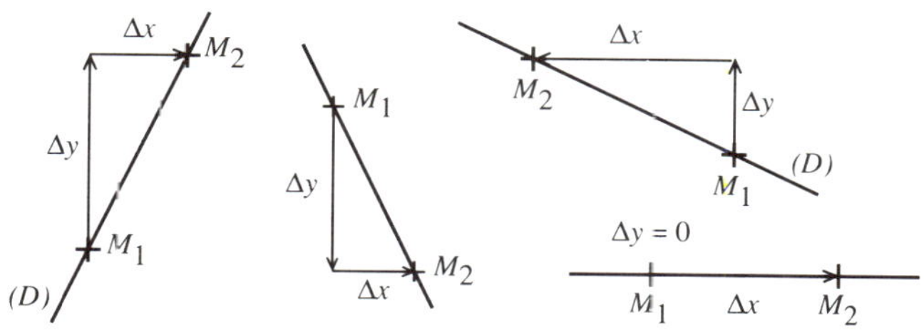

Soient M_1 et M_2 deux points distincts d'une droite non verticale :

$$\textbf{pente} = \frac{\textbf{différence des ordonnées}}{\textbf{différence des abscisses}} = \frac{\Delta y}{\Delta x}.$$

EXERCICE

12. Lire la pente des droites suivantes.

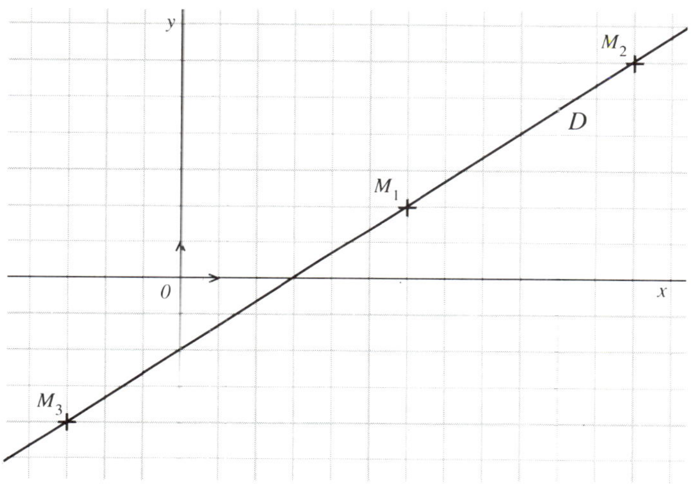

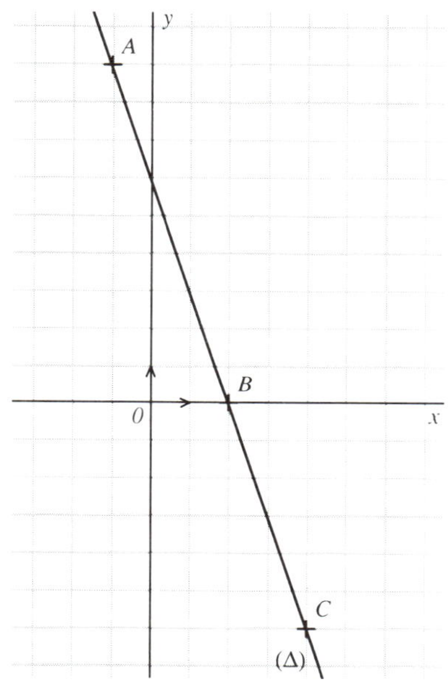

pente entre M_1 et M_2;
entre M_1 et M_3;
entre M_2 et M_3;

pente entre A et B :
entre C et B :
entre A et C :

Remarque : La pente d'une droite est indépendante des points choisis sur la droite.

b. Lecture de la pente dans une équation de la droite

Lorsque la droite est donnée par son *équation réduite* ($y = ax + b$), sa pente est le nombre qui multiplie x.

Exemple ► La droite D d'équation $y = -x + 3$ a pour pente -1, car $-x = -1 \times x$.

EXERCICE

13. Trouver la pente de chacune des droites données par leur équation.

D_1 : $y = \frac{5}{2}x + 3$; $a =$

D_2 : $y = \frac{-3x}{4}$;

D_3 : $y = \frac{x-1}{2}$;

D_4 : $y = x$;

D_5 : $y = 4$;

D_6 : $3x - 2y + 4 = 0$

(*il faut d'abord isoler y*).

2. Tracé d'une droite

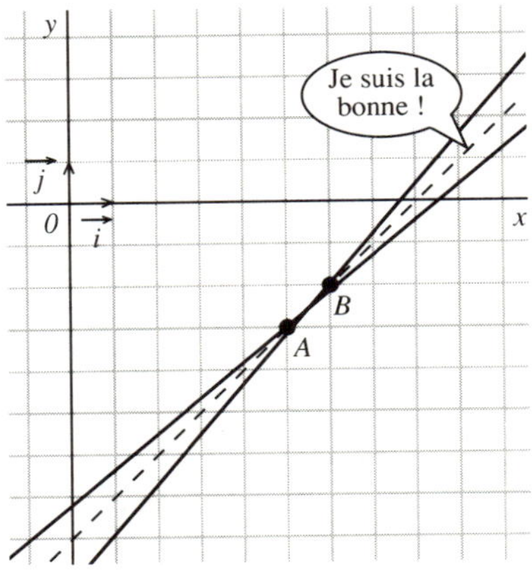

Une droite est parfaitement déterminée par deux points, mais si ces deux points sont trop proches l'un de l'autre, alors le tracé manquera de précision!

Pour tracer une droite, deux méthodes permettent d'éviter la figure fausse :

a) Méthode des trois points

Calculer deux points assez éloignés l'un de l'autre, puis un troisième point pour vérifier l'alignement.

b) Méthode de l'escalier

Calculer un seul point et utiliser la pente pour en trouver d'autres.

■ a. Méthode des trois points

Soit D la droite, d'équation $y = \frac{3}{2}x + 1.$

On calcule les coordonnées d'un point en choisissant pour x une valeur quelconque.

- Si $x = 0$, alors :
  $y = \frac{3}{2} \times 0 + 1 = 0 + 1 = 1$; $A(0; 1)$.
- Si $x = 4$, alors :
  $y = \frac{3}{2} \times 4 + 1 = 6 + 1 = 7$; $B(4; 7)$.
- Si $x = -2$, alors :
  $y = \frac{3}{2}(-2) + 1 = -3 + 1 = -2$; $C(-2; -2)$.
- On place ces trois points, puis on trace la droite.

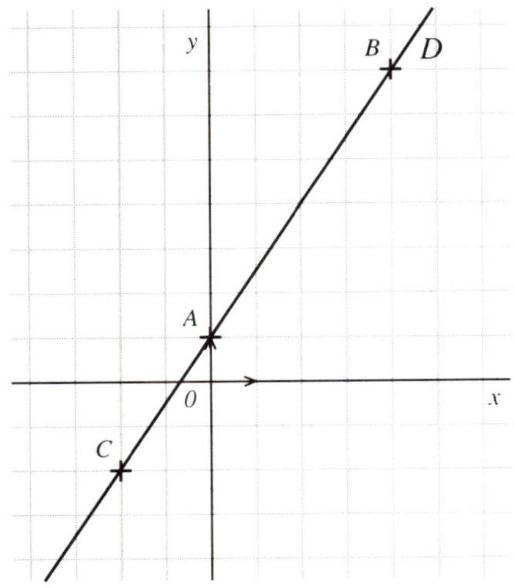

abscisse	x	0	4	− 2
ordonnée	y	1	7	− 2

■ b. Méthode de l'escalier

Soit la droite D, d'équation $y = -2x + 5$.

- On calcule un seul point (en général en choisissant $x = 0$) ;

si $x = 0$, alors $y = -2 \times 0 + 5 = 5$; P(0 ; 5).

- Dans l'équation, on trouve *la pente* que l'on écrit

en fraction : $a = -2 = \frac{-2}{1}$ $\begin{matrix} \leftarrow \Delta y \\ \leftarrow \Delta x \end{matrix}$.

- On place le point P (0 ; 5) et, **à partir de ce point,** on trace une marche d'escalier :

$\begin{cases} -2 \text{ à la verticale pour } \Delta y \\ 1 \text{ à l'horizontale pour } \Delta x, \end{cases}$

et on recommence autant de fois que l'on veut.

- On joint alors les points obtenus.

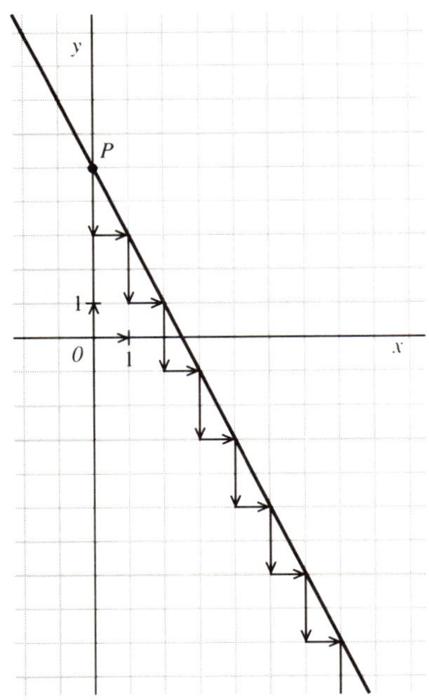

Remarque : Dans la pratique, on ne dessine pas les marches!

3. Équation réduite d'une droite

■ a. Suivant le type de droite, l'équation réduite peut prendre trois formes :

Équation réduite	$y = ax + b$	$y = b$	$x = c$
Pente	a	**nulle** : $a = 0$	**pas de pente**
Type de droite	droite oblique	droite **horizontale**	**verticale**
Représentation graphique	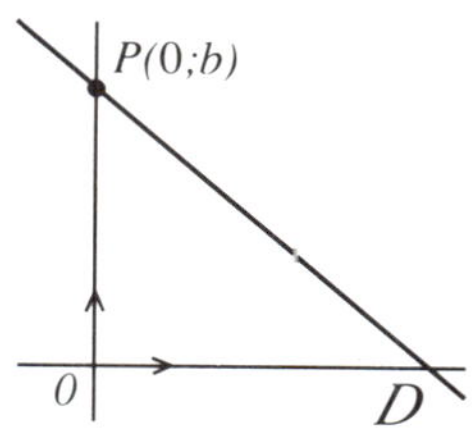	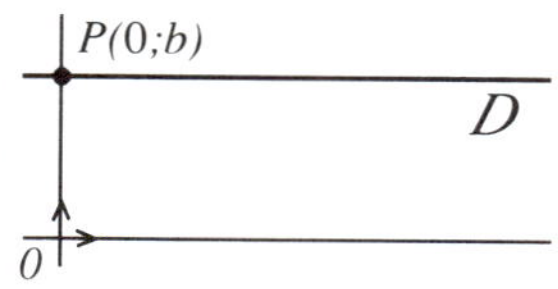 Tous les points de D ont pour **ordonnée b**.	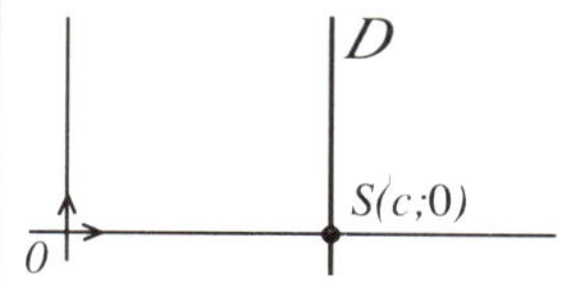 Tous les points de D ont pour **abscisse c**.

EXERCICE

14. Dans le repère ci-joint, tracer les droites d'équations données :

D_1 : $y = -x + 3$;

D_2 : $y = -2$;

D_3 : $x = 5$;

D_4 : $y = \frac{1}{2}x + 3$;

D_5 : $y = -\frac{1}{3}x - \frac{1}{3}$;

D_6 : $y = 3x + 3$.

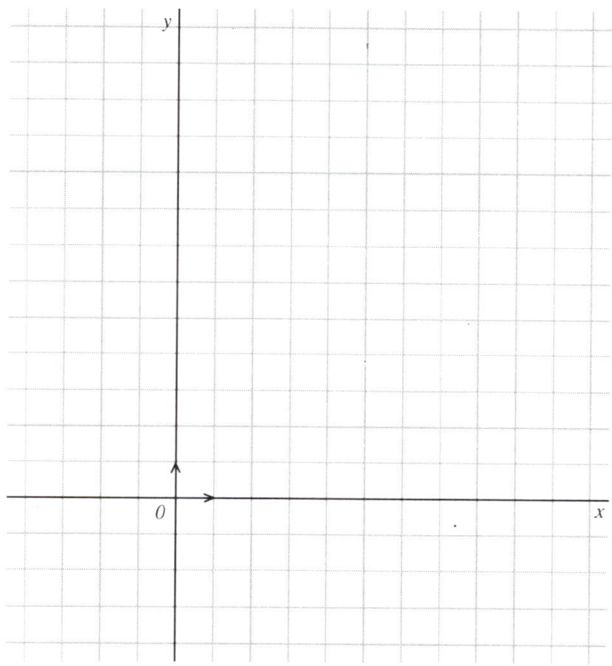

■ b. Détermination de l'équation réduite d'une droite non verticale

Une droite, non verticale, de pente a, passant par le point de coordonnées $(x_0; y_0)$ a pour équation réduite $y = a(x - x_0) + y_0$.

Remarque : Les lettres x, y de cette équation représentent les coordonnées d'un point courant de la droite.

Exemple ► La droite de pente $-\frac{3}{2}$ et passant par $A(4;1)$ a pour équation réduite $y = -\frac{3}{2}(x - 4) + 1$.
Lorsqu'on développe, on obtient $y = -\frac{3}{2}x + 7$.

EXERCICE

15. Déterminer les équations réduites des droites :

- De pente -1 passant par $B(3\,;0)$;
- De pente $\frac{1}{4}$ passant par $C(-1\,;2)$;
- De pente 3 passant par $E(-2\,;-1)$.

Page 30

① Égalité (développement de carré).

② Équation.

③ Égalité (calcul sur les fractions).

④ Équation.

⑤ Équation.

Page 31

Résolution d'équation

⑥ $\frac{x+3}{2} - \frac{6x-1}{6} = \frac{5}{3}$.

Pas de valeur interdite.

$\frac{3x+9-6x+1}{6} = \frac{10}{6}$;

$\frac{-3x}{6} = 0$. Règle du quotient nul.

$-3x = 0 \Longleftrightarrow x = 0$, d'où $S = \{0\}$.

⑦ $\left(\frac{2x-1}{2}\right)(4 - x^2) = 0$.

Le 2e facteur est une différence de deux carrés.

$\left(\frac{2x-1}{2}\right)(2 + x)(2 - x) = 0$.

Règle du produit nul.

$\frac{2x-1}{2} = 0$ ou $2 + x = 0$ ou $2 - x = 0$.

Soit $x = \frac{1}{2}$; $x = -2$; $x = 2$;

d'où $S = \left\{\frac{1}{2} ; -2 ; 2\right\}$.

⑧

- $x \leqslant -2 \Rightarrow E(x) > 0$.
- $x \geqslant 0 \Rightarrow E(x) < 3$.
- $x \leqslant 0 \Rightarrow E(x) > 5$.

Page 31

Tableau

⑨

13	$x \in]13 ; +\infty[$	$x > 13$	13 exclue, $+\infty$
-5 10	$x \in [-5 ; 10]$	$-5 \leqslant x \leqslant 10$	-5 comprise, 10 comprise
-1	$x \in]-\infty ; -1]$	$x \leqslant -1$	$-\infty$, -1 comprise
-8 0	$x \in [-8 ; 0[$	$-8 \leqslant x < 0$	-8 comprise, 0 exclue
0	$x \in]0 ; +\infty[$	$x > 0$	0 exclue, $+\infty$
5 6	$x \in]5 ; 6[$	$5 < x < 6$	5 exclue, 6 exclue
4	$x \in [4 ; +\infty[$	$x \geqslant 4$	4 comprise, $+\infty$
4 9	$x \in]4 ; 9]$	$4 < x \leqslant 9$	4 exclue, 9 comprise

Page 33

Lectures

⑩
- $E(x)$ est nul ou 2 est une racine.
- $E(x)$ est négatif ou nul.
- $E(x)$ est strictement négatif.
- $x \in]-3 ; 0[\cup]2 ; +\infty[$.
- $x \in]-\infty ; -3] \cup]0 ; 2]$.

⑪
- Si $x \in]-\infty ; 0]$.
- $E(x)$ est strictement positif.
- $E(x)$ est négatif.
- $x \in]5 ; +\infty[$.
- $x \in]0 ; 5[$.

Page 35

Pente

⑫ Pour (D) entre M_1 et M_2 :

$\frac{4}{6} = \frac{4 \div 2}{6 \div 2} = \frac{2}{3}$;

entre M_1 et M_3 :

$\frac{-6}{-9} = \frac{6}{9} = \frac{6 \div 3}{9 \div 3} = \frac{2}{3}$;

entre M_2 et M_3 :

$\frac{-10}{-15} = \frac{10}{15} = \frac{2}{3}$.

Pour (Δ) entre A et B :

$\frac{-9}{3} = \frac{-9 \div 3}{3 \div 3} = \frac{-3}{1} = -3$;

entre C et B :

$\frac{6}{-2} = -\frac{6}{2} = -3$;

entre A et C :

$\frac{-15}{5} = -3$.

⑬ D_1 : pente $\frac{5}{2}$;

$D_2 : y = -\frac{3}{4}x$ a pour pente $-\frac{3}{4}$;

$D_3 : y = \frac{1}{2}x - \frac{1}{2}$ a pour pente $\frac{1}{2}$;

D_4 : pente 1, car $x = 1 \times x$;

D_5 : pente 0, car $y = 0 \times x + 4$;

$D_6 : 3x - 2y + 4 = 0 \Longleftrightarrow$

$y = \frac{3}{2}x + 2$ a pour pente $\frac{3}{2}$.

Page 37

⑭ D_1, de pente -1, passe par $(0 ; 3)$;
D_2, de pente 0, droite horizontale ;
D_3 n'a pas de pente, droite verticale ;
D_4, de pente $\frac{1}{2}$, passe par $(0 ; 3)$;
D_5, de pente $-\frac{1}{3}$, passe par $(2 ; -1)$;
D_6, de pente 3, passe par $(0 ; 3)$.

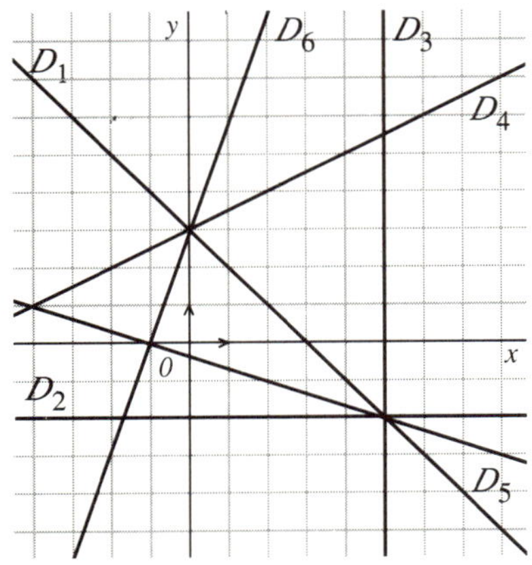

⑮ Équations réduites de droite.

- $y = -1(x - 3) + 0$;
  $y = -x - 3$.
- $y = \frac{1}{4}(x + 1) + 2$;
  $y = \frac{1}{4}x + \frac{9}{4}$.
- $y = 3(x + 2) - 1$;
  $y = 3x + 5$.

1 ★

Résoudre dans $\mathbb{R}$ les équations ou inéquations suivantes :

1. $-2x - 3 = 0$.

2. $x^2 = 9$.

3. $-2x^2 + x \geqslant 0$.

4. $-4(x-1)^2(3-x) < 0$.

5. $3x^2 - 2x - 1 = 0$.

6. $\dfrac{x^2 - 1}{4x - 3} = 0$.

7. $\dfrac{-x - 4}{2x - 3} \leqslant 0$.

8. $(3x + 1)^2 - 4 < 0$.

9. $\dfrac{x - 1}{2} = \dfrac{2(x + 1)}{5}$.

10. $x^2 + 4 \geqslant 0$.

2 ★

Résoudre dans $\mathbb{R}$ les équations ou inéquations suivantes :

1. $\frac{-3x}{2}(x^2 - 2) = 0.$

2. $\frac{4}{(x-1)^2} = 1.$

3. $2x^2 - 3x + 1 \leqslant x^2 + 3x - 8.$

4. $x(5 - x) < 4.$

5. $x^2 + 4x + 5 = 0.$

6. $\frac{x}{5}(5 - x)(5x + 1) = 0.$

3 ★

Exercices complémentaires. Résoudre les équations ou inéquations suivantes :

1. $x^2 - 3 = 0.$ **2.** $-x - \frac{3}{7} < 0.$ **3.** $2x^2 + 3 = 0.$ **4.** $(5x - 3)^2 < 25.$ **5.** $\frac{2x-3}{3} = \frac{x+1}{2}.$ **6.** $(7x - 2)^2 = 4.$

7. $2(x + 3)^2 = x^2 + 2x - 7.$ **8.** $(x + 2)^2 < (2x - 3)(x + 2).$ **9.** $\frac{(x-1)(2-x)}{-x} \leqslant 0.$ **10.** $x(4x + 3) = 1.$

4 ★★

Reprendre l'exercice 2 de niveau 1.

Résoudre dans $\mathbb{R}$ les équations ou inéquations suivantes :

1. $\dfrac{2x-1}{x} = \dfrac{1}{2}$.

2. $5x^2 - 3 = 2(x-1) - 1$.

3. $x^2 - 2 > 2x - 3$.

4. $4x^2 \geqslant 1$.

5. $(x+3)^2 = (4x-1)^2$.

6. $\dfrac{x-1}{2}(x-3)^2 > 0$.

7. $\dfrac{9}{x-1} \geqslant x - 1$.

8. $(3x+1)^2 < 6x - 2$.

5 ★★

Résoudre dans ℝ les équations ou inéquations suivantes :

1. $\dfrac{-x^2+1}{(5x-1)^2}=0.$

2. $x^2-5x-6=0.$

3. $(x+3)^2 > -4.$

4. $3(2x-1) \geqslant (x+1)^2.$

5. $\dfrac{x-3}{3}-\dfrac{x+2}{3x}=x.$

6. $\dfrac{3x-1}{x-1} \leqslant \dfrac{1}{4}$

6 ★★

Exercices complémentaires. Résoudre les équations ou inéquations suivantes :

1. $3x-5=\dfrac{4+7x}{2}$. **2.** $(3x-1)^2=x^2+1$. **3.** $x-3(x+1) \leqslant 4x-3$. **4.** $\dfrac{-x^2-x+6}{2x} \leqslant 0$. **5.** $\dfrac{-x^2-x}{2} \leqslant 0$. **6.** $(3x-2)^2 < x^2+4$. **7.** $3x^2-x-2=0$. **8.** $x^2+7x+13=0$. **9.** $4x^2+1>0$. **10.** $3(x-4)+x \leqslant 5(x-4)$. **11.** $x^2-2x+1=25$. **12.** $\dfrac{1}{x} \leqslant 4x$.

7 ★★★

- Reprendre l'exercice 2 de niveau 1 et l'exercice 5 de niveau 2.
- Résoudre dans $\mathbb{R}$ les équations ou inéquations suivantes :

1. $x(3x - 2) < 1.$

2. $\dfrac{-3x(x^2+1)}{x^2-1} \geqslant 0.$

3. $(2x + 4)(x - 1) = (x + 2)^2.$

4. $x + 4 - \dfrac{x-1}{x} = -x.$

5. $\dfrac{x - 2(x+3)}{x+3} \leqslant x - 2.$

6. $x(x + 5) \geqslant (x - 5)^2.$

7. $x^3 = 2x^2.$

8. $\left(\dfrac{3x-2}{5}\right)\left(-\dfrac{2}{3}x + \dfrac{1}{6}\right)^2 = 0.$

8 ★★★

Étudier les deux exemples suivants, puis résoudre les équations.

Exemple 1 : résoudre $|2x - 3| = 5$
(« la valeur absolue de $2x - 3$ est égale à 5 »).
Les nombres dont la valeur absolue est 5 sont 5 et -5, donc l'équation donnée équivaut à :
$2x - 3 = 5$ ou $2x - 3 = -5$.
$x = 4$ $\quad$ $x = -1$
Il y a deux solutions : $\mathbf{S = \{4 ; -1\}}$.

Exemple 2 : résoudre $\sqrt{2x+1} = x - 1$
(« le radical de $2x + 1$ est égal à $x - 1$ »).
Inutile de se poser des questions d'existence : on procède par analyse et synthèse.

• Analyse. On élève chaque membre au carré :
$2x + 1 = x^2 - 2x + 1$, *(car $(\sqrt{a})^2 = a$)*,
$-x^2 + 4x = 0$ *(on résout l'équation)*
$x(-x + 4) = 0$ $\quad x = 0$ ou $x = 4$

• Synthèse. On vérifie dans l'équation de départ, si les solutions conviennent :

si $x = 0$, alors $\sqrt{2x+1} = \sqrt{1} = 1$ et $x - 1 = -1$ } $1 \neq -1$, donc 0 ne convient pas ;

si $x = 4$, alors $\sqrt{2x+1} = \sqrt{9} = 3$ et $x - 1 = 4 - 1 = 3$ } $3 = 3$, donc 4 convient ;

d'où $\mathbf{S = \{4\}}$.

---

1. $|x + 3| = 7$.

2. $|x^2 + x - 1| = 1$.

3. $\sqrt{x+3} = 1$.

4. $\sqrt{x^2 + 3x} = 2$.

9 ★★★

Exercices complémentaires : reprendre l'exercice 4 du niveau 2 et les exercices suivants :

1. $\dfrac{2x(x^2+4)}{x+2} \geqslant 0$. **2.** $\dfrac{(2x-1)^2}{(x-3)(1-2x)} = 1$. **3.** $\sqrt{5 - 2x} = x - 1$. **4.** $\sqrt{4 - x} = x - 2$.

5. $x - \dfrac{5}{x-1} \leqslant \dfrac{3}{2}$. **6.** $\dfrac{4x^2+9}{-x+1} \geqslant 0$.

10

Pour mémoire

> **Pour tracer une droite donnée par sa pente et un point, sans connaître une équation :**
> - **on place le point donné;**
> - **on interprète la pente sous forme d'une fraction;**
> - **en partant du point placé, on interprète la pente en « marches d'escalier » ;**
> - **on trace la droite joignant les points obtenus.**

Dans le repère ci-joint, tracer les droites :

D_1 passant par A(3; 3) de pente 1;

D_2 passant par B(2; 0) de pente $\frac{2}{3}$;

D_3 passant par C(0; − 3) de pente 0;

D_4 passant par E(0; 4) de pente $-\frac{2}{5}$;

D_5 passant par O(0; 0) de pente 3.

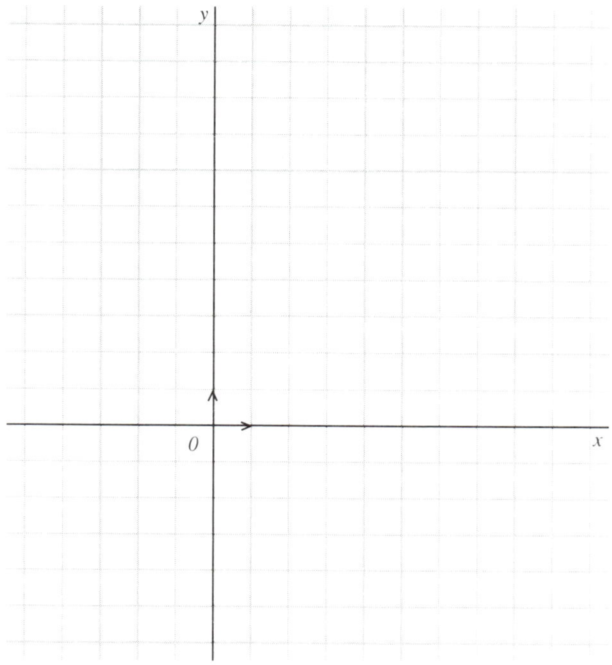

⚠ Soigner la précision !

11

Pour mémoire

Parfois, l'équation de droite qui est donnée n'est pas réduite : on peut alors **isoler *y*** afin de la retrouver, puis lire la pente (le nombre qui multiplie x).

Parfois, lorsque l'on « calcule » un point de la droite en choisissant $x = 0$, on ne trouve pas un nombre « simple » : on peut alors choisir une autre valeur de x : $x = 1$ ou $x = 2$...

Tracer les droites d'équation donnée, après avoir trouver la forme réduite, la pente et un point.

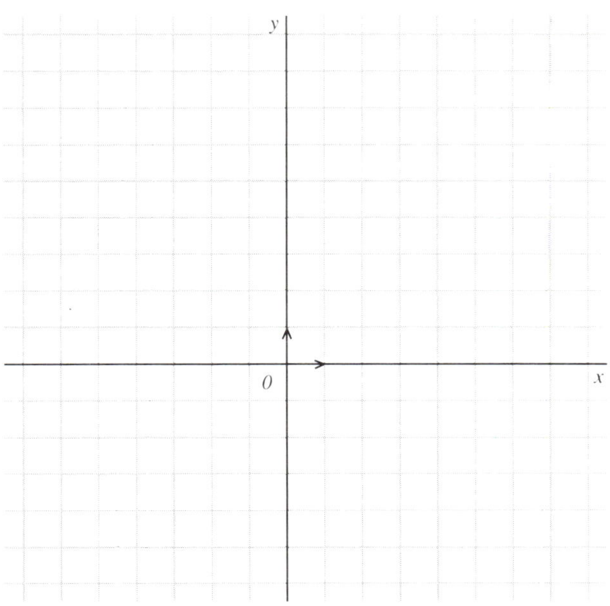

D_1 : $x + y = 0$;

D_2 : $3x + 2y - 5 = 0$;

D_3 : $x - 2y + 9 = 0$;

D_4 : $2x + 5y + 15 = 0$;

D_5 : $4x - 3y = 0$.

12

Équation de droite définie par deux points.

Avant de se «lancer» dans les calculs de pente, bien regarder les coordonnées des points donnés!

- Si les **abscisses** sont **égales**, alors la droite est **verticale** d'équation : x = « **abscisse commune** ».
- Si les **ordonnées** sont **égales**, alors la droite est **horizontale** d'équation : y = «**ordonnée commune**».
- Sinon, on calcule la pente : $a = \dfrac{\Delta y}{\Delta x} = \dfrac{\text{différence des ordonnées}}{\text{différence des abscisses}}$

et on applique la formule de l'équation réduite : $\boldsymbol{y = a(x - x_0) + y_0}$ avec $(x_0;\ y_0)$ le couple de coordonnées de l'un des deux points.

Déterminer les équations réduites des droites suivantes, avec $A(-3;\ 4)$; $B(-2\ ;\ 0)$; $C(2;\ 4)$; E(2; -4); F(5; 0).

(AB) :

(AC) :

(AF) :

(EB) :

(EC) :

(EF) :

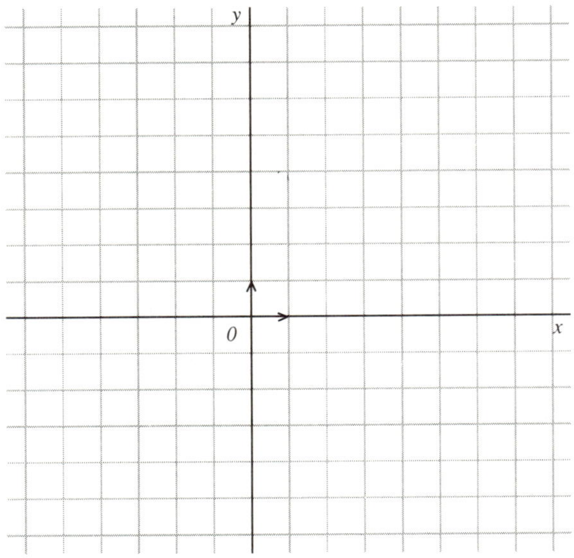

13

Lorsqu'une droite est tracée, on peut faire une lecture directe de son équation réduite.

Équation réduite d'une droite, suivant son type :

- **verticale : on lit l'abscisse commune, c ; l'équation est $x = c$;**
- **horizontale : on lit l'ordonnée commune, b ; l'équation est $y = b$;**
- **oblique : on lit la pente $a = \dfrac{\Delta y}{\Delta x}$,**

et on lit l'ordonnée b du point d'intersection de la droite avec l'axe des ordonnées;
l'équation est $y = ax + b$.

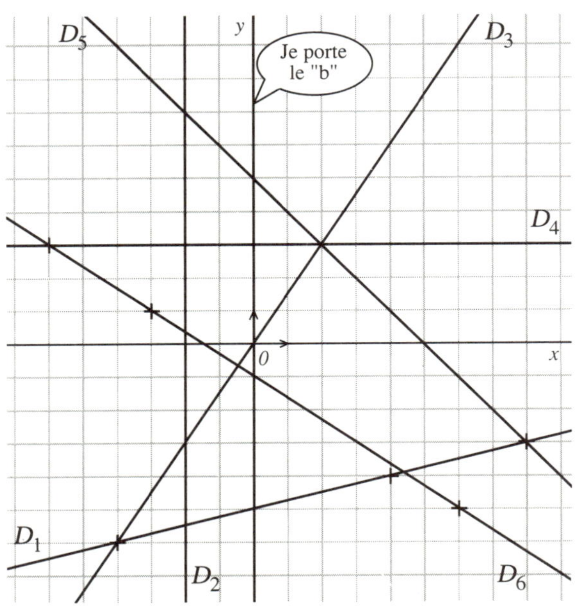

Lire l'équation réduite des droites tracées :

D_1 : ; D_4 : ;

D_2 : ; D_5 : ;

D_3 : ; D_6 : ;

I

Résoudre dans $\mathbb{R}$ les équations ou inéquations suivantes, en énonçant les règles ou méthodes utilisées.

1. $(x + 3)^2 > 3(x^2 + 3)$.

2. $-5x(x - 1)^2 = 0$.

3. $1 - \dfrac{9}{(x - 2)^2} \leqslant 0$.

4. $\dfrac{5x - 1}{x + 1} - x = 1$.

5. $x(5x - 9) = 2$.

6. $-3(x^2 + 1)(3 - 5x) \geqslant 0$.

II

1. Écrire la phrase suivante en symboles mathématiques :

« Si x est strictement inférieur à 3, alors l'expression $E(x)$ est positive ou nulle. »

2. Expliquer la résolution de l'inéquation suivante : $(3x - 2)^2 \leqslant 0$, $S = \left\{\frac{2}{3}\right\}$.

3. Le symbole « = » représente-t-il une égalité ou une équation dans l'expression $\frac{x + 3}{x} = 3$?

Si c'est une égalité expliquer pourquoi. Sinon, résoudre l'équation qu'elle représente.

III

Le repère ci-joint est orthonormal.

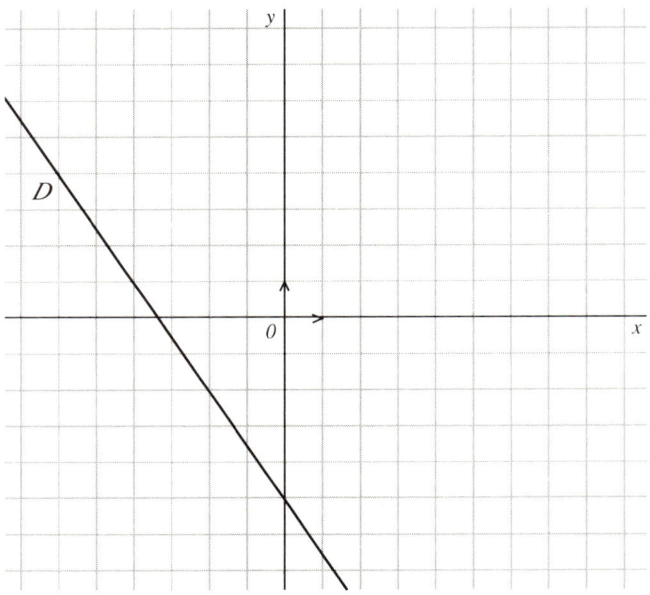

1. Lire directement l'équation réduite de la droite tracée D :

2. Tracer avec précision les droites données par leur équation :

- D_1 : $y = -3x + 4$;
- D_2 : $y = -\frac{2}{3}x - \frac{7}{3}$;
- D_3 : $y = x$.

3. Tracer les droites :

- D_4 de pente $-\frac{1}{3}$ et passant par $A(6; 2)$;
- D_5 de pente $\frac{3}{2}$ et passant par $B(6; -1)$.

4. • Déterminer l'équation réduite de la droite D_4. (Redonner la formule.)

• Déterminer l'équation réduite de la droite (AB).

Grille d'évaluation

A Reconnaître ce qu'il faut faire

B Réaliser ou appliquer

++ réussite totale
\+ réussite partielle
– échec partiel
– – échec total
/ non traité

	nº dans le test	A	B
Savoir si un symbole = correspond à une égalité	II_3		
Reconnaître qu'une expression est déjà factorisée	$I_{2,6}$		
Reconnaître une différence de deux carrés et factoriser	I_3		
Trouver une racine évidente et factoriser	$I_{4,5}$		
Reconnaître la somme d'un carré et d'un nombre positif et connaître son signe	I_6		
Trouver une valeur interdite et vérifier qu'une solution trouvée n'est pas interdite	$I_{3,4}$		
Résoudre : *nombre* × *x* = 0	I_2		
Connaître et appliquer la règle du produit nul	$I_{2,4}$		
Connaître et appliquer la règle du quotient nul	I_4		
Connaître la méthode pour résoudre une inéquation	$I_{1,3,6}$		
Dresser un tableau de signes avec « 0 » et « ‖ » aux bons endroits	I_3		
Connaître le signe d'un carré	I_3, II_2		
Lire un tableau de signes et écrire l'ensemble solution d'une inéquation	$I_{1,3,6}$, II_2		
Connaître la formule de l'équation réduite d'une droite et l'appliquer	III_4		
Lire la pente d'une droite tracée	III_1		
Tracer une droite définie par un point et sa pente, ou par son équation réduite	$III_{3,2}$		
BILAN			

S'exprimer		Présenter	

Résultats du test

1. Équations. Inéquations

① Il n'y a pas de factorisation apparente. On développe.

$x^2 + 6x + 9 - 3x^2 - 9 > 0$
$-2x^2 + 6x > 0$
$x(-2x + 6) > 0.$

x		0		3	
x	$-$	0	+		+
$-2x + 6$	+		+	0	$-$
$E(x)$	$-$	0	+	0	$-$

On veut $\boxed{> 0}$, c'est-à-dire strictement positif ;
d'où $S =]0 ; 3[$.

② L'expression est déjà factorisée. On applique la règle du produit nul :

$-5x = 0$ ou $(x - 1)^2 = 0$
$x = 0$ $\quad x = 1.$ $\qquad S = \{0 ; 1\}$.

③

$\dfrac{(x-2)^2 - 9}{(x-2)^2} \leqslant 0$. Valeur interdite : 2. *Le numérateur est une différence de deux carrés que l'on factorise :*
$A = x - 2$ et $B = 3$.
$\dfrac{(x+1)(x-5)}{(x-2)^2} \leqslant 0$. *Un carré est toujours positif ou nul.*

x		-1		2		5	
$x + 1$	$-$	0	+		+		+
$x - 5$	$-$		$-$		$-$	0	+
$(x-2)^2$	+		+	0	+		+
$E(x)$	+	0	$-$	‖	$-$	0	+

On veut $\boxed{\leqslant 0}$, c'est-à-dire négatif ou nul : $S = [-1 ; 2[\cup]2 ; 5]$.

④ $\dfrac{5x - 1 - x^2 - x - x - 1}{x + 1} = 0$. Valeur interdite : -1

On applique la règle du quotient nul : $-x^2 + 3x - 2 = 0$.
1 est racine évidente ; on met $(x - 1)$ en facteur :
$(x - 1)(-x + 2) = 0.$
On applique la règle du produit nul :
$x = 1$ ou $x = 2$, valeurs qui ne sont pas interdites ;
d'où $S = \{1 ; 2\}$.

⑤ On développe : $5x^2 - 9x - 2 = 0$.
2 est racine évidente ; on met $(x - 2)$ en facteur :
$(x - 2)(5x + 1) = 0.$
On applique la règle du produit nul :
$x = 2$ ou $x = -\frac{1}{5}$; d'où $S = \left\{2 ; -\frac{1}{5}\right\}$.

⑥ $-3(x^2 + 1)(3 - 5x) \leqslant 0$. L'expression est déjà factorisée.

x		$\frac{3}{5}$	
-3	$-$		$-$
$x^2 + 1$	+		+
$3 - 5x$	+	0	$-$
$E(x)$	$-$	0	+

– 3 est un nombre négatif.
La somme d'un carré et d'un nombre positif est toujours strictement positive.

On veut $\boxed{\geqslant 0}$, c'est-à-dire positif ou nul ; d'où $S = \left[\frac{3}{5} ; +\infty\right[$.

2.

① $x < 3 \Rightarrow E(x) \geqslant 0$.

② Un carré est toujours positif ou nul.

On veut $\boxed{\leqslant 0}$, c'est-à-dire « négatif ou nul ».

x		$\frac{2}{3}$	
$(3x-2)^2$	+	0	+

La seule solution possible est que le carré soit nul !
D'où $S = \left\{\frac{2}{3}\right\}$.

③ $\dfrac{x+3}{x} = 3$ n'est pas toujours vraie
(contre-exemple : si $x = 1$, alors
$\dfrac{x+3}{x} = \dfrac{1+3}{1} = \dfrac{4}{1} = 4 \neq 3$!).
On résout l'équation.
La valeur interdite est 0,
$\dfrac{x+3}{x} = \dfrac{3x}{x} \Longleftrightarrow \dfrac{-2x+3}{x} = 0$.
Règle du quotient nul : $-2x + 3 = 0$,
d'où $x = \frac{3}{2}$ qui n'est pas valeur interdite ; d'où $S = \left\{\frac{3}{2}\right\}$.

3.

① D : $y = -\frac{3}{2}x - 5$.

② D_1, de pente -3, passant par $(0 ; 4)$.
D_2, de pente $-\frac{2}{3}$, passant par $\left(0 ; -\frac{7}{3}\right)$ difficile à placer ;
mais si $x = 1$, alors $y = -3$, donc D_2 passe par le point $(1 ; -3)$.
D_3, de pente 1, passe par l'origine $(0 ; 0)$.

③ Tracé sur le graphique.

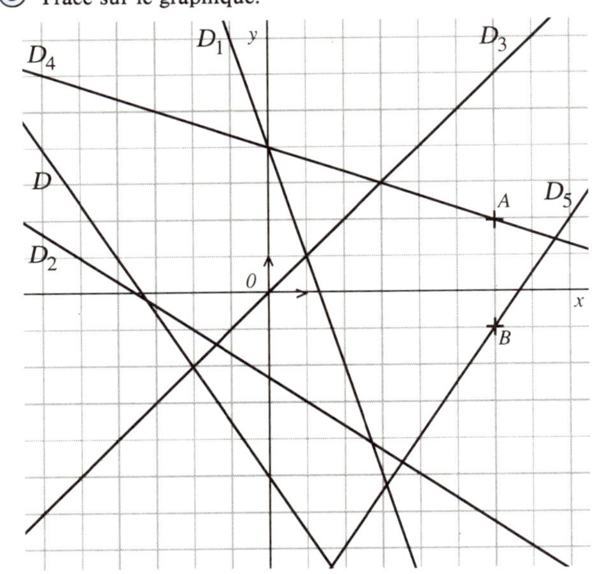

④ Formule : $y = a(x - x_0) + y_0$, avec a la pente de la droite, et $(x_0 ; y_0)$ les coordonnées d'un point.
D_4 : $y = -\frac{1}{3}(x - 6) + 2 \Longleftrightarrow y = -\frac{1}{3}x + 4$.
Droite (AB) : A et B ont la même abscisse 6, donc l'équation réduite est $x = 6$.

Thème 3 Dérivée - Variations

Objectifs

1. Déterminer la dérivée d'une fonction simple à l'aide des formules.
2. Étudier les variations d'une fonction définie sur un intervalle par son expression f(x).

Dans ce thème, l'ensemble de définition est donné pour toutes les fonctions ; la recherche de l'ensemble de définition de la fonction et celui de sa dérivée ne sont pas les objectifs de ce thème. Le lien entre la dérivée et son interprétation graphique sera fait dans le thème 4.

Plan

Ce que vous devez savoir et savoir faire à la fin de ce thème

- *Connaître la dérivée des fonctions usuelles.*
- *Connaître les formules donnant la dérivée d'une somme, du produit par un nombre, d'un quotient, d'une puissance simple, d'un radical simple, d'un produit.*
- *Connaître le lien entre le signe de la dérivée sur un intervalle et les variations d'une fonction.*
- *Connaître le plan d'étude des variations d'une fonction définie sur un intervalle.*

- *Calculer la dérivée d'une fonction usuelle.*
- *Reconnaître la nature d'une fonction.*
- *Reconnaître la formule à employer pour le calcul d'une dérivée.*
- *Calculer une dérivée.*
- *Énoncer les variations d'une fonction à l'aide de phrases.*
- *Étudier complètement les variations d'une fonction en donnant un titre à chaque paragraphe de cette étude.*

I. Dérivée de fonction

Dans ce paragraphe, la variable x prend toutes les valeurs telles que les expressions données soient calculables.

1. Dérivée des fonctions usuelles

Soit f une fonction définie par son expression $f(x)$. Si on peut dériver une fonction, on dit qu'elle est dérivable et la **dérivée** se note : $f'(x)$, « f prime de x ».

Expression de la fonction $f(x)$	*nombre*	x	x^2	x^3	x^n	$\frac{1}{x}$	$\frac{1}{x^n}$	$\sqrt{x}$
Dérivée $f'(x)$	0	1	$2x$	$3x^2$	nx^{n-1}	$-\frac{1}{x^2}$	$\frac{-n}{x^{n+1}}$	$\frac{1}{2\sqrt{x}}$

EXERCICE

1. Compléter les lectures à l'aide du tableau précédent.

a) dérivée de x^3 :

b) dérivée de $\frac{1}{x}$:

c) dérivée de 5 :

d) dérivée de $\sqrt{x}$:

e) dérivée de x^7 :

f) dérivée de x :

g) dérivée de $\frac{1}{x^2}$:

Si $f(x) = 5x^3$, alors sa dérivée est $f'(x) = 5 \times$ (dérivée de x^3) $= 5 \times (3x^2) = 15x^2$.

Théorème

Si $f(x) =$ *nombre* $\times (u(x))$, alors sa dérivée est $f'(x) =$ *nombre* $\times$ (dérivée de $u(x)$).

nombre, dans cette formule, représente un nombre autre que 0 et 1.
$u(x)$ est l'expression d'une fonction usuelle, comportant x, ou même d'une fonction plus compliquée !

EXERCICE

2. Compléter en utilisant le théorème précédent et le tableau.

a) dérivée de $5x^2$:

b) dérivée de $\frac{3}{x}$:

c) dérivée de $-4\sqrt{x}$:

d) dérivée de $\frac{2}{5x}$:

e) dérivée de $-x$:

f) dérivée de $\frac{x^3}{4}$:

⚠ $\frac{3}{x}$ s'écrit aussi $3 \times \frac{1}{x}$; $\frac{x}{4}$ s'écrit aussi $\frac{1}{4} \times x$; $-x$ s'écrit aussi $-1 \times x$.

2. Dérivée des fonctions polynômes

L'expression d'une fonction polynôme est une somme de monômes*.
Pour calculer la dérivée d'une fonction polynôme, on utilise les théorèmes :

- **La dérivée d'une somme est la somme des dérivées.**
- **La dérivée de *nombre* $\times u$ est *nombre* $\times u'$, u' étant la dérivée de u.**
- **Les dérivées des fonctions usuelles du tableau précédent.**

* Monôme : expression de la forme ***nombre*** $\times x^n$, avec $n = 0, 1, 2, 3,...$ n est le degré du monôme; le nombre «7» est un monôme de degré 0, car $7 = 7 \times x^0$.

Exemples ▶

- $f(x) = -2x^2 + 5x - 1$
  $f'(x) = -2 \times 2x + 5 \times 1 - 0 = -4x + 5.$
- $g(x) = -x^4 + 2x + 4$
  $g'(x) = -4x^3 + 2 \times 1 + 0 = -4x^3 + 2.$

EXERCICES

3. Compléter les calculs de dérivées.

- $f(x) = 5x^2 - 3x + 2$

  $f'(x) = 5 \times \quad - 3 \times \quad + \quad =$

- $g(x) = \frac{4}{3}x^3 - \frac{x}{2} + 1$

  $g'(x) = \frac{4}{3} \times \quad - \frac{1}{2} \quad + \quad =$

4. Calculer les dérivées. ⚠ Ne pas oublier les symboles « $f'(x) =$ » devant le calcul de la dérivée.

- $f(x) = \frac{5x^2}{2} - 4x$.
- $f(x) = -\frac{x^3}{3} + \frac{5}{4}x - 1$.
- $f(x) = 2x - 5$.

Cas particulier Fonction puissance.

La dérivée de $(ax + b)^n$ est $n \times a \times (ax + b)^{n-1}$.

C'est-à-dire : puissance × nombre qui multiplie x × (l'expression)$^{\text{puissance} - 1}$

Exemple ► $f(x) = (5x - 4)^3$. On reconnaît $n = 3$, $a = 5$, car $ax + b = 5x - 4$, et $n - 1 = 3 - 1 = 2$.
$f'(x) = 3 \times 5 \times (5x - 4)^2 = 15(5x - 4)^2$; que l'on ne développe jamais!

EXERCICES

5. Compléter les calculs de dérivées.

- $f(x) = (-x + 5)^4$; $n =$; $a =$.

  $f'(x) =$

- $f(x) = -4(3x + 1)^2$; $n =$; $a =$

  Forme : *nombre* × u, où $u(x) = (3x + 1)^2$.

  $f'(x) = -4 \times$

6. Calculer les dérivées des fonctions suivantes :

- $f(x) = \frac{2}{3}(5 - 2x)^3$.
- $f(x) = \left(\frac{5}{2}x - 4\right)^2$.
- $f(x) = -\frac{1}{2}(x - 1)^2$.

3. Dérivées de fonctions rationnelles

Une expression rationnelle est un quotient de polynômes.

■ a. S'il n'y a pas de x au numérateur

La fonction f est de la forme $\frac{\textit{nombre}}{u}$; on applique le théorème :

La dérivée de $\frac{\textit{nombre}}{u}$ est $\frac{\textit{nombre} \times (-u')}{(u)^2}$.

C'est-à-dire : $\frac{\textit{nombre} \times \text{(l'opposé de la dérivée du dénominateur)}}{\text{(dénominateur)}^{\text{au carré}}}$.

Exemple ► $f(x) = \frac{4}{3x^2 - 2x + 1}$; *nombre* $= 4$; $u(x) = 3x^2 - 2x - 1$ et $u'(x) = 6x - 2$;

d'où $f'(x) = \frac{4 \times (-6x + 2)}{(3x^2 - 2x - 1)^2} = \frac{-24x + 8}{(3x^2 - 2x - 1)^2}$, nouveau dénominateur que l'on ne développe jamais !

EXERCICE

7. Calculer les dérivées suivantes :

- $f(x) = \frac{-2}{x^2 + 3x - 1}$; *nombre* = ; $u(x) =$

  $u'(x) =$

- $f(x) = \frac{1}{3x + 4}$; *nombre* = ; $u(x) =$

  $u'(x) =$

■ b. S'il y a x au numérateur et au dénominateur

La fonction est de la forme $\frac{u}{v}$ (où u et v désignent des fonctions avec x dans leur expression).

La dérivée de $\frac{u}{v}$ est $\frac{u'v - v'u}{(v)^2}$.

C'est-à-dire : $\frac{\text{(dérivée du numérateur)} \times \text{(dénominateur)} - \text{(dérivée du dénominateur)} \times \text{(numérateur)}}{\text{(dénominateur)}^{\text{au carré}}}$.

Exemple ▶ $f(x) = \frac{x^2 + 3x}{5x - 2}$. $\left.\begin{matrix} u(x) = x^2 + 3x, & u'(x) = 2x + 3 \\ v(x) = 5x - 2, & v'(x) = 5 \end{matrix}\right\}$ d'où $f'(x) = \frac{(2x + 3)(5x - 2) - (5)(x^2 + 3x)}{(5x - 2)^2}$.

On développe le numérateur, mais on laisse tel quel le dénominateur.

$$f'(x) = \frac{10x^2 - 4x + 15x - 6 - 5x^2 - 15x}{(5x - 2)^2} = \frac{5x^2 - 4x - 6}{(5x - 2)^2}.$$

EXERCICES

8. Compléter :

- $f(x) = \frac{3x - 1}{x^2}$. $u(x) =$; $u'(x) =$; $v(x) =$; $v'(x) =$ } d'où $f'(x) =$
- $f(x) = \frac{-x + 4}{x^2 + 1}$. $u(x) =$; $u'(x) =$; $v(x) =$; $v'(x) =$ } d'où $f'(x) =$

9. Calculer la dérivée des fonctions rationnelles suivantes (bien regarder la forme !).

- $f(x) = \frac{5x + 3}{x^2 + 4x + 3}$.
- $f(x) = \frac{x - 1}{9 - x^2}$.

10. « Mélange » : le numérateur ou le dénominateur est une puissance.

- $f(x) = \frac{(3x - 1)^2}{5x}$.
- $f(x) = \frac{4 - 2x}{(x + 1)^2}$.

11. « Mélange » : on a une somme de fonctions polynômes et de fonctions rationnelles :

Exemple : $f(x) = x^2 + \frac{1}{x - 4}$, alors $f'(x) = (\text{dérivée de } x^2) + \left(\text{dérivée de } \frac{1}{x - 4}\right)$,

d'où $f'(x) = 2x + \frac{-1}{(x - 4)^2} = \frac{2x(x - 4)^2 - 1}{(x - 4)^2}$. (Pour l'instant, on peut s'arrêter là dans le calcul du numérateur.)

Calculer la dérivée des fonctions suivantes, puis réduire au même dénominateur.

- $f(x) = x + 1 - \frac{3}{x}$.
- $f(x) = 2x + \frac{x - 1}{x^2}$.
- $f(x) = -x + 3 - \frac{x + 1}{2x - 1}$.

4. Dérivée de fonctions irrationnelles

Une expression irrationnelle comporte un radical $\sqrt{\ }$ avec x «au-dessous».

La dérivée de $\sqrt{ax+b}$ est $\dfrac{a}{2\sqrt{ax+b}}$.

C'est-à-dire : $\dfrac{\textit{nombre}\text{ qui multiplie } x}{2\sqrt{\text{l'expression}}}$.

Exemple ► $f(x) = \sqrt{5-3x}$, d'où $f'(x) = \dfrac{-3}{2\sqrt{5-3x}}$.

⚠ On reconnaît $a = -3$, car $5-3x$ est égal à $-3x+5$ de la forme $ax+b$ avec $a = -3$ et $b = 5$.

EXERCICES

12. Compléter :

- $f(x) = \sqrt{2x-3}$; $a =$
  $f'(x) =$
- $f(x) = \sqrt{3-x}$; $a =$
  $f'(x) =$
- $f(x) = 6\sqrt{7x+2}$; $a =$
  forme : *nombre* × u
  $f'(x) = 6 \times$

On peut simplifier par 2.

13. « Mélange » : on a la forme : *nombre* × u ou une somme de fonctions.

- $f(x) = \dfrac{\sqrt{x-3}}{2}$.
- $f(x) = x + 4 + \sqrt{2x-1}$.
- $f(x) = 3 - x^2 - \sqrt{4x-1}$.

5. Dérivée d'un produit de fonctions

Lorsque l'on a le produit de deux expressions, comportant x, on applique le théorème :

La dérivée du produit $u \times v$ est $u'v + v'u$.

C'est-à-dire : (dérivée du 1er facteur) × (2e facteur) + (dérivée du 2e facteur) × (1er facteur).

Exemples ►

- $f(x) = (x^2+x-1)(3-x)$: $\left.\begin{array}{ll} u(x) = x^2+x-1, & u'(x) = 2x+1 \\ v(x) = 3-x, & v'(x) = -1 \end{array}\right\}$

d'où $f'(x) = (2x+1)(3-x) + (-1)(x^2+x-1) = 6x+3-2x^2-x-x^2-x+1 = -3x^2+4x+4$.

- Exemple plus difficile

$f(x) = (5x+1)\sqrt{3x-2}$: $\left.\begin{array}{ll} u(x) = 5x+1, & u'(x) = 5 \\ v(x) = \sqrt{3x-2}, & v'(x) = \dfrac{3}{2\sqrt{3x-2}} \end{array}\right\}$

d'où $f'(x) = 5\sqrt{3x-2} + \dfrac{3}{2\sqrt{3x-2}}(5x+1)$.

Dans le cas d'un produit avec expression irrationnelle, on réduit au même dénominateur. Ce dénominateur comporte un radical et on utilise la propriété : $\sqrt{A(x)} \times \sqrt{A(x)} = A(x)$.

Ici, $f'(x) = \dfrac{5\sqrt{3x-2} \times 2\sqrt{3x-2} + 3(5x+1)}{2\sqrt{3x-2}} = \dfrac{10(3x-2)+3(5x+1)}{2\sqrt{3x-2}} = \dfrac{45x-17}{2\sqrt{3x-2}}$.

EXERCICE

14. Calculer la dérivée des fonctions suivantes :

- $f(x) = (x-2)^2(3x+1)$.
- $f(x) = 2x\sqrt{2-3x}$.

II. Formules de calcul de dérivées

1. Opérations sur les dérivées de fonctions simples

Opérations		Dérivées
Somme de fonctions	$u + v$	somme $u' + v'$
Produit par un nombre	*nombre* $\times u$	*nombre* $\times u'$
Produit de fonctions	$u \times v$	$u'v + v'u$
Inverse d'une fonction	$\dfrac{nombre}{u}$	$\dfrac{nombre \times (-u')}{(u)^2}$
Quotient de fonctions	$\dfrac{u}{v}$	$\dfrac{u'v - v'u}{(v)^2}$
Puissance	$(ax + b)^n$	$n\,a(ax + b)^{n-1}$
Radical	$\sqrt{ax + b}$	$\dfrac{a}{2\sqrt{ax + b}}$

Remarque : On note par les lettres u et v des fonctions dans lesquelles intervient explicitement la variable x.

⚠ Lors d'un calcul de dérivée, il est bon de noter la forme de la fonction et celle de sa dérivée. Mais, par paresse, il ne faut pas écrire « $x^3 = 3x^2$ » ! Ceci est faux!
Éviter d'écrire : « $(x^3)' = 3x^2$ » cette notation est incorrecte.
Si on veut vraiment écrire de façon symbolique, on peut écrire : dérivée $(x^3) = 3x^2$.

2. Comment reconnaître la nature d'une fonction?

S'il y a un radical $\sqrt{\ }$ avec « x au-dessous », la fonction est irrationnelle.
Sinon :
- **s'il y a un trait de fraction avec x « au-dessous », la fonction est rationnelle ;**
- **s'il n'y a ni radical avec x « au-dessous », ni trait de fraction avec x « au-dessous », alors la fonction est une fonction polynôme.**

EXERCICE

15. Pour chacune des fonctions suivantes, noter POL les polynômes, IRRA les irrationnelles et RAT les rationnelles.

a)
- $f(x) = \dfrac{x^2 - 5x + 3}{5}$,
- $g(x) = 2x - \sqrt{x + 2}$,
- $h(x) = \dfrac{\sqrt{x^2 + 1}}{x}$,
- $k(x) = \dfrac{5x - 1}{x^2}$,
- $l(x) = x^2 + 2x + \dfrac{1}{3}$.

b)
- $f(x) = \dfrac{3\sqrt{5} - x}{2}$,
- $g(x) = x^2 - \dfrac{1}{x}$,
- $h(x) = \dfrac{-5}{2\sqrt{x}}$,
- $k(x) = \dfrac{1}{2}(x - 3)^2$
- $l(x) = (x + 4)(2x - 1)$.

3. Comment reconnaître la formule à employer?

- S'il y a un **radical**, avec x « au-dessous », alors on applique la dérivée de $\sqrt{ax+b}$.
- S'il y a un **trait de fraction**,

  avec x « **au-dessus** » et « **au-dessous** », alors on applique la dérivée de $\frac{u}{v}$;

  avec x seulement « **au-dessous** », alors on applique la dérivée de $\frac{\text{nombre}}{u}$;

  avec x seulement « **au-dessus** », alors on applique la dérivée de **nombre × u**,

  par exemple $\frac{3x-1}{4} = \frac{1}{4}(3x-1)$.
- S'il y a des **parenthèses** ( ), avec x « dedans », élevées à une **puissance**, alors on applique la dérivée de $(ax+b)^n$.
- S'il y a un **produit de facteurs**
  avec x dans chaque facteur, alors on applique la dérivée de **u × v** ;
  avec x dans un facteur seulement, alors on applique la dérivée de **nombre × u**.
- S'il y a une somme, alors on applique : la dérivée d'une somme est la **somme des dérivées**.

EXERCICE

16. Donner seulement la forme à employer pour déterminer la dérivée des fonctions suivantes (le calcul de la dérivée n'est pas demandé).

- $f(x) = \sqrt{2x+3}$:
- $f(x) = \frac{x^2+3}{5x-2}$:
- $f(x) = -\frac{1}{3}x^3 + 5x - 1$:
- $f(x) = (2x-1)\sqrt{x}$:
- $f(x) = -5(x^2+3x-1)$:
- $f(x) = -\frac{1}{2}(2x-1)^3$:
- $f(x) = 5x^2 - 3x - 2$:
- $f(x) = (4x-3)^3$:
- $f(x) = \frac{4}{3x-2}$:
- $f(x) = \sqrt{5-3x}$:
- $f(x) = \frac{4x^2+3x-1}{2}$:
- $f(x) = \frac{-3}{x^2+1}$:

III. Variations de fonctions

Dans tout ce paragraphe, l'ensemble des valeurs prises par la variable est donné : c'est l'ensemble de définition, noté $\mathscr{D}_f$.

On admettra qu'une fonction polynôme ou une fonction rationnelle, quelconque, est dérivable sur son ensemble de définition ;
et qu'une fonction irrationnelle est dérivable sur son ensemble de définition privé des valeurs annulant l'expression sous le radical (étudiée en niveau 3).

1. Lien entre le signe de la dérivée et le sens de variation d'une fonction

Théorème

Sur un intervalle :
- **lorsque la dérivée est positive, alors la fonction est croissante;**
- **lorsque la dérivée est négative, alors la fonction est décroissante.**

Conséquence Le signe de la dérivée renseigne sur les variations de la fonction. C'est essentiellement le but du calcul de la dérivée en Terminale A.

2. Exemple d'étude des variations d'une fonction définie sur un intervalle

Soit f, fonction définie par $f(x) = \dfrac{4x}{x^2 + 1}$,
dont l'ensemble de définition est l'intervalle $[0; 6]$.

■ a. Nature de la fonction et ensemble de définition

f est une fonction rationnelle (avec x au numérateur et au dénominateur).
Son ensemble de définition est donné : $\mathscr{D}_f = [0; 6]$ et f est dérivable sur cet ensemble.

■ b. Dérivée

$f(x) = \dfrac{4x}{x^2 + 1}$ de forme $\dfrac{u}{v}$, avec $\begin{cases} u(x) = 4x \; ; & u'(x) = 4 \\ v(x) = x^2 + 1 \; ; & v'(x) = 2x \end{cases}$, et on applique $\dfrac{u'v - v'u}{(v)^2}$;

d'où $f'(x) = \dfrac{4(x^2 + 1) - (2x)(4x)}{(x^2 + 1)^2} = \dfrac{4x^2 + 4 - 8x^2}{(x^2 + 1)^2} = \dfrac{4 - 4x^2}{(x^2 + 1)^2}$. On ne développe jamais le dénominateur.

■ c. Signe de l'expression correspondant à la dérivée

Pour cela, l'expression doit être factorisée.
On reconnaît une différence de deux carrés au numérateur;

d'où $f'(x) = \dfrac{(2 + 2x)(2 - 2x)}{(x^2 + 1)^2}$

ou $f'(x) = \dfrac{4(1 - x^2)}{(x^2 + 1)^2} = \dfrac{4(1 + x)(1 - x)}{(x^2 + 1)^2}$.

Tableau de signes :

x		-1		1	
$2 + 2x$	$-$	0	$+$		$+$
$2 - 2x$	$+$		$+$	0	$-$
$(x^2 + 1)^2$	$+$		$+$		$+$
$\dfrac{4 - 4x^2}{(x^2 + 1)^2}$	$-$	0	$+$	0	$-$

Le dénominateur est un carré toujours strictement positif, car $x^2 + 1$ n'est jamais nul.

■ d. Tableau des variations sur l'ensemble de définition

Comme x varie de 0 à 6, pour obtenir le signe de la dérivée $f'(x)$, on extrait du tableau de signes seulement la partie de 0 à 6.

x	0		1		6
$f'(x)$		$+$	0	$-$	
$f(x)$		↗		↘	

■ e. Énoncé des variations

Sur l'intervalle $[0; 1]$, la dérivée est positive, donc la fonction est croissante.
Sur l'intervalle $[1; 6]$, la dérivée est négative, donc la fonction est décroissante.
En 1 la dérivée s'annule.

3. Plan d'étude des variations d'une fonction définie sur un intervalle

L'étude se fait en cinq étapes.

- **Nature et ensemble de définition. (Dans ce thème, l'ensemble de définition est donné.)**
- **Calcul de la dérivée.**
- **Étude du signe de l'expression correspondant à la dérivée dans un tableau de signes.**
- **Tableau des variations sur l'ensemble de définition seulement. (Souvent on n'extrait qu'une partie du tableau de signes.)**
- **Énoncé des variations à l'aide de phrases**
  - **sur ... la dérivée est positive, donc la fonction est croissante ;**
  - **sur ... la dérivée est négative, donc la fonction est décroissante ;**
  - **en ... la dérivée est nulle.**

EXERCICES

17. On considère la fonction f définie sur $[-3; 0]$ par $f(x) = x^3 - x^2 - x + 1$.

a. Nature et ensemble de définition.

b. Dérivée.

c. Signe de la dérivée (la dérivée est du 2e degré, donc on factorise ici à l'aide d'une racine évidente).

d. Tableau des variations sur $[-3 ; 0]$.

x	-3	0
$f'(x)$		
$f(x)$		

e. Énoncé des variations.

18. On considère la fonction f définie sur $[0; +\infty[$ par $f(x) = \dfrac{-4}{3x+2}$.

a) Nature et ensemble de définition. (Vérifier que la valeur interdite de $\dfrac{-4}{3x+2}$ n'est pas dans l'ensemble de définition.)

b) Dérivée.

c) Signe de la dérivée. (Attention de noter la valeur interdite dans le tableau de signes.)

d) Tableau des variations sur $[0; +\infty[$.

e) Énoncé des variations.

Remarque. Lorsque l'on a une fonction rationnelle, on utilise toujours les formules de dérivées :

$$\frac{\text{nombre} \times (-u')}{(u)^2} \quad \text{ou} \quad \frac{u'v - v'u}{(v)^2}.$$

Donc le **dénominateur de la dérivée est un carré, toujours positif ou nul** (nul pour les valeurs interdites).

Page 52

① La dérivée de x^3 est $3x^2$;
$\frac{1}{x}$ est $-\frac{1}{x^2}$;
5 est 0 ;
$\sqrt{x}$ est $\frac{1}{2\sqrt{x}}$.
la dérivée de x^7 est $7x^6$;
x est 1 ;
$\frac{1}{x^2}$ est $\frac{-2}{x^3}$.

② La dérivée de $5x^2$ est $10x$;
$\frac{3}{x}$ est $-\frac{3}{x^2}$;
$-4\sqrt{x}$ est $\frac{-4}{2\sqrt{x}} = \frac{-2}{\sqrt{x}}$;
la dérivée de $\frac{2}{5x}$ est $\frac{-2}{5x^2}$;
$-x$ est -1 ;
$\frac{x^3}{4}$ est $\frac{3x^2}{4}$.

Page 53

Fonction polynôme

③ $f'(x) = 10x - 3$;
$g'(x) = \frac{4}{3} \times 3x^2 - 1 = 4x^2 - 1$.

④ $f'(x) = \frac{5}{2}(2x) - 4 = 5x - 4$;
$f'(x) = -\frac{1}{3} \times 3x^2 + \frac{5}{4} = -x^2 + \frac{5}{4}$;
$f'(x) = 2$.

⑤ $f'(x) = -4(-x+5)^3$;
$f'(x) = -24(3x+1)$.

⑥ $f'(x) = -4(5-2x)^2$;
$f'(x) = 5\left(\frac{5}{2}x - 4\right)$;
$f'(x) = -(x-1)$.

Fonction rationnelle

⑦ $f'(x) = \frac{4x+6}{(x^2+3x-1)^2}$;
$f'(x) = \frac{-3}{(3x+4)^2}$.

Page 54

Forme $\frac{u}{v}$

⑧ $f'(x) = \frac{-3x^2+2x}{x^4}$;
$f'(x) = \frac{x^2-8x-1}{(x^2+1)^2}$.

⑨ $f'(x) = \frac{-5x^2-6x+3}{(x^2+4x+3)^2}$.
$f'(x) = \frac{x^2-2x+9}{(9-x^2)^2}$;

⑩ $f'(x) = \frac{5(3x-1)(3x+1)}{(5x)^2}$
ou $\frac{45x^2-5}{(5x)^2}$;
$f'(x) = \frac{2(x+1)(x-5)}{(x+1)^4}$
ou $\frac{2x^2-8x-10}{(x+1)^4}$.

⑪ $f'(x) = 1 + \frac{3}{x^2} = \frac{x^2+3}{x^2}$.
$f'(x) = 2 + \frac{-x^2+2x}{x^4}$
$= \frac{2x^4-x^2+2x}{x^4}$;
$f'(x) = -1 - \frac{-3}{(2x-1)^2}$
$= \frac{-(2x-1)^2+3}{(2x-1)^2}$.

Page 55

Fonction irrationnelle

⑫ $f'(x) = \frac{2}{2\sqrt{2x+3}} = \frac{1}{\sqrt{2x+3}}$;
$f'(x) = \frac{-1}{2\sqrt{3-x}}$;
$f'(x) = 6 \times \frac{7}{2\sqrt{7x+2}} = \frac{21}{\sqrt{7x+2}}$.

⑬ $f'(x) = \frac{1}{2} \times \frac{1}{2\sqrt{x-3}} = \frac{1}{4\sqrt{x-3}}$;
$f'(x) = 1 + \frac{2}{2\sqrt{2x-1}}$
$= 1 + \frac{1}{\sqrt{2x-1}}$;
$f'(x) = -2x - \frac{4}{2\sqrt{4x-1}}$
$= -2x - \frac{2}{\sqrt{4x-1}}$.

Produit

⑭ $f'(x) = 2(x-2)(3x+1) + 3(x-2)^2$
$= (x-2)[2(3x+1) + 3(x-2)]$
$= (x-2)(9x-4)$;
$f'(x) = 2\sqrt{2-3x} + \frac{-3}{2\sqrt{2-3x}} \times 2x$
$= 2\sqrt{2-3x} - \frac{3x}{\sqrt{2-3x}}$
$= \frac{2(2-3x)-3x}{\sqrt{2-3x}} = \frac{4-9x}{\sqrt{2-3x}}$.

Page 56

Nature

⑮ *a)* POL, IRRA, IRRA, RAT, POL.
b) POL, RAT, IRRA, POL, POL.

Page 57

Formule à employer

⑯ $\sqrt{ax+b}$; $\frac{u}{v}$; somme ; $u \times v$;
nombre $\times u$; $(ax+b)^n$ et *nombre* $\times u$;
somme ; $(ax+b)^n$; $\frac{nombre}{u}$;
$\sqrt{ax+b}$; *nombre* $\times u$; $\frac{nombre}{u}$.

Page 59

⑰ a) Fonction polynôme.

Ensemble de définition : $[-3 ; 0]$.

b) $f'(x) = 3x^2 - 2x - 1 = (x-1)(3x+1)$.

c)

x		$-\frac{1}{3}$		1	
$x-1$	$-$		$-$		$+$
$3x+1$	$-$	0	$+$		$+$
$(x-1)(3x+1)$	$+$	0	$-$	0	$+$

(On extrait du tableau de signes la partie de -3 à 0.)

d)

x	-3		$-\frac{1}{3}$		0
$f'(x)$		$+$	0	$-$	
$f(x)$		↗		↘	

e) Sur $\left[-3 ; -\frac{1}{3}\right]$ la dérivée est positive, donc la fonction est croissante.
Sur $\left[-\frac{1}{3} ; 0\right]$ la dérivée est négative, donc la fonction est décroissante.
En $-\frac{1}{3}$, la dérivée s'annule.

⑱ a) Fonction rationnelle ; ensemble de définition $[0 ; +\infty[$ (dit dans le texte).
La valeur interdite est $-\frac{2}{3}$, négative exclue de l'intervalle donné.

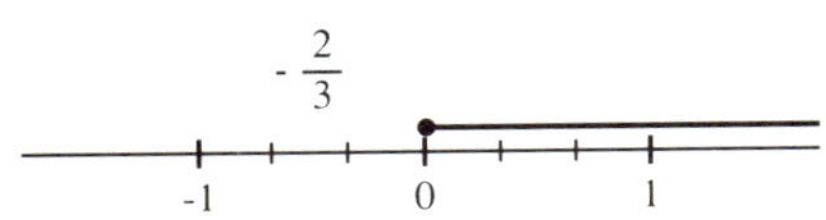

b) $f'(x) = \frac{12}{(3x+2)^2}$.

c)

x		$-\frac{2}{3}$	
12	$+$		$+$
$(3x+2)^2$	$+$	0	$+$
$\frac{12}{(3x+2)^2}$	$+$	‖	$+$

d)

x	0		$+\infty$
$f'(x)$		$+$	
$f(x)$		↗	

e) Sur $[0 ; +\infty[$ la dérivée est positive, donc la fonction est croissante.

1 ★

Calculer les dérivées des fonctions suivantes, définies par :

1. $f(x) = 3x^2 - x + 1$.

2. $f(x) = -3(x + 1)^2$.

3. $f(x) = \dfrac{-2}{3x + 5}$.

4. $f(x) = \dfrac{3 - x}{x}$.

5. $f(x) = \sqrt{4 - x}$.

6. $f(x) = \dfrac{5x^2 - 3x}{3}$.

7. $f(x) = \dfrac{2x}{x^2 + 4}$.

8. $f(x) = (x - 3)(2x - 1)$. *(On peut développer.)*

9. $f(x) = -\dfrac{1}{2}x^2 + x - 3$.

10. $f(x) = \sqrt{2x - 4}$.

11. $f(x) = \dfrac{x^2 - 2}{4 - x^2}$.

12. $f(x) = \dfrac{3x}{x + 1}$.

13. $f(x) = 2\sqrt{4 - 3x}$.

14. $f(x) = \dfrac{2 - 3x}{4 + x}$.

15. $f(x) = \dfrac{x^2 + x - 2}{x + 1}$.

16. $f(x) = 3x + \dfrac{1}{x}$. *(Utiliser la dérivée d'une somme.)*

17. $f(x) = x^2 + \dfrac{1}{x^2}$.

18. $f(x) = 2x + \dfrac{-2}{x + 1}$.

2 ★

Exercices complémentaires ; calculer les dérivées des fonctions suivantes :

1. $f : x \mapsto 2x^3 - x + 1$; $g : x \mapsto \dfrac{5x^2 - 3}{2}$; $h : x \mapsto \dfrac{1}{x + 3}$; $k : x \mapsto -x^2 + 3x + 2$.

2. $f : x \mapsto \dfrac{2}{2x + 1}$; $g : x \mapsto \sqrt{-3x + 1}$; $h : x \mapsto (x + 5)^3$; $k : x \mapsto \dfrac{-2}{3x + 1}$.

3. $f : x \mapsto \dfrac{4x + 1}{x - 2}$; $g : x \mapsto \dfrac{1 - x}{x^2}$; $h : x \mapsto -\dfrac{2}{3}x^3 + x^2 - 3$; $k : x \mapsto x + 1 - \dfrac{1}{x}$.

3 ★

1. Étudier les variations de la fonction f définie sur $[-2 ; 5]$ par $f(x) = -x^2 + 4x + 1$.

- Nature et ensemble de définition :

- Dérivée :

- Signe de la dérivée :

(La dérivée est du 1er degré : il n'y a pas à factoriser)

- Tableau des variations sur l'ensemble de définition :

- Énoncé des variations :

2. Étudier avec soin les variations de la fonction f définie sur $\left]-\infty ; \frac{5}{2}\right]$ par $f(x) = \dfrac{-2x+7}{x-3}$.

4 ★

Exercice complémentaire

Étudier les variations de la fonction $f : x \mapsto \frac{3}{2}x^3 - 2x + 1$, définie sur $[0 ; +\infty[$.

5 ★★

Calculer les dérivées des fonctions suivantes, définies par :

1. $f(x) = -3x^2 + x - 2.$

2. $f(x) = x^2 + \frac{1}{x}.$

(Ne pas réduire au même dénominateur, mais utiliser la somme des dérivées.)

3. $f(x) = \frac{4}{3}x^3 - 4x + 1.$

4. $f(x) = \frac{-3}{x^2}.$

5. $f(x) = -\frac{5}{2}(2x - 1)^3.$

6. $f(x) = \sqrt{1 - 2x}.$

7. $f(x) = \frac{-x + 3}{x}.$

8. $f(x) = \frac{4}{1 - 4x^2}.$

9. $f(x) = -5\sqrt{3x + 1}.$

10. $f(x) = x + \frac{3}{x - 2}.$

(Ne pas réduire au même dénominateur.)

11. $f(x) = \dfrac{x^2 - 1}{2 - x}$.

12. $f(x) = (3x - 5)(4 - x^2)$. *(Dérivée d'un produit.)*

13. $f(x) = \dfrac{-4x}{x^2 + 1}$.

14. $f(x) = \dfrac{5x - 3}{x^2 - 9}$.

15. $f(x) = x\sqrt{x + 1}$.

16. $f(x) = 2x + 1 - \dfrac{2}{x - 1}$.

17. $f(x) = -4x + 1 + \dfrac{1}{x - 1}$.

18. $f(x) = \dfrac{x^2 - 3x + 2}{x^2}$.

6 ★★

Exercices complémentaires ; calculer la dérivée des fonctions suivantes :

1. $f : x \mapsto -5(x + 3)^3$; $g : x \mapsto x^2 - \dfrac{3}{2}x + 1$; $h : x \mapsto \dfrac{x^3}{3} - \dfrac{x^2}{2} + 1$; $k : x \mapsto \dfrac{x^2 - 1}{x^2}$.

2. $f : x \mapsto \dfrac{5x}{x^2 - 1}$; $g : x \mapsto \dfrac{x - 3}{2x^2 + 4}$; $h : x \mapsto \dfrac{\sqrt{3 - 5x}}{5}$; $k : x \mapsto 3x - \dfrac{1}{x^3}$.

3. $f : x \mapsto 5(3x - 1)^2$; $g : x \mapsto \sqrt{x} - \dfrac{1}{x^2}$; $h : x \mapsto (5x - 3)(x^2 - 1)$; $k : x \mapsto \sqrt{\dfrac{5}{3}x + 4}$.

7 ★★

1. Étudier avec soin (en donnant le titre de chaque étape de cette étude) les variations de la fonction f définie sur $\left[-\frac{1}{2}\,;\,5\right]$ par $f(x) = x - \frac{1}{x+1}$.

2. Étudier avec soin les variations de la fonction f définie sur $\mathbb{R}$ par $f(x) = -x^3 + 12x - 2$.

8 ★★

Exercices complémentaires. Reprendre l'exercice complémentaire 4 du niveau 1 et étudier les variations de la fonction $f : x \mapsto \frac{x}{x^2 - 1}$ définie sur [2 ; 5].

9 ★★★

Calculer la derivée des fonctions suivantes, définies par :

1. $f(x) = \sqrt{3 - 5x}$.

2. $f(x) = -\frac{4}{3}x^3 - 2x^2 + 3$.

3. $f(x) = \frac{-3}{x^2} + \sqrt{x}$.

4. $f(x) = -3(2 - 5x)^2$.

5. $f(x) = 2x + \frac{2}{x + 3}$.

6. $f(x) = \frac{x - 1}{x^2 + 9}$.

7. $f(x) = 4(x - 1)^3$.

8. $f(x) = \sqrt{\frac{2x - 5}{3}}$.

9. $f(x) = \frac{-7}{4 - x^2}$.

10. $f(x) = \frac{-2x + 1}{x^2 - x - 2}$.

11. $f(x) = 1 - 4x + \dfrac{1}{3 - x}$.

12. $f(x) = \dfrac{3x^2 - 5x}{x^2 - 1}$.

13. $f(x) = (1 - 2x)\sqrt{1 + 2x}$.

14. $f(x) = x^2 - \dfrac{3x + 1}{x}$.

15. $f(x) = x^2 + 1 - \dfrac{1}{x^2}$.

16. $f(x) = \dfrac{2x}{(x - 3)^2}$.

17. $f(x) = 2x(x - 1)^2$.

18. $f(x) = \dfrac{1}{x} - 2\sqrt{3 - x}$.

10 ★★★

Exercices complémentaires : calculer les dérivées des fonctions suivantes :

1. $f : x \mapsto \dfrac{x^2 - 3x}{x + 1}$; $g : x \mapsto \dfrac{2}{3}(x - 1)^3$; $h : x \mapsto \dfrac{5x - 3}{x^2 + 4}$; $k : x \mapsto 2x - 1 + \dfrac{1}{2x + 1}$.

2. $f : x \mapsto x\sqrt{x + 3}$; $g : x \mapsto \sqrt{\dfrac{3 - x}{2}}$; $h : x \mapsto 5x(x - 1)^2$; $k : x \mapsto \dfrac{x^2 + 4}{x^2 - 4}$.

3. $f : x \mapsto 2x\sqrt{x - 4}$; $g : x \mapsto 3x + 2 + \dfrac{3}{x - 2}$; $h : x \mapsto \dfrac{1}{x} - \dfrac{1}{x - 1}$; $k : x \mapsto \dfrac{1}{x}\sqrt{x}$.

11 ★★★

1. Étudier avec soin *(c'est-à-dire en donnant un titre à chaque étape de l'étude et en citant les théorèmes utilisés)* les variations de la fonction f définie sur $[-5 ; 5]$ par $f(x) = 2(1 - x)^3$.

2. Étudier avec soin les variations de la fonction f définie sur $[-2 ; +\infty[$ par $f(x) = \dfrac{(x+2)^2}{x+3}$.

12 ★★★

Exercices complémentaires : exercices n° 7 et 8 de niveau 2,

et étudier les variations de la fonction $f : x \mapsto 4x - 3 + \dfrac{1}{x}$ définie sur $\left[\dfrac{1}{8} ; 2\right]$.

Pour aller plus loin : variations de fonctions irrationnelles

a. Pour mémoire

La racine carrée d'une expression existe si et seulement si l'expression sous le radical est positive ou nulle.

Exemple ▶ $\sqrt{3-x}$ existe si et seulement si : $3 - x \geqslant 0$

$-x \geqslant -3$
$-x \leqslant 3$ [+ / −]

c'est-à-dire $x \in]-\infty\,;\,3]$.

Le résultat d'une racine carrée, lorsqu'elle existe, est toujours positif ou nul.

Exemple ▶ $\sqrt{3-x}$ est toujours positif, pour toute valeur inférieure à 3, et nul en 3; d'où le tableau de signes :

x		3	
$\sqrt{3-x}$	+	0	//////

Les hachures marquent que $\sqrt{3-x}$ n'existe pas dès que x est inférieur à 3.

13 ★★★

Dresser le tableau de signes de chacune des expressions suivantes, après avoir trouvé l'ensemble des valeurs de x sur lequel elles existent :

1. $A(x) = \sqrt{3-5x}$

2. $B(x) = \sqrt{-x-1}$

3. $C(x) = \sqrt{2x}$

4. $D(x) = \dfrac{2}{\sqrt{-x}}$

x		0	
2			
$\sqrt{-x}$			
$D(x)$			

5. $E(x) = -2\sqrt{x-3}$

6. $G(x) = \dfrac{-3x}{2\sqrt{1-x}}$

7. $F(x) = \dfrac{x-1}{\sqrt{2x-1}}$

x		$\frac{1}{2}$		1	
$x-1$					
$\sqrt{2x-1}$	//////	0			
$\dfrac{x-1}{\sqrt{2x-1}}$	//////	‖			

b. Exemple d'étude des variations d'une fonction irrationnelle (à compléter).

Soit f une fonction définie sur l'intervalle $[-2;\,6]$ par $f(x) = (x-7)\sqrt{2x+4}$.

• Nature de la fonction et ensemble de définition

f est une fonction irrationnelle, son ensemble de définition est donné : $[-2;\,6]$ que l'on note $\mathscr{D}_f$.
(On peut vérifier que $(x-7)\sqrt{2x+4}$ existe lorsque $2x+4 \geqslant 0$, c'est-à-dire $x \geqslant -2$, donc $f(x)$ existe sur $[-2;\,6]$.)

f est dérivable sur l'ensemble de définition privé de la valeur annulant l'expression sous le radical, donc f est dérivable sur l'intervalle $]-2;\,6]$, -2 étant exclue.

• Dérivée

$f(x) = (x-7)\sqrt{2x+4}$; $u(x) = x - 7$, $u'(x) =$; $v(x) = \sqrt{2x+4}$, $v'(x) =$; on applique $f' = u'v + v'u$,

d'où $f'(x) =$

(On doit trouver $\dfrac{3x-3}{\sqrt{2x+4}}$.)

• Signe de l'expression correspondant à la dérivée

x		-2		1	
$3x-3$	$-$		$-$	0	$+$
$\sqrt{2x+4}$		0	$+$		$+$
$\dfrac{3x-3}{\sqrt{2x+4}}$		‖	$-$	0	$+$

⚠ -2 annule l'expression sous le radical, donc annule le dénominateur ($\sqrt{0}=0$).
-2 est valeur interdite pour la dérivée.

• Tableau des variations sur l'ensemble de définition

x	-2		1		6
$f'(x)$	‖	$-$	0	$+$	
$f(x)$	0	↘		↗	

⚠ En -2, la fonction existe et $f(-2)$ vaut 0.

• Énoncé des variations
Sur $]-2\,;1]$ la dérivée est négative, donc la fonction est décroissante;
sur $[1\,;6]$ la dérivée est positive, donc la fonction est croissante; en 1, la dérivée s'annule.

14 ★★

Étudier avec soin les variations de la fonction f définie sur $[-5\,;0]$ par $f(x) = 2\sqrt{1-3x}$.

15 ★★★

1. Étudier les variations de la fonction f définie sur $[2 ; 11]$ par $f(x) = 4 - \sqrt{x - 2}$.

2. Étudier les variations de la fonction f définie sur $]- \infty ; 1]$ par $f(x) = (x + 2)\sqrt{1 - x}$.

16 ★★★

Exercice complémentaire.
Étudier les variations de la fonction f définie sur $[0 ; + \infty[$ par $f(x) = (x + 3)\sqrt{x}$.

I

Pour chacune des fonctions suivantes, définies par leur expression $f(x)$, donner leur nature, puis calculer leur dérivée en indiquant la (ou les) formule(s) employée(s).

1. $f(x) = -\frac{2}{3}x^3 + x^2 - 3.$

2. $f(x) = \frac{1}{x} - \sqrt{4 - 2x}.$

(Inutile de réduire la dérivée au même dénominateur.)

3. $f(x) = \frac{-x^2 + 1}{2}.$

4. $f(x) = (x - 3)\sqrt{x}.$

5. $f(x) = -\frac{1}{3}(5x - 1)^3.$

6. $f(x) = 4x + 3 - \frac{4}{3x - 1}.$

7. $f(x) = 1 - \frac{5}{3x^3}.$

8. $f(x) = \frac{2x^2 - 5x + 3}{x^2 + 1}.$

II

On considère la fonction f définie sur $\left]-\infty\,;-\frac{1}{8}\right]$ par $f(x) = x - 2 + \frac{4}{x}$.

Étudier complètement et avec soin les variations de cette fonction. *(On donnera un titre à chacun des paragraphes de cette étude.)*

Grille d'évaluation

A Reconnaître ce qu'il faut faire

B Réaliser ou appliquer

++ réussite totale
\+ réussite partielle
– échec partiel
– – échec total
/ non traité

	n° dans le test	A	B
Donner la nature d'une fonction	I, II		
Connaître les dérivées des fonctions usuelles	I		
Calculer la dérivée d'une somme de fonctions et du produit *nombre* × *u*	I, II		
Calculer la dérivée d'un quotient $\frac{nombre}{u}$	$I_{6,\ 7}$		
Calculer la dérivée d'un quotient $\frac{u}{v}$	I_8		
Calculer la dérivée d'une puissance $(ax + b)^n$	I_5		
Calculer la dérivée d'une racine carrée $\sqrt{ax + b}$	I_2		
Réduire au même dénominateur la dérivée d'une fonction irrationnelle produit	I_4		
Calculer la dérivée d'un produit $u \times v$	I_4		
Étudier les variations d'une fonction (plan)	II		
Étudier le signe d'une expression	II		
Dresser le tableau des variations sur l'ensemble de définition	II		
Énoncer les variations d'une fonction	II		
BILAN			

S'exprimer			Présenter	

Résultats du test

I.

① $f(x) = -\frac{2}{3}x^3 + x^2 - 3$. Fonction polynôme.
La dérivée d'une somme est la somme des dérivées :
$f'(x) = -\frac{2}{3} \times 3x^2 + 2x = -2x^2 + 2x$.

---

② $f(x) = \frac{1}{x} - \sqrt{4 - 2x}$. Fonction irrationnelle.
La dérivée de $\frac{1}{x}$ est $\frac{-1}{x^2}$
et la dérivée de $\sqrt{ax + b}$ est $\frac{a}{2\sqrt{ax+b}}$:
$f'(x) = -\frac{1}{x^2} - \frac{-2}{2\sqrt{4-2x}} = \frac{-1}{x^2} + \frac{1}{\sqrt{4-2x}}$.

---

③ $f(x) = \frac{-x^2+1}{2}$. Fonction polynôme : $\frac{1}{2}(-x^2 + 1)$.
La dérivée de *nombre* × *u* est *nombre* × *u'* :
$f'(x) = \frac{1}{2}(-2x) = -x$.

---

④ $f(x) = (x - 3)\sqrt{x}$. Fonction irrationnelle produit.
La dérivée de $u \times v$ est $u'v + v'u$:
$f'(x) = 1\sqrt{x} + \frac{1}{2\sqrt{x}}(x - 3) = \frac{2x + x - 3}{2\sqrt{x}} = \frac{3x - 3}{2\sqrt{x}}$.

---

⑤ $f(x) = -\frac{1}{3}(5x - 1)^3$. Fonction polynôme.
La dérivée de *nombre* × *u* est *nombre* × *u'*
et la dérivée de $(ax + b)^n$ est $na(ax + b)^{n-1}$:
$f'(x) = -\frac{1}{3} \times 3 \times 5(5x - 1)^2 = -5(5x - 1)^2$.

---

⑥ $f(x) = 4x + 3 - \frac{4}{3x - 1}$. Fonction rationnelle.
La dérivée d'une somme est la somme des dérivées
et la dérivée de $\frac{nombre}{u}$ est $\frac{nombre \times (-u')}{(u)^2}$:
$f'(x) = 4 - \frac{4(-3)}{(3x-1)^2} = \frac{4(3x-1)^2 + 12}{(3x-1)^2}$.

---

⑦ $f(x) = 1 - \frac{5}{3x^3}$. Fonction rationnelle $\frac{5}{3x^3} = \frac{5}{3} \times \frac{1}{x^3}$.
La dérivée de *nombre* × *u* est *nombre* × *u'*
et la dérivée de $\frac{1}{x^n}$ est $\frac{-n}{x^{n+1}}$:
$f'(x) = -\frac{5}{3} \times \frac{-3}{x^4} = \frac{5}{x^4}$.

---

⑧ $f(x) = \frac{2x^2 - 5x + 3}{x^2 + 1}$. Fonction rationnelle.
La dérivée de $\frac{u}{v}$ est $\frac{u'v - v'u}{(v)^2}$:

$$f'(x) = \frac{(4x - 5)(x^2 + 1) - (2x)(2x^2 - 5x + 3)}{(x^2 + 1)^2}$$

$$= \frac{5x^2 - 2x - 5}{(x^2 + 1)^2}.$$

II.

$f(x) = x - 2 + \frac{4}{x}$ définie sur $\left]-\infty\,;\,-\frac{1}{8}\right]$.

- Nature et ensemble de définition :

  f est une fonction rationnelle, son ensemble de définition est $\left]-\infty\,;\,-\frac{1}{8}\right]$. Elle est dérivable sur cet ensemble.

- Dérivée

  $f'(x) = 1 + \frac{-4}{x^2} = \frac{x^2 - 4}{x^2} = \frac{(x + 2)(x - 2)}{x^2}$.

- Signe de l'expression correspondant à la dérivée

x		-2		0		2	
$x + 2$	$-$	0	$+$		$+$		$+$
$x - 2$	$-$		$-$		$-$	0	$+$
x^2	$+$		$+$	0	$+$		$+$
$\frac{x^2 - 4}{x^2}$	$+$	0	$-$	‖	$-$	0	$+$

0 est valeur interdite.
x^2 est un carré, toujours positif ou nul.

- Tableau des variations sur l'ensemble de définition :

x	$-\infty$		-2		$-\frac{1}{8}$
$f'(x)$		$+$	0	$-$	
$f(x)$		↗		↘	

- Énoncé des variations :

  Sur $]-\infty\,;\,-2]$ la dérivée est positive, donc la fonction est croissante.
  Sur $\left[-2\,;\,-\frac{1}{8}\right]$ la dérivée est négative, donc la fonction est décroissante.
  En -2, la dérivée s'annule.

Thème 4 Lectures graphiques

Objectifs

1. Lire les indications que contient la représentation graphique d'une fonction.
2. Résoudre graphiquement des équations et des inéquations.

Dans ce thème, toutes les fonctions ne sont connues que par leur représentation graphique, ou courbe. Les lectures sont toujours simples.

Plan

Ce que vous devez savoir et savoir faire à la fin de ce thème

- *Connaître ce qu'est la courbe d'une fonction.*
- *Connaître le lien entre la variation et le signe de la dérivée.*
- *Connaître la définition d'un extremum.*
- *Connaître le lien entre tangente et dérivée.*
- *Connaître la formule de l'équation réduite d'une tangente.*
- *Connaître la notation symbolique d'une limite.*
- *Connaître le lien entre « > 0 » et « est strictement positif », etc.*

- *Lire l'image d'un nombre par une fonction.*
- *Lire l'ensemble de définition d'une fonction.*
- *Trouver les variations d'une fonction et l'exprimer à l'aide de phrases.*
- *Trouver les extremums d'une fonction, absolus ou relatifs à un intervalle.*
- *Lire un nombre dérivé et déterminer l'équation réduite de la tangente correspondante.*
- *Trouver le comportement de* f (x), *suivant le comportement de* x, *et l'exprimer en terme de limite ou par une phrase.*
- *Dresser un tableau complet des variations d'une fonction.*
- *Résoudre une équation ou une inéquation.*

I. Courbe représentative d'une fonction

1. Vocabulaire et notation

La représentation graphique d'une fonction s'appelle aussi sa courbe représentative, ou simplement courbe de la fonction.

Une *courbe* est un *ensemble de points* dessiné dans un repère (O ; $\vec{i}$, $\vec{j}$).

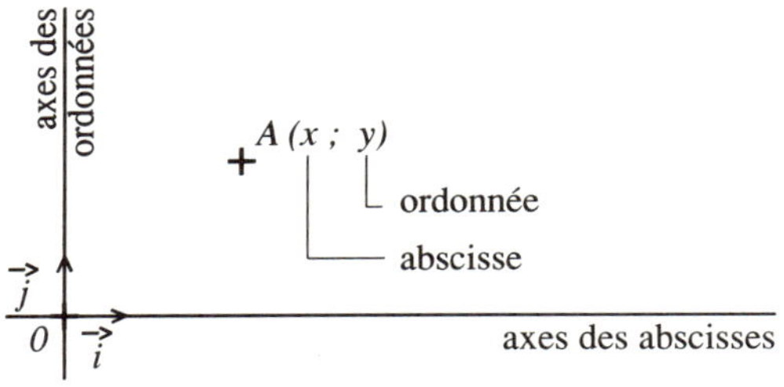

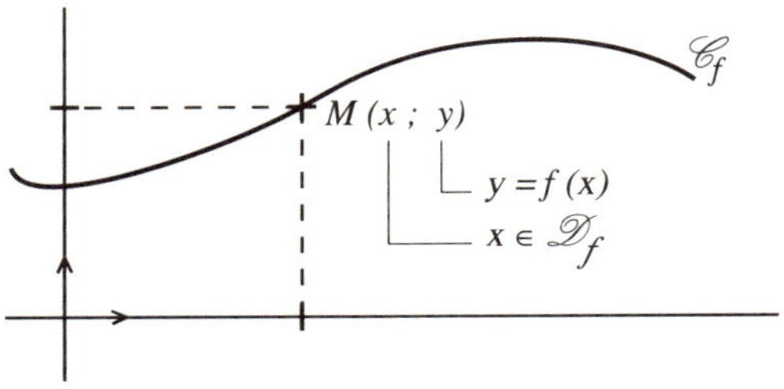

La courbe $\mathscr{C}_f$, représentant la fonction f, est l'ensemble des points M du plan de coordonnées $(x ; y)$ telles que :

l'abscisse x appartient à l'ensemble de définition
et
l'ordonnée y est l'image de x par f.

Notation $M(x ; y) \in \mathscr{C}_f$ signifie que $x \in \mathscr{D}_f$ et $y = f(x)$.

L'*équation* réduite de la courbe $\mathscr{C}_f$ représentant la fonction f, est $y = f(x)$ avec x appartenant à l'ensemble de définition de la fonction.

⚠ Dans tout ce thème, apprenez à ne pas confondre :

la fonction f,		une relation,
sa courbe $\mathscr{C}_f$	**représentant**	un ensemble de points
l'image de x par f, $f(x)$		un nombre dépendant du nombre x.

Exemples ▶

Droite

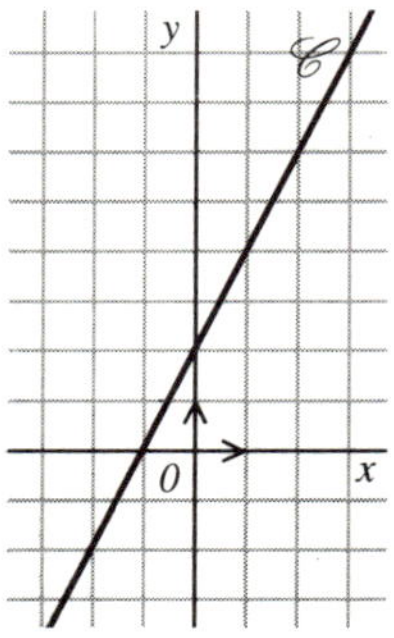

Ligne brisée

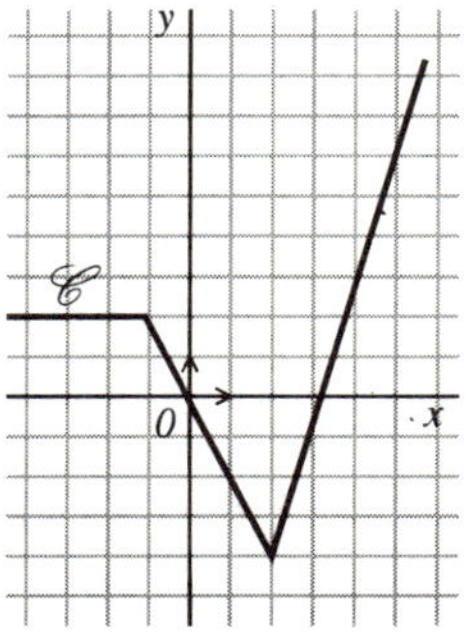

Courbe en deux parties

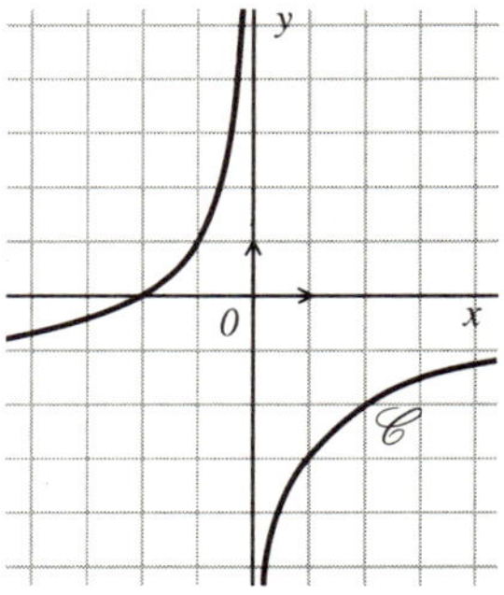

Courbe en trois parties

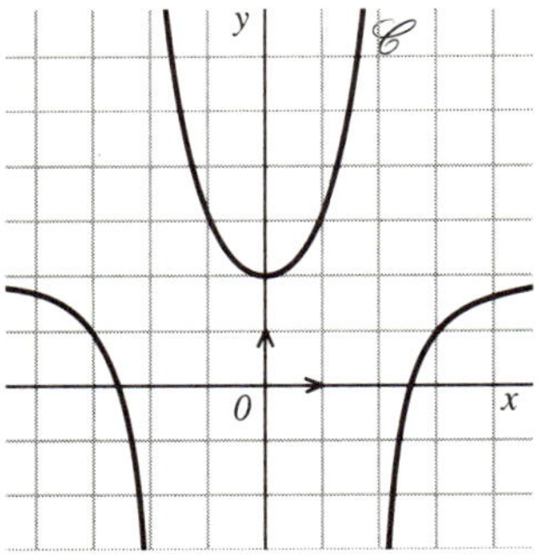

Remarque : Une droite est une courbe particulière.
La droite d'équation réduite $y = ax + b$ est la courbe représentant la fonction affine :
$f : x \mapsto ax + b$ (lire « f qui à x associe $ax + b$ »).

2. Image

Par définition, l'image de x par f est $f(x)$. Or, on a $y = f(x)$, donc l'**image** se lit **sur l'axe des ordonnées** (« l'axe des y »).

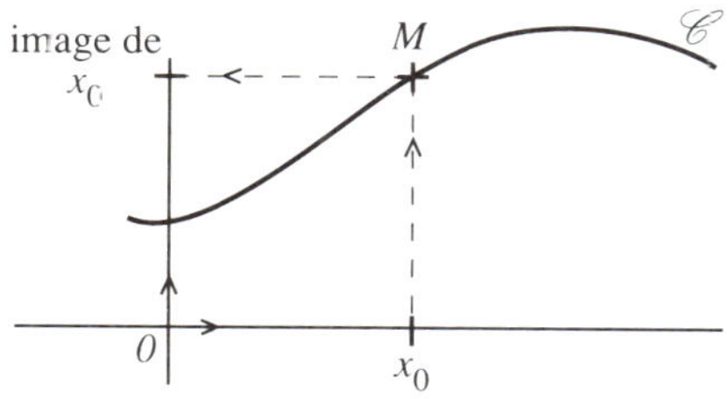

Pour lire *l'image d'un nombre* x_0 donné :
- **on repère le nombre sur l'axe des abscisses ;**
- **on trace la droite verticale qui lui correspond ; cette droite coupe en un point la courbe $\mathscr{C}$, ou pas du tout ;**
- **on lit *l'ordonnée* de ce point : c'est l'image de x_0.**

Notation

L'image de x_0 par f se note $f(x_0)$, l'image de 3 par f se note $f(3)$.
« Lire $f(4)$ », cela signifie que l'on demande de lire l'image de 4 par f.

Remarque :

Pour un nombre x_0 donné, s'il n'y a pas de point lui correspondant sur la courbe, alors cela signifie que
- x_0 n'a pas d'image,
- $f(x_0)$ n'existe pas,
- et x_0 n'appartient pas à l'ensemble de définition.

EXERCICE

1. Lire l'image d'un nombre à partir des courbes suivantes :

a) Lire l'image de 2 par f :
lire : $f(6) =$; $f(0) =$;
$f(9) =$; $f(5) =$.

b) Lire l'image de 2 par g :
lire : $g(-2) =$; $g(4) =$;
$g(6) =$; $g(0) =$.

c) Lire l'image de 4 par h :
lire : $h(-4) =$; $h(0) =$;
$h(2) =$; $h(-3) =$.

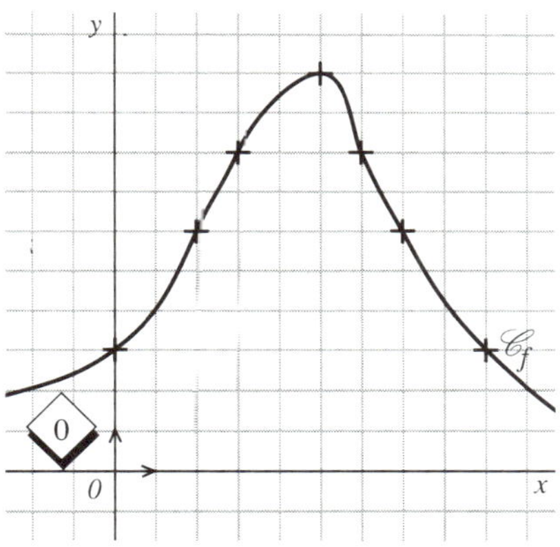

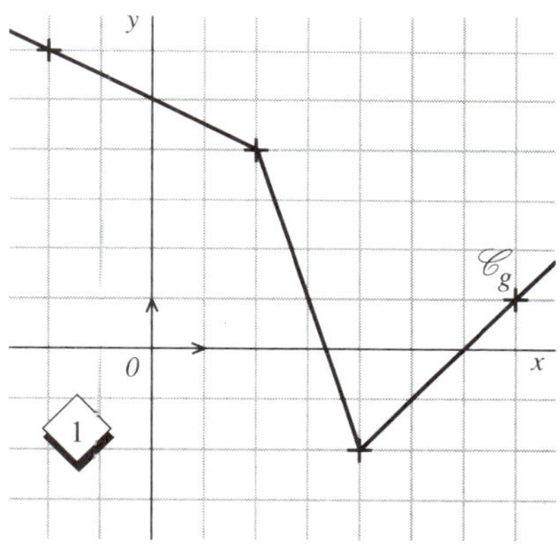

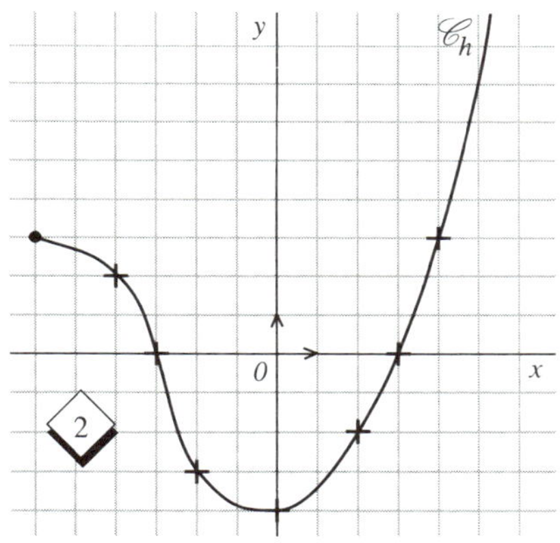

Cas particuliers a)

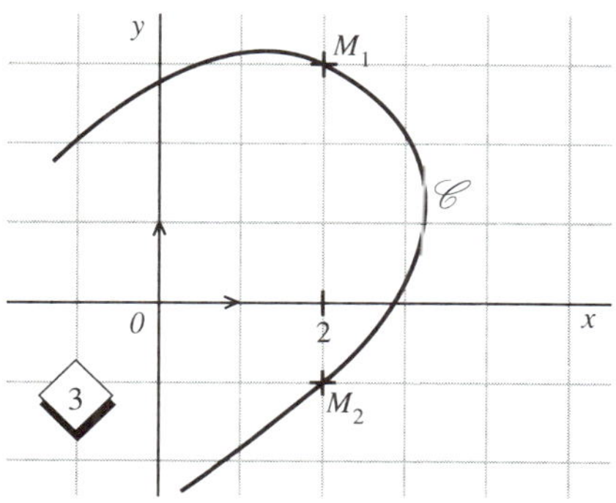

Pour le nombre 2, on trouve deux points sur la courbe, alors cette courbe ne représente pas une fonction.

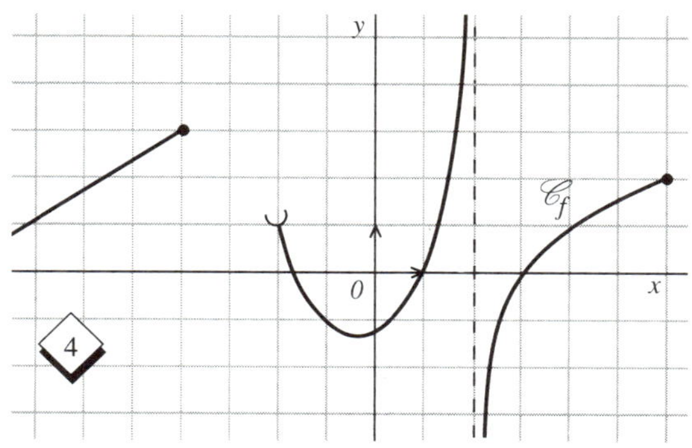

Cette courbe est en trois parties, mais pour le nombre -3 il n'y a pas de point sur la courbe, donc -3 n'a pas d'image ; et pour le nombre 2, on ne sait pas très bien... il faut connaître les conventions graphiques.

3. Conventions graphiques

- *gros point :* marque que le point appartient à la courbe et est l'une de ses **extrémités**.
- *point-crochet :* marque que le point n'appartient pas à la courbe, mais est l'une de ses **extrémités**.
- *point-croix :* marque que le point appartient à la courbe et a des **coordonnées entières**
- *ligne en pointillé verticale :* marque que le nombre x_0 correspondant est valeur interdite, c'est-à-dire que x_0 n'a pas d'image, et que la courbe s'**approche de plus en plus** de cette droite d'équation $x = x_0$, mais sans **jamais l'atteindre**
- *branche infinie :* lorsque la courbe ne s'arrête pas par un gros point ou un point-crochet, cela signifie qu'elle continue indéfiniment de la **même manière**

EXERCICE

2. Analyser les conventions graphiques pour ces deux courbes :

gros point : (;   )

point-crochet : (;   )
valeur interdite :

nombre de branches infinies :

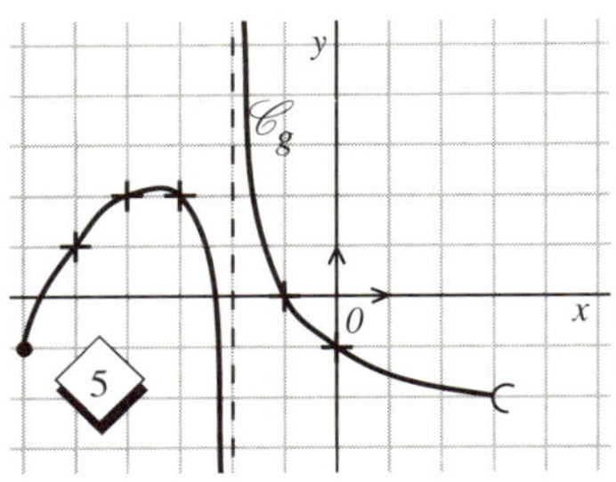

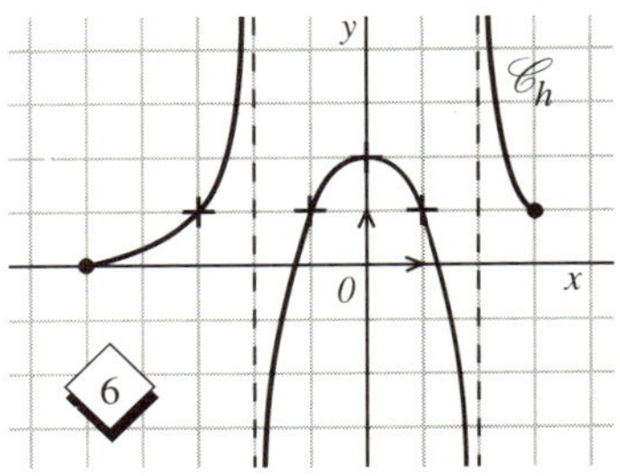

gros points :
(;   ) (;   )

points à cordonnées entières, autres que les gros points :
(;   ) (;   )
(;   ) (;   )
valeurs interdites :

4. Ensemble de définition

Par définition, x appartient à l'**ensemble de définition** de la fonction lorsque $f(x)$ existe.
Or, dans un repère, x est l'abscisse, donc l'ensemble de définition se lit **sur l'axe des abscisses** (l'axe des x).

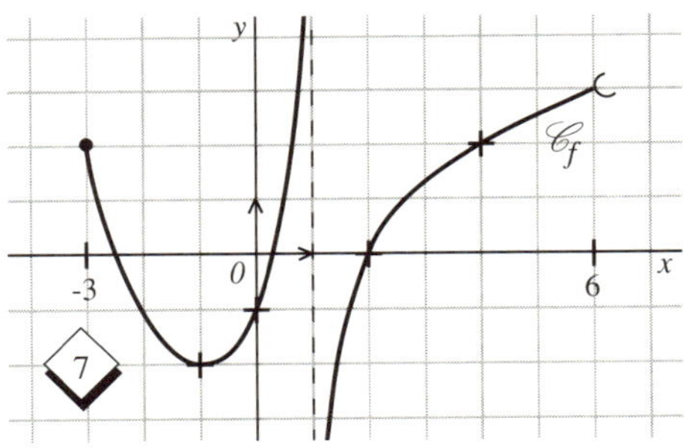

Sens de lecture

> **Pour lire *l'ensemble de définition :***
> - **on suit la courbe de la gauche vers la droite,**
> - **on lit l'ensemble formé par les *abscisses de tous les points* de la courbe.**

Remarque : Si la courbe est en deux parties, alors l'ensemble de définition est composé de deux intervalles.

Dans le cas de la courbe ci-dessus : $\mathscr{D}_f = [-3\,;1[\cup]1\,;6[$.

EXERCICE

3. Donner les ensembles de définition des fonctions f, g et h représentées sur les graphiques ④, ⑤ et ⑥.

④ $\mathscr{D}_f =$	⑤ $\mathscr{D}_g =$	⑥ $\mathscr{D}_h =$

II. Variations d'une fonction

1. Lecture des variations

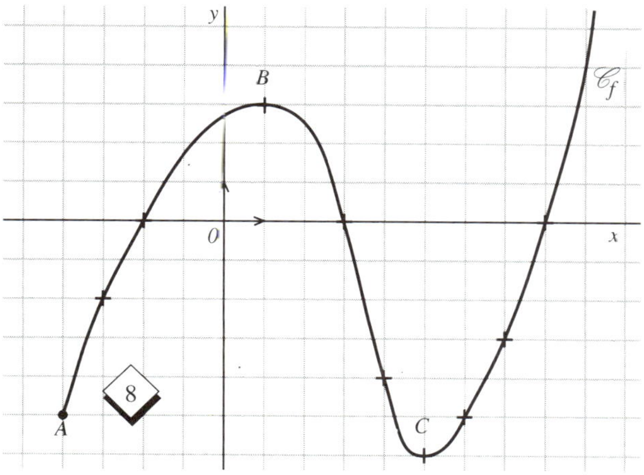

Pour lire les variations d'une fonction :
on suit la courbe de la gauche vers la droite ;
- **si la *courbe monte,* la fonction est *croissante* ;**
- **si la *courbe descend,* la fonction est *décroissante.***

On obtient ainsi le tableau des variations :

x	– 4		1		– 5		} abscisses des points
$f(x)$	– 5	↗	3	↘	– 6	↗	} ordonnées des points et flèches

- On verra dans un autre paragraphe les branches infinies.

On dit que f est croissante sur [– 4 ; 1] et sur [5 ; + ∞[, et décroissante sur [1 ; 5].

EXERCICES

4. Donner l'ensemble de définition de la fonction du graphique ⑧ : $\mathscr{D}_f =$

Dans quel ordre sont les images de – 3 et de – 2?

Dans quel ordre sont les images de 3 et 4? ; de 6 et 7 ?

5. Lire le tableau des variations des fonctions suivantes, puis leur ensemble de définition :

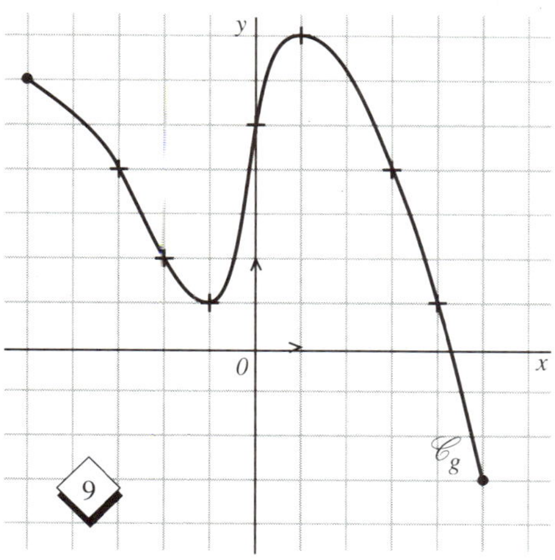

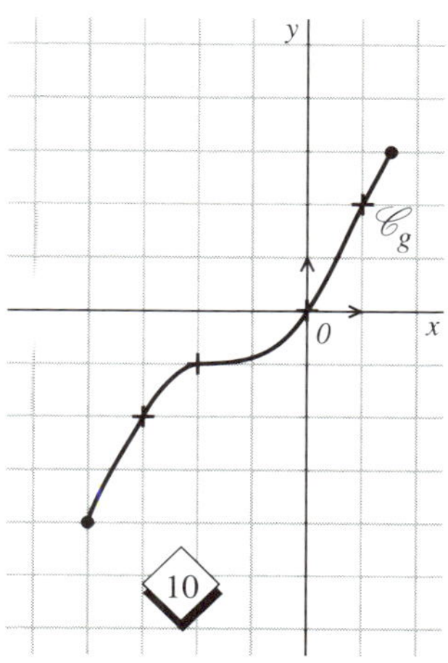

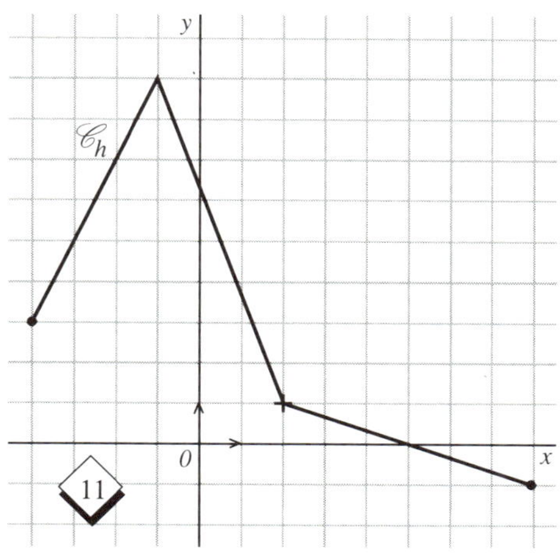

x	
$f(x)$	

x	1,5
$g(x)$	

x	
$h(x)$	

2. Signe de la dérivée

On considère des fonctions dérivables sur leur ensemble de définition.

Théorème

Sur un intervalle, { **et** **si la *dérivée* est *positive*, alors la *fonction* est *croissante* ;** **si la *dérivée* est *négative*, alors la *fonction* est *décroissante*.**

Donc, à l'aide de la lecture de la variation, on peut connaître le signe de la dérivée.

Exemple ► Pour la fonction f représentée sur le graphique ⑧ :
- sur $[-4\ ;\ 1]$ et sur $[5\ ;\ +\infty[$ la fonction est croissante, donc la dérivée est positive ($f'(x) \geqslant 0$) ;
- sur $[1\ ;\ 5]$ la fonction est décroissante, donc la dérivée est négative ($f'(x) \leqslant 0$).

EXERCICE

6. Sur quel intervalle la fonction f représentée en ⑨ est-elle croissante?

Que peut-on en déduire pour le signe de la dérivée sur cet intervalle?

Pour chacune des fonctions représentées ci-dessous, dresser le tableau des variations avec le signe de la dérivée.

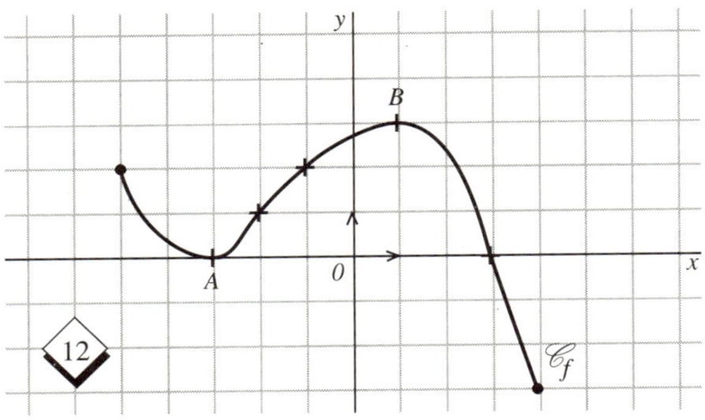

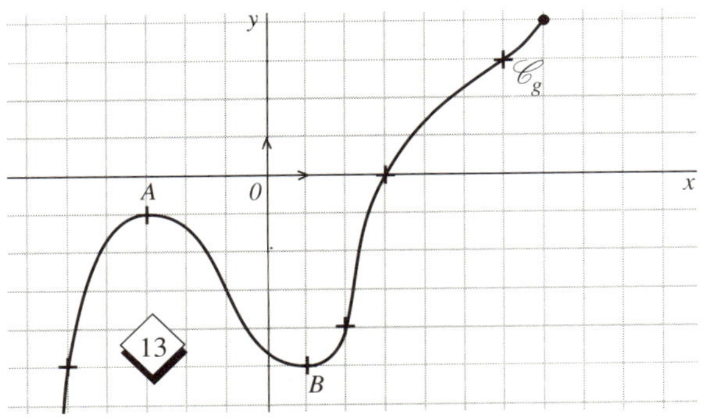

a)

x	
$f'(x)$	
$f(x)$	

b)

x	
$g'(x)$	
$g(x)$	

3. Extremums

Un *extremum* est un nombre, maximum ou minimum, *valeur extrême prise par* $f(x)$ lorsque x décrit un ensemble donné.

- On cherche toujours un extremum sur un ensemble.
- Si cet ensemble n'est pas précisé, on parle d'**extremum absolu** de la fonction.

Pour lire un *maximum*, on repère sur la courbe le point situé *le plus haut* et on lit son ordonnée.
Pour lire un *minimum*, on repère sur la courbe le point situé *le plus bas* et on lit son ordonnée.

Exemples ►

- Pour la fonction f, graphique ⑫ :
  - le maximum absolu est 3, atteint en 1;
  - le minimum absolu est -3, atteint en 4.

Sur $[-5\ ;\ 1]$ le minimum est 0, atteint en -3.

- Pour la fonction g, graphique ⑬ :
  - le maximum absolu est 4, atteint en 7;
  - le minimum absolu n'existe pas.

Sur $[-3\ ;\ 7]$ le minimum est -5, atteint en 1.

⚠ La valeur d'un extremum dépend de l'ensemble sur lequel on se situe.

Pour la fonction f représentée ci-dessous, le minimum absolu est – 5, atteint en – 4.
Mais, sur [0 ; 10], le minimum est – 3, atteint en 4.
On dit que – 3 est un minimum **relatif**.

EXERCICE

7. Pour la fonction du graphique ⑭, donner

le maximum absolu :

le minimum sur [2 ; 10] :

le minimum sur [– 3 ; 2] :

le minimum absolu :

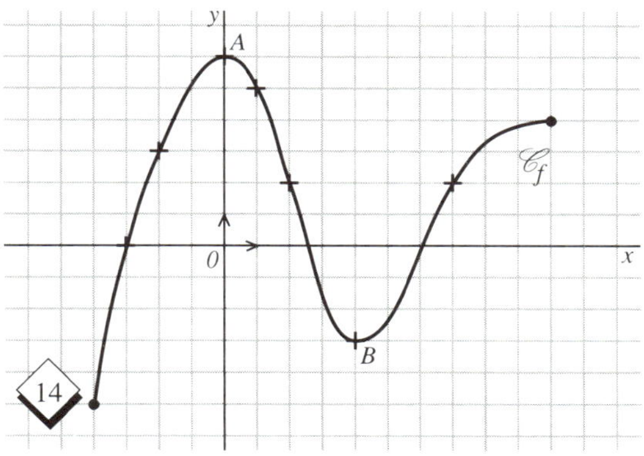

III. Tangente

1. Pour mémoire

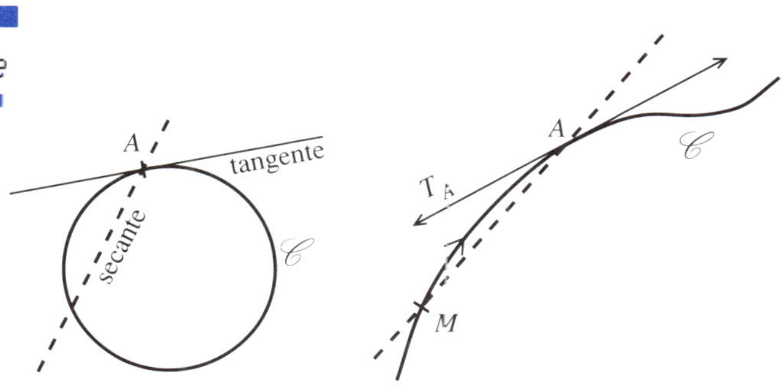

La droite (AM) est sécante à la courbe $\mathscr{C}$.

Lorsque le point M se rapproche de A, la droite (AM) se rapproche d'une droite T_A appelée
la tangente à la courbe $\mathscr{C}$ en A.

On admet qu'en tout point de la courbe d'une **fonction dérivable**, il y a une **tangente** Donc la courbe d'une fonction dérivable sur son ensemble de définition est **sans** « **point anguleux** ».

Exemple ► Courbes de fonctions dérivables :

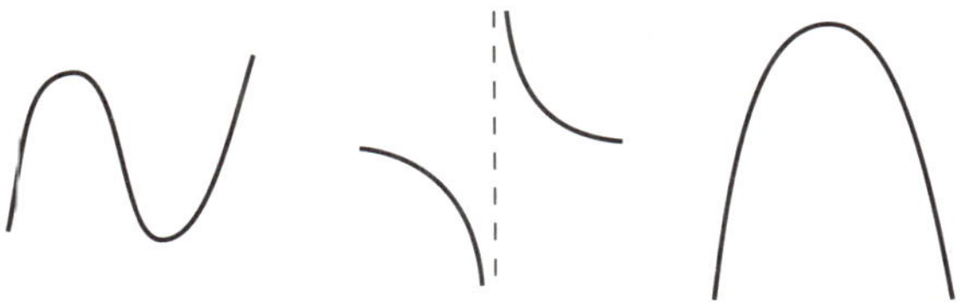

Courbes avec « points anguleux » :

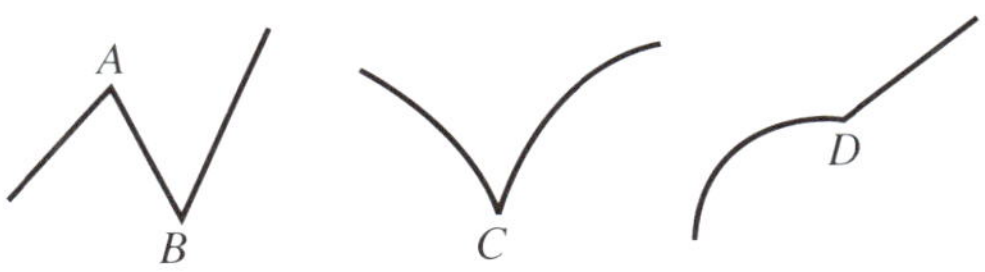

A, B, C et D sont des « points anguleux ».

EXERCICE

8. Depuis le début du thème,

donner { les numéros des courbes sans point anguleux :
les numéros des courbes avec points anguleux :

2. Tangente horizontale

Lorsqu'une fonction dérivable est croissante, puis décroissante, sa courbe présente un **sommet**, là où la dérivée change de signe (graphiques ⑫, ⑬ et ⑭).
Alors la dérivée étant positive, puis négative, la **dérivée s'annule** et la courbe présente une **tangente horizontale**.
Aux points A et B des graphiques ⑫, ⑬ et ⑭, la courbe admet des tangentes horizontales.

Remarque : La dérivée peut être nulle sans changer de signe.

3. Lien entre dérivée et tangente

$f'(3)$, qui se lit « f prime de 3 », représente la valeur de la dérivée de la fonction f lorsque x vaut 3.
$f'(3)$ est un nombre. **$f'(x_0)$** est le **nombre** dérivé de f en x_0.

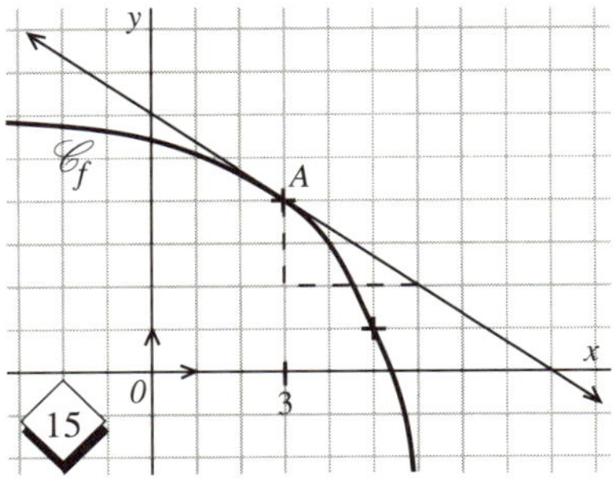

> **Pour lire $f'(x_0)$ sur la courbe de la fonction f :**
> - **on repère le nombre x_0 sur l'axe des abscisses ;**
> - **on regarde le point de la courbe correspondant ;**
> - **en ce point, la tangente à la courbe est tracée (sinon, la lecture n'est pas possible) ;**
> - **on lit la pente (ou coefficient directeur) de cette tangente.**

Rappel

Pour lire la pente d'une droite, on repère deux points simples de la droite et on lit le quotient :

$$a = \frac{\Delta y}{\Delta x} \quad \begin{array}{l} \leftarrow \text{différence des ordonnées des points} \\ \leftarrow \text{différence des abscisses de ces points.} \end{array}$$

Ici, $f'(3) = \frac{-2}{3}$. ⚠ Ne pas confondre $f(3)$ et $f'(3)$.

> **La *pente de la tangente* au point d'abscisse x_0 est égale à la *valeur de la dérivée* en x_0 :**
> **$a = f'(x_0)$.**

EXERCICE

9.

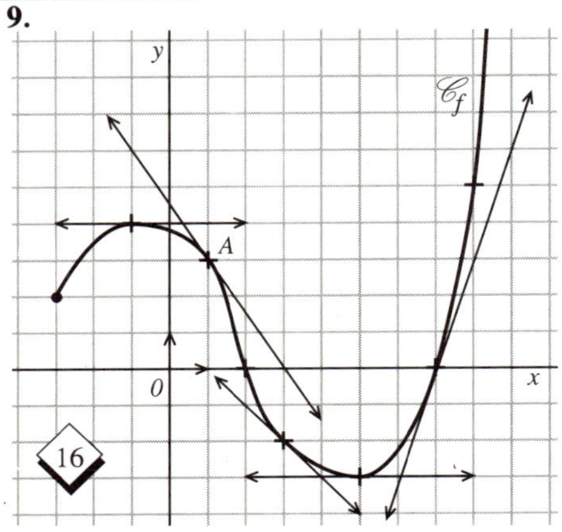

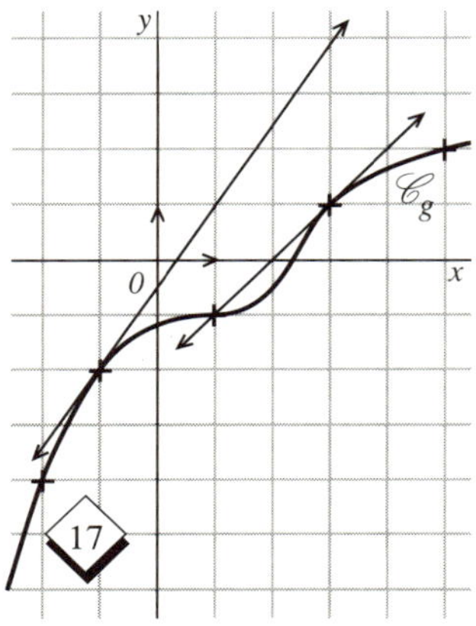

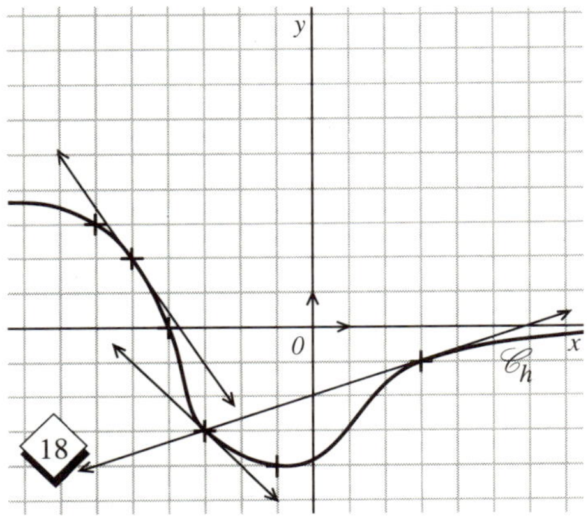

a) Lire :
$f'(1) =$; $f'(3) =$;
$f'(-1) =$; $f'(7) =$,
$f'(5) =$.

b) Lire :
$g'(-1) =$;
$g'(1) =$; $g'(3) =$.

c) Lire :
$h'(3) =$; $h'(-5) =$;
$h'(-1) =$; $h'(-3) =$.

4. Équation réduite d'une tangente

Comme une tangente est une droite, on garde la même forme d'équation réduite.

> **L'équation réduite de la tangente à la courbe $\mathscr{C}_f$ au point d'abscisse x_0 est :**
>
> $$y = a(x - x_0) + y_0, \quad \text{avec} \quad \begin{cases} a = f'(x_0) & \text{pente de la tangente,} \\ y_0 = f(x_0) & \text{ordonnée du point.} \end{cases}$$

***Exemple* ▶** Pour le graphique 15, la tangente en $A(3\,;4)$ a pour équation $y = -\frac{2}{3}(x - 3) + 4 \Longleftrightarrow y = -\frac{2}{3}x + 6$.

EXERCICE

10. Déterminer les équations réduites des tangentes tracées :

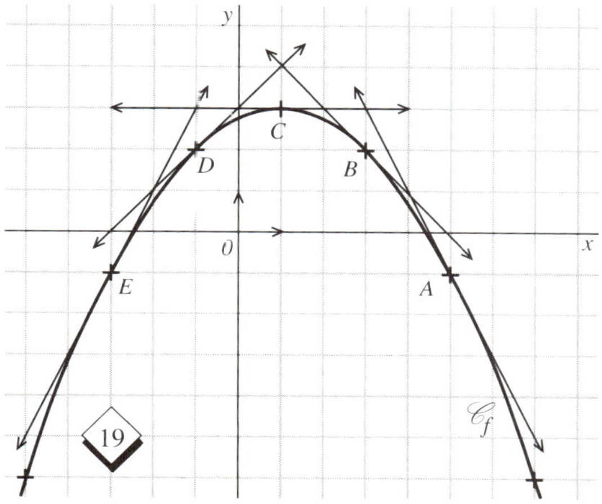

• tangente en A : A a pour coordonnées (;   )

la pente de la tangente est a =
d'où l'équation :

• tangente en B :

• tangente en C :

⚠ Une tangente horizontale a pour pente 0.

• tangente en D :

• tangente en E :

IV. Notion de limite

1. Une contradiction de vocabulaire

Lorsque la courbe ne s'arrête pas, c'est-à-dire lorsque la courbe présente une **branche infinie**, il y a un problème de limite.
Bref, « il y a un problème de limite lorsque la courbe est illimitée ».

2. Comportement de l'ordonnée, pour un comportement fixé de l'abscisse

Pour comprendre ce paragraphe, imaginer qu'un point de coordonnées $(x\ ;\ y)$ se promène en restant *sur* la courbe (alors $y = f(x)$).
On fixe sa façon de « se promener » en se donnant le comportement de son abscisse x.
Puis on regarde le comportement de son **ordonnée** y, c'est-à-dire $\boldsymbol{f(x)}$.

Il y a deux types de branches infinies suivant le comportement de x :

• lorsque x prend des grandes valeurs de x

• lorsque x prend des valeurs proches d'une valeur interdite.

Exemples ▶

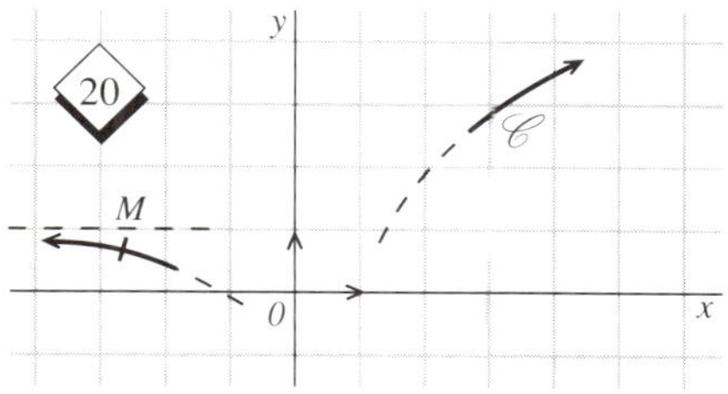

Graphique 20 : lorsque x prend des grandes valeurs négatives, alors l'ordonnée du point M devient de plus en plus proche de 1.

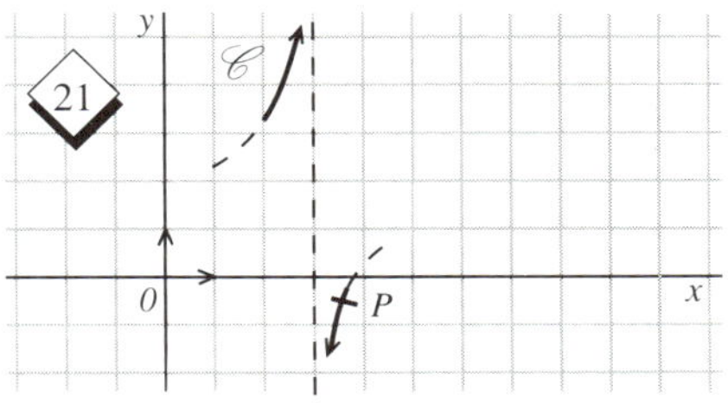

Graphique 21 : lorsque x prend des valeurs proches de 3, mais supérieures à 3, alors l'ordonnée du point P devient de plus en plus grande et négative.

EXERCICE

11. Pour chacune des branches infinies, donner le comportement de l'ordonnée.

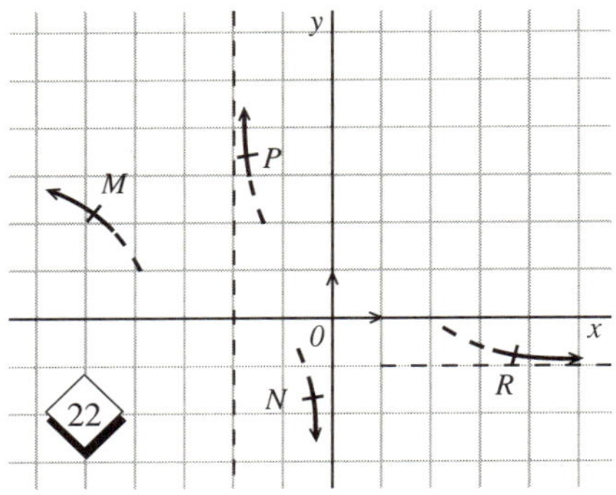

• Lorsque x prend des grandes valeurs négatives, alors l'ordonnée de M devient

• Lorsque x prend des valeurs proches de -2, mais supérieures à -2, alors l'ordonnée de P devient

• Lorsque x prend des grandes valeurs positives, alors l'ordonnée de R devient

• Lorsque x prend des valeurs proches de 0, mais inférieures à 0, alors l'ordonnée de N devient

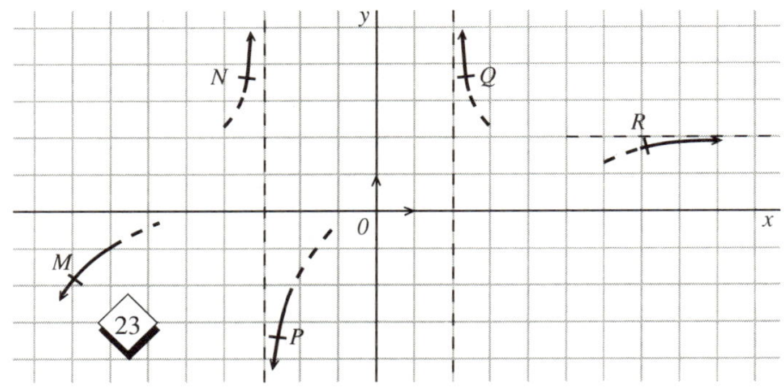

• Lorsque x prend des grandes valeurs négatives, alors l'ordonnée de M devient

• Lorsque x prend des valeurs proches de -3, inférieures à -3, alors l'ordonnée de N devient

• Lorsque x prend des valeurs proches de -3, supérieures à -3, alors l'ordonnée de P devient

• Lorsque x prend des valeurs proches de 2, supérieures à 2, alors l'ordonnée de Q devient

• Lorsque x prend des grandes valeurs positives, alors l'ordonnée de R devient

Suivant le comportement fixé pour l'abscisse, le **comportement de l'ordonnée** indique la **limite** de la fonction, car $f(x)$ est l'ordonnée du point d'abscisse x.

3. Limites d'une fonction

Ce n'est qu'une question de « traduction », si l'exercice précédent est compris.

• Sur le graphique 20 on a :
« lorsque x prend des grandes valeurs négatives », c'est-à-dire « si x tend vers moins l'infini », alors l'ordonnée du point devient de plus en plus proche de 1, c'est-à-dire « alors $f(x)$ tend vers 1 ».

On condense cette traduction de plusieurs façons :

– si $x \to -\infty$, alors $f(x) \to 1$, qui se lit : « si x **tend vers** moins l'infini, alors $f(x)$ **tend vers** 1 »,

– ou la **limite de $f(x)$, quand x tend vers** $-\infty$, est égale à 1.

En *notation symbolique :* $\lim\limits_{x \to -\infty} f(x) = 1$.

• Sur le graphique 21, on a : « si x tend vers 3, par valeurs supérieures à 3, alors $f(x)$ tend vers moins l'infini » ou encore : « la limite de $f(x)$, quand x tend vers 3 par valeurs supérieures, est égale à $-\infty$ » ; ce qui s'écrit *symboliquement* : $\lim\limits_{\substack{x \to 3 \\ x < 3}} f(x) = -\infty$.

EXERCICE

12. Donner la notation symbolique pour chaque branche infinie des graphiques ㉒ et ㉓ (en même temps, lire « dans sa tête » cet ensemble de symboles). ⚠ N'oublier aucun symbole de ces écritures !

㉒ Comportement de M : | Comportement de P : | Comportement de R : | Comportement de N :

㉓ Comportement de M : | Comportement de N : | Comportement de P :

Comportement de Q : | Comportement de R :

V. Tableau complet des variations

Au paragraphe II, on a obtenu un tableau des variations dans lequel il manquait la lecture des branches infinies.

Démarche à suivre pour dresser un tableau complet des variations d'une fonction connue par sa courbe :

- **On trace un tableau à trois lignes.**

abscisse →	x	
dérivée →	$f'(x)$	
ordonnée (image de x par f) →	$f(x)$	

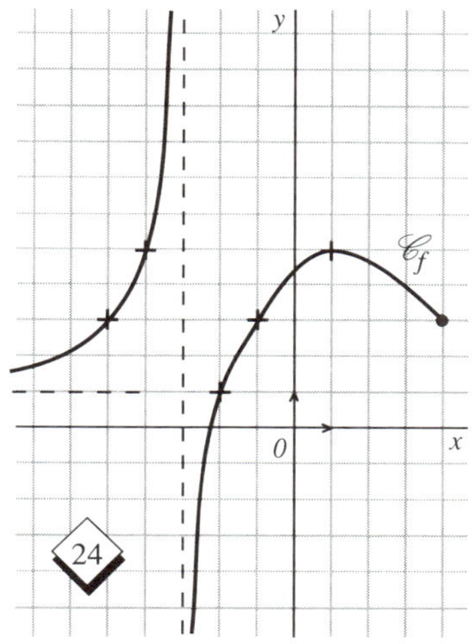

- **On dessine les flèches de la variation.**

Pour cela, on suit la courbe de la gauche vers la droite.
Si on **lève** le « crayon » pour suivre une autre partie, on dessine une **double barre** dans le tableau.

x			
$f'(x)$		‖	
$f(x)$	↗	‖	↗ ↘

- **On note le signe de la dérivée.**

Si la courbe a un **sommet** « non anguleux », alors la **dérivée** est **nulle**.

x			
$f'(x)$	+	‖	+ **0** −
$f(x)$	↗	‖	↗ ↘

- **On note les coordonnées des points particuliers.**

x			1	4
$f'(x)$		‖	0	
$f(x)$	↗	‖	↗ 5	↘ 3

- **On note le comportement des branches infinies.**

x	$-\infty$	-3		1	4
$f'(x)$	+	‖	+	0	−
$f(x)$	1 ↗ $+\infty$	‖	$-\infty$ ↗	5	↘ 3

EXERCICE

13. Dresser le tableau complet des variations des fonctions représentées sur les graphiques ⑯ ⑰ ⑱.

VI. Résolution graphique d'équations ou d'inéquations

1. Équation du type : f(x) = nombre *ou* f(x) = 0

Pour résoudre graphiquement l'équation *f(x) = nombre* :
- **on repère le *nombre* sur l'axe des ordonnées ;**
- **on trace la droite horizontale correspondante qui coupe, ou non, la courbe $\mathscr{C}$;**
- **on lit les abscisses des points d'intersection que l'on écrit entre des accolades.**

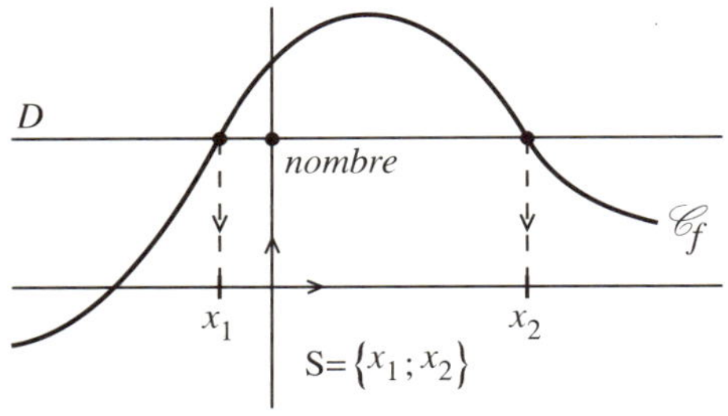

Remarque : Pour l'équation $f(x) = 0$, la droite horizontale est l'axe des abscisses.
Résoudre graphiquement l'équation $f(x) = 0$, c'est trouver les abscisses des points d'intersection de la courbe $\mathscr{C}_f$ avec l'axe des abscisses.

EXERCICE

14. Résoudre graphiquement les équations suivantes :

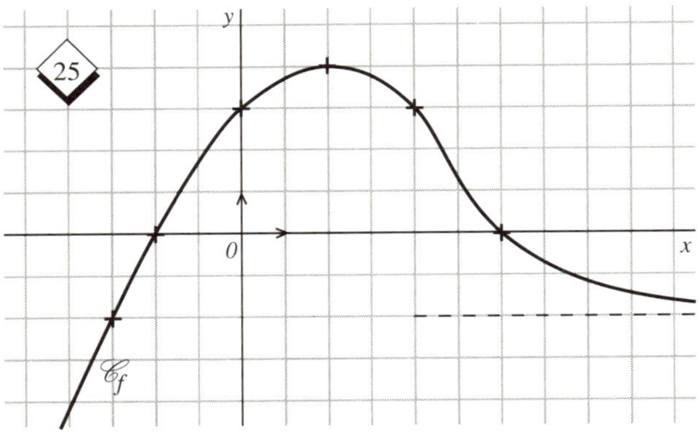

- $f(x) = 3$;
- $f(x) = 0$;
- $f(x) = 5$;
- $f(x) = -2$.

2. Équation du type : f(x) = ax + b

Pour résoudre graphiquement l'équation $f(x) = ax + b$:

- **on trace, sur le même graphique, la droite (*D*) d'équation $y = ax + b$;**
cette droite coupe, ou non, la courbe $\mathscr{C}$;
- **on lit les abscisses des points d'intersection que l'on écrit entre des accolades.**

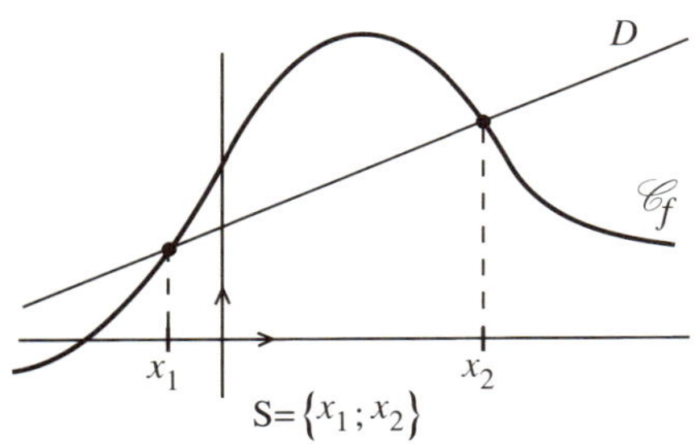

Résoudre **graphiquement** l'équation $f(x) = ax + b$, c'est trouver les **abscisses des points** communs à la courbe $\mathscr{C}$ et à la droite d'équation $y = ax + b$.

EXERCICE

15. Résoudre graphiquement les équations suivantes :
- $f(x) = -x - 2$;
- $f(x) = \frac{1}{2}x - 2$;
- $f(x) = -\frac{1}{3}x + 3$;
- $f(x) = \frac{3}{2}x$.

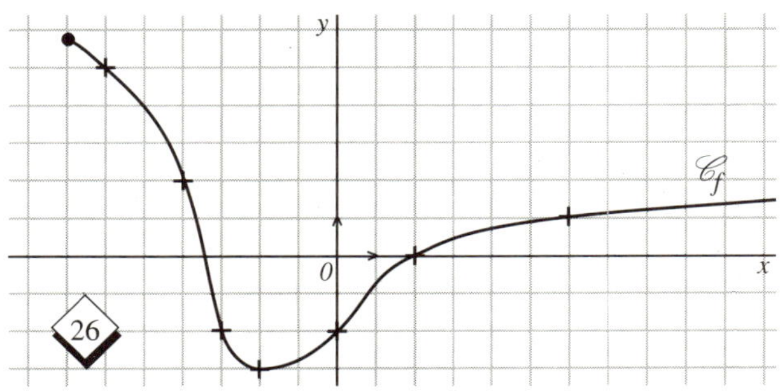

3. *Inéquations de type :* f(x) $\gtreqless$ nombre *ou* f(x) $\gtreqless$ 0

Pour résoudre graphiquement l'inéquation $f(x) > nombre$:

- **on repère le nombre sur l'axe des ordonnées ;**
- **on trace la droite horizontale correspondante ;**
- **on repère la ou les partie(s) de la courbe située(s) au-dessus de la droite ;**
- **on lit les abscisses des points correspondants que l'on écrit à l'aide d'intervalles.**

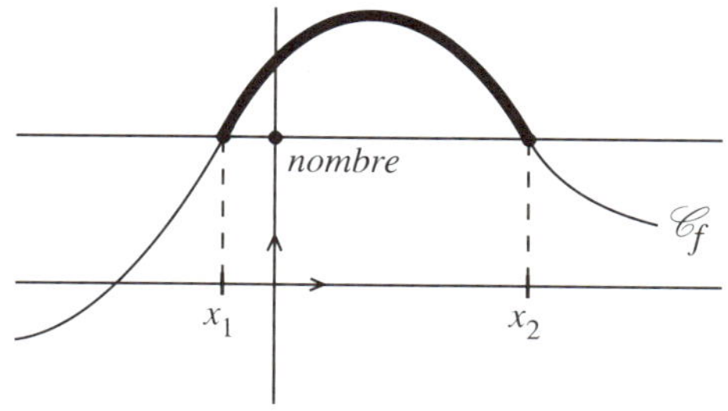

$f(x) >$ nombre : $S =]x_1 ; x_2[$

Remarques : À chaque partie de courbe correspond un intervalle (qui s'écrit avec des crochets).

• Pour résoudre	$f(x) > nombre$	$f(x) \geqslant nombre$	$f(x) < nombre$	$f(x) \leqslant nombre$
on regarde :	au-dessus de la droite	au-dessus ou sur la droite	au-dessous de la droite	au-dessous ou sur la droite.

Cas particulier Lorsque le *nombre* est 0, la droite horizontale est l'axe des abscisses.

> 0	se traduit par	« est strictement positif »	et on regarde	« au-dessus de l'axe des abscisses »
$\geqslant 0$		« est positif ou nul »		« au-dessus ou sur l'axe des abscisses »
< 0		« est strictement négatif »		« au-dessous de l'axe des abscisses »
$\leqslant 0$		« est négatif ou nul »		« au-dessous ou sur l'axe des abscisses ».

EXERCICE

16. Résoudre graphiquement les inéquations suivantes :

- $f(x) > 2$;
- $f(x) \geqslant 0$ (ou $f(x)$ positif ou nul) ;
- $f(x) \leqslant 2$;
- $f(x) < 0$

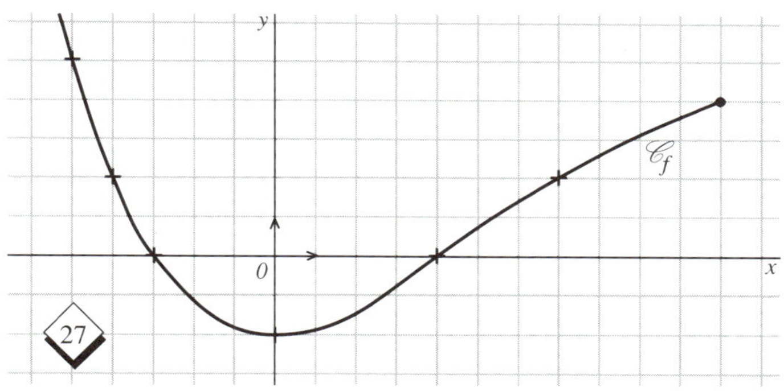

4. *Inéquations de type :* f(x) $\gtreqless$ *ax* + b

Résoudre graphiquement l'inéquation $f(x) \gtreqless ax + b$, c'est trouver les **abscisses des points** de la courbe situés { au-dessus / sur / au-dessous } de la droite d'équation $y = ax + b$.

EXERCICE

17.

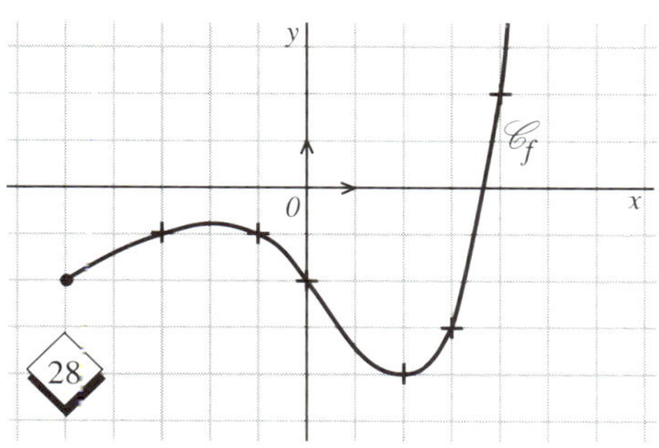

Résoudre graphiquement les inéquations suivantes :

- $f(x) \leqslant x - 2$; *(Tracer la droite d'équation $y = x - 2$.)*
- $f(x) \geqslant -\frac{1}{3}x - 2$;
- $f(x) < -x$.

Résultats des exercices du cours

Page 79 **Image**

① a) L'image de 2 est 6 ; $f(6) = 8$; $f(0) = 3$; $f(9) = 3$; $f(5) = 10$.

b) L'image de 2 est 4 ; $g(-2) = 6$; $g(4) = -2$; $g(6) = 0$; $g(0) = 5$.

c) L'image de 4 est 3 ; $h(-4) = 2$; $h(0) = -4$; $h(2) = -2$; $h(-3) = 0$.

Page 80

② • Gros point $(-6, -1)$;
Point crochet $(3 ; -2)$;
Valeur interdite : -2 ;
2 branches infinies.
• Gros points : $(-5 ; 0)(3 ; 1)$;
Points de la courbe :
$(-3 ; 1)(-1 ; 1)(0 ; 2)(1 ; 1)$;
Valeurs interdites : -2 et 2.

③ Ensemble de définition

$\mathscr{D}_f =]-\infty ; -4] \cup]-2 ; 2[\cup]2 ; 6[$.

$\mathscr{D}_g = [-6 ; -2[\cup]-2 ; 3[$.

$\mathscr{D}_h = [-5 ; -2[\cup]-2 ; 2[\cup]2 ; 3]$.

Page 81

④ $\mathscr{D}_f = [-4 ; +\infty[$. Les images de -3 et de -2 sont dans l'ordre croissant ($f(-3) = -2$ et $f(-2) = 0$, et $-2 < 0$).
Les images de 3 et de 4 sont dans l'ordre décroissant. Les images de 6 et 7 sont dans l'ordre croissant.

⑤ Tableau des variations

a)

x	-5		-1		1		5
$f(x)$	6	↘	1	↗	7	↘	-3

$\mathscr{D}_f = [-5 ; 5]$.

b)

x	-4		$1{,}5$
$g(x)$	-4	↗	3

$\mathscr{D}_g = [-4 ; 1{,}5]$.

c)

x	-4		-1		8
$h(x)$	3	↗	9	↘	-1

$\mathscr{D}_h = [-4 ; 8]$.

Page 82

⑥ Sur $[-1 ; 1]$ la fonction représentée en ⑨ est croissante, le signe de la dérivée est positif.

a)

x	-5		-3		1		4
$f'(x)$		$-$		$+$		$-$	
$f(x)$	2	↘	0	↗	3	↘	-3

b)

x			-3		1		7
$g'(x)$		$+$		$-$		$+$	
$g(x)$		↗	-1	↘	-5	↗	4

Page 83

⑦ Le maximum absolu est 6, atteint en 0. Le minimum sur $[2 ; 10]$ est -3, atteint en 4. Sur $[-3 ; 2]$, le minimum est 0 atteint en -3. Le minimum absolu est -5 atteint en -4.

⑧ Numéros des courbes sans point anguleux : 0 ; 2 ; 4 ; 5 ; 6 ; 7 ; 8 ; 9 ; 10 ; 12 ; 13 ; 14. Avec points anguleux : 1 et 11.

Page 84 **Nombres dérivés**

⑨ a) $f'(1) = -2$; $f'(3) = -1$; $f'(-1) = 0$; $f'(7) = 3$; $f'(5) = 0$.

b) $g'(-1) = \frac{3}{2}$; $g'(1) = 0$; $g'(3) = 1$.

c) $h'(3) = \frac{1}{3}$; $h'(-5) = -\frac{3}{2}$; $h'(-3) = -1$. $h'(-1) = 0$.

Page 85 **Tangentes**

⑩ $A(5 ; -1) : f'(5) = -2 : y = -2x + 9$;
$B(3 ; 2) : f'(3) = -1 : y = -x + 5$;
$C(1 ; 3) : f'(1) = 0 : y = 3$;
$D(-1 ; 2) : f'(-1) = 1 : y = x + 3$;
$E(-3 ; -1) : f'(-3) = 2 : y = 2x + 5$.

Page 86

⑪ ⟨22⟩ Pour M, l'ordonnée devient de plus en plus grande positive ;
pour P, de plus en plus grande positive ;
pour R, de plus en plus proche de -1 ;
pour N, de plus en plus grande négative.

⟨23⟩ Pour M, l'ordonnée devient de plus en plus grande négative ;
pour N, de plus en plus grande positive ;
pour P, de plus en plus grande négative ;
pour Q, de plus en plus grande positive ;
pour R, de plus en plus proche de 2.

Page 87 **Notation symbolique de limites**

⑫ ⟨22⟩ Pour M : $\lim_{x \to -\infty} f(x) = +\infty$.

Pour P : $\lim_{\substack{x \to -2 \\ x > -2}} f(x) = +\infty$.

Pour R : $\lim_{x \to +\infty} f(x) = -1$.

Pour N : $\lim_{\substack{x \to 0 \\ x < 0}} f(x) = -\infty$.

⟨23⟩ Pour M : $\lim_{x \to -\infty} f(x) = -\infty$.

Pour N : $\lim_{\substack{x \to -3 \\ x > -3}} f(x) = +\infty$.

Pour P : $\lim_{\substack{x \to -3 \\ x > -3}} f(x) = -\infty$.

Pour Q : $\lim_{\substack{x \to 2 \\ x > 2}} f(x) = +\infty$.

Pour R : $\lim_{x \to +\infty} f(x) = 2$.

Tableau des variations

⑬ Graphique ⟨16⟩

x	-3		-1		5		$+\infty$
$f'(x)$		$+$	0	$-$	0	$+$	
$f(x)$	2	↗	4	↘	-3	↗	$+\infty$

Graphique ⟨17⟩

x	$-\infty$		1		$+\infty$
$g'(x)$		$+$	0	$+$	
$g(x)$	$-\infty$	↗		↗	$+\infty$

Graphique ⟨18⟩

x	$-\infty$		-1		$+\infty$
$h'(x)$		$-$	0	$+$	
$h(x)$	$+\infty$	↘	-4	↗	0

Page 88

⑭ Graphique ⟨25⟩
• $S = \{0 ; 4\}$; • $S = \{-2 ; 6\}$;
• $S = \varnothing$; • $S = \{-3\}$.

⑮ Graphique ⟨26⟩

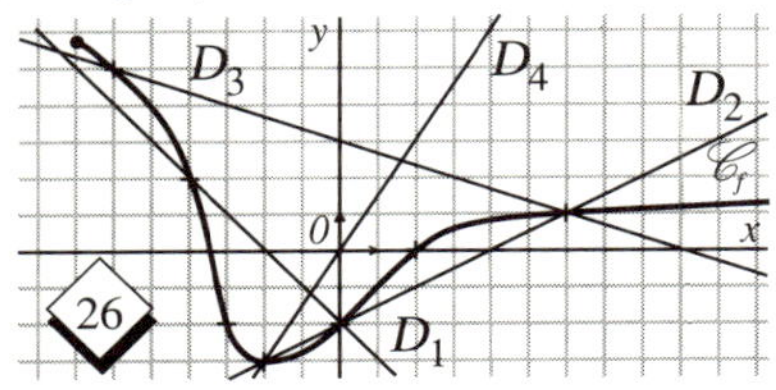

• $S = \{-4 ; 0\}$. • $S = \{-2 ; 0 ; 6\}$.
• $S = \{-6 ; 6\}$. • $S = \{-2\}$.

$D_1 : y = -x - 2$; $D_2 : y = \frac{1}{2}x - 2$;

$D_3 : y = -\frac{1}{3}x + 3$; $D_4 : y = \frac{3}{2}x$.

Page 89

⑯ Graphique ⟨27⟩
$f(x) > 2 : S =]-\infty ; -4[\cup]7 ; 11]$;
$f(x) \leqslant 2 : S = [-4 ; 7]$;
$f(x) \geqslant 0 : S =]-\infty ; -3] \cup [4 ; 11]$;
$f(x) < 0 : S =]-3 ; 4[$.

⑰ Graphique ⟨28⟩
$D_1 : y = x - 2$; $D_2 : y = -\frac{1}{3}x - 2$;
$D_3 : y = -x$.

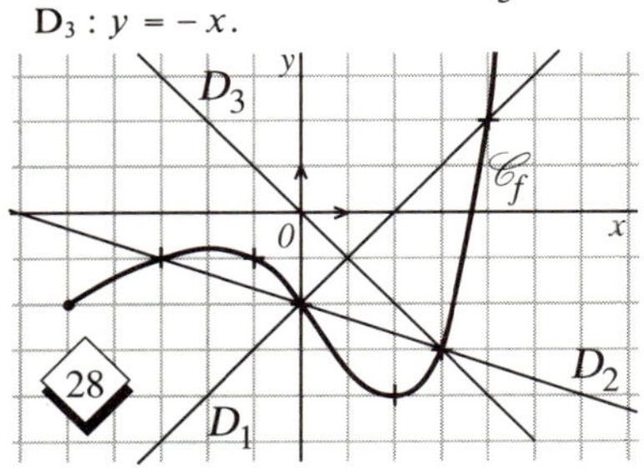

• $f(x) \leqslant x - 2 : S = [0 ; 4]$.

• $f(x) \geqslant -\frac{1}{3}x - 2$:
$S = [-3 ; 0] \cup [3 ; +\infty[$.

• $f(x) < -x : S = [-5 ; 3[$.

1 ★

Pour chacune des fonctions, dont les représentations graphiques sont ci-dessous dresser le **tableau complet des variations** (avec signe de la dérivée et limites).

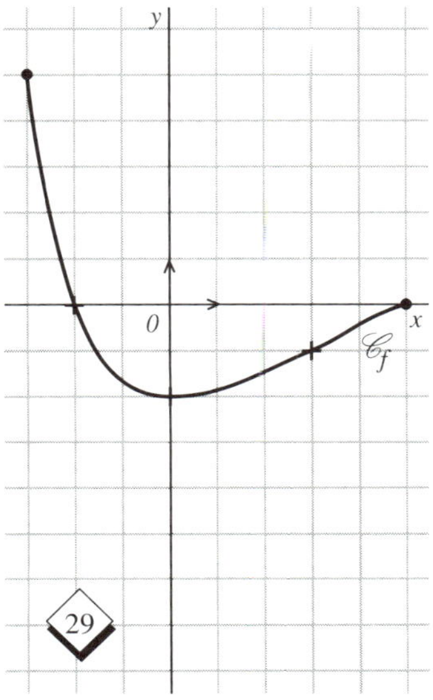

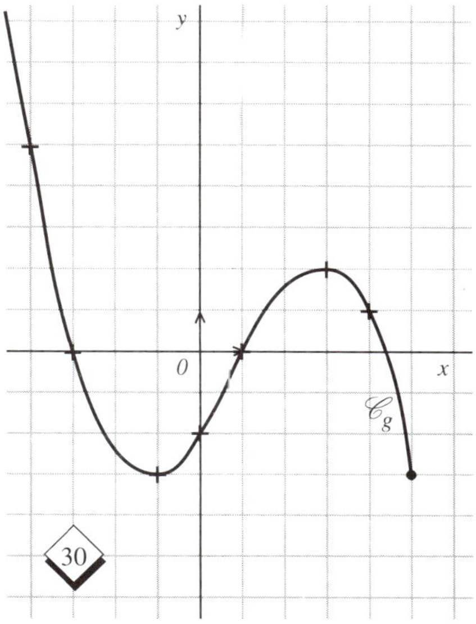

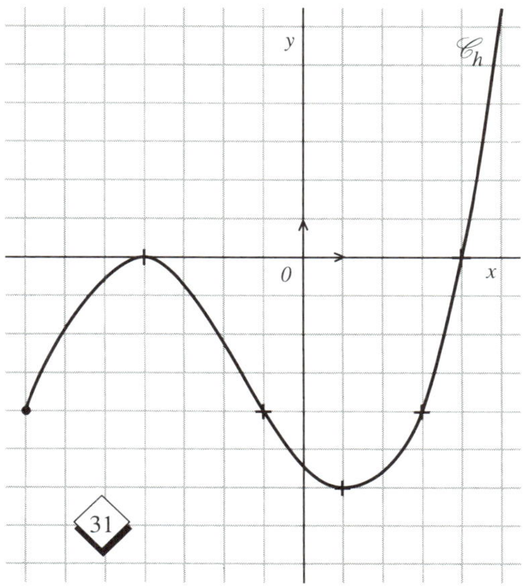

x	
$f'(x)$	
$f(x)$	

x	
$g'(x)$	
$g(x)$	

x	
$h'(x)$	
$h(x)$	

Ensemble de définition :

$\mathscr{D}_f =$

$\mathscr{D}_g =$

$\mathscr{D}_h =$

Lecture d'images :

$f(0) =$

$f(3) =$

$g(0) =$

$g(3) =$

$h(-1) =$

$h(3) =$

Lecture d'extremuns (maximum ou minimum) :

Maximum de f sur l'ensemble de définition :
il est atteint en :

Minimum de f sur $\mathscr{D}_f$:

Maximum de h sur $[-7 ; 1]$:

Minimum de h sur $\mathscr{D}_h$:

Maximum de h sur $\mathscr{D}_h$:

2 ★

On considère la fonction f dont la représentation graphique est ci-contre.

1. Lire l'image de 3.

Lire la pente de la tangente en A.

En déduire l'équation réduite de la tangente en A.

2. Dresser le tableau complet des variations.

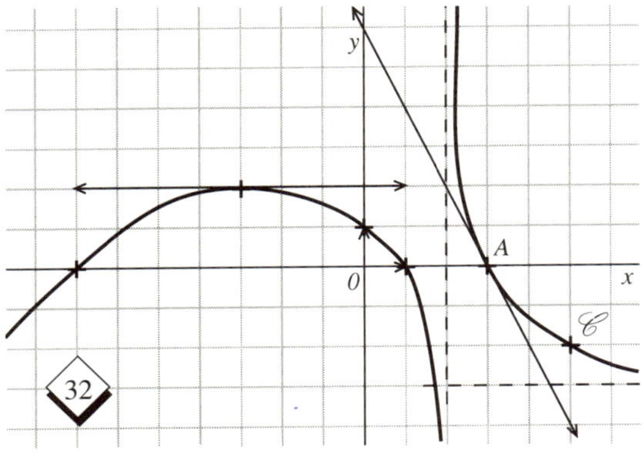

3 ★

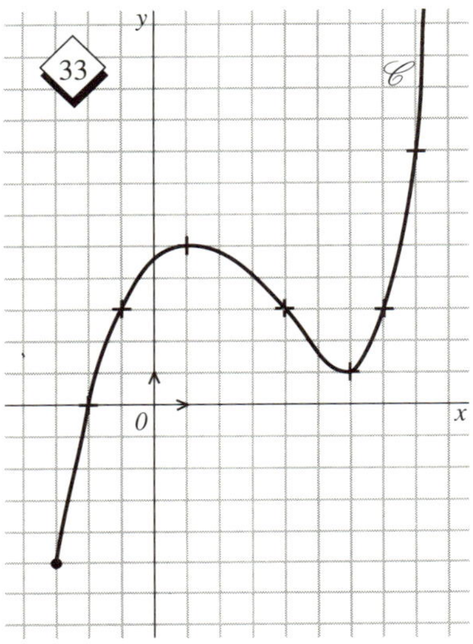

La fonction f est représentée par la courbe ci-jointe.

1. Donner l'ensemble de définition de f.

2. Dresser le tableau complet des variations.

3. Tracer les tangentes horizontales à la courbe.

4. Résoudre graphiquement :

- $f(x) \geqslant 0$.
- $f(x) = 3$.

5. Tracer la droite d'équation : $y = \frac{5}{4}x - 2$. En déduire les solutions de l'équation $f(x) = \frac{5}{4}x - 2$.

4 ★

Soit $\mathscr{C}_f$, la courbe représentative de la fonction f dans un repère orthonormal d'unité 2 carreaux.
(Repère orthonormal : axes en angle droit et ayant même unité en abscisse et en ordonnée.)

1. Dresser le tableau complet des variations et énoncer ces variations à l'aide de phrases.

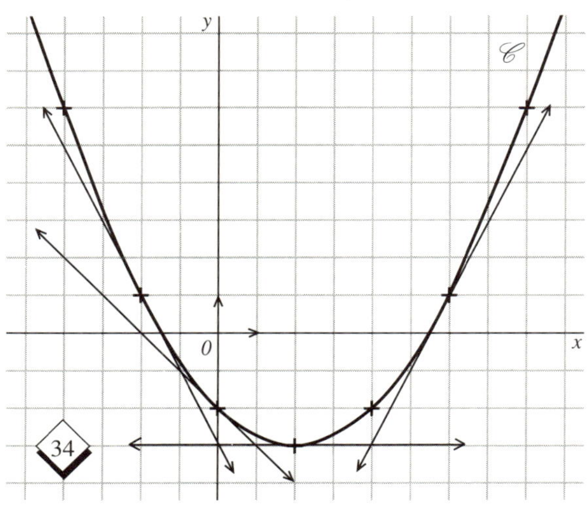

2. Lire :
- $f(3) =$
- $f'(3) =$
- $f(0) =$
- $f'(1) =$
- $f(-2) =$

3. Résoudre graphiquement
- $f(x) \leqslant -1$.
- $f'(x) \geqslant 0$. *(dérivée positive)*

5 ★★

Reprendre l'exercice 2 de niveau 1 (graphique ㉜), avec les questions supplémentaires suivantes :

3. Énoncer, à l'aide de phrases, les variations de la fonction.

4. Donner le comportement de $f(x)$ pour des grandes valeurs positives de x, puis des grandes valeurs négatives de x (en donner la notation symbolique).

5. Résoudre graphiquement $f(x) \geqslant 0$ (attention, la courbe est en deux parties !). Expliquer la façon de procéder.

6. Résoudre graphiquement $f'(x) \leqslant 0$. (*Pour cela, traduire par une phrase cette inéquation.*)

7. Quel est le maximum de f sur $]-\infty\,;2[$?

6 ★★

Reprendre l'exercice 4 de niveau 1 (graphique ㉞), avec les questions supplémentaires suivantes ;

4. Déterminer l'équation réduite de la tangente à la courbe $\mathscr{C}$ au point d'abscisse 3.

5. Résoudre graphiquement :

- $f(x) = \frac{1}{2}x - 1$;
- $f(x) = -\frac{3}{2}x$;
- $f(x) \leqslant x - 1$;
- $f(x) > \frac{3}{2}x$.

6. Quel est le comportement de $f(x)$ pour les grandes valeurs de x ? (En donner la notation symbolique et écrire en toutes lettres comment se lit cet ensemble de symboles.)

7. Quel est le minimum absolu de f ?

7 ★★

On considère la fonction f donnée par sa courbe représentative ci-jointe.

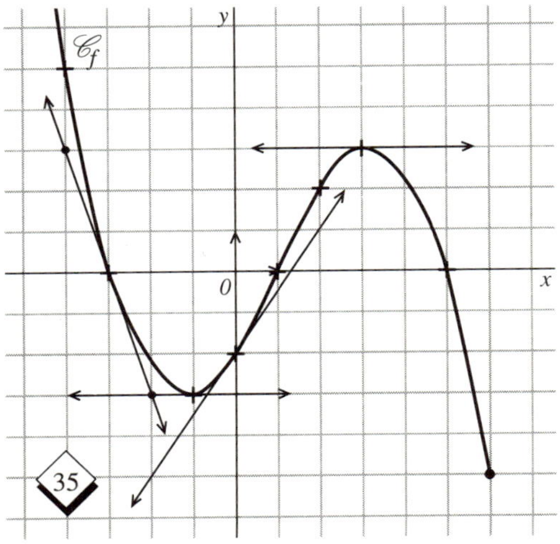

1. Dresser le tableau complet des variations de f.

• Énoncer ces variations à l'aide de phrases.

2. Donner : $\lim\limits_{x \to -\infty} f(x) =$ et traduire le résultat obtenu en terme de comportement.

3. Résoudre graphiquement :

• $f(x) = 0$

• $f'(x) = 0$

4. • Pour quelles valeurs de x a-t-on $f(x)$ négatif ou nul?

• Pour quelles valeurs de x la dérivée est-elle positive ou nulle?

5. Lire • $f(-3) =$

• $f'(-3) =$

• $f'(0) =$

8 ★★

Soit f la fonction dont la représentation graphique est ci-jointe.

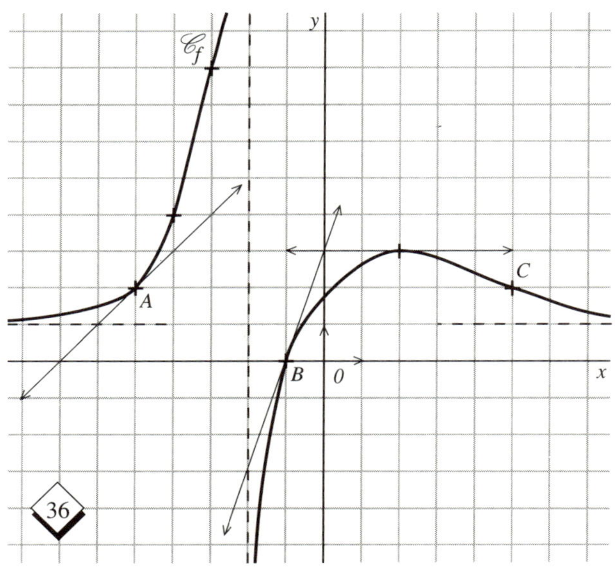

1. Quel est l'ensemble de définition de la fonction f ?

2. Dresser le tableau complet des variations

3. Donner : • $\lim\limits_{\substack{x \to -2 \\ x < -2}} f(x) =$

• $\lim\limits_{x \to +\infty} f(x) =$

9 ★★★

Faire l'exercice 2 de niveau 1 (graphique 32), les questions supplémentaires dans l'exercice 5 de niveau 2.

8. On sait que $f'(5) = \frac{1}{2}$. Tracer la tangente à la courbe $\mathscr{C}$ au point d'abscisse 5.

Déterminer l'équation réduite de cette tangente.

En déduire les solutions de l'équation $f(x) = -\frac{1}{2}x + \frac{1}{2}$.

10 ★★★

Faire l'exercice 7 de niveau 2 (graphique 35) et les questions supplémentaires suivantes.

6. Tracer la droite D d'équation $y = \frac{3}{2}(x - 1)$, puis résoudre graphiquement, en expliquant :

- $f(x) = \frac{3}{2}(x - 1)$;
- $f(x) > \frac{3}{2}(x - 1)$.

Suivant les valeurs de x, quelle est la position de la courbe $\mathscr{C}_f$ par rapport à la droite $\mathscr{D}$?

7. Résoudre graphiquement :

- $f(x) = -x + 1$;
- $f(x) \leqslant -x + 1$.

11 ★★★

Faire l'exercice 8 de niveau 2 (graphique 36), et les questions supplémentaires suivantes.

4. Quel est le comportement de $f(x)$ pour des valeurs de x de plus en plus proches de -2, mais supérieures à -2 ? (En donner la notation symbolique.)

Quel est le comportement de $f(x)$ pour des grandes valeurs de x ?

5. Lire : • $f'(-1) =$ • $f(2) =$ • $f'(2) =$ • $f'(-5) =$

Déterminer l'équation réduite de la tangente à la courbe $\mathscr{C}$ en B.

2. Déterminer l'équation réduite de la droite (BC). En déduire les solutions de l'inéquation $f(x) \geqslant \frac{x+1}{3}$.

12 ★★★

Soit $\mathscr{C}_f$ la courbe ci-dessous, représentative de la fonction f, dans un repère orthonormal d'unité 1 carreau.

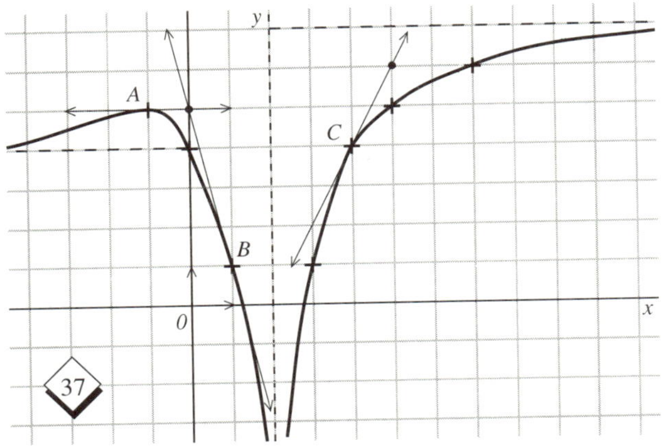

1. Dresser le tableau complet des variations de f.

En déduire les valeurs de x pour lesquelles la dérivée est positive ou nulle ($f'(x) \geqslant 0$).

2. Déterminer l'équation réduite de chacune des tangentes à la courbe :

- en A
- en B
- en C

3. Résoudre graphiquement les équations ou inéquations suivantes :

- $f(x) = 4$;
- $f(x) \leqslant 1$;
- $f(x) = 5$;
- $f(x) = x$.

4. Quel est le comportement de $f(x)$ pour les valeurs de x proches de 2 ? (En donner l'écriture symbolique.)

Donner $\lim\limits_{x \to +\infty} f(x) =$ et écrire en toutes lettres comment se lit cet ensemble de symboles.

5. On sait que $f'(7) = \dfrac{1}{3}$. Que représente cette information pour la courbe ?

Tracer la tangente à la courbe $\mathscr{C}$ au point d'abscisse 7.

6. La fonction f admet-elle des extremums absolus ?
Quels sont les extremums de f sur $]-\infty\ ;\ 1]$?

I

On considère la fonction f, dont la courbe représentative est ci-dessous.

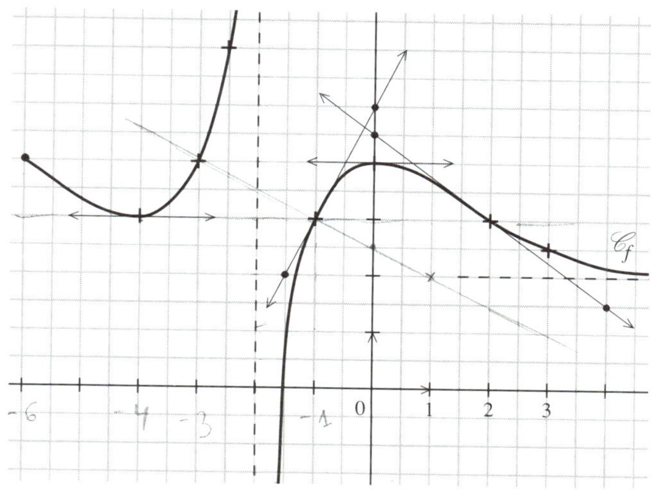

1. Dresser le tableau complet des variations

Donner l'ensemble de définition de f.

$D_f = \mathbb{R} \setminus \{-2\}$

2. Lire sur le graphique :

$f(3) =$ 2,5 ; $f(-3) =$ 4 ;
$f(-1) =$ 3 ; $f'(-1) =$;

$\lim\limits_{\substack{x \to -2 \\ x < -2}} f(x) = +\infty$; $\lim\limits_{x \to +\infty} f(x) = +\infty$; (lire, en toutes lettres, cet ensemble de symboles).

3. • Résoudre graphiquement $f(x) \geqslant 3$. (Expliquer.)

$x \in [-6 ; -2[\cup]-2 ; 2]$

• Résoudre graphiquement $f'(x) \geqslant 0$. (Expliquer.)

$[-4 ; -2[\cup]-2 ; 0]$

• Résoudre graphiquement $f(x) = -\frac{1}{2}x + \frac{5}{2}$. (Expliquer.)

Construire la droite d'équation $y = -\frac{1}{2}x + \frac{5}{2}$

$S = \{-3 ; -1\}$

$f(x) \geqslant -\frac{1}{2}x + \frac{5}{2}$

$S = [-3 ; -2[\cup [-1 ; +\infty[$

4. Quels sont les extremums de f :

• sur $]-2 ; +\infty[$? le pt (0 ; 3) max

• sur $[-6 ; -3]$? le pt (-4 ; 3) min

La fonction admet elle des extremums absolus ?

5. Déterminer les équations réduites des tangentes à la courbe $\mathscr{C}$:

• au point d'abscisse 2,

• au point d'abscisse 0.

II

On considère la fonction f connue par sa courbe $\mathscr{C}$ ci-jointe.

1. Dresser son tableau complet des variations.

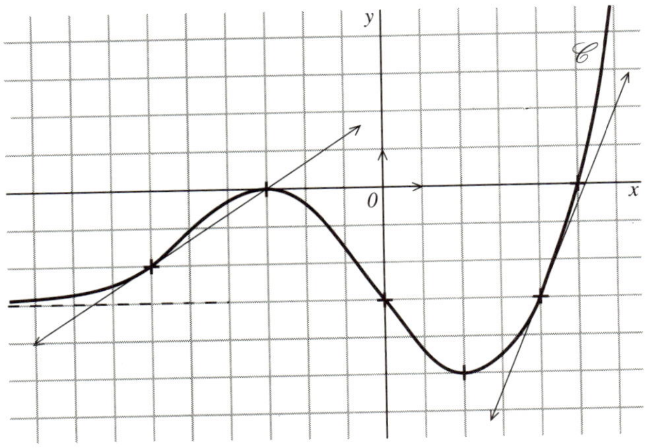

Énoncer les variations à l'aide de phrases.

2. La fonction f admet-elle des extremums absolus? Si oui, lesquels?

3. Quel est le comportement de $f(x)$ pour les grandes valeurs de x négatives? En donner la notation symbolique.

4. Tracer la droite d'équation $y = \frac{3}{5}x - 3$. En déduire les solutions de l'inéquation $f(x) \leqslant \frac{3}{5}x - 3$.

5. Quelle est la valeur de la dérivée lorsque x vaut -6? (Expliquer la façon de trouver cette valeur.)

6. Quel est le signe de la dérivée sur $[-3\,;2]$?

7. Résoudre $f(x) \leqslant 0$. Expliquer.

Résoudre $f(x) = -3$. Expliquer.

Grille d'évaluation

A Reconnaître ce qu'il faut faire

B Réaliser ou appliquer

++ réussite totale
+ réussite partielle
– échec partiel
– – échec total
/ non traité

	n° dans le test	A	B
Lire l'image d'un nombre par une fonction	I_2		
Lire l'ensemble de définition d'une fonction	I_1		
Dresser le tableau des variations d'une fonction	I_1 II_1		
Reconnaître le signe de la dérivée suivant la variation	I_1 $II_{1,6}$		
Énoncer les variations	II_1		
Trouver un extremum	I_4 II_2		
Noter, dans le tableau des variations, les limites	I_1 II_1		
Trouver et écrire une limite	I_2		
Traduire une limite en terme de comportement, et vice-versa	II_3		
Lire un nombre dérivé d'une fonction	I_2 II_5		
Déterminer l'équation réduite d'une tangente tracée	I_5		
Résoudre une équation ou inéquation de type $f'(x) \gtreqless 0$	I_3		
Résoudre une équation de type $f(x) = nombre$ ou $f(x) = 0$	II_7		
Résoudre une inéquation de type $f(x) \gtreqless nombre$ ou $f(x) \gtreqless 0$	I_3 II_7		
Tracer une droite d'équation donnée	I_3 II_4		
Résoudre une équation ou inéquation de type $f(x) \gtreqless ax + b$	I_3 II_4		
BILAN			

S'exprimer			Présenter	

Correction du test

I.

① Tableau des variations :

x	-6		-4		-2		0		$+\infty$
$f'(x)$		$-$	0	$+$	‖	$+$	0	$-$	
$f(x)$	4	↘	3	↗ $+\infty$	‖	$-\infty$ ↗	4	↘	2

⚠ Attention à l'unité.

-2 est valeur interdite.

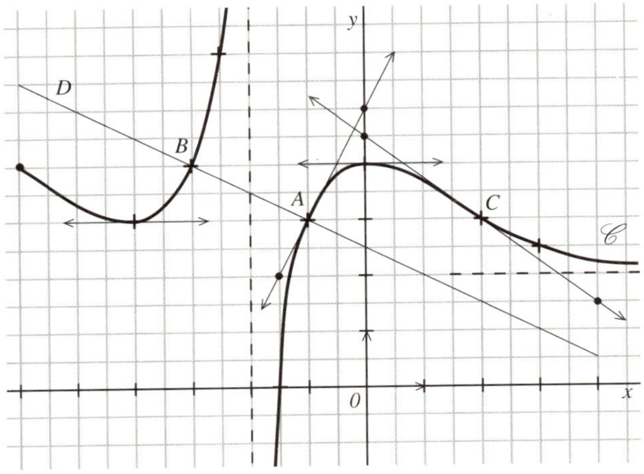

$\mathscr{D}_f = [-6\,;-2[\ \cup\ ]-2\,;+\infty[$ ou $[-6\,;+\infty[\setminus\{-2\}$.

② $f(3) = 2{,}5$; $f(-3) = 4$; $f(-1) = 3$;
$f'(-1) = 2$: pente de la tangente en A.

$\lim\limits_{\substack{x \to -2 \\ x < -2}} f(x) = +\infty$; $\lim\limits_{x \to +\infty} f(x) = 2$ qui se lit :

la limite de $f(x)$, quand x tend vers plus l'infini, est égale à 2.

③ • $f(x) \geqslant 3$. On lit les **abscisses des points** de la courbe situés **au-dessus** ou sur la droite horizontale d'équation $y = 3$.
$S = [-6\,;-2[\ \cup\ [-1\,;2]$.

• $f'(x) \geqslant 0$ « **dérivée positive ou nulle** » : c'est chercher les valeurs de x telles que la fonction est croissante.
$S = [-4\,;-2[\ \cup\ ]-2\,;0]$.
(Cet ensemble se lit dans le tableau des variations.)

• $f(x) = -\frac{1}{2}x + \frac{5}{2}$.

On trace la droite D d'équation $y = -\frac{1}{2}x + \frac{5}{2}$.

Elle coupe la courbe $\mathscr{C}$ en A et B. $S = \{-3\,;-1\}$.
On lit les **abscisses des points d'intersection.**

④ Sur $]-2\,;+\infty[$, le maximum de f est 4, atteint en 0 et le minimum n'existe pas.
Sur $[-6\,;-3]$, le maximum est 4, atteint en -6 et en -3 et le minimum est 3 atteint en -4.

⑤ • Tangente au point d'abscisse 2 ; $f(2) = 3$ et $a = f'(2) = -\frac{3}{4}$,

coefficient directeur de la tangente tracée.
L'équation réduite est de la forme $\boldsymbol{y = a(x - x_0) + y_0}$, d'où l'équation :

$y = -\frac{3}{4}(x-2) + 3 \iff y = -\frac{3}{4}x + \frac{9}{2}$.

• Tangente au point d'abscisse 0 ; $f(0) = 4$. La tangente en ce point est horizontale, donc la pente est nulle. D'où l'équation $y = 4$.

II.

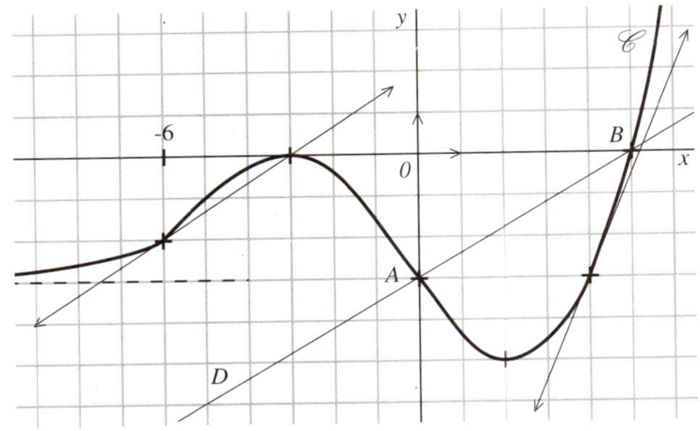

①

x	$-\infty$		-3		2		$+\infty$
$f'(x)$		$+$	0	$-$	0	$+$	
$f(x)$	-3	↗	0	↘	-5	↗	$+\infty$

Sur $]-\infty\,;-3]$ et sur $[2\,;+\infty[$, la fonction est croissante.
Sur $[-3\,;2]$, la fonction est décroissante.
En -3 et 2 la dérivée est nulle.

② La fonction n'admet pas de maximum absolu.
Le minimum absolu est -5 atteint en 2.
(On peut dire que 0 est un maximum relatif à $]-\infty\,;2]$.)

③ Lorsque x prend des grandes valeurs négatives, alors $f(x)$ devient de plus en plus proche de -3 : $\lim\limits_{x \to -\infty} f(x) = -3$.
(Se lit : **la limite de $f(x)$, quand x tend vers moins l'infini**, est égale à -3.)

④ Droite D d'équation $y = \frac{3}{5}x - 3$.
Elle coupe la courbe $\mathscr{C}$ en A et B.
$f(x) \leqslant \frac{3}{5}x - 3 \Rightarrow S = [0\,;5]$: on lit les **abscisses des points** de la courbe $\mathscr{C}$ **situés au-dessous** ou sur la droite D.

⑤ La **valeur de la dérivée**, lorsque x vaut -6, est égale à $\frac{2}{3}$: cela représente le **coefficient directeur de la tangente** tracée au point d'abscisse -6.

⑥ La dérivée sur $[-3\,;2]$ est négative, car la fonction est décroissante sur cet intervalle.

⑦ • $f(x) \leqslant 0 \Rightarrow S =]-\infty\,;5]$:
abscisses des points de la courbe **situés au-dessous ou sur l'axe des abscisses.**

• $f(x) = -3 \Rightarrow S = \{0\,;4\}$:
abscisses des points d'intersection de la courbe avec la droite horizontale d'équation $y = -3$.

Thème 5 Fonctions polynômes

Objectifs

1. Tracer une courbe de fonction connaissant son tableau des variations et quelques indications.
2. Étudier complètement une fonction polynôme et résoudre des équations ou inéquations, graphiquement ou algébriquement.

Plan

Ce que vous devez savoir et savoir faire à la fin de ce thème

- *Connaître le plan d'étude d'une fonction.*
- *Énoncer les théorèmes donnant l'ensemble de définition et l'ensemble de dérivabilité d'une fonction polynôme.*
- *Connaître le plan d'étude des variations d'une fonction.*
- *Connaître le lien entre dérivée et tangente.*
- *Prouver l'existence d'extremum relatif.*
- *Pour l'étude d'une fonction aux bornes de son ensemble de définition, connaître ce qu'il faut faire suivant le type de borne.*
- *Énoncer le théorème sur le comportement d'une fonction polynôme à l'infini.*
- *Connaître la démarche à suivre pour tracer une courbe de fonction étudiée.*
- *Connaître la différence entre « résoudre graphiquement » et « algébriquement ».*

- *Tracer une courbe donnée par son tableau des variations et quelques indications.*
- *Reconnaître la forme d'une fonction polynôme.*
- *Lire le texte pour en dégager l'ensemble de définition.*
- *Étudier les variations d'une fonction polynôme ; calculer la dérivée.*
- *Dresser le tableau des variations sur l'ensemble de définition. Énoncer les variations à l'aide de phrases.*
- *Interpréter les indications données par le tableau des variations lorsque la dérivée est nulle.*
- *Reconnaître les bornes d'un ensemble de définition.*
- *Écrire une limite.*
- *Trouver l'équation réduite d'une tangente.*
- *Résoudre algébriquement ou graphiquement une équation ou une inéquation.*

I. Tracé d'une courbe de fonction connaissant son tableau des variations

Soit f une fonction, définie et dérivable sur $[-4\,;3]$, dont le tableau des variations est le suivant :

x	-4		-2		2		3
$f'(x)$		$+$	0	$-$	0	$+$	
$f(x)$	-4	↗	4	↘	-4	↗	$-2{,}5$

De plus, on sait que
$f(0) = 0$, $f(-3) = 2$
et $f'(-3) = 4$.

■ a. Quelles sont les indications données ?

• L'ensemble de définition est $[-4\,;3]$; f est **dérivable** sur $[-4\,;3]$: cela veut dire que la courbe n'a **pas de point anguleux**.

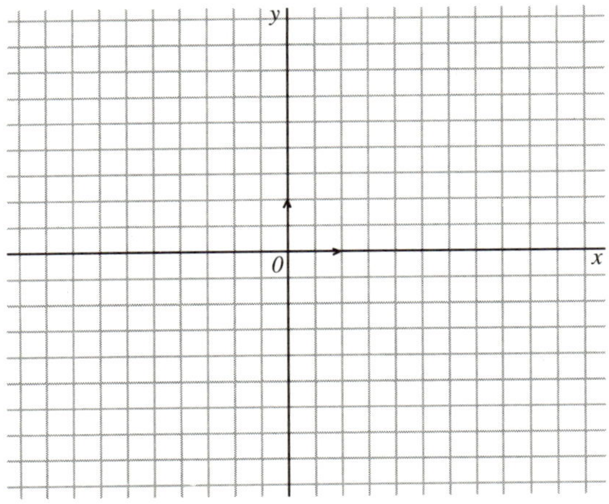

• La dérivée $f'(x)$ est égale à **0** en -2 et en 2; cela veut dire que les **tangentes** aux points d'abscisses -2 et 2 sont **horizontales.**

• Les autres valeurs du tableau donnent les coordonnées de points de la courbe : $A(-4\,;-4)$; $B(-2\,;4)$; $C(2\,;-4)$; $D(3\,;-2{,}5)$.

• Comme $f(0) = 0$ et $f(-3) = 2$, la courbe passe aussi par $O(0\,;0)$ et $E(-3\,;2)$.

• Comme **$f'(-3) = 4$**, cela veut dire que la **tangente** au point d'abscisse -3, c'est-à-dire le point E, a pour **coefficient directeur** ou pente 4.

■ b. Comment tracer cette courbe

Pour tracer la courbe d'une fonction connaissant son tableau des variations :
- **on place les points indiqués ;**
- **on trace les tangentes horizontales et la tangente indiquée par sa pente ;**
- **on relie les points par une « courbe » sans point anguleux.**

Cette courbe n'est pas unique, et plus il y a d'indications pour la construire, plus elle sera précise.

EXERCICE

1. On considère la fonction f dérivable sur son ensemble de définition et telle que :

x	$-\infty$		1		4
$f'(x)$		$+$	0	$-$	
$f(x)$	$-\infty$	↗	3	↘	-2

De plus :
$g(3) = 1$; $g(0) = 2{,}5$;
$g(-1) = 1$; $g'(-1) = 3$.

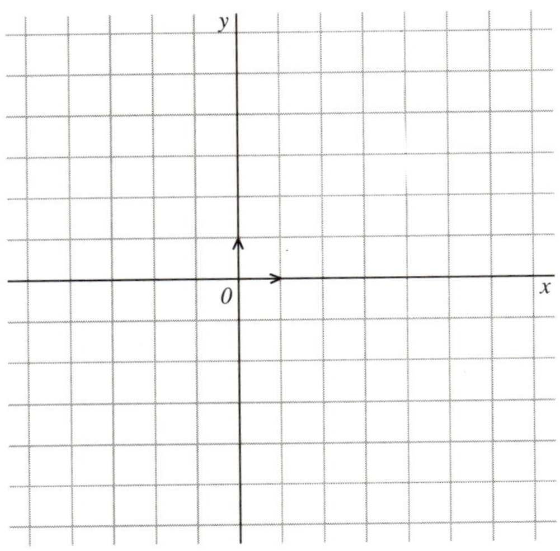

• Placer tous les points indiqués. Tracer la tangente horizontale et la tangente au point d'abscisse -1. Tracer la courbe de cette fonction.

• Résoudre graphiquement $f(x) \geqslant 1$.

II. Fonction polynôme

1. Plan d'étude d'une fonction

L'étude d'une fonction se fait en trois étapes principales :
- **Nature de la fonction et ensemble de définition.**
- **Étude des variations de la fonction et indications données par le tableau.**
- **Étude aux bornes de l'ensemble de définition et tableau complet des variations.**

Cette étude permet alors le tracé de la courbe, que l'on ne fera que si cela est demandé.
Le but de l'étude d'une fonction est souvent l'utilisation de sa variation ou de sa courbe pour résoudre des problèmes.

2. Comment reconnaître une fonction polynôme (sa nature)

Une fonction polynôme est telle que son expression $f(x)$ ne comporte ni trait de fraction avec x au dénominateur, ni radical avec x sous le radical.

EXERCICE

2. Parmi les fonctions suivantes, encercler celles qui sont des fonctions polynômes :

a) $x \mapsto \dfrac{2x^2 - 5x}{3}$. b) $x \mapsto \dfrac{x+1}{3} - \dfrac{1}{x}$. c) $x \mapsto (x-3)(2x-1)$. d) $f(x) = \dfrac{x^2}{2}$. e) $x \mapsto x + 3 - \dfrac{x^2}{4}$. f) $x \mapsto \sqrt{3}x$.

Remarque : $x \mapsto (x-3)(2x-1)$ se lit « fonction qui à x associe $(x-3)(2x-1)$ ».

3. Ensemble de définition d'une fonction polynôme

Théorème 1

Une fonction *polynôme* est définie sur l'ensemble donné ou sur $\mathbb{R}$.

⚠ Le théorème est faux si on oublie le mot polynôme, car toutes les fonctions ne sont pas des fonctions polynômes.
Il faut **bien lire le texte** pour connaître l'ensemble de définition.

Exemples ▶ **1.** Soit f une fonction *définie sur* $[3\,;+\infty[$ par $f(x) = (2x-3)^2$.
D'après le texte, l'ensemble de définition est l'intervalle $[3\,;+\infty[$. L'ensemble de définition est donné.
2. On considère la fonction f telle que $f(x) = (2x-3)^2$.
Là, il n'y a pas d'indication on applique le théorème 1 : f est une fonction polynôme définie sur $\mathbb{R}$.
3. Soit $f : [-3\,;1] \to \mathbb{R}$
$x \mapsto (x+3)(x-1)$.
Ici, l'ensemble donné au départ est $[-3\,;1]$; on applique le théorème 1 :
f est une fonction polynôme définie sur l'ensemble donné $[-3\,;1]$.

EXERCICE

3. Donner les ensembles de définition des fonctions suivantes :

- Soit f définie par $f(x) = x^3 - 5x + 1$.
- On considère la fonction g telle que $g(x) = \dfrac{x^2-4}{8}$, définie sur $[5\,;+\infty[$.
- x est un réel quelconque de $]-\infty\,;2]$ et $h(x) = (x-3)(5-x)$.
- $k : x \mapsto -3x^2 - 4x + 1$.

III. Étude des variations d'une fonction polynôme

1. Ensemble de dérivabilité

Définition

L'ensemble de dérivabilité d'une fonction est l'ensemble sur lequel la fonction est dérivable, c'est-à-dire où l'on peut calculer la dérivée.

On note l'ensemble de dérivabilité : $\mathscr{D}_{f'}$ ou $\mathscr{D}'$.

⚠ L'ensemble de dérivabilité ne dépend que de la nature de la fonction.
On le donne **avant** le calcul de la dérivée !

Théorème 2

Une fonction *polynôme* est dérivable sur son ensemble de définition.

⚠ Ne pas oublier le mot polynôme, car toutes les fonctions ne sont pas dérivables sur leur ensemble de définition.

2. Plan d'étude des variations d'une fonction polynôme

L'étude des variations d'une fonction se fait en cinq étapes (reprendre le thème 3).

- **Ensemble de dérivabilité.**
- **Calcul de la dérivée.**
  Pour les fonctions polynômes, on emploie les théorèmes suivants :
  la dérivée d'une somme est la somme des dérivées;
  la dérivée de $\textit{nombre} \times u$ **est** $\textit{nombre} \times u'$;
  la dérivée de x^n **est** nx^{n-1};
  la dérivée de $(ax+b)^n$ **est** $n\,a(ax+b)^{n-1}$.
- **Étude du signe de l'expression correspondant à la dérivée, dans un tableau de signes.**
- **Tableau des variations sur l'ensemble de définition seulement.**
- **Énoncé des variations à l'aide de phrases :**
  sur ... la dérivée est positive, donc la fonction est croissante ;
  sur ... la dérivée est négative, donc la fonction est décroissante.

EXERCICE

4. Étudier les variations de la fonction $f : x \mapsto -x^3 + 3x$ définie sur $[-4\,;0]$.

3. Indications données par le tableau des variations

■ a. Tangente horizontale

Quand on étudie les variations, on trouve des valeurs où la dérivée s'annule (mais pas toujours!).

Théorème 3

> **Si la *dérivée s'annule,* alors au point correspondant la *tangente* à la courbe est *horizontale.***

■ b. Extremum relatif

Théorème 3'

> **Si la dérivée s'annule en *changeant de signe,* alors la fonction admet un *extremum* relatif (maximum ou minimum).**

Deux cas sont possibles, si la dérivée s'annule en changeant de signe :

x		□	
$f'(x)$	+	0	−
$f(x)$	↗	M	↘

M est un maximum de la fonction, atteint en □.

x		□	
$f'(x)$	−	0	+
$f(x)$	↘	m	↗

m est un minimum de la fonction, atteint en □.

EXERCICE

5. On considère la fonction f, définie par $f(x) = -\dfrac{x^3}{4} + 3x - 1$, et dont le tableau des variations sur $[-4\,;\,5]$ est le suivant :

x	-4		-2		2		5
$f'(x)$		−	0	+	0	−	
$f(x)$							

Prouver l'existence d'extremums relatifs (en appliquant le théorème 3 et calculer ces extremums.

⚠ Attention à la rédaction!

⚠ Si la dérivée s'annule sans changer de signe, il n'y a pas d'extremum relatif atteint en cette valeur. Cependant, la courbe admet une tangente horizontale au point correspondant.

EXERCICE

6. On considère une fonction f dont le tableau des variations est le suivant :

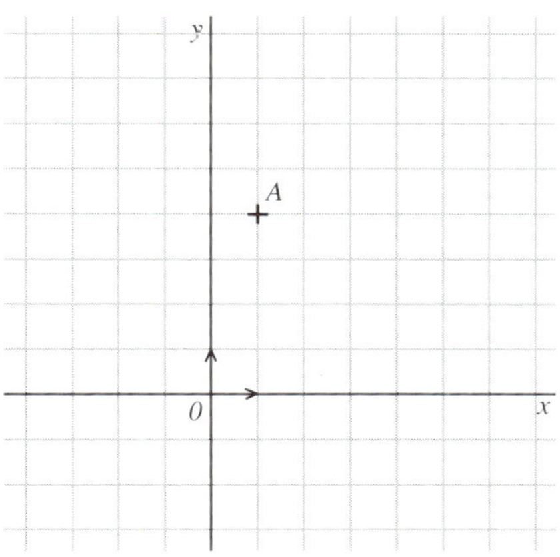

x	-3		1		5
$f'(x)$		−	0	−	
$f(x)$	7	↘	4	↘	-1

La courbe passe par $A(1;\ 4)$; comme la dérivée s'annule en 1, la tangente en ce point est horizontale.

- Tracer les points indiqués dans le tableau.
- Tracer la tangente horizontale.
- Tracer la courbe.

(Attention : la courbe est presque horizontale au voisinage du point $A(1;4)$ et est de part et d'autre de la tangente !)

IV. Étude aux bornes de l'ensemble de définition

1. Bornes d'un intervalle

L'intervalle **fermé** [2 ; 7] a pour **bornes** 2 et 7, **comprises.**

L'intervalle **ouvert**]– 4 ; 3[a pour **bornes** – 4 et 3, **exclues.**

L'intervalle fermé]– ∞ ; 5] a pour bornes – ∞ et 5, 5 comprise. (On ouvre toujours à l'infini.)

ℝ, ensemble des réels, est l'intervalle]– ∞ ; + ∞[qui a pour bornes – ∞ et + ∞.

2. Ensemble de définition fermé en une borne

Par exemple, pour la fonction f définie sur [– 3 ; 5] par $f(x) = \dfrac{(x-1)(x+3)}{4}$,

l'ensemble de définition est [– 3 ; 5], de bornes – 3 et 5 comprises.

EXERCICE

7. Il suffit alors de faire le calcul :

$f(-3) =$

$f(5) =$

Remarque : La courbe de cette fonction commencera au point $A(-3\ ;0)$ et finira au point $B(5\ ;8)$. Ces points seront des gros points.

3. Ensemble de définition ouvert en une borne

Soit par exemple, la fonction f définie sur]– 3 ; 5[par $f(x) = \dfrac{(x-1)(x+3)}{4}$.

On comprend aisément que, par rapport au cas précédent, lorsque x prend des valeurs proches de – 3, alors $f(x)$ se rapproche de la valeur obtenue en remplaçant x par – 3 dans $f(x)$.
De même, lorsque x prend des valeurs proches de 5.

On écrit : $\lim\limits_{x \to -3} f(x) = \dfrac{(-3-1)(-3+3)}{4} = 0$ et $\lim\limits_{x \to 5} f(x) = \dfrac{(5-1)(5+3)}{4} = 8$.

Remarque : Pour la courbe, les points $A(-3\ ;0)$ et $B(5\ ;8)$ seront des points-crochets.

EXERCICE

8. Étudier les fonctions suivantes aux bornes de leur ensemble de définition.

- f définie sur]– 4 ; 2[par $f(x) = \dfrac{1}{4}x^2 - 2x + 3$.

- g définie sur $\left[-3\ ;\dfrac{1}{2}\right[$ par $g(x) = -x^2 - 5x - 3$.

4. Ensemble de définition comportant une borne infinie

Il faut étudier le comportement de $f(x)$ pour les grandes valeurs de x.
En $+\infty$, on parlera de **grandes valeurs positives** et en $-\infty$ de **grandes valeurs négatives.**
On peut avoir une idée du résultat à l'aide de quelques calculs numériques.

Exemple ▶ Soit $f(x) = 3x^2 + 5x + 4$.
Vérifier les valeurs de ce tableau.

x	1	10	100	1 000
$f(x)$	12	354	30 504	3 005 004

Lorsque x prend des grandes valeurs positives, alors $f(x)$ prend aussi des grandes valeurs positives, et on remarque que $f(x)$ vaut pratiquement 3 000 000, c'est-à-dire $3 \times 1\,000^2$.

■ a. Pour mémoire : comportement des fonctions usuelles pour les grandes valeurs de x, positives

• **Élévation au carré : $x \mapsto x^2$**

x	1	10	100	1 000
x^2	1	100	10 000	1 000 000

Le carré d'une grande valeur est une grande valeur.

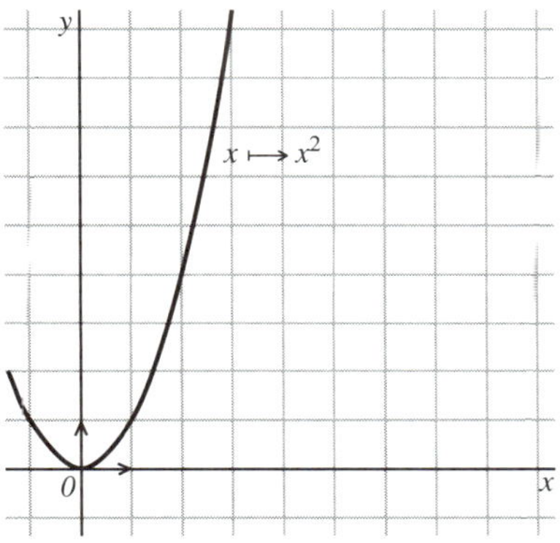

$$\lim_{x \to +\infty} x^2 = +\infty.$$

• **Racine carrée : $x \mapsto \sqrt{x}$**

x	1	10	100	1 000
$\sqrt{x}$	1	3,1	10	31,6

La racine carrée d'une grande valeur est une grande valeur.

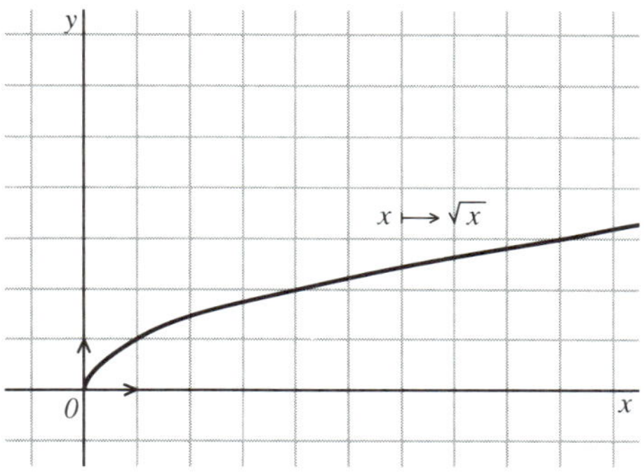

$$\lim_{x \to +\infty} \sqrt{x} = +\infty.$$

• **Inverse : $x \mapsto \dfrac{1}{x}$**

x	1	10	100	1 000
$\frac{1}{x}$	1	0,1	0,01	0,001

L'inverse d'une grande valeur est une valeur proche de zéro.

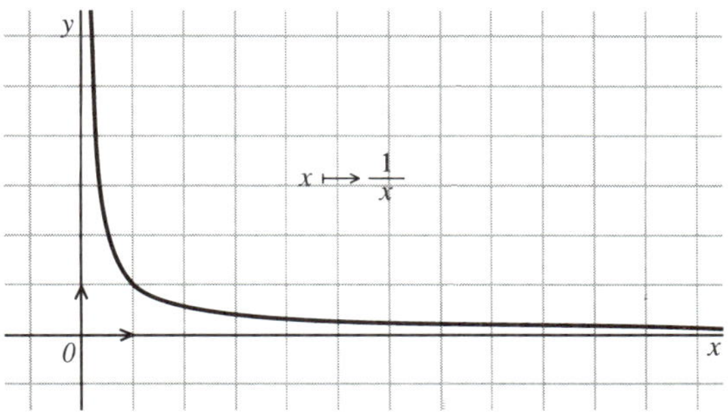

$$\lim_{x \to +\infty} \frac{1}{x} = 0.$$

• **Inverse du carré : $x \mapsto \dfrac{1}{x^2}$**

x	1	10	100	1 000
$\frac{1}{x^2}$	1	0,01	0,000 1	0,000 001

L'inverse du carré d'une grande valeur est une valeur proche de zéro.

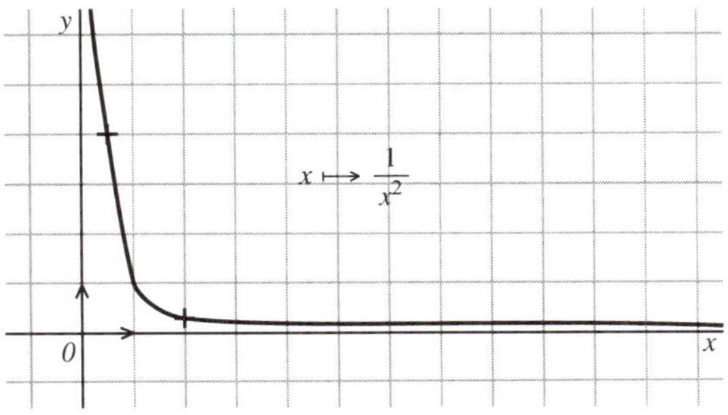

$$\lim_{x \to +\infty} \frac{1}{x^2} = 0.$$

■ b. Utilisation

• On a $\lim_{x \to -\infty} -5x^2 = -\infty$.

On peut imaginer le raisonnement suivant : une grande valeur négative élevée au carré est une grande valeur positive qui multipliée par -5, devient une grande valeur négative.

EXERCICE

9. Donner les limites suivantes :

a) $\lim_{x \to +\infty} 2x^3 =$

b) $\lim_{x \to -\infty} \frac{x^3}{4} =$

c) $\lim_{x \to +\infty} -x^2 =$

d) $\lim_{x \to -\infty} 4x^3 =$

e) $\lim_{x \to +\infty} \frac{5}{x} =$

f) $\lim_{x \to -\infty} \frac{4}{x^2} =$

g) $\lim_{x \to +\infty} -x^3 =$

h) $\lim_{x \to -\infty} \frac{-x^2}{2} =$

• Revenons sur la fonction f définie par $f(x) = 3x^2 + 5x + 4$.
Pour tout réel x, on peut calculer $f(x)$; f est définie sur $\mathbb{R}$, c'est-à-dire $]-\infty \quad +\infty[$.
Si x est non nul, on peut écrire : $3\boldsymbol{x^2} + 5x + 4 = \boldsymbol{x^2}\left(\frac{3x^2}{\boldsymbol{x^2}} + \frac{5x}{\boldsymbol{x^2}} + \frac{4}{\boldsymbol{x^2}}\right) = \boldsymbol{x^2}\left(3 + \frac{5}{x} + \frac{4}{x^2}\right)$;

or $\lim_{x \to +\infty} \frac{5}{x} = 0$ et $\lim_{x \to +\infty} \frac{4}{x^2} = 0$, donc $\lim_{x \to +\infty} \left(3 + \frac{5}{x} + \frac{4}{x^2}\right) = \mathbf{3}$.

On en déduit que, pour des grandes valeurs de x, $3x^2 + 5x + 4$ se comporte comme $3x^2$ qui est le terme du plus haut degré de ce polynôme. D'où :

$$\lim_{x \to +\infty} (3x^2 + 5x + 4) = \lim_{x \to +\infty} 3x^2 = +\infty.$$

■ c. Conséquence

On peut procéder de la même façon pour n'importe quel polynôme.

Théorème 4

À l'infini, une fonction polynôme se comporte comme son terme du plus haut degré.

En conséquence, **à l'infini,** un polynôme a mêmes limites que son terme du plus haut degré. Ces limites sont toujours infinies, dès que le polynôme a un degré supérieur ou égal à 1.

Exemple ▶ On écrira :

$\lim_{x \to +\infty} (-x^3 + 3x^2 + 1) = \lim_{x \to +\infty} -x^3 = -\infty$ et $\lim_{x \to -\infty} (-x^3 + 3x^2 + 1) = \lim_{x \to -\infty} -x^3 = +\infty$.

EXERCICE

10. Donner le terme de plus haut degré des polynômes suivants :

$2x^2 - \frac{x}{3} - 1$: ; $-x^3 + 3x - 7$: ; $\frac{x^2}{4} - 3$: ; $2 - 3x - x^2$:

$5x^2 - 3x^3 + 2x - 1$: ; $(x-3)^2$: ; $2(x+4)(1-5x)$: ; $\frac{x^2 - 5x + 1}{2}$:

EXERCICES

11. Déterminer les limites suivantes, après avoir utilisé le terme du plus haut degré.

⚠ Ne pas oublier d'écrire le symbole **lim** tant qu'il y a x dans l'écriture.

a) $\lim\limits_{x \to +\infty} \left(\dfrac{x^2}{4} - 3\right) =$

b) $\lim\limits_{x \to -\infty} (-x^2 - 3x + 2) =$

c) $\lim\limits_{x \to -\infty} (2x^3 - 5x - 1) =$

d) $\lim\limits_{x \to +\infty} \left(-\dfrac{x^3}{3} + x - 7\right) =$

e) $\lim\limits_{x \to +\infty} (x^2 - x - 1) =$

f) $\lim\limits_{x \to -\infty} \dfrac{-x^2}{4} =$

g) $\lim\limits_{x \to -\infty} (x^2 + 4x - 3) =$

h) $\lim\limits_{x \to +\infty} (-x^3 + 12x + 14) =$

i) $\lim\limits_{x \to +\infty} (3 - 5x)^2 =$

j) $\lim\limits_{x \to -\infty} (x^2 - 4)(1 - x) =$

12. On connaît le tableau des variations d'une fonction, ainsi que les **études aux bornes de son ensemble de définition.** Compléter le tableau (signe de la dérivée et étude aux bornes).

x	3		5		$+\infty$
$f'(x)$			0		
$f(x)$		↗	1	↘	

et $f(3) = -2$; $\lim\limits_{x \to +\infty} f(x) = -\infty$.

x	$-\infty$		0
$f'(x)$			
$f(x)$		↘	

et $\lim\limits_{x \to 0} f(x) = 4$; $\lim\limits_{x \to -\infty} f(x) = +\infty$.

x		-2	
$f'(x)$			
$f(x)$	↗	3	↘

et $\lim\limits_{x \to -\infty} f(x) = -\infty$; $\lim\limits_{x \to 4} f(x) = 0$.

13. Pour chacune des fonctions suivantes, faire l'**étude aux bornes de l'ensemble de définition.**

a) $f : x \mapsto -\dfrac{1}{3}(x + 5)^2$
avec $\mathcal{D}_f =]-\infty\ ; 0]$.

b) $f : x \mapsto (5x - 1)(1 - x)$
avec $\mathcal{D}_f = [-3\ ; +\infty[$.

c) $f : x \mapsto \dfrac{x^2 - 3x + 1}{5}$
avec $\mathcal{D}_f =]-\infty\ ; -1[$.

V. Tracé de la courbe dans un repère. Étude complète d'un exemple

1. Tracer la courbe d'une fonction

- **Choisir un repère (s'il n'est pas déjà donné), en général orthonormal.**
- **Tracer les points où la tangente est horizontale :**
  (L'abscisse du point A est une valeur où la dérivée s'annule.)

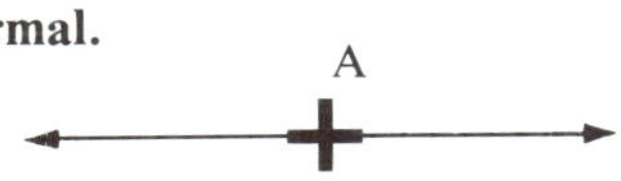

- **Tracer d'autres tangentes, si elles ont été demandées.**
- **Calculer quelques valeurs supplémentaires pour obtenir d'autres points :**

  (Placer ces valeurs dans un tableau.)

abscisse x			
ordonnée $f(x)$			

- **Joindre les points par une ligne courbe régulière,**
  c'est-à-dire sans point anguleux, ni bosse, en tenant compte des tangentes.

2. Étude d'un exemple et questions annexes

Soit f une fonction définie sur $[-3\,;+\infty[$ par $f(x) = -\frac{1}{3}x^3 - x^2 + 3x + 2$.

a) Étudier les variations de cette fonction et en déduire l'existence d'un extremum relatif.
b) Déterminer l'équation réduite de la tangente T au point d'abscisse nulle.
c) Étudier la fonction aux bornes de son ensemble de définition et donner le tableau complet des variations.
d) Tracer la tangente T et la courbe $\mathscr{C}$ représentant cette fonction dans un repère orthonormal.
e) Résoudre algébriquement, puis graphiquement, l'équation $f(x) = -\frac{1}{3}x + 2$.

a) Étude des variations

• *Nature de la fonction et ensemble de définition*
f est une fonction polynôme, définie sur $[-3\,;+\infty[$, donc $\mathscr{D}_f = [-3\,;+\infty[$.

• *Ensemble de dérivabilité :*
f est une fonction polynôme dérivable sur son ensemble de définition, donc $\mathscr{D}_{f'} = [-3\,;+\infty[$.

• *Dérivée :* $f'(x) = -\frac{1}{3} \times 3x^2 - 2x + 3 + 0 = -x^2 - 2x + 3$.

• *Étude du signe de l'expression donnant la dérivée :*
$-x^2 - 2x + 3$ est un polynôme du 2e degré. Pour étudier son signe, il faut le factoriser;
1 est racine évidente, on met $(x - 1)$ en facteur :
$-x^2 - 2x + 3 = (x - 1)(-x - 3)$.

L'expression $-x^2 - 2x + 3$ est nulle lorsque :
$x - 1 = 0$ ou $-x - 3 = 0$
$x = 1$ $x = -3$.

x		-3		1		
$x - 1$	$-$		$-$	0	$+$	$a = 1$
$-x - 3$	$+$	0	$-$		$-$	$a = -1$
$(x - 1)(-x - 3)$	$-$	0	$+$	0	$-$	

• *Tableau des variations sur l'ensemble de définition :*

x	-3		1		$+\infty$
$f'(x)$	0	$+$	0	$-$	
$f(x)$		↗		↘	

• *Énoncé des variations :*
Sur $[-3\,;1]$ la dérivée est positive, donc la fonction est croissante.
Sur $[1\,;+\infty[$ la dérivée est négative, donc la fonction est décroissante.

• *Tangentes horizontales :*
En -3 et en 1 la dérivée s'annule, donc au point correspondant la tangente est horizontale.
On calcule les ordonnées de ces points dans l'expression $f(x)$.

$f(-3) = -\frac{1}{3}(-3)^3 - (-3)^2 + 3(-3) + 2 = +9 - 9 - 9 + 2 = -7 : A(-3\,;-7)$.

$f(1) = -\frac{1}{3} \times 1^3 - 1^2 + 3 \times 1 + 2 = -\frac{1}{3} - 1 + 3 + 2 = \frac{11}{3} : B\left(1\,;\frac{11}{3}\right)$.

• *Extremum relatif :*
En 1 la dérivée s'annule en changeant de signe (positive, puis négative), donc la fonction admet un maximum relatif qui vaut $\frac{11}{3}$, atteint en 1.

b) Équation de la tangente au point d'abscisse nulle
Pour mémoire, l'équation réduite de la tangente est $y = a(x - x_0) + y_0$, avec :
– la pente $a = f'(x_0)$, calculée dans la dérivée $f'(x)$;
– l'ordonnée $y_0 = f(x_0)$, calculée dans l'expression de la fonction $f(x)$.

Ici, $x_0 = 0$: abscisse nulle.

$a = f'(x_0) = f'(0) = -0^2 - 2 \times 0 + 3 = 3$, calculée dans $f'(x) = -x^2 - 2x + 3$.

$y_0 = f(x_0) = f(0) = -\frac{1}{3} \times 0^3 - 0^2 + 3 \times 0 + 2 = 2$, calculée dans $f(x) = -\frac{1}{3}x^3 - x^2 + 3x + 2$.

D'où l'équation réduite de la tangente T : $y = 3(x - 0) + 2 \Longleftrightarrow y = 3x + 2$.

c) Étude aux bornes de l'ensemble de définition

$\mathscr{D}_f = [-3 ; +\infty[$ de bornes -3 et $+\infty$, -3 comprise.
En -3, on a $f(-3) = -7$ (calculé pour la tangente horizontale).

À l'infini, une fonction polynôme se comporte comme son terme de plus haut degré :

$$\lim_{x \to +\infty} f(x) = \lim_{x \to +\infty} \left(-\frac{1}{3}x^3 - x^2 + 3x + 2\right) = \lim_{x \to +\infty} -\frac{1}{3}x^3 = -\infty.$$

• *Tableau complet des variations :*

x	-3		1		$+\infty$
$f'(x)$	0	$+$	0	$-$	
$f(x)$	-7	↗	$\frac{11}{3}$	↘	$-\infty$

d) Tracés de la tangente T et de la courbe

• La tangente passe par $C\,(0 ; 2)$ et a pour pente $3 = \frac{3}{1}$.

Tableau de valeurs pour les points supplémentaires à tracer dans le repère ci-dessous.

x	-3	-2	-1	0	1	2	3
$f(x)$	-7	$-5{,}3$	$-1{,}6$	2	$3{,}6$	$1{,}3$	-7

⚠ En A la tangente est horizontale, donc il faut que la courbe « arrive » à l'horizontale en ce point!

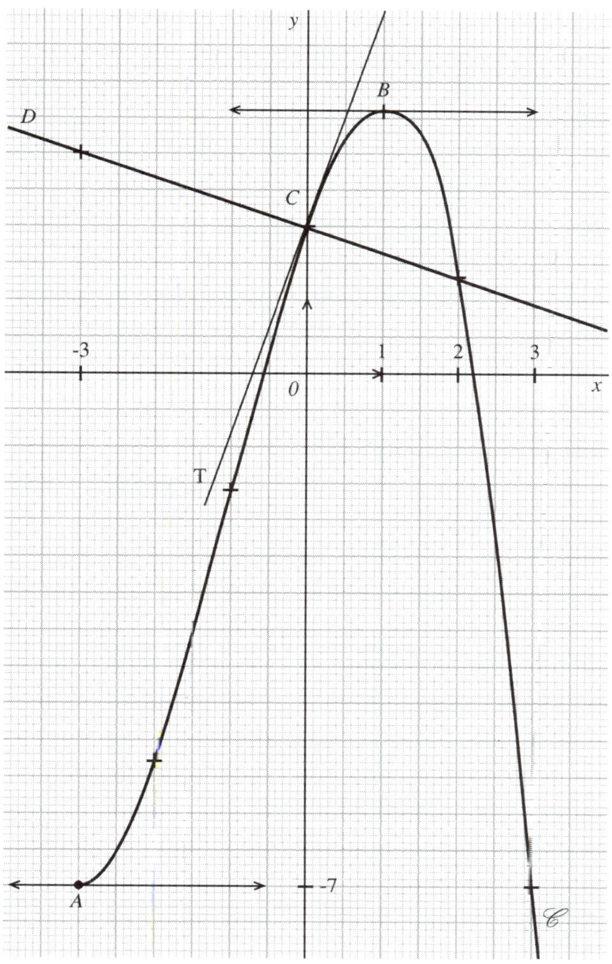

e) Résolution algébrique de l'équation $f(x) = -\frac{1}{3}x + 2$.

On remplace $f(x)$ par son expression

$$-\frac{1}{3}x^3 - x^2 + 3x + 2.$$

D'où l'équation :

$$-\frac{1}{3}x^3 - x^2 + 3x + 2 = -\frac{1}{3}x + 2.$$

On transpose, et on réduit au même dénominateur.

$$\frac{-x^3 - 3x^2 + 9x + 6 + x - 6}{3} = 0.$$

On applique la **règle du quotient nul.**

$-x^3 - 3x^2 + 10x = 0$
$x(-x^2 - 3x + 10) = 0$

On factorise à l'aide d'une racine évidente.
$x(x - 2)(-x - 5) = 0$

On applique la
$x = 0$ ou $x = 2$ ou $x = -5$
Or -5 n'est pas dans l'ensemble de définition
$[-3 ; +\infty[$, donc $S = \{0 ; 2\}$.

• *Résolution graphique* de $f(x) = -\frac{1}{3}x + 2$:

On trace la droite D d'équation $y = -\frac{1}{3}x + 2$.

Cette droite coupe la courbe $\mathscr{C}$ en deux points.
On lit les **abscisses** de ces points :
$S = \{0 ; 2\}$.

Résultats des exercices du cours

Page 102

Courbe de la fonction expliquée.

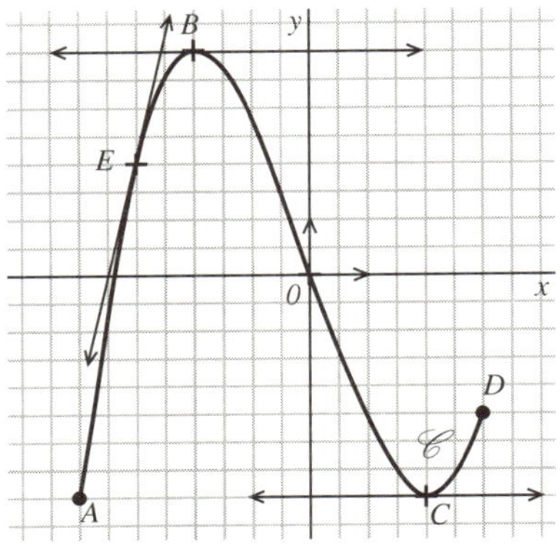

①

Inéquation $f(x) \geqslant 1$: S = [− 1 ; 3].
On lit les abscisses des points de 𝒞 situés au-dessus ou sur la droite horizontale d'équation $y = 1$.

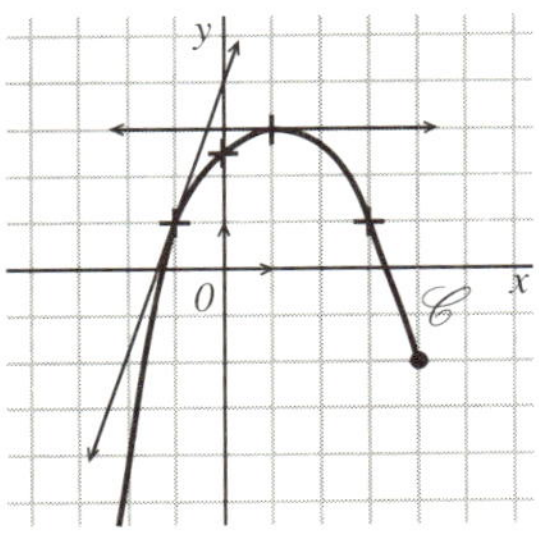

Page 103

② Nature des fonctions.
Seules la fonction b n'est pas une fonction polynôme, car il y a x au dénominateur.

③ Ensemble de définition.

- $\mathcal{D}_f = \mathbb{R}$ *(rien n'est précisé).*
- $\mathcal{D}_g = [5 ; +\infty[$ *(dit dans le texte).*
- $\mathcal{D}_h =]-\infty ; 2]$ *(on applique le théorème ① avec comme ensemble donné]− ∞ ; 2]).*
- $\mathcal{D}_k = \mathbb{R}$ *(rien n'est précisé).*

Page 104

④ $\mathcal{D}_f = [-4 ; 0]$ *(dit dans le texte).*
Cette fonction polynôme est dérivable sur son ensemble de définition.

- Dérivée :

$f'(x) = -3x^2 + 3$
$= 3(-x^2 + 1) = 3(1 - x^2)$
$= 3(1 + x)(1 - x)$.

Cette expression s'annule en − 1 et en 1.

- Signe de la dérivée :

x		-1		1	
3	+		+		+
$1 + x$	−	0	+		+
$1 - x$	+		+	0	−
$-3x^2 + 3$	−	0	+	0	−

- Tableau des variations sur [− 4 ; 0] :

x	-4		-1		0
$f'(x)$		−	0	+	
$f(x)$		↘		↗	

- Énoncé des variations :

Sur [− 4 ; − 1] la dérivée est négative, donc la fonction est décroissante.
Sur [− 1 ; 0] la dérivée est positive, donc la fonction est croissante.

Page 105

Extremums relatifs

⑤ En − 2, la dérivée s'annule en changeant de signe (négative, puis positive), donc la fonction admet un minimum relatif, atteint en − 2, qui vaut :

$$f(-2) = -\frac{(-2)^3}{4} + 3(-2) - 1$$
$$= -\frac{-8}{4} - 6 - 1 = +2 - 7 = -5.$$

En 2, la dérivée s'annule en changeant de signe (positive, puis négative), donc la fonction admet un maximum relatif, atteint en 2, qui vaut :

$$f(2) = -\frac{2^3}{4} + 3(2) - 1$$
$$= -\frac{8}{4} + 6 - 1 = -2 + 5 = 3.$$

⑥ Courbe d'une fonction dont la dérivée s'annule sans changer de signe.

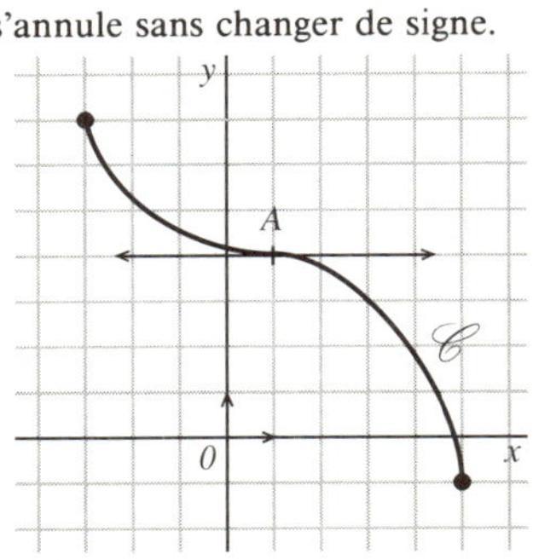

Page 106

Étude aux bornes

⑦ $f(-3) = \frac{(-3-1)(-3+3)}{4}$
$= \frac{-4 \times 0}{4} = 0$;
$f(5) = \frac{(5-1)(5+3)}{4} = \frac{4 \times 8}{4} = 8.$

⑧ • $\lim\limits_{x \to -4} f(x) = \frac{1}{4}(-4)^2 - 2(-4) + 3$
$= \frac{16}{4} + 8 + 3 = 15.$

$\lim\limits_{x \to 2} f(2) = \frac{1}{4}2^2 - 2(2) + 3$
$= \frac{4}{4} - 4 + 3 = 0.$

• $g(-3) = -(-3)^2 - 5(-3) - 3$
$= -9 + 15 - 3 = 3.$

$\lim\limits_{x \to \frac{1}{2}} g(x) = -\left(\frac{1}{2}\right)^2 - 5\left(\frac{1}{2}\right) - 3$
$= -\frac{1}{4} - \frac{5}{2} - 3 = \frac{-23}{4}.$

Page 108

⑨ a) $+\infty$; b) $-\infty$; c) $-\infty$; d) $-\infty$; e) 0 ; f) 0 ; g) $-\infty$; h) $-\infty$.

⑩ Terme de plus haut degré :
$2x^2$; $-x^3$; $\frac{x^2}{4}$; $-x^2$; $-3x^3$; x^2 ;
$2(x)(-5x) = -10x^2$; $\frac{x^2}{2}$.

Page 109

⑪ a) $\lim\limits_{x \to +\infty} \frac{x^2}{4} = +\infty$.

b) $\lim\limits_{x \to -\infty} -x^2 = -\infty$.

c) $\lim\limits_{x \to -\infty} 2x^3 = -\infty$.

d) $\lim\limits_{x \to +\infty} -\frac{x^3}{3} = -\infty$.

e) $\lim\limits_{x \to +\infty} x^2 = +\infty$. f) $-\infty$.

g) $\lim\limits_{x \to -\infty} x^2 = +\infty$.

h) $\lim\limits_{x \to +\infty} -x^3 = -\infty$.

i) $\lim\limits_{x \to +\infty} (-5x)^2 = +\infty$.

j) $\lim\limits_{x \to -\infty} (x^2)(-x) = +\infty$.

⑫ Tableau des variations.

x	3		5		$+\infty$
$f'(x)$		+	0	−	
$f(x)$	-2	↗	1	↘	$-\infty$

x	$-\infty$		0
$f'(x)$		−	‖
$f(x)$	$+\infty$	↘	4 ‖

En 0, une double barre car il y a : $\lim\limits_{x \to 0} f(x)$, ce qui indique que 0 est exclu de l'ensemble de définition.

x	$-\infty$		-2		4
$f'(x)$		+	0	−	‖
$f(x)$	$-\infty$	↗	3	↘	0 ‖

⑬ Ensemble de définition et étude aux bornes.

a) $\mathcal{D}_f =]-\infty ; 0]$
et $f(x) = -\frac{1}{3}(x + 5)^2$.

- $\lim\limits_{x \to -\infty} f(x) = \lim\limits_{x \to -\infty} -\frac{1}{3}x^2 = -\infty$.
- $f(0) = -\frac{1}{3}(0+5)^2 = -\frac{1}{3}(5)^2 = -\frac{25}{3}$.

b) $\mathcal{D}_f = [-3 ; +\infty[$
et $f(x) = (5x - 1)(1 - x)$.

- $f(-3) = (-15 - 1)(1 + 3)$
$= -16 \times 4 = -64$.
- $\lim\limits_{x \to +\infty} f(x) = \lim\limits_{x \to +\infty} 5x \times (-x)$
$= \lim\limits_{x \to +\infty} -5x^2 = -\infty$.

c) $\mathcal{D}_f =]-\infty ; -1[$
et $f(x) = \frac{x^2 - 3x + 1}{5}$.

- $\lim\limits_{x \to -\infty} f(x) = \lim\limits_{x \to -\infty} \frac{x^2}{5} = +\infty$.
- $\lim\limits_{x \to -1} f(x) = \frac{(-1)^2 - 3(-1) + 1}{5}$
$= \frac{1 + 3 + 1}{5} = \frac{5}{5} = 1.$

Il sera bon de reprendre les lectures graphiques du thème 4.

1 ★

Soit f une fonction, dérivable sur son ensemble de définition.

1. Tracer sa courbe représentative dans un repère orthonormal d'unité 1 cm, sachant que son tableau des variations est :

x	-2		2		6
$f'(x)$		$-$	0	$+$	
$f(x)$	1	↘	-3	↗	1

et que $f(0) = -2$ et $f(4) = -2$.

(Tracer la tangente horizontale, puis la courbe.)

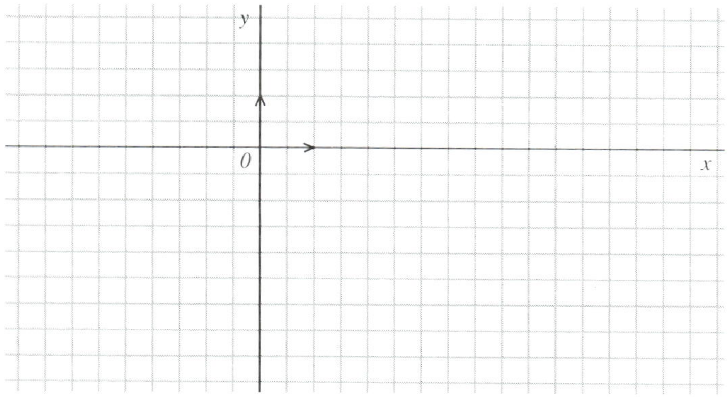

2. Quels sont les extremums de cette fonction ?

3. Que veut dire le zéro sur la ligne $f'(x)$ du tableau des variations ?

2 ★

Même exercice avec :

x	-4		-1		4		8
$f'(x)$		$-$	0	$+$	0	$-$	
$f(x)$	-2	↘	-4	↗	1	↘	$0{,}5$

et $f(-3) = -3$; $f(0) = -3$; $f(1{,}5) = 0$.

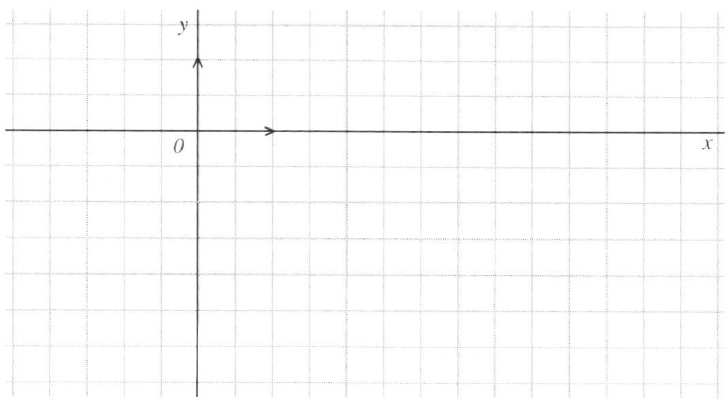

1. Quels sont les extremums de cette fonction ?

2. Donner les points de la courbe où la tangente est horizontale.

3. Résoudre graphiquement :

- $f(x) \leqslant -3$;
- $f(x) > 0$.

Les exercices suivants ont pour but d'apprendre la méthode et les théorèmes utiles, donc : *bien soigner la rédaction.*

3 ★

Soit f une fonction numérique définie sur $[-2;\ +\infty[$ par $f(x) = -\frac{1}{2}x^2 + x + \frac{3}{2}$.

1. Quelle est la nature de cette fonction? Quel est son ensemble de définition?

2. Étudier les variations de cette fonction (reprendre s'il le faut le thème 3).

3. Étudier cette fonction aux bornes de son intervalle de définition.

4. Déterminer une équation de la tangente au point d'abscisse 3.

5. Tracer cette tangente, puis la courbe $\mathscr{C}$, représentative de cette fonction, dans un repère orthonormal d'unité 1 cm.

6. Résoudre graphiquement $f(x) \geqslant 0$.
Résoudre algébriquement $f(x) = 0$. (Reprendre le thème 2, voire le thème 1.)

4 ★

Soit f, fonction numérique, définie par $f(x) = 2x^2 - 4x$.

1. Étudier complètement et avec soin cette fonction.
(Bien donner les différentes étapes de cette étude et énoncer les théorèmes.)

2. Tracer sa courbe dans un repère orthonormal d'unité 1 cm.

3. Résoudre graphiquement $f(x) < 0$.

4. Tracer la droite d'équation $y = -2x + 4$. Résoudre graphiquement $f(x) = -2x + 4$.
(Reprendre le thème 4 si besoin.)

5 ★

Soit $f\colon\ x \longmapsto -x^3 + 3x$ définie sur $[-2\,;2]$.

1. Étudier complètement et avec soin cette fonction.

2. Tracer sa courbe dans un repère orthonormal d'unité 2 cm.

3. Combien y-a-t-il de solutions à l'équation $f(x) = 0$?

6 ★

Calculer la dérivée des fonctions suivantes :

1. $f(x) = \dfrac{x^2 - 4x + 1}{4}$. **2.** $f(x) = \dfrac{x^3}{4} - 3x + 2$. **3.** $f(x) = (3x - 5)^2$.

4. $f(x) = \dfrac{1}{3}(x - 7)^3$. **5.** $f(x) = x^3 + x^2 - 5x + 1$. **6.** $f(x) = -x^3 + x^2 + x - 1$.

7 ★

Étudier les variations des fonctions suivantes sur $[-1;\ 2]$:

1. $f(x) = -\dfrac{1}{4}x^3 + 2$. **2.** $g(x) = x^3 + 3x - 1$.

8 ★★

- Reprendre l'exercice 2 du niveau 1.
- Soit f une fonction, dérivable sur son ensemble de définition, connue par son tableau des variations et quelques valeurs particulières de $f(x)$ et de la dérivée $f'(x)$.

x	-3		2		7
$f'(x)$		$-$	0	$+$	
$f(x)$	$2,5$	↘	-1	↗	$2,5$

On a : $f(-1) = 2$, $f'(-1) = -\frac{1}{2}$;

$f(0) = 1$; $f(4) = 1$; $f(5) = 2$.

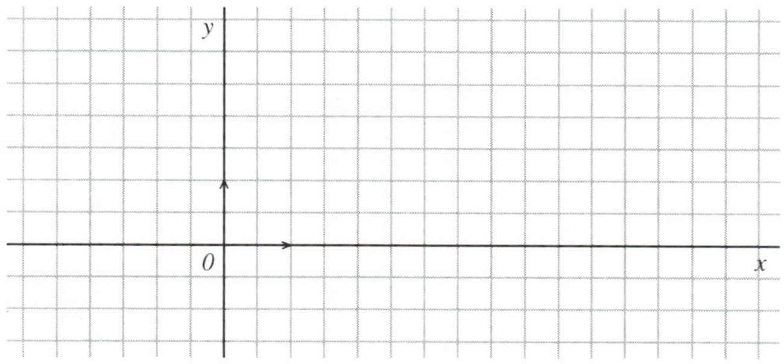

1. Tracer la tangente horizontale, la tangente au point d'abscisse -1. Tracer ensuite la courbe.

2. Donner l'ensemble de définition de cette fonction.

3. Énoncer les variations à l'aide de phrases.

4. Donner les extremums sur l'ensemble de définition.

9 ★★

Mêmes questions que ci-dessus avec :

x	-3		$-0,5$		3		4
$f'(x)$		$-$	0	$+$	0	$-$	
$f(x)$	7	↘	-3	↗	4	↘	0

et $f(-2) = 0$; $f(1) = 0$; $f(2) = 3$; $f'(2) = 2$.

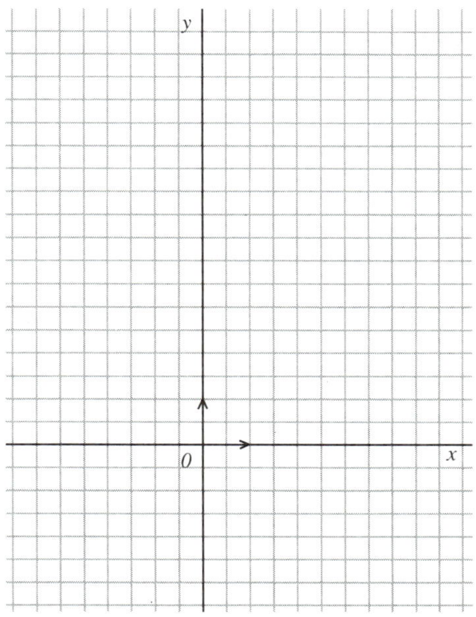

2.

3.

4.

5. Résoudre graphiquement : $f(x) \leqslant 0$.

Le but des exercices étant d'apprendre les méthodes et théorèmes utilisés, les faire en totalité et soigner la rédaction.

10 ★★

On considère la fonction f définie sur $\left[-\frac{1}{2}; 4\right]$ par $f(x) = -x^2 + 4x + 1$.

1. Étudier avec soin cette fonction.

2. Quel est le maximum de f sur cet intervalle $\left[-\frac{1}{2}; 4\right]$?

3. Déterminer l'équation réduite de la tangente à la courbe $\mathscr{C}$ au point d'abscisse 3.

4. Tracer cette tangente, puis la courbe $\mathscr{C}$ dans un repère orthonormal d'unité 1 cm.

5. Résoudre graphiquement $f(x) \geqslant -x + 5$.
(On tracera la droite d'équation $y = -x + 5$ reprendre éventuellement le thème 4.)
Résoudre algébriquement $f(x) = -x + 5$.
(Reprendre les thèmes 1 ou 2 s'il y a lieu.)

11 ★★

Soit f: $x \rightarrow -\frac{1}{4}x^3 + 3x - 1$, définie sur $[-3; +\infty[$.

1. Quelle est la nature de cette fonction? Son ensemble de définition?

2. Étudier les variations de cette fonction. Étudier cette fonction aux bornes de son ensemble de définition.

3. Prouver que la fonction f admet des extremums relatifs que l'on déterminera.

4. Déterminer une équation de la tangente à la courbe $\mathscr{C}_f$ au point d'abscisse nulle.

5. Tracer cette tangente, puis la courbe $\mathscr{C}_f$ dans un repère orthonormal, d'unité 1 cm.

6. Résoudre graphiquement $f(x) = -x - 1$, puis $f(x) \leqslant 2x - 1$.

7. Résoudre algébriquement $f(x) = -1$.

12 ★★

1. Étudier complètement et avec soin la fonction f telle que $f(x) = x^3 + x^2 - 5x - 2$.

2. Tracer sa courbe représentative $\mathscr{C}_f$ dans un repère orthonormal d'unité 1 cm.

3. Résoudre graphiquement $f(x) = x - 2$, puis $f(x) \geqslant -x + 2$.

13 ★★

- Reprendre les exercices 6 et 7 de niveau 1
- Étudier complètement et avec soin la fonction f définie par $f(x) = -\frac{1}{8}(x - 1)^3$.

Déterminer les équations réduites des tangentes à sa courbe représentative aux points d'abscisses -1 et 3.
Tracer ces tangentes ainsi que la courbe dans un repère orthonormal d'unité 1 cm.

14 ★★★

• Reprendre l'exercice 1 de niveau 1 et l'exercice 9 de niveau 2.

• Soit f une fonction, dérivable sur son ensemble de définition, connue par son tableau des variations et quelques valeurs particulières de $f(x)$ et de la dérivée $f'(x)$.

x	-5		-2		4
$f'(x)$	‖	$+$	0	$-$	0
$f(x)$	‖ 1	↗	5	↘	$-1,5$

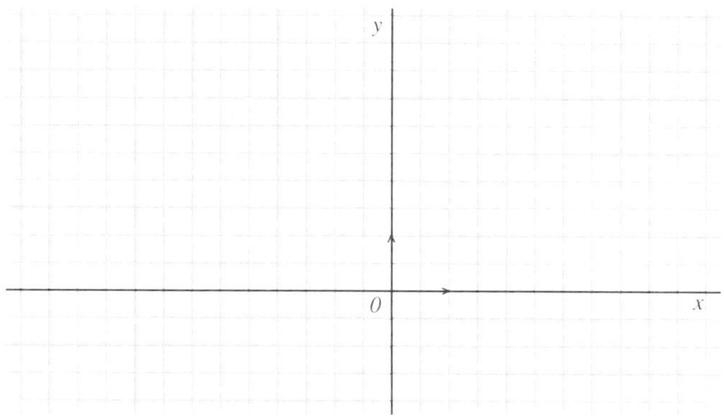

On a aussi $f(-3) = 4,5$; $f'(-5) = 3$;
$f(0) = 2$; $f'(0) = -3$; $f(1) = 0$.

1. Tracer les tangentes, données par les valeurs particulières de la dérivée, puis la courbe $\mathscr{C}$ de cette fonction.

2. Donner les extremums de cette fonction.

3. Résoudre graphiquement : $f(x) \geqslant 0$.

4. Qu'indique la double-barre du tableau ?

15 ★★★

Mêmes questions avec :

x	$-\infty$		-3		2		4
$f'(x)$		$-$	0	$+$	0	$+$	1
$f(x)$	$+\infty$	↘	-5	↗	-1	↗	0

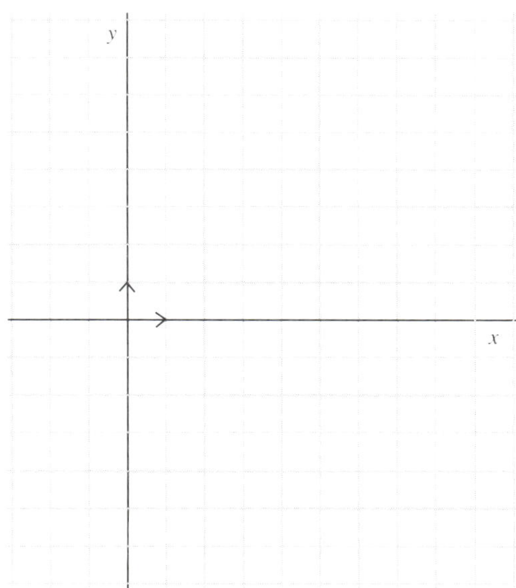

On a aussi l'équation $f(x) = 0$ a pour solutions -5 et 4 ;
$f(-1) = -3$; $f'(-1) = 2$;
$f'(-5) = -4$; $f(-6) = 5$.

1. Donner les extremums relatifs, en les justifiant.

2. Résoudre graphiquement $f(x) \geqslant 0$ (expliquer).

16 ★★★

- Reprendre les exercices 10 et 13 de niveau 2.

- On considère la fonction f définie sur $[0\,;+\infty[$ par $f(x)=\frac{1}{4}x^3-\frac{3}{2}x^2$.

1. Quelle est la nature et l'ensemble de définition de cette fonction?

2. Étudier les variations de cette fonction.
Montrer que f admet un extremum, sur $[0\,;+\infty[$, que l'on déterminera.

3. Étudier f aux bornes de son ensemble de définition.

4. Déterminer l'équation réduite de la tangente à la courbe $\mathscr{C}$ au point d'abscisse 2.

5. Tracer cette tangente, puis la courbe $\mathscr{C}$ dans un repère orthonormal d'unité 1 cm.

6. Résoudre graphiquement $f(x) = -\frac{5}{4}x$, puis $f(x) < -\frac{5}{4}x$.

7. Combien a-t-on de solutions pour l'équation $f(x)=0$?
Résoudre algébriquement $f(x)=0$.

17 ★★★

Soit $f: x \mapsto -x^3+2x^2+4x-3$, définie sur $[-2\,;2]$.

1. Étudier avec soin cette fonction.

2. Déterminer les extremums de cette fonction.

3. Dans un repère orthonormal d'unité 1 cm, tracer la courbe de cette fonction, ainsi que la tangente à la courbe $\mathscr{C}$ au point d'abscisse nulle et la droite d'équation $y=x-3$.

4. À l'aide du graphique, donner un encadrement à 0,5 près des solutions de l'équation $f(x)=0$.
Résoudre graphiquement $f(x)=x-3$ et $f(x)=-x+3$.

18 ★★★

On considère la fonction f définie par $f(x) = -\frac{1}{3}x^3-x^2+3x$.

1. Étudier complètement et avec soin cette fonction.

2. Tracer la courbe représentative de cette fonction dans un repère orthonormal.

3. Résoudre graphiquement $f(x) \geqslant 3x$.

4. Résoudre algébriquement $f(x)=3x$ et $f(x)=0$ (à l'aide d'une factorisation avec forme canonique).

I

On considère une fonction f, dérivable sur $[-2; 6]$ et telle que :

x	-2		1		4		6
$f'(x)$		$+$	0	$-$	0	$+$	
$f'(x)$	-5	↗	5	↘	-2	↗	3

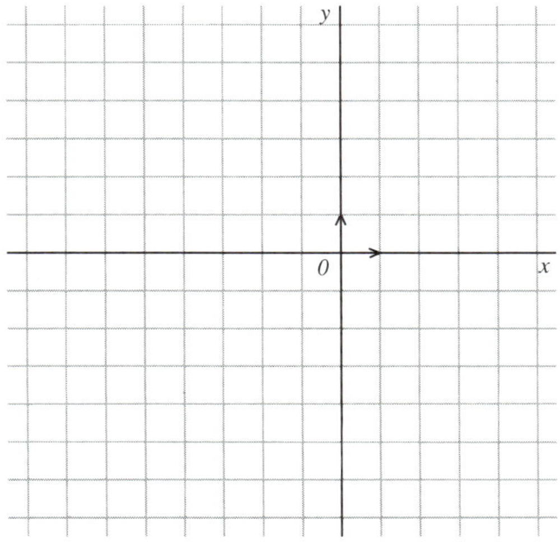

De plus, $f(2) = 4$ et $f'(2) = -2$
et l'équation $f(x) = 0$ a trois solutions :
-1 ; 3 et 5.

1. En quels points de la courbe les tangentes sont-elles horizontales ? Pourquoi ?

2. Quels sont les points communs à la courbe et à l'axe des abscisses ?

3. Tracer une courbe correspondant à toutes les indications données.

4. Prouver l'existence d'un minimum relatif.

5. Résoudre graphiquement $f(x) \geqslant 0$, puis $f(x) = x - 3$.

II

Soit la fonction f définie sur $[-1 ; +\infty[$ par $f(x) = (x+1)^3 - 12x - 9$.

1. Quelle est la nature de cette fonction. Donner son ensemble de définition ?

2. Étudier complètement et avec soin les variations de cette fonction, en précisant chaque étape par un titre. La fonction admet-elle un extremum relatif ?

3. Étudier cette fonction aux bornes de son ensemble de définition.

4. Déterminer l'équation réduite de la tangente au point d'abscisse nulle.

5. Tracer la courbe représentative dans le repère ci-joint $\left(\text{on calculera } f\left(\frac{5}{2}\right)\right)$, ainsi que la tangente obtenue précédemment.

Grille d'évaluation

A Reconnaître ce qu'il faut faire

B Réaliser ou appliquer

++ réussite totale
\+ réussite partielle
– échec partiel
– – échec total
/ non traité

	n° dans le test	**A**	**B**
Tracer une courbe de fonction correspondant aux indications données	I_3		
Tracer une tangente donnée par sa pente	I_3		
Connaître le plan d'étude d'une fonction			
Reconnaître la nature d'une fonction et donner l'ensemble de définition	II_1		
Connaître le plan d'étude des variations d'une fonction	II_2		
Donner l'ensemble de dérivabilité	II_2		
Calculer la dérivée et étudier le signe de la dérivée en expliquant	II_2		
Dresser le tableau des variations sur l'ensemble de définition	II_2		
Énoncer les variations à l'aide de phrases	II_2		
Prouver l'existence d'extremums relatifs	II_2		
Étudier la fonction aux bornes de son ensemble de définition	II_3		
Connaître le comportement d'une fonction polynôme à l'infini	II_3		
Calculer la valeur d'un polynôme en une valeur donnée	II_5		
Déterminer l'équation réduite d'une tangente	II_4		
Tracer la courbe représentative d'une fonction	II_5		
Tracer une droite (tangente ou autre) donnée par son équation	I_5, II_5		
Résoudre graphiquement une équation ou une inéquation	I_5		
Résoudre algébriquement une équation			
BILAN			

S'exprimer		Présenter	

I.

① Les tangentes à la courbe sont horizontales aux points $A(1\ ;\ 5)$ et $B(4\ ;\ -2)$, car la dérivée s'annule en 1 et en 4.

② Les points communs à la courbe et à l'axe des abscisses sont : $C(-1\ ;\ 0)$, $E(3\ ;\ 0)$ et $F(5\ ;\ 0)$ (leurs abscisses sont les solutions de l'équation $f(x) = 0$).

③ ⚠ $f'(2) = -2$ indique que par la tangente à la courbe au point d'abscisse 2 a pour pente $-2 = \frac{-2}{1}$.

④ En 4, la dérivée s'annule en changeant de signe (négative, puis positive), donc la fonction admet un minimum -2, atteint en 4.

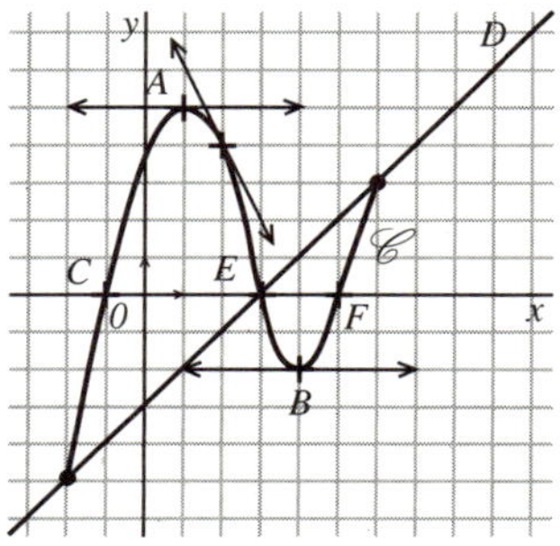

⑤ $f(x) \geqslant 0$:
$S = [-1\ ;\ 3] \cup [5\ ;\ 6]$.

On lit les abscisses des points de la courbe situés au-dessus ou sur l'axe des abscisses.

$f(x) = x - 3$:
$S = \{-2\ ;\ 3\ ;\ 6\}$.

On trace la droite d'équation $y = x - 3$ et on lit les abscisses des points d'intersection avec la courbe.

II.

① f est une fonction polynôme. L'ensemble de définition est $[-1\ ;\ +\infty[$ (dit dans le texte).

② Ensemble de dérivabilité : une fonction polynôme est dérivable sur son ensemble de définition : $\mathscr{D}_{f'} = [-1\ ;\ +\infty[$.

- Dérivée

Formule : si $f(x) = (ax + b)^n$, alors
$f'(x) = n \times a \times (ax + b)^{n-1}$.
$f'(x) = 3 \times 1 \times (x + 1)^2 - 12$
$= 3(x + 1)^2 - 12$
on met 3 en facteur :
$= 3[(x + 1)^2 - 4]$
on a une différence de deux carrés :
$= 3(x + 3)(x - 1)$.

- Signe de la dérivée :

x		-3		1	
3	+		+		+
$x + 3$	−	0	+		+
$x - 1$	−		−	0	+
$3(x + 3)(x - 1)$	+	0	−	0	+

- Tableau des variations sur $[-1\ ;\ +\infty[$:

x	-1		1		$+\infty$
$f'(x)$		−	0	+	
$f(x)$		↗		↘	

- Énoncé des variations :

Sur $[-1\ ;\ 1]$ la dérivée est négative, donc la fonction f est décroissante.
Sur $[1\ ;\ +\infty[$ la dérivée est positive, donc la fonction f est croissante.

- Tangente horizontale :

En 1 la dérivée s'annule, donc au point correspondant la tangente est horizontale.
$f(1) = (1 + 1)^3 - 12 \times 1 - 9$
$= 2^3 - 12 - 9 = 8 - 21 = -13$.

- Extremum relatif :

En 1 la dérivée s'annule en changeant de signe (négative, puis positive), donc la fonction admet un minimum, atteint en 1, qui vaut -13.

③ Étude aux bornes de l'ensemble de définition
$\mathscr{D}_f = [-1\ ;\ +\infty[$ les bornes sont -1 et $+\infty$, -1 comprise.
En -1, on a $f(\ \ ) = (-1 + 1)^3 - 12(-1) - 9$
$= 0^3 + 12 - 9 = 0 + 3 = 3$.

À l'infini, une fonction polynôme se comporte comme son terme de plus haut degré, or le terme de plus haut degré est $(x)^3$, d'où :

$$\lim_{x \to +\infty} f(x) = \lim_{x \to +\infty} ((x + 1)^3 - 12x - 9) = \lim_{x \to +\infty} x^3 = +\infty.$$

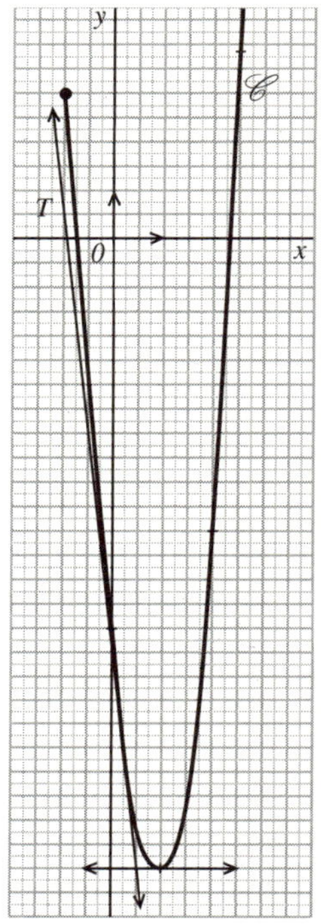

- Tableau complet des variations :

x	-1		1		$+\infty$
$f'(x)$		−	0	+	
$f(x)$	3	↘	-13	↗	$+\infty$

④ Équation réduite de la tangente au point d'abscisse nulle
abscisse $x_0 = 0$;
ordonnée $y_0 = f(0) = (0 + 1)^3 - 12 \times 0 - 9$
$= 1^3 - 0 - 9 = 1 - 9 = 8$;
pente $a = f'(0) = 3(0 + 1)^2 - 12$
$= 3 \times 1^2 - 12 = 3 - 12 = -9$;
d'où l'équation réduite :
$y = -9(x - 0) - 8 \Longleftrightarrow y = -9x - 8$.

⑤ $f\left(\frac{5}{2}\right) = \left(\frac{5}{2} + 1\right)^3 - 12 \times \frac{5}{2} - 9$
$= \left(\frac{7}{2}\right)^3 - \frac{60}{2} - 9 = \frac{7^3}{2^3} - 30 - 9$
$= \frac{343}{8} - 39 = \frac{343 - 312}{8} = \frac{31}{8}$.

Tableau des valeurs pour le tracé de la courbe :

x	-1	0	1	2	$\frac{5}{2}$
$f(x)$	3	-8	-13	-6	3,875

Thème 6 Pourcentage et croissance exponentielle

Objectifs

1. Calculer un pourcentage d'une quantité et traduire une information en pourcentage.
2. Calculer une puissance quelconque d'un nombre positif.
3. Reconnaître et étudier un phénomène exponentiel.

Plan

Ce que vous devez savoir et savoir faire à la fin de ce thème

- *Connaître les liens entre pourcentage, quantité totale et quantité partielle.*
- *Connaître le lien entre une valeur, sa valeur de référence et sa variation.*
- *Connaître la définition du coefficient multiplicateur et ses propriétés.*
- *Connaître les formules sur les puissances d'un nombre positif.*
- *Traduire l'écriture ingénieur en numération parlée.*
- *Connaître la définition d'un phénomène exponentiel.*
- *Connaître la formule générale d'une croissance exponentielle.*
- *Connaître la définition d'une fonction exponentielle de base a, avec a nombre positif.*
- *Connaître la variation d'une fonction exponentielle.*
- *Connaître les liens avec les suites arithmétiques et géométriques.*

- *Dresser et utiliser un tableau de proportionnalité.*
- *Traduire une variation à l'aide d'un tableau de proportionnalité.*
- *Calculer un coefficient multiplicateur, puis le pourcentage de variation correspondant et vice-versa.*
- *Calculer sur des puissances.*
- *Utiliser la touche* [x^y] *d'une calculatrice et lire l'affichage d'une calculatrice scientifique.*
- *Reconnaître une croissance exponentielle.*
- *Représenter une fonction exponentielle ou un phénomène exponentiel.*
- *Lire les indications données par la représentation graphique.*
- *Reconnaître une croissance linéaire et une croissance exponentielle.*

I. Pourcentage d'une quantité

1. Tableau de proportionnalité à travers des exemples

■ a. Exemple 1

Pour parcourir une distance de 92 km, il faut 48 min. À la même vitesse, combien faut-il de minutes pour parcourir 65 km?

Si on suppose la **vitesse constante, le temps est proportionnel à la distance parcourue.**

On résume le texte de ce problème dans un tableau de proportionnalité.

Distance	92 km	65 km
Temps	48 min	? ← $\frac{48 \times 65}{92} \approx$

↑ Situation de référence (connue)

Pour obtenir le terme manquant :

- **on calcule le produit des termes de la diagonale connue;**
- **on divise le résultat par le terme restant sur la diagonale du terme cherché.**

	•
•	?

•	
	?

EXERCICE

1. À la même vitesse, quelle est la distance parcourue

en 1 h? (1 h = 60 min)

en 1 h 15 min? (1 h 15 min = min)

■ b. Exemple 2

Dans une recette de gâteau, pour 3 œufs il faut 200 g de farine, 6 cuillerées à soupe de sucre et 120 g de beurre. Quelles sont les **proportions** pour 4 œufs?

Dans ce cas, la situation de référence contient plusieurs informations que l'on résume en une ligne de tableau :

EXERCICE

2. Compléter le tableau :

	Œufs	Farine	Sucre	Beurre
Recette	3	200 g	6 cuillerées	120 g
	4			

Pour obtenir les termes manquants, on extrait mentalement de petits tableaux de proportionnalité :

3	200
4	

3	6
4	

3	120
4	

■ c. Exemple 3

Trois enfants de 7, 8 et 10 ans se partagent un paquet de 500 g de bonbons. Aidez-les à faire un partage proportionnel à leur âge.

Dans ce cas, la situation de référence est obtenue par le total des âges : 7 + 8 + 10 = 25, pour 500 g de bonbons.

EXERCICE

3. Compléter le tableau :

Age	7	8	10	25
Bonbons				500 g

2. Pour cent

• Ce mot doit évoquer une fraction ;

« 8 **pour** cent »

Numérateur — **trait de fraction** — dénominateur

donc 8 pour cent, qui s'écrit 8 %, représente

la **fraction** : $\frac{8}{100}$;

ou la **division** : $8 \div 100$;

ou le **décimal** : 0,08.

• Lorsque l'on parle de 8 pour cent **de** 120, le « **de** » doit évoquer une **multiplication**; donc 8 pour cent de 120 se traduit par l'opération : $\frac{8}{100} \times 120$, c'est-à-dire le décimal 9,6.

EXERCICE

4. Traduire en opération, puis en nombre décimal :

a) 25 % de 130 :

b) 3,1 % de 176 :

c) 18,6 % de 350 :

d) 0,5 % de 1 200 :

e) 300 % de 46 :

3. Pourcentage d'une quantité

Une quantité partielle est une fraction d'une quantité totale que l'on peut exprimer en pourcentage à l'aide d'un tableau de proportionnalité. Dans ce cas, la situation de référence est donnée par le nombre p, représentant la quantité partielle correspondant à une quantité totale de 100.

QP	p
QT	100

$p = \frac{QP \times 100}{QT}$ ou $\frac{QP}{QT} = \frac{p}{100}$ ou $QP = \frac{p}{100} \times QT$.

Quantité totale

Quantité partielle ***QP***

La quantité partielle représente *p* pour cent *de* la quantité totale

$$QP = \frac{p}{100} \times QT .$$

EXERCICE

5. Dresser le tableau de proportionnalité correspondant à chacun des problèmes suivants :

• La quantité partielle de 60 représente 18 % de la quantité totale. Quelle est la quantité totale ?

• Une quantité partielle de 42,55 pour une quantité totale de 185, quel est le pourcentage correspondant ?

• Quelle est la quantité partielle correspondant à 53 % d'une quantité totale de 120 ?

6. Compléter les tableaux suivants :

Bac 89 en France

Série	Presentés	Admis	Pourcentage d'admis
A	76 704	57 551	
B	83 451	58 615	
C	56 397	47 835	
D	70 516	53 129	
G	98 189	64 833	

QUID.90

On extrait mentalement des petits tableaux :

57 551	
76 704	100

Pour le 2e tableau, calculer le total des admis pour avoir la situation de référence.

Répartition des admis par séries

Série	Nombre d'admis	Pourcentage à 0,1 % près
A	57 551	
B	58 615	
C	47 835	
D	53 129	
G	64 833	
Total		100

4. Représentation graphique

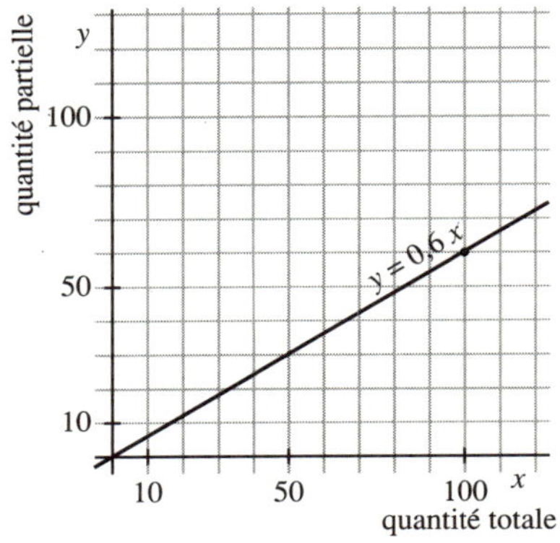

On a : $QP = \frac{p}{100} \times QT$ d'où $y = \frac{p}{100}x$.

Le pourcentage est la pente de la droite.

Cette droite passe par l'origine, en effet : p % de 0, c'est 0 !

Exemple ▶ La droite des 60 % a pour équation $y = 0{,}6x$.

7. Tracer sur le graphique ci-dessus les droites des 40 % et des 100 %, et donner leurs équations.

5. Pourcentage de pourcentage

Exemple ▶ 20 % de 30 % de la quantité totale se traduit par :

$\frac{20}{100} \times \frac{30}{100} \times QT.$

Or $\frac{20}{100} \times \frac{30}{100} = \frac{20 \times 30}{100 \times 100} = \frac{600}{10000} = \frac{6}{100} = 6\ \%.$

Donc **20 % de 30 %** de QT correspondent à **6 %** de QT.

D'une façon générale :

a % de b % correspondent à $\frac{a \times b}{100}$ %.

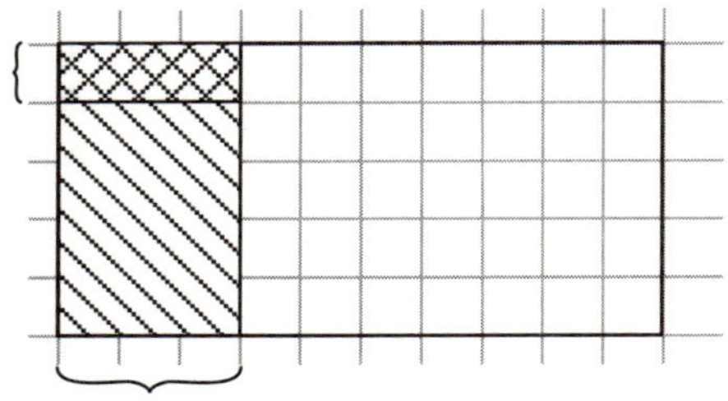

EXERCICES

8. Calculer le pourcentage correspondant à :

a) 16 % de 45 %;

b) 10 % de 50 %;

c) 50 % de 10 %.

9. Au cours d'élections cantonales, un parti a obtenu 36 % des voix. 40 % des électeurs ont voté (60 % d'abstentionnistes). Le président de ce parti a déclaré : « plus d'un Français sur trois a voté pour moi! » Calculer le pourcentage d'électeurs de ce canton ayant voté pour ce parti.

10. Une boisson au jus de fruit contient 45 % de jus de fruit pur, dont 28 % de jus de mangue. Quel est le pourcentage de jus de mangue de cette boisson?

Dans un litre de cette boisson, combien y a-t-il de millilitres de jus de mangue ?

⚠ Lorsque l'on parle de pourcentage, il faut toujours se poser la question : c'est un **pourcentage de quoi**?

II. Variation exprimée en pourcentage et coefficient multiplicateur

Lorsqu'un pourcentage représente le rapport d'une quantité partielle sur une quantité totale, ce pourcentage est toujours un nombre inférieur à 100. Il n'en est pas toujours de même quand il représente une variation. 300 % d'augmentation, cela existe!

1. Augmentation ou diminution

Exemple ▶ De 1940 à 1985, la population du Mexique est passée de 19,4 millions d'habitants à 79,7 millions.
On peut calculer cette augmentation en millions d'habitants : 79,7 − 19,4 = 60,3.
Pour connaître le taux de variation en pourcentage, on peut dresser un tableau de proportionnalité.

Population en 1940	Population en 85	Augmentation
19,4	79,7	60,3
100		

Taux de variation en pourcentage : $\dfrac{60,3}{19,4} \times 100 \approx 310,8.$

La population du Mexique a augmenté de 310 % de 1940 à 1985.

■ a. Cas général

Tableau de proportionnalité pour calculer un **pourcentage d'augmentation ou de diminution** :

Ancienne valeur	Nouvelle valeur	Augmentation
100	$100 + a$	a

Ancienne valeur	Nouvelle valeur	Diminution
100	$100 - d$	d

⚠ Une variation en pourcentage s'exprime toujours par rapport à **l'ancienne valeur.**

11. Pour un vêtement soldé à 350 F après une remise de 20 %, le montant de la réduction n'est pas 20 % de 350 F!
La réduction se calcule sur l'ancien prix!

Ancien Prix	Nouveau Prix	Remise
	350	
100	100 − 20	20

La remise est de : $\dfrac{350 \times 20}{80} =$

L'ancien prix est de : $\dfrac{350 \times 100}{80} =$

■ b. Vocabulaire

Augmentation : hausse, croissance accroissement, gain, progression, inflation, plus-value.

Diminution : baisse, rabais, remise, solde, décroissance, réduction, perte, régression compression, déflation, moins-value.

12. Le prix d'un objet est passé de 320 F à 395,60 F.

Quel est le pourcentage d'augmentation?

13. En France, le nombre des blessés dans les accidents de la route est passé de 339632 à 270 799 de 1980 à 1985. Quel est le pourcentage de la diminution à 0,1 % près?

2. Coefficient multiplicateur : CM

Très souvent, quand une variation dépasse les 100 %, on parle plutôt de coefficient multiplicateur. *Exemple* : les prix des services ont quadruplés en 10 ans.

a. Définition

Le coefficient multiplicateur est le nombre qui, multiplié à l'ancienne valeur, donne la nouvelle valeur.

Schéma

AV → NV

× CM

Formules

$$NV = CM \times AV \quad \text{ou} \quad CM = \frac{\text{Nouvelle valeur}}{\text{Ancienne valeur}}.$$

EXERCICES

14. De 1944 à 1949, les prix ont été multipliés par 7 en France.
Un objet de 30 F en 1944, valait en 1949 :

Un objet de 1645 F en 1949, valait en 1944 :

AV	NV
1	7
30	
	1 645

× CM

15. De 1940 à 1985, la population de l'Algérie est passée de 7,2 millions d'habitants à 22,2 millions. Calculer le coefficient multiplicateur correspondant avec deux chiffres après la virgule.

b. Lien entre variation en pourcentage et coefficient multiplicateur

- Lorsque l'on connaît le pourcentage de variation, le coefficient multiplicateur est :

$\mathbf{CM = 1 + \frac{a}{100}}$ **pour une augmentation de *a* %** : si $a = 7$, alors $CM = 1 + \frac{7}{100} = 1{,}07$;

ou

$\mathbf{CM = 1 - \frac{d}{100}}$ **pour une diminution de *d* %** : si $d = 10$, alors $CM = 1 - \frac{10}{100} = 0{,}90$.

- Lorsque l'on connaît l'ancienne valeur et la nouvelle valeur,

on calcule le coefficient multiplicateur : $CM = \frac{NV}{AV}$;

et pour obtenir le **pourcentage de variation,**
on soustrait 1 au coefficient multiplicateur et on multiplie le résultat par 100.

Exemples ▶

CM = 1,23 ; − 1 → 0,23 ; × 100 → 23
augmentation de 23 %.

CM = 4,5 ; − 1 → 3,5 ; × 100 → 350
augmentation de 350 %.

CM = 0,83 ; − 1 → − 0,17 ; × 100 → − 17
diminution de 17 %.

EXERCICE

16. Compléter le tableau :

Variation en %	↗ 30 %		↘ 10 %		↗ 125 %		↘ 56 %	↗ 1,7 %
Coefficient multiplicateur		1,01		0,45		4		

■ c. Vocabulaire marquant un coefficient multiplicateur

- Quintupler signifie multiplier par 5 ; donc CM = 5 et l'augmentation est de 400 %.
- Diminuer du tiers correspond à un coefficient multiplicateur de :

$$CM = 1 - \frac{1}{3} = \frac{2}{3},$$ et la diminution est de 33,33 %.

17. Tableau à compléter

Vocabulaire	CM	Variation	Vocabulaire	CM	Variation
doubler		↗ %	décimer		
augmenter de moitié			décupler		
diminuer de moitié			diminuer du cinquième		
quadrupler			augmenter des 3 quarts		

18. Un rôti de 750 g a réduit du tiers après la cuisson. Quel est son poids en fin de cuisson ?

3. Augmentations ou diminutions successives

Exemple ► Un prix augmente de 10 % puis de 20 %. Il ne faut pas penser qu'il a augmenté de 30 %. **Les pourcentages ne s'additionnent pas.**

Ancien Prix • **Nouveau Prix**

↗ 10 % — $CM_1 = 1{,}10$

↗ 20 % — $CM_2 = 1{,}20$

$CM = 1{,}10 \times 1{,}20$

D'où :

Nouveau Prix = 1,20 × (1,10 × Ancien Prix)

ou NP = (1,20 × 1,10) × AP = 1,32 × AP.

Donc le coefficient multiplicateur est 1,32 ; il correspond à une augmentation de 32 %.

Pour des augmentations ou des diminutions successives, les coefficients multiplicateurs correspondants se multiplient.

19. a) Un prix est augmenté de 10 %, puis diminué de 10 %. Revient-il au prix de départ ?

Ancien Prix • Nouveau Prix

↗ 10 % — $CM_1 =$

↘ 10 % — $CM_2 =$

Coefficient multiplicateur correspondant :

$CM = CM_1 \times CM_2 =$

b) Un commerçant fait des soldes : il propose ses articles avec un rabais de 10 %, puis il fait une réduction de 30 % sur les articles déjà soldés.
Calculer les coefficients multiplicateurs correspondants et le pourcentage de baisse que ce commerçant a accordé.

20. Une population d'insectes augmente chaque mois de 10 %. Calculer le coefficient multiplicateur correspondant pour 4 mois. (Exprimer ce coefficient à l'aide d'une puissance.) En déduire l'augmentation en pourcentage.

III. Puissances

1. Pour mémoire

Soit a un nombre positif et n, m et p des entiers naturels.

$a^n \times a^m = a^{n+m}$	$7^2 \times 7^3 = 7^{2+3} = 7^5$; $3^{x+2} = 3^x \times 3^2 = 9 \times 3^x$.
$a^{-n} = \dfrac{1}{a^n}$ et $\dfrac{1}{a^{-m}} = a^m$	$2^{-5} = \dfrac{1}{2^5}$; $\dfrac{1}{3^{-2}} = 3^2$; $\dfrac{1}{10^{-4}} = 10^4$.
$a^0 = 1$ et $a^1 = a$	$1{,}25^0 = 1$; $100^0 = 1$; $2{,}4^1 = 2{,}4$; $9^1 = 9$; mais 0^0 n'existe pas et $0^1 = 0$.
$(a^n)^p = a^{n \times p}$	$(2^3)^4 = 2^{3\times4} = 2^{12}$; $(3{,}1^{-2})^3 = 3{,}1^{-2\times3} = 3{,}1^{-6}$.

EXERCICE

21. Simplifier (écrire plus simplement, avec moins de symboles).

$A = 2^3 \times 2^4 \times 2$

$B = 1{,}1^2 \times 1{,}1^{-3} \times 1{,}1^4$

$C = 2^4 \times 5^{-2} \times 2^2 \times 5^7$

$D = \dfrac{(2^3)^2 \times 2^2}{2^{-4}}$

$E = \dfrac{1{,}03^4 \times 1{,}03^5}{1{,}03^9}$

$F = \dfrac{3^{-2} \times (5^3)^{-1} \times 3^0}{(3 \times 5)^{-2}}$

⚠ $2^3 \times 5^2$ ne peut pas se simplifier car ce ne sont pas les puissances d'un même nombre; $2^3 + 2^5$ ne peut pas s'additionner autrement qu'en calculant 2^3 et 2^5 (8 + 32 = 40).

2. Calcul de puissances à l'aide d'une calculatrice

On utilise la touche [x^y] ou [y^x], selon les calculatrices.

EXERCICE

22.

Exemple de calcul	Touches à taper	Affichage maximal de la calculatrice	Calcul	Affichage
$1{,}12^5$	1·12 [x^y] 5 [=]	1,762341683	$2{,}9^7$	
3^{-4}	3 [x^y] 4 [+/−] [=]	0,012345679	$1{,}12^{-8}$	
$500\ (2{,}24)^{10}$	500 [×] 2·24 [x^y] 10 [=]	1590194,283	$1\,300 \times 1{,}05^{30}$	

Le nombre obtenu avec la calculatrice n'est qu'une **valeur approchée**, mais avec beaucoup de chiffres*. On peut ne garder que les premiers **chiffres** (4 ou 5) qui sont **significatifs**.

Exemple ▶ Avec 5 chiffres significatifs, pour $1{,}12^5$ on donnera **1,7623**; pour 3^{-4} les « 0 » qui sont en premier ne sont pas significatifs : on donnera 0,0**12 345**; pour $2{,}24^{10} \times 500$, on donnera **1 590 2**00 : on regarde les 5 premiers chiffres, on arrondit le 5e chiffre et on complète le nombre avec des 0 jusqu'à la virgule.

* Ne pas confondre « chiffre » et « nombre » : « **un chiffre est au nombre ce qu'une lettre est au mot** ».

EXERCICE

23. Donner, avec 4 chiffres significatifs :

$2{,}9^7 \approx$; $1{,}12^{-8} \approx$; $140 \times 1{,}05^{30} \approx$; $25^6 \approx$;

$100 \times 0{,}8^{14} \approx$; $43\,000 \times 1{,}08^{12} \approx$.

3. Puissances de 10 et affichages particuliers

- Pour 3^{25}, la calculatrice affiche : $\boxed{8{,}47288609^{11}}$ 11 donne la puissance de 10.

  que l'on peut lire : $8{,}472\,886\,09 \times 10^{11}$ **écriture scientifique** du nombre,

  ou 8 472 886 09 000 écriture décimale.

  + 11 chiffres entre la place de la virgule à l'affichage et sa place réelle dans le nombre.

- Pour $0{,}4^{12}$, la calculatrice affiche : $\boxed{1{,}6777216^{-05}}$

  que l'on peut lire : $1{,}677\,721\,6 \times 10^{-5}$ en écriture scientifique,

  ou : 0,000 0167 772 16 en écriture décimale.

  − 5 chiffres entre la place de la virgule à l'affichage et sa place réelle dans le nombre.

EXERCICE

24. Donner l'écriture scientifique, puis décimale des nombres suivants :

$92^6 \approx$; $0{,}04^3 =$; $12^{-5} \approx$

Pour lire plus facilement un nombre, on regroupe les chiffres 3 par 3 en partant de l'unité. La calculatrice permet cette lecture grâce à la touche [ENG] qui donne l'**écriture ingénieur**.
10 000 000 [ENG] donne $\boxed{10^{06}}$ à l'affichage, c'est-à-dire 10×10^6 ou 10 millions.

⚠ $10 \times 10^6 = 10\,000\,000 = 10^7$ en écriture scientifique.

Correspondance entre les puissances de 10 et la **numération parlée** :

...	10^{15}	10^{12}	10^{9}	10^{6}	10^{3}	10^{-3}	10^{-6}	10^{-9}	...
	million de milliards ou quadrillion	mille milliards ou trillion	milliard ou billion	million	millier	millième	millionième	milliardième	

Exemple ▶ 25^8 donne $1{,}525\,8 \times 10^{11}$, en écriture scientifique, ou $152{,}58 \times 10^9$, c'est-à-dire 152,58 milliards.

EXERCICES

25. Traduire en écriture ingénieure et en numération parlée.
En France, en 1989, la taxe sur les salaires était de 29983000000 F :

le montant des recettes fiscales de 1280000000000 F :

les dépenses du ministère de la Défense de 221800000000 F :

la taxe sur les droits de consommation de tabac de 20480000 milliers de F :

et l'impôt sur le revenu de 243830 millions de F :
(ministère de l'Économie et des Finances)

26. Calculer à la calculatrice les nombres suivants en donnant l'écriture ingénieur avec 3 chiffres significatifs, puis en traduisant en numération parlée.

$9^{11} \approx$; $0{,}05^6 \approx$; $11{,}3^{14} \approx$;

$\dfrac{2^{33}}{3^{10}} \approx$; $3^{12} \times 2^{-30} \approx$; $\dfrac{1{,}15^{24}}{500} \approx$

IV. Croissance exponentielle et fonction exponentielle

1. Notion de croissance exponentielle

a. Étude d'un exemple

Durant ces dernières années, une ville à la limite occidentale du Sahara a vu sa population augmenter **régulièrement** de 12 % par an.
Si sa population de départ est de 50 000 personnes, quelle est sa population au bout de 1 an ? de 5 ans ? de 10 ans ? de 20 ans ?

Une augmentation de 12 % correspond à un coefficient multiplicateur de $CM = 1 + \frac{12}{100} = 1{,}12$.

Ce coefficient multiplicateur s'applique pour chaque **période** de 1 an.

Population au départ	Au bout de 1 an	Au bout de 2 ans	Au bout de 3 ans	Au bout de 4 ans	Au bout de 5 ans
$P_0 = 50\,000$	$P_1 =$	$P_2 =$	$P_3 =$	$P_4 =$	$P_5 =$
↗ 12 % ou × 1,12	× 1,12	× 1,12	× 1,12	× 1,12	

EXERCICES

27. Compléter :

$P_1 = 1{,}12 \times 50000 = 56000$ ou $P_1 = CM \times P_0$

$P_2 = 1{,}12 \times 56000 = 62720$ $\quad P_2 = CM \times P_1 = CM \times (CM \times P_0) = (CM)^2 \times P_0$

$P_3 = 1{,}12 \times \qquad \approx$ $\quad P_3 = CM \times P_2 = CM \times (CM)^2 \times P_0 = (CM)^3 \times P_0$

$P_4 = 1{,}12 \times \qquad \approx$ $\quad P_4 = CM \times P_4 = CM \times (CM)^3 \times P_0 = (CM)^4 \times P_0$

etc.

D'une façon générale $\boldsymbol{P_n = (1{,}12)^n \times p_0}$ où n est le nombre d'années.

28. A l'aide de la calculatrice, calculer :

$P_5 = (1{,}12)^5 \times 50000 \approx$; $P_{10} =$;

$P_{20} =$ (donner P_{20} en numération parlée).

⚠ On effectue toujours les *calculs à partir de la valeur de départ.*

Remarque : On ne peut guère donner plus de 3 chiffres significatifs dans de tels problèmes.
Exemple : si la calculatrice indique 482 314,65, on donnera 482 000; et si on a 482 621,32, on donnera 483 000.

b. Définition de la croissance exponentielle

Tout phénomène quantifiable*, qui subit une hausse (ou une baisse) s'exprimant en *pourcentage constant* ou à l'aide d'un *coefficient multiplicateur constant*, est un *phénomène exponentiel croissant* (ou *décroissant*).

* Quantifiable : exprimable à l'aide de nombres, écrit en chiffres.

En général, ces phénomènes sont des phénomènes chronologiques : croissance de populations (humaines, bactériologiques...), coût de la vie, chiffre d'affaires d'une entreprise, capitaux placés à intérêts composés, amortissement de matériels, etc.

■ c. Formule générale de la croissance exponentielle

$$V_n = V_0 \times (CM)^n$$

la Valeur obtenue au bout de *n* périodes = **Valeur de départ** × **(Coefficient multiplicateur sur une période)**$^{\text{nombre de périodes}}$

Pour appliquer cette formule, il faut bien repérer dans le texte ce que représente une **période** (tous les mois, toutes les minutes, annuel, trimestriel, hebdomadaire... indiquent la période).

EXERCICES

29. Une population de bactéries **augmente de 50 % toutes les heures.**
Au départ, il y a 100 bactéries. Quel est le nombre de bactéries au bout de 7 heures ?
La période est : ; CM = 1,5 ; V_0 = 100 ; n = 7 ;

d'où V_7 = $100 \times (1,5)^7$ =

Au bout de 7 heures, il y aura environ : 1708 bactéries.

30. Même problème, mais avec une population qui **diminue de 20 % tous les jours.** Quelle est la population au bout de 10 jours si la population de départ est de 500 bactéries ?

$V_0 = 500$ CM = 0,8 $n = 10$

$V_{10} = 500 \times (0,8)^{10} = 54$ bact

31. De 1980 à 1985, le nombre de blessés dans les accidents de la route, en France, est passé de 339 600 à 270 800. Calculer le coefficient multiplicateur correspondant sur cette période (à 10^{-3} près). En déduire le nombre probable de blessés en 1990, puis en l'an 2 000, si la tendance *actuelle* continue. (On prendra pour V_0 le nombre en 1980.)

1980 $V_0 = 339\,600$
81 $V_1 = 339\,600 \times x$
82 $V_2 = 339\,600 \times x^2$
85 $V_5 = 339\,600 \times x^5 = 270\,800$ $x^5 = 0,797408716$
$V_{10} = 339600 \times x^{10} = 339600 \times (x^5)^2 \simeq 216000$
$V_{20} = (\quad)(x^{10})^2 \simeq 137\,000$

32. Un capital de 20 000 F est placé à un taux annuel de 4,5 % à intérêts composés. Calculer le capital acquis au bout de 18 ans (au centime près).

⚠ *Intérêts composés* signifie que les intérêts s'ajoutent toujours au capital. Cela veut donc dire que le *capital augmente* de 4,5 % par an, *régulièrement.*

a. Étude d'un exemple (à compléter)

Dans de bonnes conditions, une culture de bactéries de la salmonellose **triple en une heure.** Il y a 100 bactéries au départ, on aimerait connaître le nombre de bactéries à différents instants.

La croissance d'une culture bactériologique est généralement une croissance exponentielle.

Exemples ▶ • Appliquons la formule vue au paragraphe précédent : $P_n = P_0 \times (\text{CM})^n$.

Une période = 1 heure, $P_0 = 100$ et CM = 3, car la population triple en 1 heure;
donc $P_{1h} = P_0 \times \text{CM} = 100 \times 3 = 300$, $P_{2h} = P_0 \times (\text{CM})^2 = 100 \times 3^2 = 900$.

• Mais pour 1/2 heure? Il suffit d'appliquer la formule pour une demi-période :
donc $P_{\frac{1}{2}h} = P_0 \times (\text{CM})^{\frac{1}{2}} = 100 \times 3^{\frac{1}{2}} = 100 \times 3^{0,5} \approx 173$;
au bout d'une demi-heure, ou 30 min, il y aura 173 bactéries.

• Et pour 1/4 heure?
$P_{\frac{1}{4}h} = P_0 \times (\text{CM})^{\frac{1}{4}} = 100 \times 3^{\frac{1}{4}} = 100 \times 3^{0,25} \approx 132$.

EXERCICE

33. • À l'aide des données ci-dessus, compléter le tableau suivant :

Temps en heures	Au départ 0 h	15 min = $\frac{1}{4}$ h	30 min = $\frac{1}{2}$ h	45 min	1 h	1 h 15 min	1 h 30 min	1 h 45 min	2 h
Nombre de bactéries	100	132	173	227	300	394	520	684	900

D'une façon générale, si x est le temps exprimé en heure ou en fraction d'heure, alors le coefficient multiplicateur pour le temps x est 3^x,
et $\boldsymbol{P = 100 \times 3^x}$.

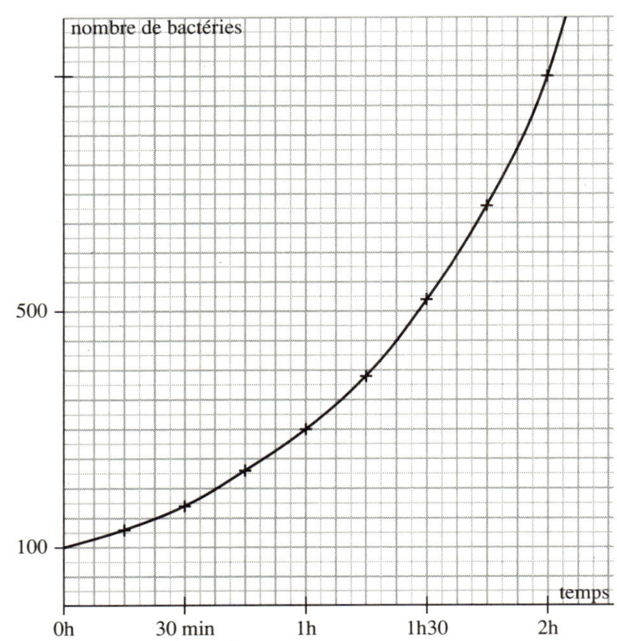

• Vérifier que les valeurs trouvées correspondent aux points de ce graphique.

• À partir de quel moment la population a-t-elle doublé ?

quintuplé ?

• Quel est le coefficient multiplicateur pour 15 min?

En déduire le taux d'accroissement, en pourcentage, de cette culture pour 15 min.

b. Généralisation

On peut comprendre que 3^x existe pour n'importe quel nombre x, entier, fractionnaire ou décimal, même irrationnel. C'est la généralisation des puissances 3^n où n est un entier.

> **Si a est un réel strictement positif, la fonction f définie pour tout réel x par $f(x) = a^x$, est la fonction exponentielle de base a ;**
>
> **a^x se lit « a exposant x ».**

34. Calculer les nombres suivants, à l'aide de la calculatrice, et donner le résultat avec 5 chiffres significatifs.

$3^{21} =$ 1,04 x 10^10	$3^{-0,5} =$ 0,577	$3^{1,27} =$	$3^{\left(1+\frac{1}{6}\right)} =$ 3 [x^y] (1 [+] 1 [÷] 6) [=]
$1{,}07^{1,5} =$ 1,10	$1{,}07^{-1} =$	$1{,}07^{3,6} =$	$1{,}07^{\frac{1}{3}}$
$0{,}98^{0,75} =$ 0,92	$0{,}98^{1,4} =$	$0{,}98^{10} =$	$0{,}98^{\left(2-\frac{1}{3}\right)} =$

Croissance exponentielle

35. Une population de 500 individus **augmente de 10 % tous les jours.**
Exprimer cette augmentation à l'aide d'un coefficient multiplicateur : CM =
Calculer le coefficient multiplicateur correspondant pour une période de 10 jours.

En déduire la population au bout de 10 jours.

- Compléter le tableau suivant :

Temps en jour	0	5	10	15
Population				

Temps en jour	20	25	30	32
Population				

- Exprimer la formule donnant la population y en fonction du temps x, exprimé en jour.

- À l'aide du graphique, lire à partir de quel jour la population a décuplé.

Quand a-t-elle été multipliée par 20 ?

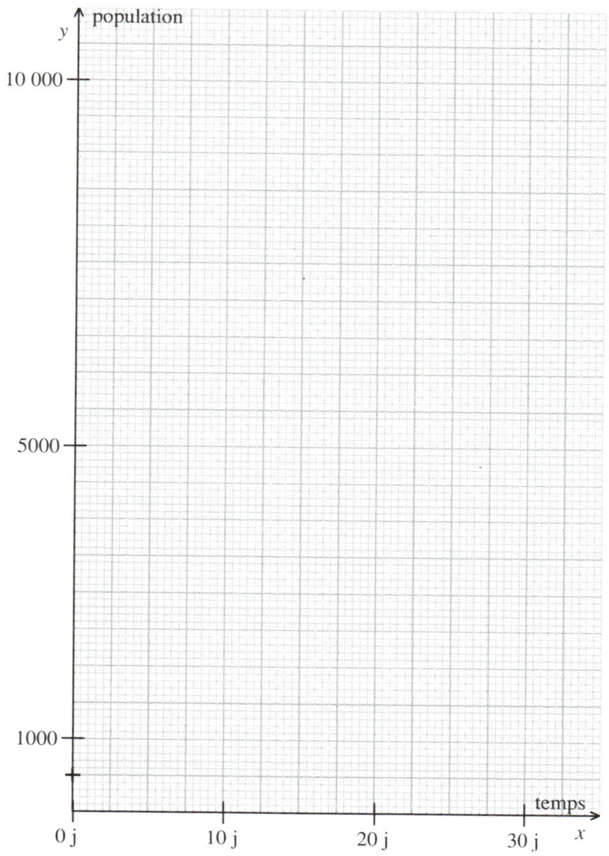

EXERCICE

36. Durant une sécheresse de 3 semaines, le volume d'eau d'un étang **diminue du quart** toutes les semaines. L'étang contenait au départ 4 000 m^3 d'eau.

- Quel est le volume d'eau au bout de 3 semaines ?

- Quel est le volume d'eau au bout de 10 jours ? $\left(1 \text{ jour} = \frac{1}{7} \text{ de semaine.}\right)$

- Compléter le tableau suivant, et tracer la courbe correspondante à la fonction :

Temps en semaine	0	$3 \text{ j} = \frac{3}{7} \text{ s}$	1 s	10 j =	2 s	18 j=	3 s
Volume en m^3	4 000						

- $y =$

avec $x \in [0; 3]$.

- Calculer le pourcentage de diminution en *10 jours* au dixième près.

D'après le graphique, au bout de combien de jours le volume d'eau de l'étang a-t-il diminué de moitié?

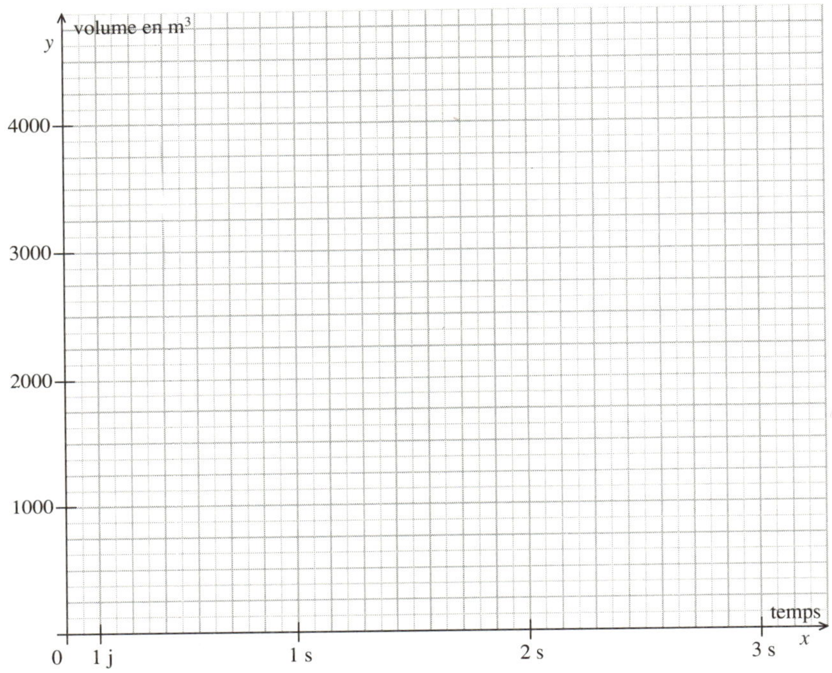

3. Variations des fonctions exponentielles : $f(x) = a^x$

Si la base *a* est supérieure à 1, alors la fonction exponentielle $x \mapsto a^x$ est croissante.

Exemple ► $f(x) = 1{,}1^x$. $1{,}1 > 1$.

Si la base *a* est entre 0 et 1, alors la fonction exponentielle $x \mapsto a^x$ est décroissante.

Exemple ► $f(x) = 0{,}75^x$. $0 < 0{,}75 < 1$.

EXERCICE

37. Parmi les fonctions exponentielles suivantes, entourer celles qui sont croissantes :

a) $f_1(x) = \left(1 + \frac{8}{100}\right)^x$; b) $f_2(x) = \left(\frac{4}{3}\right)^x$; c) $f_3(x) = \left(\frac{3}{5}\right)^x$; d) $f_4(x) = 2^x$; e) $f_5(x) = (3^{-1})^x$; f) $f_6(x) = \left(\frac{2}{5} + \frac{2}{3}\right)^x$.

4. Croissance comparée : croissance linéaire et croissance exponentielle

Imaginons une expérience pour laquelle on réalise deux mesures :
la 1re mesure donne la valeur de départ $V_0 = 1\,200$;
la 2e mesure donne la valeur au bout d'une période $V_1 = 1\,500$.

- On peut envisager d'exprimer cette augmentation sous deux formes :

On mesure l'augmentation en unités :

$a = V_1 - V_0$
$= 1\,500 - 1\,200$
$= 300.$

On mesure l'augmentation en pourcentages :

V_0	V_1	$V_1 - V_0$
100	$100 + a$	a

$a = \dfrac{100 \times 300}{1200} = 25.$

Coefficient multiplicateur : CM = 1,25.

- On pourra faire des calculs pour les périodes suivantes selon ces deux cas :

Augmentation constante de 300 unités.

On ajoute toujours le même nombre.

Formule : $V_1 = V_0 + 300.$
$V_2 = V_1 + 300 = (V_0 + 300) + 300$
$= V_0 + 2 \times 300;$
au bout de n périodes :
$V_n = V_0 + n \times 300.$

Plus généralement :

$$V_n = V_0 + n \times a.$$

Augmentation constante de 25 %.

On multiplie toujours par le même nombre.

Formule : $V_1 = V_0 \times 1{,}25.$
$V_2 = V_1 \times 1{,}25 = (V_0 \times 1{,}25) \times 1{,}25$
$= V_0 \times (1{,}25)^2;$
au bout de n périodes :
$V_n = V_0 \times (1{,}25)^n.$

Plus généralement :

$$V_n = V_0 \times (\text{CM})^n.$$

Exemple ▶

Au bout de 5 périodes :
$V_5 = 1\,200 + 5 \times 300 = 2\,700.$

Cette croissance linéaire correspond à une suite arithmétique.

La représentation graphique est droite.
La fonction correspondante est affine : $y = y_0 + ax$.

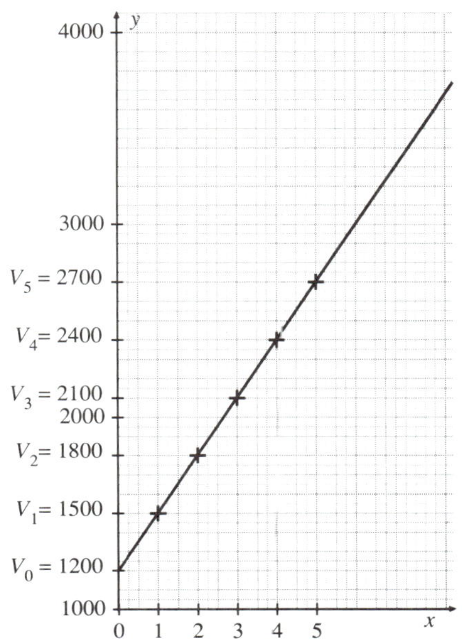

Au bout de 5 périodes :
$V_5 = 1\,200 \times (1{,}25)^5 \approx 3662.$

Cette croissance exponentielle correspond à une suite géométrique.

La représentation graphique est courbée.
La fonction correspondante est exponentielle : $y = y_0 \times b^x$.

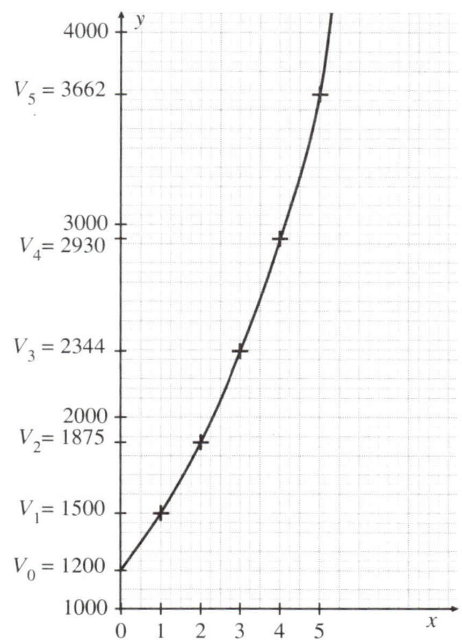

Page 124

Exemple a)

92 km	65 km
48 min	**34 min**

$\frac{48 \times 65}{92} \approx 33{,}9$;

il faut environ 34 min pour 65 km.

①

92 km	**115 km**
48 min	60 min

$\frac{92 \times 60}{48} = 115$;

on parcourt 115 km en 1 heure (la vitesse est de 115 km par heure).

92 km	**144 km**
48 min	75 min

$\frac{75 \times 92}{48} = 143{,}75$;

on parcourt environ 144 km en 1 h 15 min.

②

3	200 g	6 c.	120 g
4	**266 g**	**8 c.**	**160 g**
	$\frac{200 \times 4}{3}$	$\frac{6 \times 4}{3}$	$\frac{120 \times 4}{3}$

③

7	8	10	25
140 g	160 g	200 g	500 g
$\frac{7 \times 500}{25}$	$\frac{8 \times 500}{25}$	$\frac{10 \times 500}{25}$	

Page 125

④

a) 25 % de 130 :
$\frac{25}{100} \times 130 = 32{,}5$.

b) 3,1 % de 176 :
$\frac{3{,}1}{100} \times 176 = 5{,}456$.

c) 18,6 % de 350 :
$\frac{18{,}6}{100} \times 350 = 65{,}1$.

d) 0,5 % de 1200 :
$\frac{0{,}5}{100} \times 1\,200 = 6$.

e) 300 % de 46 :
$\frac{300}{100} \times 46 = 138$.

⑤ Il faut remplir convenablement les tableaux de proportionnalité.

•

60	18
	100

$\frac{60 \times 100}{18} \approx 333$

Quantité totale : 333.

•

42,55	
185	100

$\frac{42{,}55 \times 100}{185} = 23$. Pourcentage : 23 %.

	53
120	100

$\frac{120 \times 53}{100} = 63{,}6$. Quantité partielle : 63,6.

⑥ Bac 89

Série	Pourcentage d'admis	Répartition en %
A	75 %	20,4 %
B	70,2 %	20,8 %
C	84,8 %	17 %
D	75,3 %	18,8 %
G	66 %	23 %
Total 282 963		100 %

⑩ Le jus de fruit pur représente 45 % de la boisson. Le jus de mangue 28 % du jus de fruit pur, donc 28 % de 45 % de la boisson, c'est-à-dire $\frac{28 \times 45}{100}$ % = 12,6 % de la boisson.

Sur 1 litre de cette boisson, ou 1 000 ml, il y a 12,6 % de 1 000 ml de jus de mangue, c'est-à-dire $\frac{12{,}6}{100} \times 1\,000 = 126$ ml (un pot de yaourt fait 125 ml).

Page 126

⑦

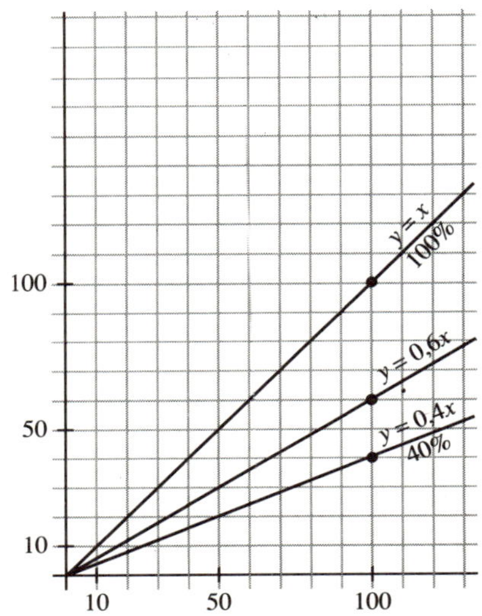

⑧

a) 16 % de 45 % = $\frac{16 \times 45}{100}$ % = 7,2 % ;

b) 10 % de 50 % = $\frac{10 \times 50}{100}$ % = 5 % ;

c) 5 % (10 % de 50 %, identique à 50 % de 10 %).

⑨ Les votants représentent 40 % des électeurs. Donc 36 % des voix représentent 36 % de 40 %, des électeurs, c'est-à-dire : $\frac{36 \times 40}{100}$ % = 14,4 % des électeurs.
(Environ 1 électeur du canton sur 7, et non 1 Français sur 3 !).

Page 127

⑪

AP	NP	Remise
437,50	350	87,5
100	80	20

⑫

AP	NP	Augmentation
320	393,60	73,6
100	100 + *a*	23

Augmentation : 393,60 − 320 = 73,6 ;

en pourcentage : $\frac{73{,}6 \times 100}{320} = 23$ %.

⑬

AV	NV	Diminution
339 632	270 799	68 833
100	100-*d*	20,3

Diminution :
270 799 − 339 632 = − 68 833 ;
en pourcentage :
$\frac{68\,833 \times 100}{339\,632} \approx 20{,}266 \approx 20{,}3$.

De 1980 à 1985, le nombre de blessés a diminué de 20,3 %.

Page 128

⑭

AV	NV
1	7
30	210
235	1 645

$\frac{30 \times 7}{1}$; $\frac{1 \times 1\,645}{7}$

⑮ CM = $\frac{NV}{AV} = \frac{22{,}2}{7{,}2} \approx 3{,}08$.

De 1940 à 1985 la population de l'Algérie a triplé.

⑯

%	↗ 30 %	↗ 1 %	↘ 10 %	↘ 55 %	↗ 125 %	↗ 300 %	↘ 56 %	↗ 1,7 %
CM	1,3	1,01	0,9	0,45	2,25	4	0,44	1,017

Page 129

⑰

Vocabulaire	CM	Variation	
doubler	× 2	↗ 100 %	
augmenter de moitié	× 1,5	↗ 50 %	car $1 + \frac{1}{2} = 1,5$
diminuer de moitié	× 0,5	↘ 50 %	car $1 - \frac{1}{2} = 0,5$
quadrupler	× 4	↗ 300 %	
décimer	× 0,9	↘ 10 %	car $1 - \frac{1}{10} = 0,9$
décupler	× 10	↗ 900 %	
diminuer du cinquième	× 0,8	↘ 20 %	$1 - \frac{1}{5} = \frac{4}{5} = 0,8$
augmenter des 3 quarts	× 1,75	↗ 75 %	$1 + \frac{3}{4} = \frac{7}{4} = 1,75$

« Décimer » veut dire « enlever un dixième » : il reste encore 9 dixièmes !
« Décupler » veut dire « multiplier par 10 ».

⑱ Un rôti de 750 g réduit du tiers, donc $CM = 1 - \frac{1}{3} = \frac{2}{3}$.
Le poids du rôti en fin de cuisson sera les $\frac{2}{3}$ de 750 g, $\left(\frac{2}{3} \times 750 = 500\right)$ donc de 500 g.

⑲ a) $CM_1 = 1 + \frac{10}{100} = 1,1$ et

$CM_2 = 1 - \frac{10}{100} = 0,9$.

Donc $CM = 1,1 \times 0,9 = 0,99$, soit une diminution de 1 %.
Le prix ne revient pas à celui de départ !

b) A. Prix → • → N. Prix.

↘ 10 % ↘ 30 %

$CM_1 = 0,9$ $CM_2 = 0,7$

$CM = 0,9 \times 0,7 = 0,63$

Si $CM = 0,63$
-1 : $-0,37$
$\times 100$: -37

On a une baisse de 37 %
(et non 40 % !)

⑳ Coefficient multiplicateur pour 1 mois : $CM = 1,1$.
Coefficient multiplicateur pour 4 mois :
$CM_{4 mois} = 1,1 \times 1,1 \times 1,1 \times 1,1 = (1,1)^4$.
D'où $CM_{4\ mois} = (CM)^4$.
Augmentation correspondante : 46,41 %, car $CM_{4\ mois} = (1,1)^4 \approx 1,4641$.

Page 130

㉑ $A = 2^3 \times 2^4 \times 2^1 = 2^{3+4+1} = 2^8$;

$B = 1,1^{2-3+4} = 1,1^3$;

$C = 2^{4+2} \times 5^{-2+7} = 2^6 \times 5^5$;

$D = 2^6 \times 2^2 \times 2^4 = 2^{12}$;

$E = \frac{1,03^9}{1,03^9} = 1$;

$F = \frac{3^{-2} \times 5^{-3} \times 1}{3^{-2} \times 5^{-2}} = 5^{-1} = \frac{1}{5}$.

㉒ $2,9^7 \approx 1\,724,987\,631$;

$1,12^{-8} \approx 0,403\,883\,228$;

$1\,300 \times 1,05^{30} \approx 5\,618,525\,088$.

㉓ $2,9^7 \approx 1724$ ou $\underline{1725}$;

$1,12^{-8} \approx 0,4038$ ou $\underline{0,4039}$;

$140 \times 1,05^{30} \approx 605$ ou $\underline{605,1}$;

$25^6 \approx 244\,100\,000$;

$100 \times 0,8^{14} \approx 4,398$:

$43\,000 \times 1,08^{12} \approx 108\,300$.

Le nombre souligné donne la meilleure approximation avec 4 chiffres.

Page 9

㉔ $92^5 \approx 6,063\,550\,014 \times 10^{11}$
ou 606 355 001 400 ;
$0,04^3 = 6,4 \times 10^{-5} = 0,000\,064$;
$12^{-5} \approx 4,018\,775\,72\ 10^{-6}$
$= 0,000\,004\,018\,775\,72$.

㉕ *Taxes sur les salaires :*
$29,983 \times 10^9$ ou 29,983 milliards de F.

Recettes fiscales :
$1,28 \times 10^{12}$ ou 1,28 trillion de F.
ou 1,28 mille milliards de F.

Ministère de la Défense :
$221,8 \times 10^9$ ou 221,8 milliards de F.
(8 fois plus que le montant des taxes sur les salaires.)

Tabac :
$20,48 \times 10^9$ ou 20,48 milliards de F.
(un peu moins que le montant des taxes sur les salaires).

Impôt sur le revenu :
$243,83 \times 10^9$ ou 243,83 milliards de F.
(Un peu plus que les dépenses du ministère de la Défense.)

㉖ $9^{11} \approx 31,4 \times 10^9$; 31,4 milliards.

$0,05^6 \approx 15,6 \times 10^{-9}$;
15,6 milliardièmes.

$11,3^{14} \approx 553 \times 10^{12}$;
553 mille milliards.

$\frac{2^{33}}{3^{10}} \approx 145 \times 10^3$; 145 mille.

$3^{12} \times 2^{-30} \approx 495 \times 10^{-6}$;
495 millionièmes.

$\frac{1,15^{24}}{500} \approx 57,2\ 10^{-3}$; 57,2 millièmes.

Page 132

㉗ $P_3 \approx 70\,246$; $P_4 \approx 78\,676$.

㉘ $P_5 \approx 88\,117$; $P_{10} \approx 155\,292$;
$P_{20} \approx 482\,314$ ou 482 milliers.
(Multipliée par 10 en 20 ans.)

Page 133

㉙ Période : 1 h ;
$CM = 1 + \frac{50}{100} = 1,5$;
$V_0 = 100$; $n = 7$, d'où
$V_7 = 100 \times (1,5)^7$
$\approx 1\,708,59$ ou 1 708 bactéries.

㉚ Période : 1 jour ;
$CM = 1 - \frac{20}{100} = 0,8$;
$V_0 = 500$; $n = 10$, d'où
$V_{10} = 500 \times 0,8^{10}$
$\approx 53,68...$ ou 53 bactéries.

㉛ Période : 5 ans ;
$CM = \frac{270\,800}{339\,600} \approx 0,797$;
$V_0 = 339\,600$; $n = 2$, car il y a 2 périodes de 5 ans de 1980 à 1990.
$V_{(en\ 1990)} = V_2 = 339\,600 \times 0,797^2$
$\approx 216\,000$
et $V_{(en\ 2000)} = V_4$
$= 339\,600 \times 0,797^4 \approx 137\,000$.

㉜ Capital de départ : C_0.

Capital au bout d'un an :
C_0 + **Intérêt** de C_0

avec $I = C_0 \times \frac{4,5}{100}$,

d'où

$C_1 = C_0 + C_0 \times \frac{4,5}{100} = C_0\left(1 + \frac{4,5}{100}\right)$.

Capital au bout de 2 ans :
C_1 + Intérêt de C_1

avec : $I = C_1 \times \frac{4,5}{100}$,

d'où

$C_2 = C_1\left(1 + \frac{4,5}{100}\right)$

$= C_0\left(1 + \frac{4,5}{100}\right)\left(1 + \frac{4,5}{100}\right)$

$= C_0\left(1 + \frac{4,5}{100}\right)^2$.

Capital au bout de *n* ans :

$C_n = C_0\left(1 + \frac{4,5}{100}\right)^n$.

Période : 1 an ;

$CM = 1 + \frac{4,5}{100} = 1,045$;

$C_0 = 20\,000$;

$n = 18$ d'où

$C_{18} = 20\,000 \times (1,045)^{18}$

$\approx 44\,169,57$ F.

Page 134

㉝

Temps en heures	Départ	15 min	30 min	45 min	1 h	1 h 15 min	1 h 30 min	1 h 45 min	2 h
Nombre de bactéries	100	131	173	228	300	395	520	684	900

La population a doublé à partir de 38 min et quintuplé à partir de 1 h 30 min. Comme 15 min = $\frac{1}{4}$ h, alors le coefficient multiplicateur pour 15 min est : $3^{\frac{1}{4}} \approx 1,31$; donc en 15 min il y a une augmentation de 31 % environ.

Page 135

㉞ $3^{21} \approx 1,0460 \times 10^{10}$;

$3^{-0,5} \approx 0,57735$;

$3^{1,27} \approx 4,0359$;

$3^{\left(1+\frac{1}{6}\right)} \approx 3^{\frac{7}{6}} \approx 3,6028$

3 $\boxed{x^y}$ (7 $\boxed{\div}$ 6) $\boxed{=}$;

$1,07^{1,5} \approx 1,1068$;

$1,07^{-1} \approx 0,93458$;

$1,07^{3,6} \approx 1,2758$;

$1,07^{\frac{1}{3}} \approx 1,0228$;

$0,98^{0,75} \approx 0,98496$;

$0,98^{1,4} \approx 0,97211$;

$0,98^{10} \approx 0,81707$;

$0,98^{\left(\frac{5}{3}\right)} \approx 0,96689$.

㉟ $CM = 1 + \frac{10}{100} = 1,1$.

$CM_{10\text{ jours}} = (CM)^{10} = (1,1)^{10}$

$\approx 2,5937$.

Au bout de 10 jours :
$500 \times CM_{10} \approx 1\,297$
ou 1 300 individus.

Temps	0	5	10	15	20	25	30	32
Population	500	805	1 297	2 089	3 364	5 417	8 725	10 557

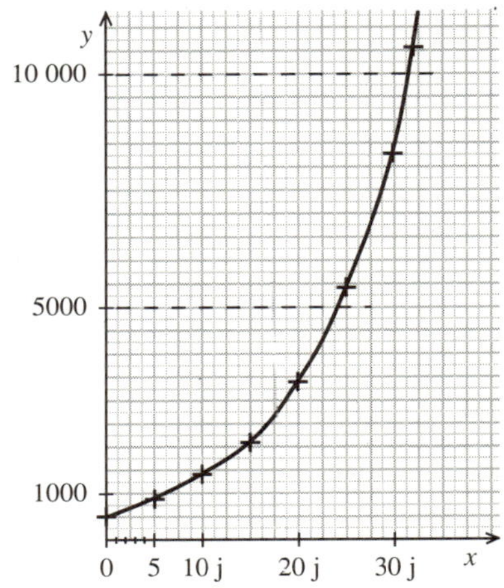

$y = 500 \times (1,1)^x$.

Cette population a décuplé (× 10) au bout de 25 jours
Elle a été multipliée par 20 au bout de 32 jours.

Page 14

㊱ $CM_1 = 1 - \frac{1}{4} = 0,75$; $CM_{3s} = (0,75)^3$.

Volume au bout de 3 semaines :
$V_4 = 4\,000 \times (0,75)^3 \approx 1\,687$;

au bout de 10 jours (10 jours = 10 × $\frac{1}{7}$ de semaine) :

$V_{\frac{10}{7}} = 4\,000 \times (0,75)^{\frac{10}{7}} \approx 2\,652$.

Temps	0	$\frac{3}{7}$	1	$\frac{10}{7}$	2	$\frac{18}{7}$	3
Volume en m³	4 000	3 536	3 000	2 652	2 250	1 909	1 687

Si $x \in [0 ; 3]$, $y = 4\,000 \times (0,75)^x$.

- Pourcentage de diminution en 10 jours :
  $CM_{10\text{ jours}} = (0,75)^{\frac{10}{7}}$, $\approx 0,663$, d'où une diminution de 33,7 %.
- L'étang a diminué de moitié au bout de 17 jours.

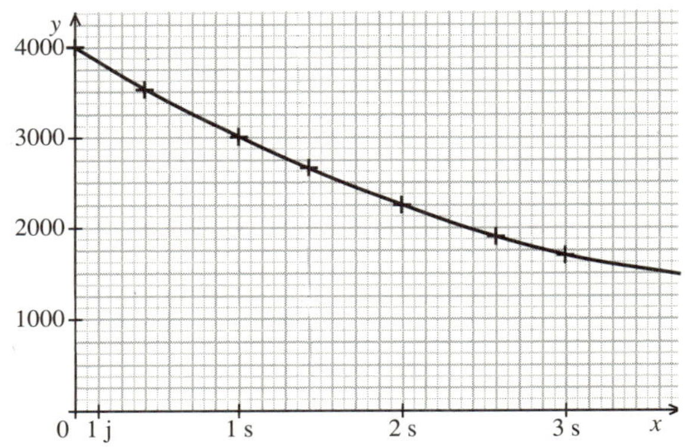

㊲ Les fonctions f_1, f_2, f_4 et f_6 sont croissantes, mais f_3 et f_5 sont décroissantes :

$f_6(x) = \left(\frac{2}{5} + \frac{2}{3}\right)^x = \left(\frac{16}{15}\right)^x$ et $\frac{16}{15}$ est supérieur à 1 ;

$f_5(x) = (3^{-1})^x = \left(\frac{1}{3}\right)^x$ et $\frac{1}{3}$ est entre 0 et 1.

1 ★

Une classe est composée d'un élève de 17 ans, 15 élèves de 18 ans, 22 élèves de 19 ans et 7 élèves de 20 ans. Donner la répartition de la classe, selon l'âge, en pourcentage (à 0,1 % près) :

Age					Total
Nombre d'élèves					
Répartition					

2 ★

1. Un article valait hier 325 F. Il vaut maintenant 351 F. Calculer le coefficient multiplicateur correspondant, puis le pourcentage d'augmentation.

2. Un autre article valait hier 135 F et a subi la même hausse que l'article précédent. Calculer son prix actuel.

3. Quel était le prix d'un article qui, après un rabais de 6 %, est ramené à 676 F?

3 ★

Une entreprise en pleine expansion a un bénéfice correspondant à 5 % de son chiffre d'affaires. Sur un de ses produits, elle réalise un bénéfice de 12 % du bénéfice total.

1. Exprimer le bénéfice sur ce produit en pourcentage du chiffre d'affaires.

2. En déduire le chiffre d'affaires annuel de cette entreprise, sachant que le bénéfice sur ce produit se monte à 360 000 F (donner le chiffre d'affaires en numération parlée).

4 ★

Deux commerçants A et B proposent au départ un article au même prix.
Le commerçant A décide d'augmenter de 10 %, puis de baisser de 10 % son prix.
B lui décide de diminuer de 10 %, puis d'augmenter de 10 %.
Chez quel commerçant faut-il acheter l'article? Justifier votre choix.

5 ★

La TVA (taxe à la valeur ajoutée). Le montant de la TVA se calcule toujours sur le prix hors-taxe (prix HT). Lorsque l'on ajoute la TVA au prix HT, on obtient le prix TTC (toutes taxes comprises). Si a est le taux de TVA, on obtient le tableau de proportionnalité :

Prix HT	TVA	Prix TTC
100	a	$100 + a$

Application

1 300		
100	28	128

$$\text{Prix TTC} = \frac{1\,300 \times 128}{100} = 1\,664.$$

Compléter les tableaux suivants :

• si le taux de TVA est à 18,6 %

Prix HT	TVA	Prix TTC
100	18,6	118,6
223		
	74,40	
		266,85
		540
		100

• si le taux de TVA est à 28 %

Prix HT	TVA	Prix TTC
100		
1 500		
		45 320
	1 000	
		10 000

6 ★

La région Nord-Pas-de-Calais est une région où le chômage est important. L'une des causes est la fermeture des mines.

1. Compléter le tableau ci-contre par le calcul des coefficients multiplicateurs correspondants (à 10^{-3} près) et des diminutions en pourcentage (à 0,1 % près).

2. Calculer le coefficient multiplicateur de 75 à 85, puis celui de 65 à 85.

Année	65	70	75	80	85
Production de houille en millier de t	25,3	17	7,7	4,46	2,36
Coefficient multiplicateur					
diminution en %					

7 ★

1. Calculer le capital acquis au bout de 10 ans pour un capital de base de 5000 F, placé à intérêts composés au taux annuel de 8%. (Redonner la formule.)

2. Calculer le capital de base placé à intérêts composés au taux annuel de 4,5 %, ayant donné un capital de 13609 F au bout de 7 ans (au franc près).

8 ★

La population mondiale suit une croissance exponentielle de 1,7 % par an (taux annuel de 1985). En 1985, cette population était estimée à 4826 millions d'habitants.

1. Déterminer les coefficients d'accroissement pour un an, pour 5 ans, pour 15 ans (à 10^{-4} près). En déduire la population probable en 1990, en l'an 2000, si ce taux se maintient.

2. Suivant ce modèle mathématique, déterminer, à l'aide de la calculatrice, l'année durant laquelle la population mondiale aura doublé par rapport à la population de 1985.

9 ★★

Dans une classe, comprenant 60 % de filles, 50 % des filles sont demi-pensionnaires et 60 % des garçons sont externes.
Quel est le pourcentage d'élèves demi-pensionnaires de cette classe ?

10 ★★

Étude du SMIC (salaire minimum de croissance) de 1981 à 1990.

Le 1er janvier de	81	82	83	84	85	86	87	88	89	90
SMIC horaire en francs	14,79	18,15	20,29	22,78	24,36	26,04	26,92	27,84	28,76	29,91

Croissance en % à 0,1 % près									
Sur l'année	81	82	83	84	85	86	87	88	89

1. Compléter ce tableau.

2. Calculer le coefficient multiplicateur correspondant à la période de début 81 à début 84.
En déduire le taux d'augmentation correspondant sur ces trois années.

3. Même question qu'en 2, pour la période de début 81 à début 90.

11 ★★

1. Faire l'exercice 7 de niveau 1.

2. Un capital de 3250 F est placé, à intérêts composés, au taux annuel de 3,8 %. Calculer le capital acquis au bout de 12 ans (au centime près).

3. Calculer le capital de base, placé à intérêts composés au taux annuel de 8,5 %, ayant donné un capital de 150180 F au bout de 23 ans.

4. Un capital de 10000 F est placé à 8%, à intérêts composés. Déterminer la fonction donnant le capital acquis y en fonction de la durée de placement x, exprimée en années. En déduire le capital acquis au bout de 5 ans ; au bout de 8 ans et demi ; au bout de 10 ans et 3 mois.

12 ★★

Les parents d'un jeune lui proposent de lui donner son argent de poche :
soit : 68 F le 1er mois et une augmentation de 3 F par mois ;
soit : 68 F le 1er mois et une augmentation de 4 % par mois.

Il vous demande conseil. Pour l'aider dans ce choix, représentez sur un même graphique les deux propositions, avec en abscisse les mois et en ordonnée le montant de l'argent de poche.

13 ★★

Une population de 3000 insectes augmente du tiers toutes les semaines (et ceci durant 5 semaines).

1. Quelle est la population au bout de 3 semaines ? au bout de 10 jours ?

2. Exprimer l'augmentation journalière en pourcentage (à 0,1 % près).

3. a) Déterminer la fonction donnant le nombre d'insectes y en fonction du nombre de semaines x.
b) Tracer sa courbe représentative dans un repère orthogonal d'unités :
en abscisse : 3,5 cm pour une semaine (avec $x \in [0; 5]$);
en ordonnée : 1 cm pour 500 insectes.
c) D'après le graphique, au bout de combien de jours la population d'insectes a-t-elle doublé ? triplé ? quadruplé ?

14 ★★★

1. Faire les exercices 10 et 11 de niveau 2.

2. Une entreprise réalise 35 % de son chiffre d'affaires total sur la vente d'un article A, et 18 % sur celle d'un article B. Pour améliorer sa production, elle décide d'investir 12 % du chiffre d'affaires réalisé sur l'article A et 25 % de celui de B. À quel pourcentage de son chiffre d'affaires total correspond cet investissement?

Si l'investissement est de 2,54 millions de francs, quel est le chiffre d'affaires de cette entreprise (exprimé en milliers de francs)?

15 ★★★

1. Faire l'exercice 13 de niveau 2 et l'exercice 8 de niveau 1.

2. Ayant gagné au jeu, je vous propose de vous donner 300 000 F par jour pendant un mois. En contrepartie, je vous demande peu de chose : le 1er jour vous me donnez un centime, le 2e jour 2 centimes, le 3e jour 4 centimes... et vous doublez chaque jour la somme du jour qui précède, et ainsi de suite jusqu'au 30e jour.

Êtes-vous assez fou pour refuser mon cadeau? Et si le mois est le mois de février?

16 ★★★

La Tour Eiffel et ses visiteurs (Quid 90).

Année	1960	1963	1970	1980	1985	1988
Nombre d'entrées en milliers	1735	2 013,5	2 758	3 594	4 368	4 668

On veut comparer ces augmentations, sur des périodes différentes, en se ramenant à une augmentation annuelle pour chaque période. Pour cela, compléter le tableau suivant (coefficient multiplicateur à 10^{-4} près).

Période	de 60 à 63	de 63 à 70	de 70 à 80	de 80 à 85	de 85 à 88
Nombre d'années de la période					
Coefficient multiplicateur sur la période					
Coefficient multiplicateur sur un an					
Croissance annuelle du nombre de visiteurs en %					

Parmi ces cinq périodes, quelle est celle où la Tour Eiffel a connu la plus forte croissance annuelle du nombre de ses visiteurs?

17 ★★★

Comparaison de croissances : a^n et n^α.

On a vu dans le cours qu'une croissance exponentielle est plus rapide qu'une croissance linéaire.

Comparons une croissance exponentielle et une croissance en puissance.

1. Calculer 5^n et n^5 pour $n = 0; 1; 2; 3; 4; 5; 6$. Lequel croît le plus rapidement?

2. Calculer 2^n et n^{10} pour $n = 10; 20; 30...$ Que peut-on en déduire?

Déterminer, à l'aide de la calculatrice, le premier entier n tel que $2^n > n^{10}$.

3. On étudie deux cultures bactériologiques : l'une double toutes les heures (2^n) et l'autre suit une croissance en puissance : n^{30} où n est le nombre d'heures. Au bout de la 1re journée, quelle est la culture la plus nombreuse? Au bout de la 1re semaine? Au bout de la 2e semaine?

1

1. Un plat cuisiné contient 23 % de viande.
   Combien de grammes de ce plat faut-il consommer pour être certain de manger 100 g de viande?

2. Un article valait hier 513 F. Il vaut maintenant 436 F. Calculer le pourcentage de diminution.

3. Une population d'insectes a augmenté de 20 % durant un mois. Le mois suivant, elle a été décimée. Quelle a été sa variation totale sur ces deux mois, exprimée en pourcentage?

2

Dans un cocktail, il y a 55 % de boisson alcoolisée dont 36 % de Gin.

1. Quel est le pourcentage de gin dans ce cocktail?

2. Pour faire 3,50 litres de cocktail, combien faut-il de centilitres (cl) de gin? (Une bouteille de 75 cl suffira-t-elle?)

3

La production de blé en Chine est passée de 37 millions de tonnes en 1974 à 87 millions de tonnes en 1987.

1. Calculer le coefficient multiplicateur correspondant et l'accroissement en pourcentage (à 1 % près) sur cette période.

2. En supposant que la production de blé suit une croissance exponentielle, calculer le coefficient multiplicateur sur 1 an, puis l'accroissement annuel correspondant (à 0,1 % près).

3. Faire une prévision pour 1992, dans l'hypothèse où cette croissance se poursuit.

4

Puissances et calculatrice.

1. Simplifier :

$A = 1{,}3^2 \times 1{,}3^{-5} \times (1{,}3^3)^2$;

$B = \dfrac{2^{-3}}{2^4} \times 2^5$;

2. Calculer à l'aide de la calculatrice et donner le résultat en numération parlée avec 3 chiffres significatifs :

$0{,}42^{10} \approx$; $105^{\left(2+\frac{1}{3}\right)} \approx$; $\dfrac{8{,}6^{10}}{0{,}81^{12}} \approx$

5

Une population d'insectes passe en une semaine de 1 000 à 1 200 individus.
On veut faire des prévisions sur 6 semaines.

1. Le biologiste Lina estime que cette croissance est linéaire (augmentation constante en nombre d'individus).
Écrire la formule donnant la population au bout de n semaines.

Calculer la population au bout de 6 semaines.

2. Le biologiste Expona estime que cette croissance est exponentielle.
Exprimer l'augmentation en pourcentage et écrire la formule donnant la population au bout de n semaines.
Calculer la population au bout de 6 semaines.

3. Représenter ces deux prévisions sur le même graphique, dans le repère ci-joint. Commenter. (Faire un tableau de valeurs.)

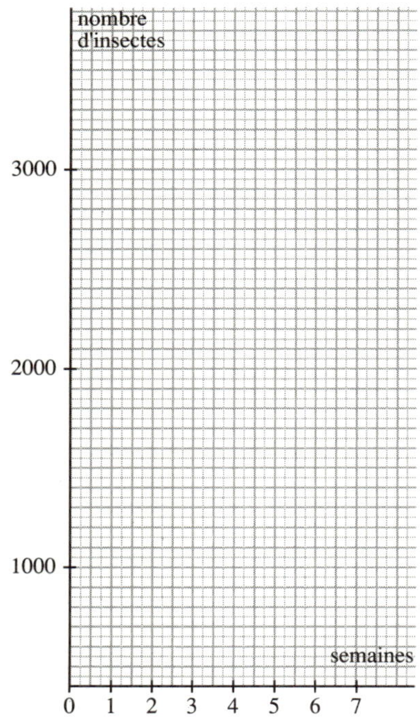

Grille d'évaluation

++ réussite totale
+ réussite partielle
– échec partiel
– – échec total
/ non traité

A Reconnaître ce qu'il faut faire

B Réaliser ou appliquer

	nº dans le test	A	B
Dresser un tableau de proportionnalité	I_1 II_2		
Calculer une quantité partielle ou totale liée à un pourcentage	I_1 II_2		
Calculer un pourcentage exprimant une quantité partielle	I_2		
Calculer un pourcentage de pourcentage	II_2		
Exprimer une variation en pourcentage	I_2		
Savoir ce qu'est un coefficient multiplicateur et le calculer	II_1		
Connaître le lien entre coefficient multiplicateur et variation en pourcentage	I_3 $III_{1,2}$		
Calculer des augmentations ou diminutions successives	I_3		
Connaître les formules sur les puissances et les appliquer	IV_1		
Calculer une puissance quelconque à l'aide de la calculatrice	IV_2		
Donner une valeur décimale approchée d'un nombre avec *n* chiffres significatifs	IV_2		
Lire l'affichage d'une calculatrice scientifique	IV_2		
Lire l'écriture ingénieure en numération parlée	IV_2		
Connaître la formule générale de la croissance exponentielle et l'appliquer	$III_{2,3}$ V_2		
Représenter une fonction exponentielle de base *a*, *a* positif non nul	V_3		
Calculer le coefficient multiplicateur d'une croissance exponentielle sur une fraction de période	III_3		
Connaître la variation d'une fonction exponentielle	V_2		
Connaître la différence entre une croissance linéaire et une croissance exponentielle	V		
BILAN			

S'exprimer			Présenter	

Correction du test

I.

①

Viande	23	100 g
Plat cuisiné	100	↑

$\frac{100 \times 100}{23} \approx 435.$

Il faut manger 435 g de ce plat.

②

AV	NV	Diminution
513	436	− 77
100	100 − d	↑

$\frac{100 \times 77}{513} \approx 15.$

La diminution est d'environ 15 %.

③ Population

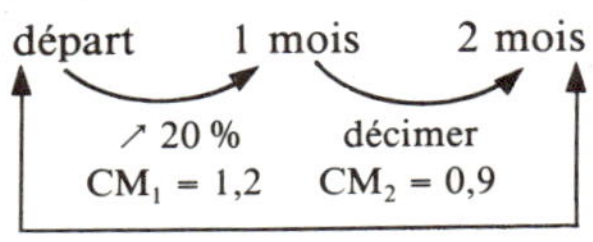

$CM_1 = 1 + \frac{20}{100} = 1{,}2.$

« décimer » veut dire « enlever un dixième »

$CM_2 = 1 - \frac{1}{10} = 0{,}9.$

$CM = CM_1 \times CM_2 = 1{,}2 \times 0{,}9 = 1{,}08.$

La population d'insectes a augmenté de 8 %.

II.

① C'est un problème de pourcentage de pourcentage.

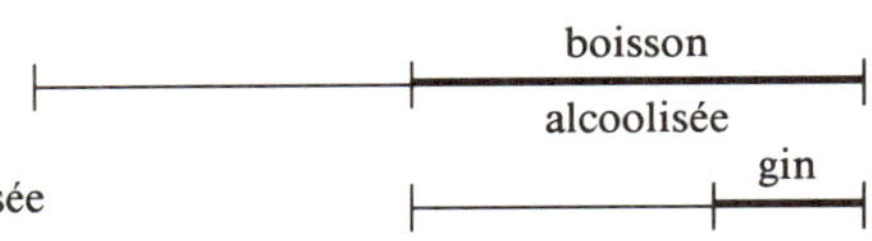

La boisson alcoolisée représente 55 % du coktail, le gin représente 36 % de la boisson alcoolisée ;
donc le gin représente 36 % de 55 % du coktail, c'est-à-dire $\frac{36 \times 55}{100} = 19{,}8$ % du coktail.

②

Gin	19,8	←
Coktail	100	3,50 l = 350 cl

$\frac{19{,}8 \times 350}{100} = 69{,}3.$

Il faut 69,3 cl de gin pour préparer 3,50 l de coktail.
Donc la bouteille de gin de 75 cl suffira.
(À boire avec modération).

III.

① Production de blé en Chine.

Blé en 1974	en 1987
37	87
AV	NV

$CM = \frac{NV}{AV} = \frac{87}{37} \approx 2{,}351\,3$; -1 : $1{,}351\,3$; $\times 100$: $135{,}13$

De 1974 à 1987, la production de blé en Chine a augmenté de 135 %.

② De 1974 à 1987, on a une période de 13 ans. Donc 1 an représente $\frac{1}{13}$ de cette période.

D'où : $CM_{1\,an} = (CM_{de\ 74\ à\ 87})^{\frac{1}{13}} = \left(\frac{87}{37}\right)^{\frac{1}{13}} \approx 1{,}067\,9$, c'est-à-dire 6,79 %.

Donc l'accroissement annuel de la production de blé en Chine de 74 à 87 a été de 6,8 %.

③ Prévision pour 1992, si cette croissance se poursuit :
De 1974, année de départ, à 1992 il y a 18 ans (1992 − 1974 = 18). On applique la formule de la croissance exponentielle.
On considère comme période 1 an, le coefficient multiplicateur est $CM = 1 + \frac{6{,}8}{100} = 1{,}068$; la valeur de départ est celle de 1974, donc $V_0 = 37$.

D'où $V_{1992} = V_{18} = V_0 \times (CM)^{18} = 37 \times (1{,}068)^{18} \approx 120{,}9.$

On peut prévoir une production de blé de 121 millions de tonnes en Chine en 1992, si cette croissance continue.

IV.

① $A = 1{,}3^2 \times 1{,}3^{-5} \times 1{,}3^{3 \times 2} = 1{,}3^{2-5+6} = 1{,}3^3.$

$B = 2^{-3} \times 2^{-4} \times 2^5 = 2^{-3-4+5} = 2^{-2} = \frac{1}{2^2} = \frac{1}{4}.$

② $0{,}42^{10} \approx 1{,}71 \times 10^{-4}$ ou 171×10^{-6} : 171 millionièmes.

$105^{\left(2+\frac{1}{3}\right)} = 105^{\frac{7}{3}} \approx 52\,000$: 52 mille.

$\frac{8{,}6^{10}}{0{,}81^{12}} \approx 2{,}77 \times 10^{10}$ ou $27{,}7 \times 10^9$: 27,7 milliards.

V.

① Étude du biologiste Lina.

La croissance est linéaire et augmente toutes les semaines de 200 individus.
La population au bout de n semaines est : $P_n = P_0 + 200 \times n = 1\,000 + 200n$.
Au bout de 6 semaines : $P_6 = 1\,000 + 200 \times 6 = 2\,200$.

② Étude du biologiste Expona.

La croissance est exponentielle et augmente toutes les semaines de $\frac{200}{1\,000} \times 100 = 20$ % ; CM = 1,2.
La population au bout de n semaines est : $V_n = V_0 \times (CM)^n = 1\,000 \times (1{,}2)^n$.
Au bout de 6 semaines : $V_6 = 1\,000 \times (1{,}2)^6 \approx 2\,986$.

③ Tableau de valeurs.

Temps en semaine	0	1	2	3	4	5	6
Prévision Lina	1 000	1 200	1 400	1 600	1 800	2 000	2 200
Prévision Expona	1 000	1 200	1 440	1 728	2 073	2 488	2 986

D'après le biologiste Expona, la population croît beaucoup plus vite.
Au bout de 6 semaines, il y a un écart de 786 individus.

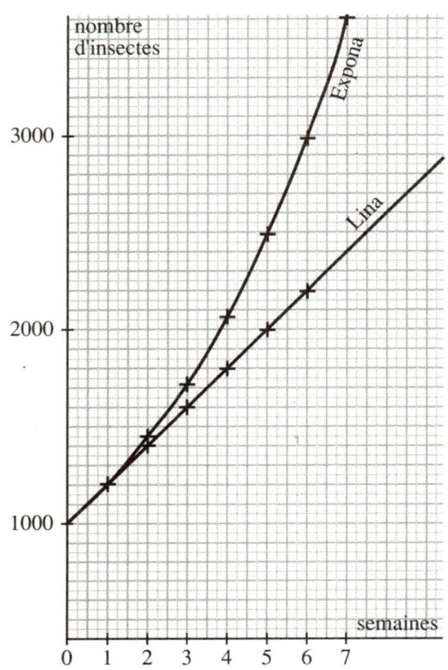

Thème 7 Probabilités

Objectifs

1. ***Faire le lien entre une fréquence et une probabilité.***
2. ***Calculer la probabilité d'un évènement dans des cas simples.***

Plan

Ce que vous devez savoir et savoir faire à la fin de ce thème

- *Calculer une fréquence.*
- *Traduire en terme de probabilité « avoir p chances sur n » ou un pourcentage.*
- *Connaître le vocabulaire des évènements : évènement élémentaire, réunion, intersection, évènements disjoints, évènements contraires.*
- *Connaître les propriétés sur les probabilités d'évènements.*
- *Reconnaître des évènements disjoints, des évènements contraires.*
- *Calculer la probabilité d'un évènement à partir des probabilités de ses évènements élémentaires.*
- *Calculer la probabilité d'un évènement contraire.*
- *Calculer la probabilité d'une réunion d'évènements.*
- *Connaître le cas d'équiprobabilité.*
- *Reconnaître la méthode à employer dans une situation d'équiprobabilité.*
- *Connaître le vocabulaire employé en probabilité.*
- *Utiliser son bon sens.*

I. Notion de probabilité

1. Introduction

Pour le philosophe, la probabilité est la catégorie logique distincte à la fois de la certitude et de la simple possibilité.

Les probabilités sont nées, pour l'essentiel, dans les cours européennes à l'époque des monarchies absolues. Les courtisans s'ennuyaient tellement à la cour qu'ils passaient beaucoup de leur temps à jouer et à faire des paris.

Aussi, de nombreux exemples et exercices de ce thème font appel aux jeux.
On relie souvent la notion de probabilité à l'idée de **chance de gagner** !

2. Avoir p chances sur n de ... ou une probabilité $\frac{p}{n}$ de ...

Dans la vie de tous les jours, on entend :
« J'ai une chance sur quatre d'attraper ce virus ; cet archer réussit son tir à 90 % ; Bof ! une chance sur mille ! ; je n'ai aucune chance au jeu ; j'ai toutes les chances de mon côté. »

Le matheux, un peu ésotérique, dira :
« J'ai une probabilité de $\frac{1}{4}$ d'attraper ce virus ; il réussit statistiquement avec une probabilité de 0,9 ; Bof ! une probabilité de $\frac{1}{1000}$ ou 0,001 ; ma probabilité de gagner est nulle ; ma probabilité de réussite est de 1. »

Ce n'est qu'une question de vocabulaire ! Simplement la *mathématisation d'un concept bien connu* !

EXERCICE

1. *Traduire en terme de probabilité les phrases suivantes :*

a) « À ce jeu, j'ai 24 chances sur 78 de gagner. » : ma probabilité de gagner est de ...

b) « Il y a 26 100 chercheurs universitaires sur un total de 102 400 chercheurs en France. » : la probabilité pour qu'un chercheur soit universitaire est de ...

c) « En France, lors d'un sondage, auprès de 24 000 personnes, 14 280 sont parties en vacances et 6 768 sont parties en vacances d'hiver. » :

- la probabilité pour qu'une personne soit partie en vacances est de...
- la probabilité pour qu'une personne soit partie en vacances d'hiver est de ...
- la probabilité pour qu'une personne prenant des vacances les ait prises en hiver est de ...

d) « Un américain sur dix ne parle pas l'anglais chez lui. » :

e) « En France, il y a un veuf pour quatre veuves. » :
la probabilité pour qu'une personne veuve soit un homme est de ...

f) « En France, en 1988, 28,2 % de la population avaient moins de 20 ans et 13,6 % plus de 65 ans. » :

- la probabilité pour qu'un français ait moins de 20 ans est de ...
- la probabilité pour qu'un français ait moins de 65 ans est de ...

Remarque : On exprime souvent une probabilité en pourcentage : « J'ai 3 chances sur 4 ou j'ai une probabilité de 0,75 ou j'ai une probabilité de 75 %. »

3. Étude d'un exemple simple

Problème

Une assemblée de 140 personnes regroupe 35 femmes, 60 hommes et 45 enfants dont 25 sont des filles.
On interroge une personne *« au hasard »* dans cette assemblée.
Quelle est la probabilité d'interroger une femme ? un adulte ? une personne de sexe masculin ?

Réponse

Il est sage de faire un schéma de la partition de cette assemblée.

femmes 35	**hommes** 60	**Adultes**
filles 25	garçons 20	Enfants

• Comme il y a 45 enfants, dont 25 filles, il y a 20 garçons (45-25).
• Comme il y a 35 femmes sur 140 personnes, il y a 35 chances sur 140 d'interroger une femme ; donc *la probabilité d'interroger une femme est de :*

$$\frac{35}{140} = 0{,}25.$$

Remarque : Dans cette assemblée, il y a 25 % de femmes.

EXERCICES

2. Pour l'exemple précédent, compléter les autres probabilités (à 10^{-4} près).
a) Il y a .... adultes sur 140 personnes, donc la probabilité d'interroger un adulte est de .... .

b) Il y a .... personnes de sexe masculin sur 140 personnes, donc la probabilité d'interroger une personne de sexe masculin est de .... .

c) Il y a .... hommes sur .... personnes de sexe masculin, donc la probabilité d'interroger un homme, sachant que c'est une personne de sexe masculin est de .... .

3. Un disquaire vend des Compact-Disc et des disques. Ses références sont françaises ou étrangères, suivant la partition ci-dessous (donnée en pourcentage).

20 %	45 %	CD
15 %	20 %	disques
références françaises	références étrangères	

• Quelle est la probabilité pour qu'une référence prise au hasard :
a) soit celle d'un CD français ?

b) soit celle d'un CD étranger ?

c) soit celle d'un CD ?

• Quelle est la probabilité pour qu'une référence étrangère soit celle d'un CD ?

4. Déjà un problème de boules!

Problème

Dans une urne, se trouvent 3 boules rouges, 4 boules vertes et 8 boules blanches.
Toutes les boules sont *indiscernables au toucher.* On tire, **au hasard,** une boule de l'urne.
Quelle est la probabilité d'obtenir : une boule rouge ? une boule blanche ? une boule verte ? une boule rouge ou verte ? une boule rouge et verte ?

EXERCICE

4. Répartition :

Rouge	Verte	Blanche	Total
3	4	8	15

La probabilité d'obtenir une boule rouge est de : $\frac{3}{15} = \frac{1}{15} = 0{,}2.$

Calculer de même les autres probabilités.

II. Fréquences et probabilités

On entend souvent : « C'est très fréquent, c'est fréquent, c'est peu fréquent, c'est rare, c'est peu probable ».
Pour le mathématicien, c'est toujours le concept de probabilité exprimé à l'aide d'un nombre plus ou moins grand.

1. Fréquence

Problème

Durant une exposition, on demande à 125 personnes de noter de 1 à 6 une activité présentée.
Voici le tableau récapitulatif :

Note	1	2	3	4	5	6
Nombre de personnes ayant donné cette note	4	10	17	29	43	22
Fréquence de la note						

La fréquence de la note 2 est : $\frac{10}{125} \approx 0{,}08$.
Elle s'obtient en divisant le nombre de personnes ayant donné la note 2 par le nombre total de personnes.

EXERCICE

5. Calculer les autres fréquences, avec 3 chiffres après la virgule, et compléter le tableau.

a) Quelle est la note la plus fréquente ? b) la plus rare ?

c) Quelles sont les notes dont la fréquence est inférieure à 0,2 ?

d) On interroge une de ces personnes. Combien a-t-on de chances sur 100 pour qu'elle ait donné une note strictement supérieure à 4 ?

Problème

Étude empirique du jet de deux dés.
On a deux dés cubiques, à 6 faces, non pipés.
Le jeu consiste à jeter **simultanément** les deux dés et à noter la somme obtenue.
Voici les résultats de 200 jets :

5	10	10	11	5	9	4	3	12	2	12	6	8	2	7	2	4	7	7	9	8	6
5	9	9	8	8	12	5	3	10	4	10	11	10	9	6	11	8	9	4	5	6	9
3	4	7	11	9	3	4	8	7	8	6	5	7	7	7	7	5	11	7	7	8	5
8	8	7	6	11	8	3	5	6	5	6	9	7	9	7	7	7	8	5	6	3	7
10	6	6	8	5	6	6	8	6	12	6	4	12	4	9	10	8	10	8	10	3	6
7	8	5	9	12	9	3	4	7	3	2	5	8	11	7	5	7	7	6	9	10	7
7	5	5	9	5	6	8	5	8	7	11	6	10	9	9	11	8	8	7	8	6	3
6	4	8	10	5	7	9	6	5	7	5	3	6	7	4	6	4	7	7	9	7	8
5	10	7	10	6	7	8	2	7	4	6	12	9	11	11	6	9	8	3	5	6	4
10	7																				

EXERCICE

6. Compléter le tableau récapitulatif de ces résultats.

Somme obtenue	2	3	4	5	6	7	8	9	10	11	12
Nombre de jets donnant cette somme											
Fréquence											

avec 3 chiffres après la virgule (ou 10^{-3}).

Quelle est la somme la plus fréquente dans ces 200 lancers ?

Quelles sont les sommes dont la fréquence est inférieure à 0,1 ?

2. Lien entre fréquence et probabilité à travers un exemple

On peut toujours interpréter une **fréquence** en terme de **probabilité**.

Exemple ▶ « En France, en 1988, 23 % des Français de 15 à 29 ans sont mariés. »
se traduit par : « la probabilité pour qu'un Français de 15 à 29 ans soit marié est de 0,23. »

La notion de fréquence est une notion statique, la notion de probabilité est dynamique.

Problème

Étude théorique du jet de deux dés.
Précédemment, les dés ont été jetés 200 fois, mais on aurait pu continuer l'expérience. (Vous pouvez le faire chez vous, mais prenez des dés dont les points sont marqués et non creusés.) Plutôt que de répéter cette expérience, on peut chercher les différentes possibilités de résultats et les façons de les obtenir à l'aide d'un raisonnement.

• Tableau donnant la somme obtenue lors du jet de deux dés, suivant les résultats obtenus pour chacun des dés :

Résultats d'un dé (colonnes) ; Résultats de l'autre dé (lignes)

	1	2	3	4	5	6
1	2	3	4	5	6	7
2	3	4	5	6	7	8
3	4	5	6	7	8	9
4	5	6	7	8	9	10
5	6	7	8	9	10	11
6	7	8	9	10	11	12

Ce tableau présente toutes les possibilités : il y a *36 façons possibles* qui ont toutes la même chance de « tomber », si les dés ne sont pas pipés.
Par exemple : la somme 5 est obtenue lorsque l'on a :
1, 4 ou 2, 3 ou 3, 2 ou 4, 1.
Ces quatre résultats sont les façons d'obtenir la somme 5.
On a donc *4 chances sur 36 d'obtenir la somme 5,* c'est-à-dire une probabilité de $\frac{4}{36} = \frac{1}{9}$ d'obtenir 5.

EXERCICES

7. Compléter le tableau suivant, à l'aide du tableau des résultats précédents.

Somme obtenue	2	3	4	5	6	7	8	9	10	11	12
Nombre de façons correspondantes				4							
Probabilité, exprimée en fraction				$\frac{1}{9}$							
Probabilité, valeur approchée à 10^{-3} près				0,111							

Comparer avec les fréquences obtenues à l'exercice 6.

8. On jette une pièce de monnaie. On la lance une seule fois. Quelle est la probabilité d'obtenir le côté pile? (Chez vous, lancez 100 fois la même pièce; notez la fréquence de sortie du côté pile.)

9. Un joueur de tennis réussit sa première balle de service à 60 %. Pour sa deuxième balle de service, le taux de réussite est de 90 %. Compléter le tableau ci-dessous.

Service	1er service réussi	2e service réussi	2e service perdu	Total
Fréquence en pourcentage				100 %

Quelle est la probabilité pour que ce joueur perde le point sur un service?

III. Évènements en probabilité

Dans les exemples de ce paragraphe, on utilisera *le jeu du jet de deux dés* où l'on notait la somme obtenue. Les différents résultats étaient : 2, 3, 4, 5, 6, 7, 8, 9, 10, 11, 12, formant **l'univers** des résultats de ce « jeu ».

1. Vocabulaire des évènements

Vocabulaire	signification	Exemples et schéma en ensembles
Évènement	C'est l'ensemble des **résultats issus** d'une **action**, d'une **situation**. (Du latin *evenire* : arriver.)	A = « obtenir une somme paire » $= \{2, 4, 6, 8, 10, 12\}$. 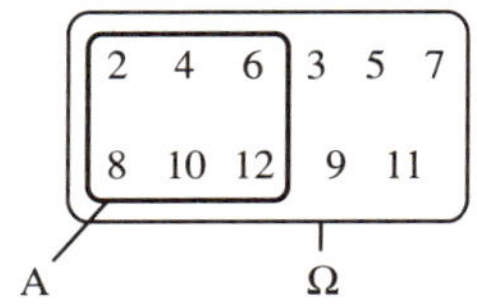
Évènement **élémentaire**	C'est un évènement n'ayant qu'**un seul résultat** : l'ensemble n'a alors qu'un seul élément.	E = « obtenir 7 » $= \{7\}$. 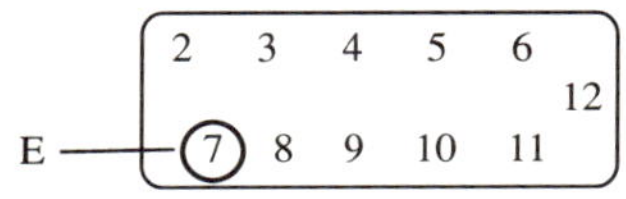
Réunion d'évènements $\boldsymbol{A \cup B}$	C'est un évènement formé par l'ensemble des **résultats de deux évènements** : dans le 1er **ou** dans le 2e évènement. (On ne répète jamais les éléments qui sont en communs.)	A = « obtenir une somme paire » $= \{2, 4, 6, 8, 10, 12\}$; B = « obtenir un multiple de 3 » $= \{3, 6, 9, 12\}$; $A \cup B$ = « obtenir une somme paire ou multiple de 3 » $= \{2, 3, 4, 6, 8, 9, 10, 12\}$. 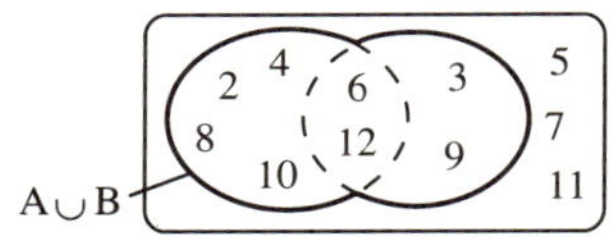
Intersection d'évènements $\boldsymbol{A \cap B}$	C'est un évènement formé par l'ensemble des **résultats communs** aux deux évènements : dans le 1er **et** dans le 2e évènement.	$A \cap B$ = « obtenir une somme paire et multiple de 3 » $= \{6, 12\}$. 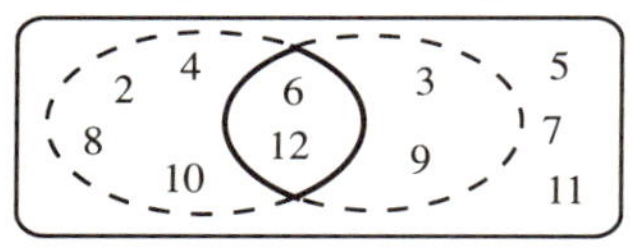
Évènements **disjoints** (ou incompatibles)	Ce sont deux évènements qui n'ont **pas de résultats en commun** : leur intersection est vide.	C = « obtenir une somme supérieure à 10 = $\{11, 12\}$ » D = « obtenir une somme inférieure à 6 = $\{2, 3, 4, 5\}$ » $C \cap D = \emptyset$. 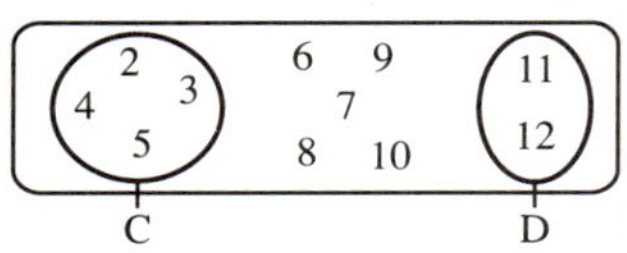
Évènements **contraires**	Ce sont deux évènements **disjoints**, mais dont la **réunion** forme la **totalité** des résultats possibles. Les résultats favorables de l'un sont tous les résultats défavorables de l'autre.	A = « obtenir une somme paire » ; F = « obtenir une somme impaire » ; $A \cap F = \emptyset$ et $A \cup F = \Omega$. 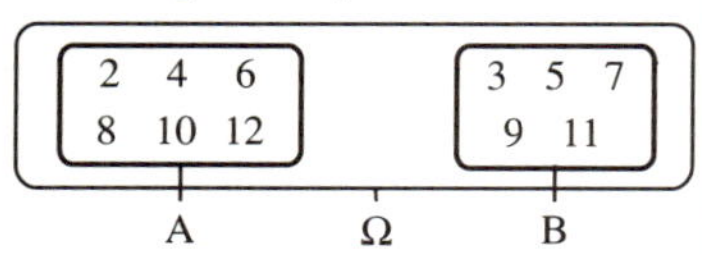

EXERCICE

10. Dans le jeu du jet des deux dés, donner l'ensemble des résultats correspondants aux évènements suivants :

A = « obtenir une somme inférieure ou égale à 5 » $A = \{ \quad \}$

B = « obtenir une somme multiple de 3 » $B =$

C = « obtenir une somme supérieure ou égale à 6 » $C =$

D = « obtenir une somme multiple de 4 » $D =$

E = « obtenir une somme inférieure à 4 » $E =$

- Citer les évènements disjoints de l'évènement A :
- Citer les groupes d'évènements contraires :
- Donner l'ensemble des résultats correspondants aux évènements suivants :

$E \cap B = \{ \quad \}$; $B \cap C =$; $A \cap E =$; $D \cup C =$

2. Probabilité d'un évènement

Propriété 1

La *probabilité* d'un évènement *E* est un *nombre compris entre 0 et 1;* il se note : *p*(*E*).

Propriété 2

La probabilité d'un évènement est la somme des probabilités des évènements élémentaires qui le composent.

EXERCICES

11. On joue avec un dé pipé. La fréquence d'apparition des faces est donnée par le tableau suivant (on lance le dé une seule fois) :

Numéro	1	2	3	4	5	6
Fréquence	20 %	18 %	16 %	18 %	16 %	12 %

Pour chaque évènement suivant, donner l'ensemble des résultats qui lui correspondent, puis sa probabilité :

E = « obtenir le numéro 1 » = { } et $p(E)$ =

A = « obtenir un numéro pair » = { } et $p(A)$ =

B = « obtenir un numéro supérieur ou égal à 4 » = { } et $p(B)$ =

$A \cap B$ = { } et $p(A \cap B)$ = ; $A \cup B$ = { } et $p(A \cup B)$ = ;

J = « obtenir un des chiffres de 421 »

L = « n'obtenir aucun des chiffres de 421 »

K = « n'obtenir ni 1, ni 6 »

12. Un enfant joue avec des objets en couleur, répartis suivant le tableau ci-dessous (certains objets ont deux couleurs). Quand on demande à l'enfant si un objet est rouge, il répond oui si l'objet est tout rouge ou s'il contient du rouge; il réagit de la même façon pour les autres couleurs.

Couleur	tout rouge	tout vert	tout bleu	rouge et vert	bleu et vert	Total
Nombre d'objets	8	5	7	2	3	

L'enfant prend un objet au hasard. Déterminer la probabilité des évènements suivants (donner les résultats sous forme de fractions irréductibles) :

A = « prendre un objet rouge » :

B = « prendre un objet bleu » :

C = « prendre un objet vert ou bleu » :

D = « prendre un objet vert et bleu » :

E = « prendre un objet rouge ou bleu » :

F = « prendre un objet ni rouge, ni bleu » :

G = « prendre un objet qui n'est pas rouge » :

Propriété 3

La somme des probabilités de tous les évènements élémentaires d'un « jeu » est 1.

EXERCICES

13. Dans une urne il y a 5 boules noires, 2 boules rouges et 8 boules vertes. On tire une boule au hasard. Donner la probabilité des évènements élémentaires suivants :

N = « tirer une boule noire » ; R = « tirer une boule rouge »; V = « tirer une boule verte ».

$p(N)$ = $p(R)$ = $p(V)$ =

- Vérifier que la somme de ces probabilités donne 1.

14. Un jeu a trois évènements élémentaires A, B et C tels que $p(A) = \frac{1}{4}$ et $p(B) = \frac{2}{5}$.

Calculer la probabilité de l'évènement C.

3. Probabilités d'évènements contraires

L'évènement contraire à l'évènement A se note $\bar{A}$ et se lit « **non A** ».

Propriété 4

La probabilité de l'évènement contraire à A est égale à 1 moins la probabilité de l'évènement A : $p(\bar{A}) = 1 - p(A)$.

On peut aussi dire :
la probabilité de **ne pas obtenir A** est égale à **1 moins** la probabilité d'**obtenir A**.

EXERCICES

15. Dans une urne, il y a 5 boules noires, 2 boules rouges et 8 boules vertes. On tire une boule au hasard.
Soit A l'évènement : « tirer une boule rouge ».
Exprimer l'évènement contraire à l'aide d'une phrase où apparaissent les couleurs noire et verte.

16. Toujours dans la même urne, au hasard on tire deux boules en même temps.
Soit B l'évènement : « tirer au moins une boule rouge », c'est-à-dire « tirer une boule rouge et une boule non rouge, ou deux boules rouges ».
Exprimer l'évènement contraire à l'aide d'une phrase où apparaît la couleur rouge seulement, puis une phrase où apparaissent les couleurs noire et verte.

17. Dans une loterie, la probabilité d'obtenir au moins un billet gagnant est de 0,02. Calculer la probabilité de n'obtenir aucun billet gagnant.

1 − 0,02 = 0,98

18. Une assemblée est composée de garçons et de filles, étudiants et non-étudiants. On interroge une personne, au hasard. La probabilité d'interroger une fille qui étudie est de 0,12. Quelle est la probabilité d'interroger une personne qui n'étudie pas ou qui soit un garçon ?

1 − 0,12 = 0,88

G → E
G → $\bar{E}$
F → (E) 0,12
F → $\bar{E}$

4. Probabilité de la réunion de deux évènements

Propriété 5

Si deux évènements sont disjoints, alors la probabilité de leur réunion est la somme des probabilités.

EXERCICE

19. Une urne contient 5 boules rouges et 3 boules noires. On tire **successivement** 3 boules de l'urne, sans les remettre. La probabilité pour que les 3 boules tirées soient rouges est de $\frac{5}{28}$. La probabilité pour qu'une seule des trois boules tirées soit noire est de $\frac{15}{28}$. Quelle est la probabilité pour qu'au moins deux boules tirées soient rouges ?

Propriété 6

La probabilité de la réunion de deux évènements est égale à la somme des probabilités de ces évènements, à laquelle on enlève la probabilité de leur intersection :

$$p(A \cup B) = p(A) + p(B) - p(A \cap B).$$

On peut dire : la **p**robabilité d'obtenir ***A* ou *B*** est égale à
la **p**robabilité d'obtenir ***A*** + la **p**robabilité d'obtenir ***B*** − la **p**robabilité d'obtenir ***A* et *B***.

EXERCICES

20. Dans sa garde robe, Julie a des chemisiers, des jupes, dont une est noire, et des blazers dont un est noir et forme tailleur avec la jupe noire. Elle choisit un ensemble formé d'une jupe et d'un blazer. Pour le choix de cet ensemble, il y a une chance sur 4 pour qu'elle choisisse la jupe noire, une chance sur 3 pour qu'elle choisisse le blazer noir et une chance sur 6 pour qu'elle choisisse le tailleur noir (c'est-à-dire la jupe noire et le blazer noir).
Calculer la probabilité qu'a Julie de choisir un ensemble comprenant la jupe noire ou le blazer noir.

21. Au cours d'un référendum, deux questions étaient posées. 65 % des personnes ont répondu « oui » à la 1re question, 51 % ont répondu « oui » à la 2e question et 46 % ont répondu « oui » aux deux questions.

• Quelle est la probabilité pour qu'une personne ait répondu « oui » à l'une ou à l'autre des questions ? (On dit aussi : ait répondu « *oui* » à au moins une des questions.)

• Quelle est la probabilité pour qu'une personne ait répondu non aux deux questions ?

Schéma de partition

oui **oui**	*oui* non	« *oui* » à la 1re question
non **oui**	non non	

« **oui** » à la 2e question

5. Cas important : l'équiprobabilité

Si, dans un « jeu », tous les évènements élémentaires ont la même *chance* d'apparaître, alors on dit que l'on a *équiprobabilité* (égale-probabilité), ou que l'on est dans une situation d'équiprobabilité.

Exemples ▶

- Le jet d'une pièce de monnaie avec les évènements « avoir PILE » et « avoir FACE ».
- Le jet d'un dé **non pipé**. Le tirage de boules **indiscernables** au toucher.
- Quand on prend, **au hasard**, 4 cartes dans un jeu de 32 cartes, les évènements « avoir les 4 as » et « avoir le 7 de cœur, le valet de pique, les roi et dame de trèfle » sont équiprobables : ils ont autant de chance l'un que l'autre d'apparaître, si on **ne triche pas** !
- Au loto, si l'appareil n'est pas truqué, les combinaisons ont toutes la même probabilité; comme il y a 13 983 816 combinaisons possibles de 6 numéros, la probabilité pour qu'une combinaison particulière sorte est de $\frac{1}{13\,983\,816}$, c'est-à-dire soit une chance sur 14 millions environ !
- Par contre, le cas du jet de deux dés, où l'on s'intéresse à la somme obtenue, n'est pas une situation d'équiprobabilité ; par exemple, une somme égale à 7 a plus de chance d'apparaître que les autres sommes.

Dans le cas d'équiprobabilité, la probabilité d'un évènement est égale

au quotient ***du nombre de cas favorables*** **(nombre des résultats correspondant à cet évènement)**

par ***le nombre de cas possibles*** **(nombre de tous les résultats possibles de ce « jeu »).**

Formule de base : $$p(A) = \frac{\text{nombre de cas favorables à } A}{\text{nombre de cas possibles du « jeu »}}.$$

EXERCICES

22. Dans un jeu de 32 cartes, bien battu, on tire *une* seule carte au hasard.

- Quelle est la probabilité de tirer : a) Le roi de cœur ? $\frac{1}{32}$

b) Un cœur ? $\frac{8}{32} = \frac{1}{4}$

c) Un as ? $\frac{4}{32} = \frac{1}{8}$

d) Un valet ou une dame ? $\frac{4}{32} + \frac{4}{32} = \frac{8}{32} = \frac{1}{4}$

e) Un roi et une dame ? 0

23. Dans une classe de 38 élèves, 26 apprennent l'espagnol, 15 l'allemand dont 8 également l'espagnol. Faire un schéma de partition.

- Quel est le nombre d'élèves qui n'apprennent aucune de ces langues ? $\frac{5}{38}$

- On rencontre un de ces élèves par hasard.

Quelle est la probabilité pour que cet élève soit un germaniste non hispanisant ? Ne soit ni germaniste, ni hispanisant ?

$\frac{7}{38}$ $\frac{5}{38}$

	Allemand		
Espagnol	8	18	26
	7	5	
	15		

IV. Différentes façons de calculer des probabilités en équiprobabilité

1. Utilisation d'un tableau

En situation d'équiprobabilité, une difficulté est de dénombrer les cas possibles et les cas favorables. Nous allons étudier à travers quelques exemples les différentes méthodes à utiliser.

Par exemple, lorsque l'on jette **deux** dés (voir page 153), **deux** pièces, que l'on a **deux** expériences à faire...

Problème

Une urne contient 5 boules, indiscernables au toucher, numérotées 2, 3, 5, 7, 11.
On tire une boule, on note le numéro et on la remet dans l'urne.
On retire une boule, on note le numéro. Le « jeu » consiste à noter l'écart entre les deux numéros (c'est-à-dire la différence positive).

24.

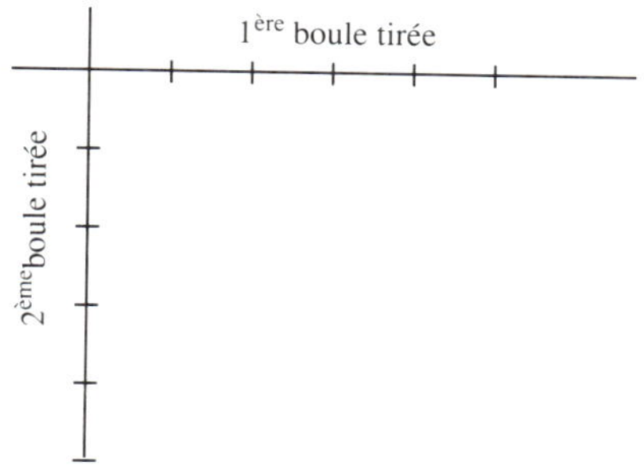

• Quel est le nombre de cas possibles ? = 25

Quel est le nombre de cas (favorables) où l'on trouve 2 comme écart ? 12

En déduire la probabilité de l'évènement A = « obtenir un écart de 2 » : p(A) = 12/25

• Quelle est la probabilité de l'évènement B = « obtenir un écart de 0 » ? p(B) = 5/25 = 1/5

• Quelle est la probabilité d'obtenir un écart supérieur ou égal à 4 ? p(C) = (4+2+2+2+2)/25 = 12/25

En déduire la probabilité de l'évènement contraire, que l'on énoncera. obtenir un écart < 4 p(C̄) = 13/25

Remarque : Dans le cas du jet de 3 dés, par exemple, il est difficile de faire un tableau.

2. Utilisation d'un schéma

Exemple 1 ► **Composition d'un menu**

Dans un restaurant, un menu est composé d'une entrée, d'un plat et d'un dessert et il y a le choix entre 4 entrées, 6 plats et 5 desserts.

• Pour trouver le nombre de menus différents possibles, on réalise le schéma suivant :

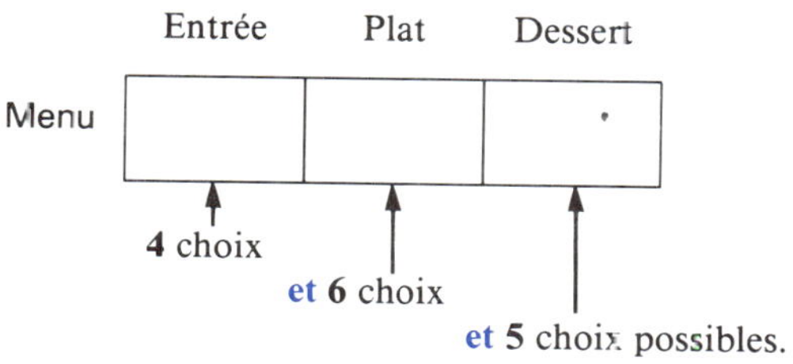

Imaginer : pour un menu, on peut choisir une entrée parmi 4 ; pour une entrée choisie, on peut choisir un plat parmi 6, et pour un plat choisi, on peut choisir un dessert parmi 5.

Donc, **les nombres de choix se multiplient.**
Il y a $4 \times 6 \times 5$ cas possibles, c'est-à-dire 120 menus différents.

25. Parmi les plats, il y a du bœuf bourguignon. Combien y-a-t-il de menus différents comportant ce plat ? 20

	Bœuf	

• Vous allez manger dans ce restaurant et vous choisissez un menu au hasard. Quelle est la probabilité pour que vous mangiez du bœuf bourguignon ? 20/120 = 1/6

Exemple 2 ▶ **Tirages successifs avec remise**

Dans une urne, il y a 6 boules blanches et 2 boules vertes, indiscernables au toucher.
On choisit au hasard quatre boules de la façon suivante : on tire une boule, on note sa couleur et on *la remet* dans l'urne; on procède ainsi 4 fois de *suite*.
On cherche la probabilité d'avoir dans l'ordre : une blanche, deux vertes, une blanche.

• *Nombre de cas possibles*

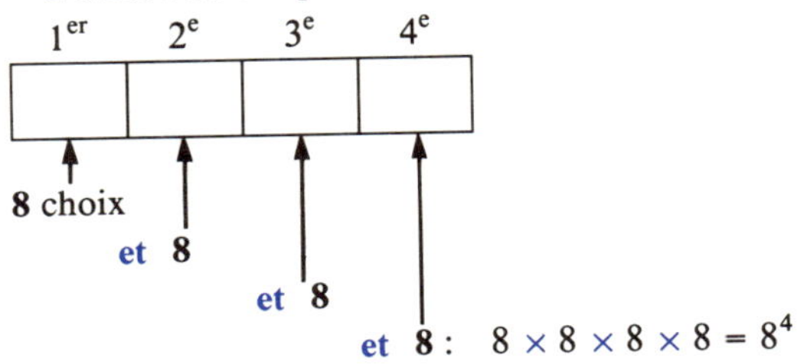

Il y a toujours 8 boules dans l'urne

• *Nombre de cas favorables*

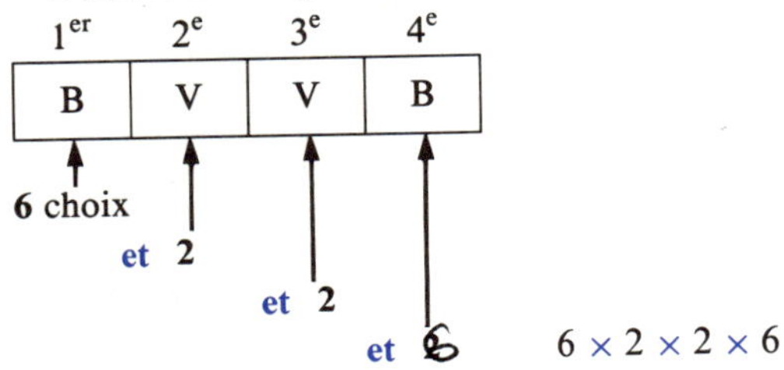

Il y a toujours 6 boules blanches dans l'urne et 2 boules vertes.

D'où la probabilité :

$$p(B, V, V, B) = \frac{\text{nb de cas favorables}}{\text{nb de cas possibles}} = \frac{6 \times 2 \times 2 \times 6}{8 \times 8 \times 8 \times 8} = \frac{9}{256} \approx 0{,}0352$$ à 10^{-4} près par excès.

EXERCICE

26.
a) Calculer de même la probabilité d'avoir dans l'ordre trois vertes et une blanche.
b) Puis calculer la probabilité d'avoir successivement 4 blanches, c'est-à-dire aucune verte, et en déduire la probabilité d'avoir *au moins une* verte.
c) Calculer la probabilité d'avoir deux blanches au début.
d) Calculer la probabilité d'avoir alternativement une blanche, une verte. Est-ce différent de ce qui précède ?
(Donner tous les résultats sous forme de fractions irréductibles, puis à 10^{-4} près.)

$p(a) = \frac{2\times2\times2\times6}{8\times8\times8\times8} = \frac{3}{16\times16}$

$p(b) = \frac{6\times6\times6\times6}{8\times8\times8\times8} = \frac{9\times9}{16\times16}$ aucune verte

$p(\bar{b}) = 1 - \frac{9\times9}{16\times16}$

$p(c) = \frac{6\times6\times8\times8}{8\times8\times8\times8} = \frac{3\times3}{16} = \frac{9}{16}$

$p(d) = \frac{6\times2\times6\times2}{8\times8\times8\times8} = \frac{3\times3}{16\times16} = \frac{9}{256}$

⚠ On rencontre ce *type de « tirages successifs avec remise »* lorsque l'on colorie des zones avec possibilités d'avoir des zones de même couleur, lorsque l'on joue plusieurs fois avec un dé et que l'on regarde l'ordre de sortie des numéros, lorsque l'on forme des « mots » à l'aide de lettres avec répétition possible des lettres...

Exemple 3 ▶ **Tirages successifs sans remise**

Dans une association, le bureau est composé de 10 personnes : 6 hommes et 4 femmes. Ils se réunissent pour choisir un président **P**, un trésorier **T** et un secrétaire **S**.
On cherche la probabilité pour que le président soit un homme et le trésorier une femme.

• *Nombre de cas possibles*

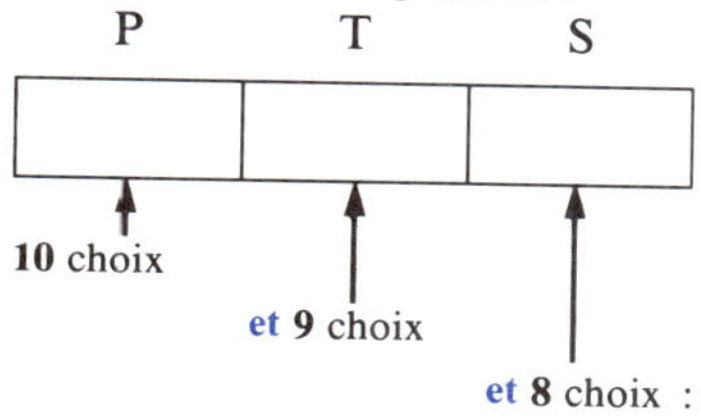

$10 \times 9 \times 8$

Quand le président est choisi, il ne reste que 9 personnes.

• *Nombre de cas favorables*

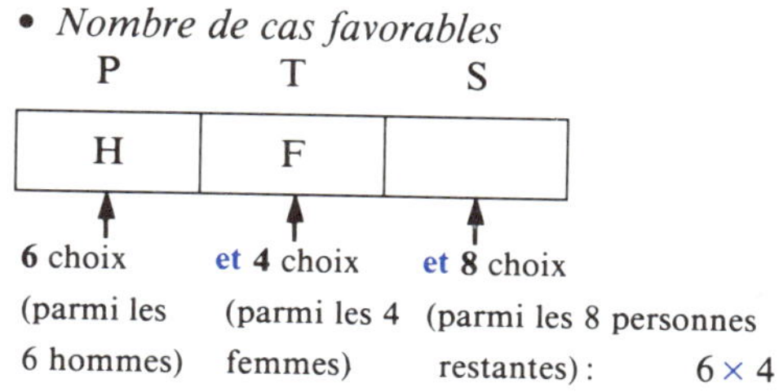

$6 \times 4 \times 8$

D'où la probabilité : $p = \dfrac{\text{nb de cas favorables}}{\text{nb de cas possibles}} = \dfrac{6 \times 4 \times 8}{10 \times 9 \times 8} = \dfrac{24}{90} = \dfrac{4}{15} \approx 0{,}2666.$

EXERCICE

27. Déterminer de même les probabilités des évènements suivants (résultats sous forme de fractions irréductibles) :
A : le président est un homme, le trésorier une femme et le secrétaire une femme;
B : le président est un homme, le trésorier un homme et le secrétaire une femme;
C : le président est un homme et le secrétaire est une femme;
Quelle relation existe-t-il entre les probabilités des évènements A, B et C ?

D : les président, trésorier et secrétaire sont tous des hommes;
E : il y a au moins une femme à l'un de ces trois postes;
G : le trésorier est une femme.

⚠ On rencontre ce « *type de tirages successifs sans remise* », lorsque l'on colorie des zones de couleurs différentes, lorsque l'on range des objets à des places données, lorsque l'on tire des cartes d'un jeu en se préoccupant de l'ordre du tirage, lorsque l'on forme des mots à l'aide de lettres, sans répétition possible, lorsque l'on joue au tiercé.

3. Utilisation d'un arbre

Tous les exemples précédents, traités à l'aide de schémas, auraient pu l'être à l'aide d'un « **arbre** » ; vu le nombre de choix possibles, cela fait souvent beaucoup de branches !
Par exemple, pour le problème des menus de la page 159 :

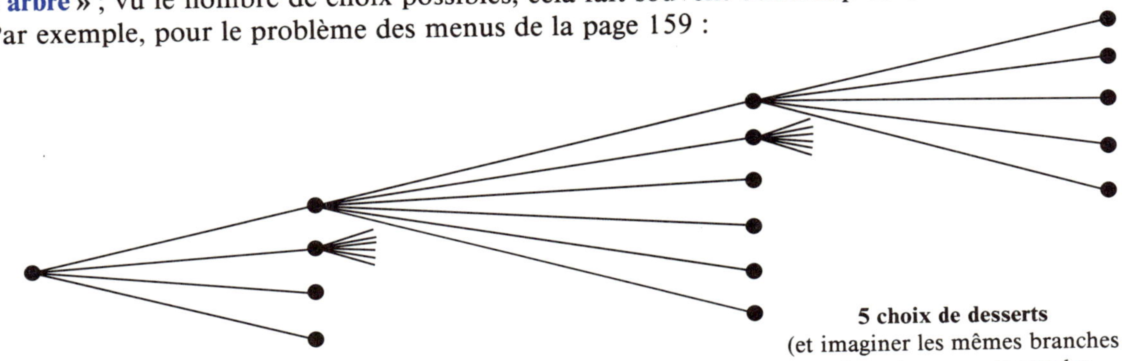

4 choix d'entrées

6 choix de plats
(et imaginer les mêmes branches « plats » pour les autres branches « entrées » !)

5 choix de desserts
(et imaginer les mêmes branches « desserts » pour toutes les branches « plats »!)

Cela devient vite illisible !
Par contre, dans les exemples suivants, l'arbre est indispensable.

Exemple 1 ► **Jeu répétitif à deux issues possibles, ces issues ayant des probabilités différentes.**

On joue avec des dés. La probabilité de gagner est de $\frac{1}{3}$ et celle de perdre de $\frac{2}{3}$ $\left(\text{logique puisque : } \frac{1}{3} + \frac{2}{3} = 1\right)$. On joue trois fois de suite.

On cherche quelle est la probabilité de gagner exactement 2 fois, puis celle de perdre les 3 fois.

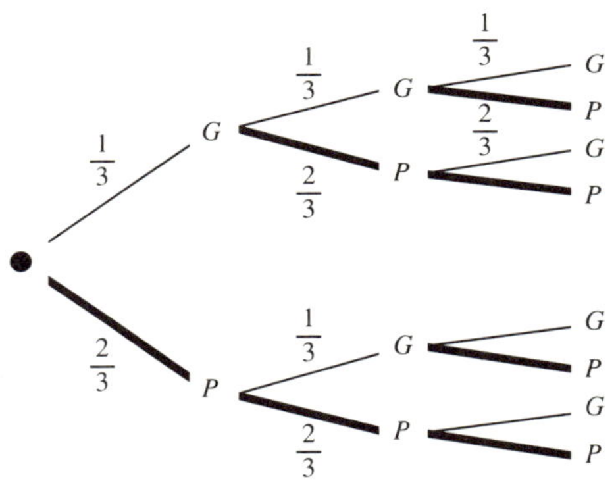

$p(G, G, P) = \frac{1}{3} \times \frac{1}{3} \times \frac{2}{3} = \frac{2}{27}$

$p(G, P, G) = \frac{1}{3} \times \frac{2}{3} \times \frac{1}{3} = \frac{2}{27}$

$p(P, G, G) = \frac{2}{3} \times \frac{1}{3} \times \frac{1}{3} = \frac{2}{27}$

donc la probabilité de gagner exactement 2 fois est : $\frac{2}{27} + \frac{2}{27} + \frac{2}{27} = \frac{6}{27} = \frac{2}{9}$.

$p(P, P, P) = \frac{2}{3} \times \frac{2}{3} \times \frac{2}{3} = \frac{8}{27}$

la probabilité de perdre les 3 fois est de $\frac{8}{27}$.

C'est un **arbre**, semblable à la disposition du **gui**, avec ici la branche « Perdu » plus grosse que la branche « Gagné ».

EXERCICE

28. Le taux de réussite au bac en Terminale A est en moyenne de 75 % (soit 3 chances sur 4).
À l'aide d'un arbre, déterminer la probabilité d'avoir son bac au bout de la 2e fois (à 10^{-4} près), si on admet que l'on a les mêmes chances la 2e fois !

75 % la 1re fois
25 % recalés soit 100 → 75 / 25 → x $x = \frac{25 \times 75}{100} = \frac{75}{4} = 18,75$

reçus = 0,75 + 0,1875 = 0,9375

Exemple 2 ► **Tirage simultané**

Dans une urne, il y a 3 boules blanches et 2 boules noires. On tire en même temps, au hasard, 3 boules (les 3 boules sont tirées ensemble). On cherche la probabilité d'obtenir exactement 2 boules blanches lors de ce tirage.

Afin de dénombrer les ensembles possibles de 3 boules, on dresse un arbre de la façon suivante :

- On numérote les boules B_1, B_2, B_3, N_1, N_2, afin de les différencier et surtout de ne pas prendre deux fois la même.
- On choisit une des boules, par exemple B_1, et on cherche tous les ensembles à 3 éléments contenant cette boule B_1.
- Ayant trouver tous les ensembles contenant B_1, on enlève B_1 ; il reste B_2, B_3, N_1, N_2. On choisit une autre boule parmi celles qui restent, par exemple B_2, et on cherche tous les ensembles à 3 éléments contenant cette boule B_2 (bien sûr, ils ne contiendront pas B_1).
- On procède ainsi jusqu'à ce qu'il ne reste que 3 boules, donc un seul ensemble possible à 3 éléments.

Remarque : L'arbre se forme branche par branche en allant jusqu'à la dernière ramification possible avant de passer à la branche suivante.

On choisit B_1

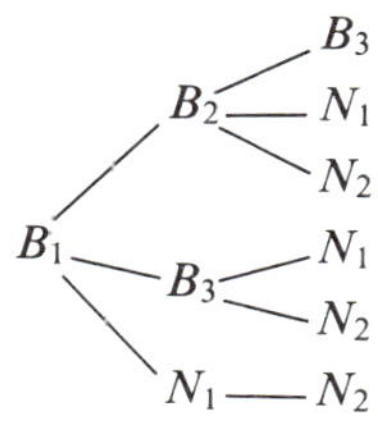

$\{B_1, B_2, B_3\}$ — c'est la première branche formée
$\{B_1, B_2, N_1\}$
$\{B_1, B_2, N_2\}$
$\{B_1, B_3, N_1\}$ — on choisit les ensembles contenant B_1
$\{B_1, B_3, N_2\}$
$\{B_1, N_1, N_2\}$

puis B_2

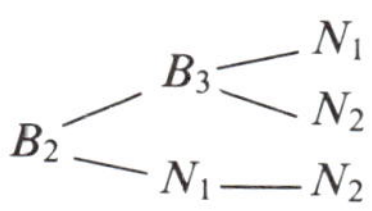

$\{B_2, B_3, N_1\}$
$\{B_2, B_3, N_2\}$ — puis les ensembles contenant B_2 mais pas B_1
$\{B_2, N_1, N_2\}$

puis B_3

B_3 — N_1 — N_2 $\{B_3, N_1, N_2\}$ — puis les ensembles contenant B_3 mais ni B_1, ni B_2, et il n'y a plus de choix possible

Il y a au total 10 cas possibles de tirages de 3 boules prises parmi 5 boules.

Une fois l'arbre formé, on obtient le nombre de cas possibles et il est facile de faire un calcul de probabilité : il suffit de compter le nombre de cas favorables!

Pour A = « avoir 2 boules blanches exactement », c'est-à-dire « avoir 2 blanches et une noire », il y a 6 cas favorables d'après l'arbre. D'où $p(A) = \frac{6}{10} = 0,6$.

29. Calculer de même la probabilité des évènements suivants :

B = « avoir un tirage bicolore ».

p(B) = 0,9

C = « avoir un tirage unicolore ».

$p(C) = \frac{1}{10}$

D = « avoir un tirage ayant au moins une boule blanche ».

p(D) = 1

Page 150

① a) $\frac{24}{78} \approx 0{,}308$. b) $\frac{26\,100}{102\,400} \approx 0{,}255$.

c) $\frac{14\,280}{24\,000} \approx 0{,}595$; $\frac{6\,768}{24\,000} = 0{,}282$;
$\frac{6\,768}{14\,280} \approx 0{,}474$.

d) $\frac{1}{10} = 0{,}1$. e) $\frac{1}{5} = 0{,}2$.

f) $\frac{28{,}2}{100} = 0{,}282$;
100 % – 13,6 % = 86,4 % de la population a moins de 65 ans, d'où $\frac{86{,}4}{100} = 0{,}864$.

Page 151

② a) $\frac{95}{140} \approx 0{,}678\,6$;
b) $\frac{80}{140} \approx 0{,}571\,4$; c) $\frac{60}{80} = 0{,}75$.

③ • a) $\frac{20}{100} = 0{,}2$; b) $\frac{45}{100} = 0{,}45$;
c) $\frac{20}{100} + \frac{45}{100} = \frac{65}{100} = 0{,}65$.
• $\frac{\text{CD étrangers}}{\text{réf. étrangères}} = \frac{45}{65} \approx 0{,}692\,3$.

④ Obtenir une boule blanche : $\frac{8}{15}$, une verte : $\frac{4}{15}$, une rouge ou verte : $\frac{3+4}{15} = \frac{7}{15}$; une rouge et verte : 0, car aucune boule n'est bicolore.

Page 152

⑤

1	2	3	4	5	6
0,032	0,08	0,136	0,232	0,344	0,176

a) 5. b) 1. c) 1, 2, 3, 6.
d) 52 %, 52 chances sur 100.

Page 153

⑧ Avoir pile : $\frac{1}{2}$.

⑨ Ce joueur perd son 1er service dans 40 % des cas. Il réussit à 90 % son 2e service donc il réussit à 90 % de 40 % des cas, c'est-à-dire
$\frac{90 \times 40}{100}$ % = 36 %.

1er service	2e service réussi	2e service perdu	Total
60 %	36 %	4 %	100 %

La probabilité pour qu'il perde le point est de 4 % ou 0,04.

Page 155

⑩ $A = \{2\,;3\,;4\,;5\}$;
$B = \{3\,;6\,;9\,;12\}$;
$C = \{6\,;7\,;8\,;9\,;10\,;11\,;12\}$;
$D = \{4\,;8\,;12\}$; $E = \{2\,;3\}$;
G et F sont élémentaires.
A et C sont contraires.
C et F sont disjoints à A.
$E \cap B = \{3\}$;
$B \cap C = \{6\,;9\,;12\}$;
$A \cap E = \{2\,;3\}$;
$D \cup C = \{4\,;6\,;7\,;8\,;9\,;10\,;11\,;12\}$.

⑪ $E = \{1\}$, $p(E) = 20\,\% = 0{,}2$;
$A = \{2\,;4\,;6\}$,
$p(A) = 0{,}18 + 0{,}18 + 0{,}12 = 0{,}48$;
$B = \{4\,;5\,;6\}$,
$p(B) = 0{,}18 + 0{,}16 + 0{,}12 = 0{,}46$;
$A \cap B = \{4\,;6\}$,
$p(A \cap B) = 0{,}18 + 0{,}12 = 0{,}3$;
$A \cup B = \{2\,;4\,;5\,;6\}$,
$p(A \cup B) = 0{,}18 + 0{,}18 + 0{,}16 + 0{,}12 = 0{,}64$;
$J = \{4\,;2\,;1\}$,
$p(J) = 0{,}18 + 0{,}18 + 0{,}2 = 0{,}56$;
$L = \{3\,;5\,;6\}$,
$p(L) = 0{,}16 + 0{,}16 + 0{,}12 = 0{,}44$;
$K = \{2\,;3\,;4\,;5\}$, $p(K) = 0{,}68$.

Page 152

⑥

Somme obtenue	2	3	4	5	6	7	8	9	10	11	12
Nombre de jets donnant cette somme	5	12	14	24	28	36	27	21	15	11	7
Fréquence	0,025	0,06	0,07	0,12	0,14	0,18	0,135	0,105	0,075	0,055	0,035

a) 7. b) 2, 3, 4, 10, 11, 12.

Page 153

⑦

Somme obtenue	2	3	4	5	6	7	8	9	10	11	12
Nombre de cas favorables	1	2	3	4	5	6	5	4	3	2	1
Probabilité, exprimée en fraction	$\frac{1}{36}$	$\frac{1}{18}$	$\frac{1}{12}$	$\frac{1}{9}$	$\frac{5}{36}$	$\frac{1}{6}$	$\frac{5}{36}$	$\frac{1}{9}$	$\frac{1}{12}$	$\frac{1}{18}$	$\frac{1}{36}$
Probabilité, valeur approchée à 10^{-3} près	0,027	0,055	0,083	0,111	0,138	0,166	0,138	0,111	0,083	0,055	0,025

L'écart entre les fréquences précédentes et les probabilités théoriques ne dépasse pas les 2 centièmes : $\frac{2}{100}$ ou 0,02.

Page 155

⑫ $p(A) = p(\text{tout rouge}) + p(\text{rouge et vert}) = \frac{8}{25} + \frac{2}{25} = \frac{10}{25} = \frac{2}{5}$;

$p(B) = p(\text{tout bleu}) + p(\text{bleu et vert}) = \frac{7}{25} + \frac{3}{25} = \frac{10}{25} = \frac{2}{5}$;

$p(C) = p(\text{tout vert}) + p(\text{tout bleu}) + p(\text{vert et bleu}) = \frac{5}{25} + \frac{7}{25} + \frac{3}{25} = \frac{15}{25} = \frac{3}{5}$;

$p(D) = p(\text{vert et bleu}) = \frac{3}{25}$;

$p(E) = p(\text{tout rouge}) + p(\text{rouge et vert}) + p(\text{tout bleu}) + p(\text{bleu et vert})$
$= \frac{8}{25} + \frac{2}{25} + \frac{7}{25} + \frac{3}{25} = \frac{20}{25} = \frac{4}{5}$.

$p(F) = p(\text{ni rouge, ni bleu}) = p(\text{tout vert}) = \frac{5}{25} = \frac{1}{5}$, F est l'événement contraire à l'événement E.

$p(G) = p(\text{pas rouge}) = p(\text{tout vert}) + p(\text{tout bleu}) + p(\text{vert et bleu}) = p(C) = \frac{3}{5}$.

Page 156

⑬ $p(N) = \frac{5}{15} = \frac{1}{3}$; $p(R) = \frac{2}{15}$; $p(V) = \frac{8}{15}$
et $p(N) + p(R) + p(V)$
$= \frac{5}{15} + \frac{2}{15} + \frac{8}{15} = \frac{15}{15} = 1$.

⑭ $p(C) + p(A) + p(B) = 1$,
donc $p(C) = 1 - p(A) - p(B)$
$= 1 - \frac{1}{4} - \frac{2}{5} = \frac{20 - 5 - 8}{20} = \frac{7}{20}$.

⑮ A = « tirer une boule rouge »,
$\overline{A}$ = « tirer une boule non-rouge »
= « tirer une boule noire ou une boule verte ».

⑯ B = « tirer au moins une boule rouge »,
$\overline{B}$ = « ne tirer aucune boule rouge »,
= « tirer deux boules noires ou vertes ».

⑰ $p(\text{aucun billet gagnant})$
$= 1 - p(\text{au moins un billet gagnant})$
$= 1 - 0{,}02 = 0{,}98$.

⑱ $p(\text{non-étudiant ou garçon})$
$= 1 - p(\text{étudiante fille})$
$= 1 - 0{,}12 = 0{,}88$.

Page 157

⑲ $p(\text{au moins deux boules rouges})$
$= p(\text{2 boules rouges exactement})$
$+ p(\text{3 boules rouges exactement})$
$= \frac{15}{28} + \frac{5}{28} = \frac{20}{28} = \frac{5}{7}$.

(20) p(jupe noire ou blazer noir)
$= p$(jupe noire) $+ p$(blazer noir) $- p$(jupe noire et blazer noir)
$= \frac{1}{4} + \frac{1}{3} - \frac{1}{6} = \frac{3+4-2}{12} = \frac{5}{12}$.

(21) « Répondre oui à l'une ou l'autre question » = « Répondre oui à la 1re » $\cup$ « répondre oui à la 2e » $= A \cup B$

et $A \cap B$ = « répondre oui aux deux questions » et $p(A \cap B) = 46\ \% = \frac{46}{100}$,
$p(A) = 65\ \%$, $p(B) = 51\ \%$.
d'où $p(A \cup B) = p(A) + p(B) - p(A \cap B) = \frac{65}{100} + \frac{51}{100} - \frac{46}{100} = \frac{70}{100} = 70\ \%$.

C = « répondre non aux deux questions », c'est le contraire de « répondre oui à l'une *ou* à l'autre », donc $p(C) = 1 - p(A \cup B) = 1 - \frac{70}{100} = \frac{30}{100} = 30\ \% = 0{,}3$.

Page 158 **Équiprobabilité**

(22) a) $\frac{1}{32}$; b) $\frac{8}{32} = \frac{1}{4}$; c) $\frac{4}{32} = \frac{1}{8}$;
d) $\frac{4+4}{32} = \frac{1}{4}$; e) 0, on ne tire qu'une carte.

(23)

	Allemand	
Espagnol	8	18
	7	5

- 15 élèves apprennent l'allemand, dont 8 l'espagnol, donc $15 - 8 = 7$ élèves n'apprennent que l'allemand.

  26 élèves apprennent l'espagnol, dont 8 l'allemand, donc $26 - 8 = 18$ n'apprennent que l'espagnol.

  $38 - (8 + 18 + 7) = 5$, 5 élèves n'apprennent ni l'allemand ni l'espagnol.
- $\frac{7}{38} \approx 0{,}184$, $\frac{5}{38} \approx 0{,}131$.

Page 159

(24)

	2	3	5	7	11
2	0	1	3	5	9
3	1	0	2	4	8
5	3	2	0	2	6
7	5	4	2	0	4
11	9	8	6	4	0

- $5 \times 5 = 25$ cas possibles.
  4 cas favorables à « 2 ».
- $p(A) = \frac{4}{25} = 0{,}16$;
- $p(B) = \frac{5}{25} = \frac{1}{5} = 0{,}2$.
- C = « obtenir un écart supérieur ou égal à 4 »
  $= \{4 ; 5 ; 6 ; 8 ; 9\}$
  et $p(C) = \frac{12}{25} = 0{,}48$.
- $\overline{C}$ = « obtenir un écart inférieur à 4 »
  $= \{0 ; 1 ; 2 ; 3\}$

et $p(\overline{C}) = 1 - p(C) = 1 - \frac{12}{25} = \frac{13}{25} = 0{,}52$.

(25) Utilisation d'un schéma

	bœuf	
↑ 4	↑ 1	↑ 5

20 menus comportent du bœuf.
Probabilité de manger du bœuf : $\frac{20}{120} = \frac{1}{6}$.

Page 160

(26) a)

V	V	V	B
↑ 2	↑ 2	↑ 2	↑ 6

Il y a toujours 8 boules dans l'urne au moment du tirage.
$p(V, V, V, B) = \frac{2 \times 2 \times 2 \times 6}{8 \times 8 \times 8 \times 8}$
$= \frac{3}{256} \approx 0{,}0117$.

b)

B	B	B	B
↑ 6	↑ 6	↑ 6	↑ 6

$p(B, B, B, B) = \frac{6 \times 6 \times 6 \times 6}{8 \times 8 \times 8 \times 8}$
$= \frac{1\,296}{4\,096} = \frac{81}{256} \approx 0{,}316\,4$.
p(avoir au moins une verte)
$= 1 - p$(n'avoir aucune verte)
$= 1 - p$(n'avoir que des blanches)
$= 1 - \frac{81}{256} = \frac{175}{256} \approx 0{,}6836$.

c)

B	B		
↑ 6	↑ 6	↑ 8	↑ 8

$p(B, B, B, B) = \frac{6 \times 6 \times 8 \times 8}{8 \times 8 \times 8 \times 8}$
$= \frac{6 \times 6}{8 \times 8} = \frac{36}{64} = \frac{9}{16} = 0{,}5625$.

d)

B	V	B	V
↑ 6	↑ 2	↑ 6	↑ 2

$p(B, V, B, V) = \frac{6 \times 2 \times 6 \times 2}{8 \times 8 \times 8 \times 8}$
$= \frac{9}{256} \approx 0{,}0352$.
C'est égal à la probabilité $p(B, V, V, B)$.

Page 161

(27) A)

P	T	S
H	F	F
↑ 6	↑ 4	↑ 3

Choix parmi les 3 femmes restantes.

$p(A) = \frac{6 \times 4 \times 3}{10 \times 9 \times 8} = \frac{1}{10}$.

B)

P	T	S
H	H	F
↑ 6	↑ 5	↑ 4

$p(B) = \frac{6 \times 5 \times 4}{10 \times 9 \times 8} = \frac{1}{6}$.

C)

P	T	S
H		F

C'est choisir comme trésorier un homme *ou* une femme :

H	H	F

ou

H	F	F

donc $C = A \cup B$.
Comme A et B sont incompatibles, alors $p(C) = p(A) + p(B)$
$= \frac{1}{10} + \frac{1}{6} = \frac{3+5}{30} = \frac{8}{30} = \frac{4}{15}$.
Cela revient à avoir choisi le président, la secrétaire, puis une autre personne parmi les 8 restantes. Le nombre de cas sera identique.

P	S	T
H	F	
↑ 6	↑ 4	↑ 8

$p(C) = \frac{6 \times 4 \times 8}{10 \times 9 \times 8} = \frac{4}{15}$.

D)

P	T	S
H	H	H
↑ 6	↑ 5	↑ 4

$p(D) = \frac{6 \times 5 \times 4}{10 \times 9 \times 8} = \frac{1}{6}$.

E est l'événement contraire de « n'avoir aucune femme », c'est-à-dire « n'avoir que des hommes ».
Donc $\overline{E} = D$ et
$p(E) = 1 - p(\overline{E}) = 1 - p(D) = 1 - \frac{1}{6} = \frac{5}{6}$.

G)

P	T	S
	F	

ou

T	P	S
F		
↑ 4	↑ 9	↑ 8

$p(G) = \frac{4 \times 9 \times 8}{10 \times 9 \times 8} = \frac{2}{5}$.

Page 162

(28) $75\ \% = \frac{3}{4} = 0{,}75$.

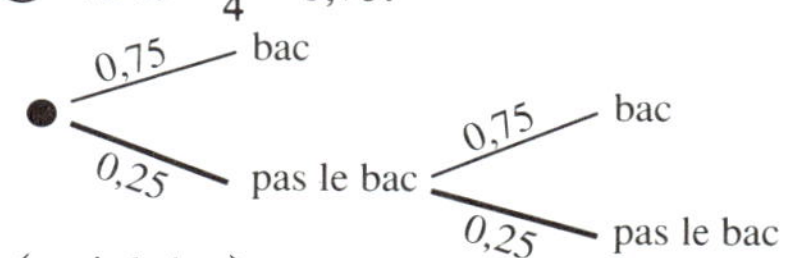

p(avoir le bac) =
p(avoir le bac la 1re fois)
$+ p$(avoir le bac la 2e fois)
$= 0{,}75 + 0{,}25 \times 0{,}75 = 0{,}9375$.
Donc bac en 2 fois à 93,75 %.

Page 163

(29) $p(B) = \frac{9}{10} = 0{,}9$; $p(C) = \frac{1}{10} = 0{,}1$
(il n'y a que $\{B_1, B_2, B_3\}$ comme cas favorable à C).

$p(D) = p$(une blanche exactement)
$+ p$(deux blanches exactement)
$+ p$(3 blanches exactement) $= 1$.
Il y a toujours au moins une blanche.

Avant de commencer les exercices

Dans un exercice de probabilité, il y a souvent une **action** envisagée; par exemple :
on tire 3 boules, on interroge une personne, on choisit un menu, on répond à deux questions, on obtient un numéro, on joue 4 fois... La notion de probabilité est dynamique.
Pour savoir en quoi consiste un évènement, on s'intéresse à l'ensemble des résultats issus de cette action et pour cela, il faut prendre l'habitude de **s'imaginer en train de faire l'action**, de trouver des exemples de résultats issus de cette action et d'écrire un évènement sous la forme « obtenir... » ou « avoir... », en étant le plus explicite possible.

Il faut bien analyser le texte et utiliser au maximum son bon sens!

• Le texte donne souvent directement une probabilité ;
par exemple : on a 3 chances sur 4, il y a 10 % de..., ...

• Penser à faire :
– un **schéma de partition** quand on s'intéresse à deux caractères d'une situation,

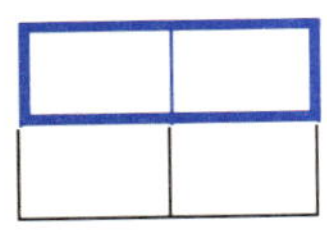

– ou un **schéma de répartition** quand on s'intéresse à une action ou une situation ayant plusieurs issues indépendantes.

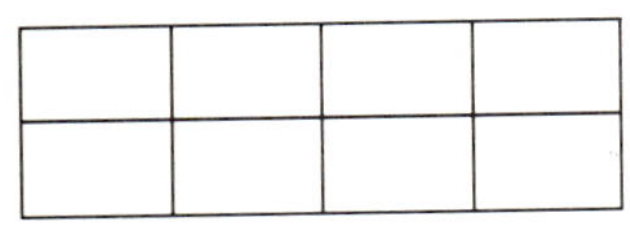

• Pour reconnaître un évènement, les mots « ou », « et », « ne pas » et « ni..., ni... » donnent des indications très importantes ; par exemple :
« avoir A **et** B » veut dire « avoir en même temps A et B » ;
« avoir A **ou** B » veut dire « avoir soit A uniquement, soit B uniquement, soit A et B en même temps » ;
« **ne pas** avoir A » est l'évènement contraire à « avoir A » ;
« avoir **ni** A, **ni** B » veut dire « ne pas avoir A et en même temps ne pas avoir B », c'est aussi « ne pas avoir A ou B » ;
« ne pas avoir A ou ne pas avoir B » est le contraire de « avoir A et B en même temps ».
(Relire ce paragraphe en remplaçant A par « les yeux bleus » et B par « la cravate » !)

• Les mots « **avoir au moins un** machin » doivent faire penser à l'évènement contraire :
« **n'avoir aucun** machin » et à utiliser la propriété 4, car il est souvent plus facile de calculer l'évènement « n'avoir aucun machin ».

• Le cas d'équiprobabilité est important, les mots comme : au hasard, indiscernable, non truqué, non pipé, sans tricher, de façon aléatoire, indifféremment... marquent que l'on est dans une situation d'équiprobabilité. On sait alors qu'il faudra déterminer le nombre de cas possibles et le nombre de cas favorables à l'évènement envisagé. Certains mots permettent de s'orienter sur l'une des différentes façons de procéder, en particulier :
– « successivement, à la suite, l'un après l'autre, rangé... » suggère un schéma de tirages successifs;
– « avec répétition, avec remise, en remettant, en reposant, on peut prendre le même, on peut ranger dans le même, ... » suggère un schéma de tirages successifs avec remise;
– « sans répétition, sans remise, tous différents, tous distincts, ranger à des places différentes... » suggère un schéma de tirages successifs sans remise;
– « simultanément, ensemble, en même temps, en tas... » suggère un arbre de choix;
– « on **répète plusieurs fois**, on joue 4 fois, ... » doit faire penser à un « **arbre-gui** », si à chaque coup il n'y a **que deux issues** possibles.

1

Dans un sac, il y a 24 objets unicolores, verts ou rouges, de forme cubique ou sphérique. Il y a 14 objets cubiques, dont 6 sont verts, et 17 objets rouges.
On tire du sac un objet au hasard, et tous les objets ont les mêmes chances d'être tirés.
Calculer la probabilité des différents évènements suivants :

A = « tirer un objet cubique »,
B = « tirer un objet sphérique »,
C = « tirer un objet vert »,
D = « tirer un objet sphérique et vert »,
(Utiliser au mieux les propriétés vues dans le cours).

E = « tirer un objet sphérique ou vert »,
F = « tirer un objet qui soit ni vert, ni sphérique »,
G = « tirer un objet qui ne soit pas vert et sphérique ».

2

Dans un petit parking, il y a 7 places disponibles. 4 voitures arrivent et se garent au hasard.
1. Calculer le nombre de rangements possibles de ces 4 voitures.
2. Calculer la probabilité pour que les 4 premières places seulement soient occupées. Puis les 4 dernières places. Y a-t-il un lien entre ces deux résultats?
3. Calculer la probabilité pour qu'il reste toujours une place entre deux voitures. En déduire la probabilité pour qu'il y ait au moins 2 voitures côte à côte.

3

Annie rentre dans un magasin de prêt-à-porter. Elle désire s'acheter un ensemble composé d'un chemisier, d'une jupe et d'un blazer.
Elle hésite entre 3 chemisiers, 4 jupes dont l'une est noire, et 2 blazers, l'un noir et l'autre marron.
1. Déterminer le nombre d'ensembles possibles qu'elle peut choisir.
2. Calculer la probabilité pour qu'elle prenne la jupe noire et le blazer noir (c'est-à-dire le tailleur noir).
3. Calculer la probabilité pour qu'elle ne prenne ni la jupe noire, ni le blazer noir.
4. Calculer la probabilité pour qu'elle prenne un ensemble sans le tailleur noir.

4

Une réunion d'information regroupe des élèves de TA (terminale A) et de TB (terminale B). 45 % des présents sont des TA, 70 % des présents sont des filles et 30 % des présents sont des filles de TA.
1. Déterminer le pourcentage de présents qui sont des filles ou des TA. En déduire le pourcentage de présents qui sont des garçons de TB.
2. Déterminer le pourcentage de filles qui sont des TA.
3. À la sortie de la réunion, on interroge au hasard un participant.
a) Quelle est la probabilité pour que ce soit une fille de TB? un garçon de TA?
b) On interroge une fille. Quelle est la probabilité pour que cette fille soit en TA?

5

Dans une classe de 35 élèves, 7 élèves ont les yeux bleus, 5 les yeux verts, 9 les yeux noisette et 14 les yeux marron-noir.
1. Dresser le tableau de répartition et calculer les fréquences correspondantes en pourcentage à 10^{-2} près.
2. Au hasard, un élève se lève.
a) Combien a-t-on de chances sur 100 pour que cet élève ait les yeux noisette? les yeux bleus ou verts? les yeux marron-noir?
b) Quelle est la probabilité pour que cet élève ait les yeux bleus?
3. Un élève se lève, se rassied, et à nouveau un élève se lève, se rassied (ce peut être le même).
Calculer la probabilité des événements suivants :
B = « aucun des deux élèves n'a les yeux bleus », C = « au moins un des élèves a les yeux bleus ».

6

Un enfant a cinq crayons de couleurs différentes dont un rose. Il veut colorier le dessin formé de trois zones.

1. a) Quel est le nombre de dessins coloriés possibles ? (Il peut colorier plusieurs zones de la même couleur.)

b) Combien y a-t-il de dessins où la tête sera rose ?

c) Calculer la probabilité pour que la tête soit rose.

2. Calculer les probabilités des événements suivants :

A = « colorier la tête et la jupe de la même couleur »,

B = « colorier les trois zones de couleurs différentes »,

C = « colorier deux zones au moins de la même couleur ».

7

Le singe savant Hector a reçu la mission suivante : recopier les six lettres du mot CHEVAL sur des cartons de couleurs différentes, mélanger les cartons dans un chapeau, tirer au hasard et successivement deux d'entre eux et les disposer devant lui dans l'ordre du tirage. On dit qu'il a ainsi écrit un « mot » de deux lettres (les « mots » AL et LA sont différents).

1. Déterminer le nombre de « mots » différents qu'il peut former.

2. Calculer les probabilités des événements suivants :

A = « Hector a écrit un mot commençant par une consonne »,

B = « il a écrit un mot composé de deux consonnes »,

C = « la première lettre du mot est un C »,

D = « le mot ne contient ni V, ni L »,

E = « le mot contient les lettres V ou L ».

8

Dans une urne, il y a 6 boules dont 2 noires. On tire simultanément et au hasard 3 boules de l'urne.

1. Déterminer le nombre de tirages possibles (faire un arbre de choix).

2. Calculer les probabilités des événements suivants :

A = « avoir 3 boules non noires » ;

B = « avoir 2 boules noires » ;

C = « avoir au moins une boule noire » ;

D = « avoir 3 boules noires » ;

Si on tire au moins une boule noire parmi les trois boules tirées simultanément, alors on gagne 10 F. Quelle est la probabilité de gagner ?

3. Maintenant, le jeu consiste en un premier tirage simultané de 3 boules ; on note les couleurs, puis on remet les 3 boules dans l'urne et on recommence une deuxième fois. On tire ainsi 2 fois de suite 3 boules.

À l'aide d'un « arbre-gui » (gagné-perdu), déterminer la probabilité de gagner 20 F à ce jeu, puis celle de gagner au moins 10 F.

9

On veut ranger 4 paires de chaussettes dans 3 tiroirs (bien sûr, elles peuvent être rangées dans le même tiroir).

1. On prend une paire de chaussettes et on la met au hasard dans un tiroir, et ainsi de suite pour les autres paires.

a) Calculer le nombre de rangements possibles.

b) Calculer la probabilité pour que les chaussettes soient toutes dans le même tiroir.

c) Calculer la probabilité pour que chacune des paires de chaussettes soit isolée dans un tiroir différent des autres.

En déduire la probabilité pour qu'il y ait au moins deux paires de chaussettes dans le même tiroir.

2. Il y a maintenant 5 tiroirs et toujours 4 paires de chaussettes.

Reprendre toutes les questions précédentes dans ce cas.

10

Il y a 12 chevaux au départ d'un tiercé et ils ont tous les mêmes chances d'arriver.

1. Calculer le nombre d'arrivées possibles de 3 chevaux.

2. Vous jouez 3 chevaux dans l'ordre ; quelle est votre probabilité de gagner ?

3. Pour avoir un peu plus de chance, vous jouez sur 5 chevaux. Si 3 des 5 chevaux sont à l'arrivée, vous gagnez. Calculer le nombre d'arrivées qui vous seront favorables. En déduire votre probabilité de gagner.

I

Un appareil fabriqué en très grande série peut être défectueux à cause de deux défauts seulement désignés par W et Z.
On a constaté que 18 % des appareils fabriqués ont le défaut Z, que 9 % des appareils ont le défaut W et 7 % ont les deux défauts.

1. Un client achète au hasard un de ces appareils. Déterminer les probabilités des évènements suivants :

E = « l'appareil a les deux défauts »,
D = « l'appareil a le défaut Z ou le défaut W »,
F = « l'appareil n'a qu'un seul défaut »,
B = « l'appareil n'a aucun défaut ».

Citer deux événements contraires parmi les événements E, D, F, B.

2. Un client achète trois de ces appareils, toujours au hasard. S'il détecte un défaut (W ou Z) on lui change l'appareil et, en réparation du préjudice, on lui donne 500 F. À l'aide d'un arbre, calculer la probabilité pour qu'on lui donne 1 000 F.

Donner les résultats en nombre décimal.

II

Un enfant joue avec les lettres du mot FLEURS écrites sur des cartons.
Il prend au hasard une lettre, la recopie sur un papier et la repose dans le tas.
Il prend ainsi à la suite l'une de l'autre 3 lettres et a formé un « mot » de trois lettres. (Ce « mot » peut contenir des lettres identiques.)

1. a) Quel est le nombre de « mots » différents qu'il peut former ainsi ?
b) Quel est le nombre de « mots » ayant des lettres toutes différentes ?
c) En déduire la probabilité pour que l'enfant écrive un « mot » ayant des lettres toutes différentes.
d) Énoncer par une phrase l'événement contraire à l'événement précédent et calculer sa probabilité.

2. Déterminer les probabilités des événements suivants :

E = « l'enfant écrit un " mot " commençant par une consonne »,
F = « l'enfant écrit un " mot " commençant et finissant par la même lettre »,
$G = E \cap F$.
En déduire la probabilité de l'événement $E \cup F$.

3. Déterminer la probabilité pour que l'enfant écrive un « mot » ayant toutes ses lettres identiques ou toutes ses lettres différentes.

Donner les résultats en fraction irréductible

Grille d'évaluation

A Reconnaître ce qu'il faut faire

B Réaliser ou appliquer

++ réussite totale
+ réussite partielle
– échec partiel
– – échec total
/ non traité

	n° dans le test	A	B
Calculer une fréquence			
Traduire un pourcentage ou « avoir *p* chances sur *n* » en probabilité	I_1		
Calculer une probabilité à partir d'évènements élémentaires	I_1		
Connaître ce que signifie « ou » et « et » en probabilité	I_1 $II_{2,3}$		
Reconnaître deux évènements disjoints et calculer la probabilité de leur réunion	I_1 II_3		
Calculer la probabilité d'une réunion d'évènements	I_1 II_2		
Reconnaître un évènement contraire à un precédent et calculer sa probabilité	I_1 II_1		
Reconnaître et dresser un schéma de partition	I		
Reconnaître un cas d'équiprobabilité et la formule de base	II		
Reconnaître la méthode à employer pour dénombrer les cas en équiprobabilité	$II_{1,2,3}$		
Dresser un « arbre-gui »	I_2		
Vérifier que la probabilité est un nombre entre 0 et 1	partout		
BILAN			

S'exprimer			Présenter	

Correction du test

I.

Schéma de partition :

	Défaut Z	$9 - 7$	
Défaut W	7 %	2 %	}9 %
$18 - 7$ →	11 %	80 %	
	18 %	$100 - 7 - 2 - 11$	

① • 7 % des appareils ont les deux défauts, donc la probabilité pour que l'appareil acheté ait les deux défauts est : $p(E) = 7\ \% = 0{,}07$.

• $p(D) = p$ (« avoir le défaut Z ou le défaut W »)
$= p$ (« avoir le défaut Z ») $+ p$ (« avoir le défaut W »)
$- p$ (« avoir les deux défauts »)
$= 0{,}18 + 0{,}09 - 0{,}07 = 0{,}2$.

• Il y a 18 % des appareils qui ont le défaut Z et 7 % des appareils ont les deux défauts, donc 11 % des appareils n'ont que le défaut Z. De même, 2 % des appareils n'ont que le défaut W. On peut ainsi compléter le schéma de partition.

F = « n'avoir qu'un seul défaut ».
Cet évènement est la réunion de deux évènements disjoints : « n'avoir que le défaut Z » ; « n'avoir que le défaut W »,
d'où $p(F) = p$ (« n'avoir que le défaut Z »)
$+ p$ (« n'avoir que le défaut W »)
$= 0{,}11 + 0{,}02 = 0{,}13$.

• D'après la partition, 80 % des appareils n'ont pas de défaut. Donc $p(B) = 0{,}8$.

• Parmi ces évènements, D et B sont deux évènements contraires, car « n'avoir aucun défaut » est le contraire de « avoir au moins un défaut », c'est-à-dire « avoir le défaut Z ou le défaut W ».

② Un client achète 3 appareils. La probabilité pour qu'un appareil soit défectueux est $p(D) = 0{,}2$ et la probabilité pour qu'un appareil soit bon est $p(B) = 0{,}8$.

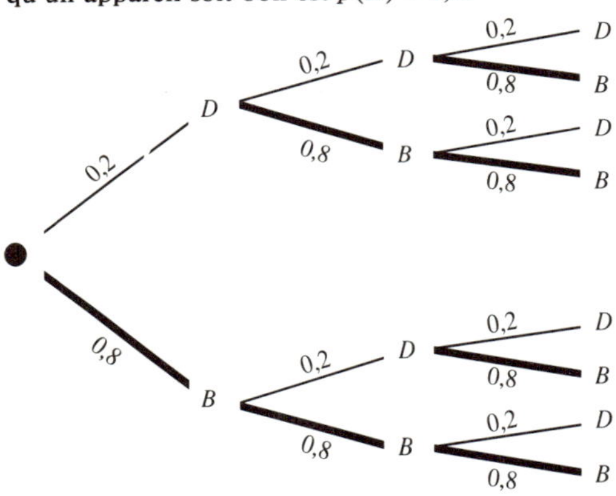

Pour que l'on donne 1 000 F d'indemnisation à ce client, il faut qu'il détecte deux appareils défectueux.
D'après l'arbre il y a 3 cas, et
p (« recevoir 1 000 F ») $= p(D, D, B) + p(D, B, D) + p(B, D, D)$
$= 0{,}2 \times 0{,}2 \times 0{,}8 + 0{,}8 \times 0{,}8 \times 0{,}2$
$+ 0{,}8 \times 0{,}2 \times 0{,}2 = 0{,}096$.

Ce client à 9,6 % de chances de recevoir 1 000 F.

II.

FLEURS : il y a 6 lettres dont 4 consonnes.
Les tirages de 3 lettres sont équiprobables.

① a) Schéma d'un mot de 3 lettres.

↑ 6 choix	↑ 6 choix	↑ 6 choix

Il y a $6 \times 6 \times 6 = 216$ « mots » différents.
Il y a toujours 6 lettres utilisables.

b) Schéma d'un mot de 3 lettres toutes différentes.

↑ 6 choix	↑ 5 choix	↑ 4 choix

(On ne peut plus utiliser la lettre précédente.)

$6 \times 5 \times 4 = 120$ « mots ».

c) La probabilité pour qu'il écrive un mot avec les lettres toutes différentes est : $p(A) = \frac{120}{216} = \frac{5}{9}$.

d) Le contraire de l'évènement A,
A = « écrire un mot ayant toutes les lettres différentes »
est $\bar{A}$ = « ne pas avoir un mot ayant toutes les lettres différentes »,
c'est-à-dire « avoir un mot ayant au moins deux lettres identiques » ;
et la probabilité est $p(\bar{A}) = 1 - p(A) = 1 - \frac{5}{9} = \frac{4}{9}$.

② E = « l'enfant écrit un mot commençant par une consonne ».

consonne		
↑ 4 choix	↑ 6 choix	↑ 6 choix

$p(E) = \frac{4 \times 6 \times 6}{216} = \frac{4}{6} = \frac{2}{3}$.

F = « l'enfant écrit un mot commençant et finissant par la même lettre ».

▲		▲
↑ 6 choix	↑ 6 choix	↑ 1 choix : la 1re lettre choisie

$p(F) = \frac{6 \times 6 \times 1}{216} = \frac{1}{6}$.

$E \cap F$ = « l'enfant écrit un mot commençant et finissant par une consonne ».

consonne		consonne
↑ 4 choix	↑ 6 choix	↑ 1 choix : la 1re consonne choisie.

$p(E \cap F) = \frac{4 \times 6 \times 1}{216} = \frac{1}{9}$.

D'où $p(E \cup F) = p(E) + p(F) - p(E \cap F)$
$= \frac{2}{3} + \frac{1}{6} - \frac{1}{9} = \frac{24 + 6 - 4}{36} = \frac{26}{36} = \frac{13}{18}$.

($E \cup F$ = « l'enfant écrit un mot commençant par une consonne ou finissant par la même lettre que la 1re lettre ».)

③ Appelons A = « avoir toutes les lettres différentes » (voir question 1) et B = « avoir toutes les lettres identiques ».
Ces deux évènements sont disjoints.

↑ 6 choix	↑ 1 choix	↑ 1 choix

$p(B) = \frac{6 \times 1 \times 1}{216} = \frac{1}{36}$.

D'où $p(A \cup B) = p(A) + p(B) = \frac{5}{9} + \frac{1}{36} = \frac{21}{36} = \frac{7}{12}$.

Thème 8 Fonctions rationnelles

Objectifs

1. ***Reprendre les calculs de dérivées et les lectures graphiques pour des fonctions rationnelles.***
2. ***Étudier une fonction rationnelle sur un intervalle borné et tracer sa courbe représentative.***
3. ***Étudier le comportement d'une fonction rationnelle simple pour les grandes valeurs de la variable.***

Plan

Ce que vous devez savoir et savoir faire à la fin de ce thème

- *Connaître le plan d'étude d'une fonction.*
- *Énoncer les théorèmes donnant l'ensemble, de définition et l'ensemble de dérivabilité d'une fonction rationnelle.*
- *Connaître le plan d'étude des variations d'une fonction.*
- *Connaître le comportement de la fonction inverse aux bornes de son ensemble de définition.*
- *Connaître le lien entre le comportement pour les grandes valeurs de x et la notion de limite à l'infini.*

- *Reconnaître une fonction rationnelle.*
- *Donner son ensemble de définition et son ensemble de dérivabilité.*
- *Calculer la dérivée d'une fonction rationnelle et étudier les variations.*
- *Déterminer les coordonnées des points d'intersection de la courbe avec les axes.*
- *Étudier le comportement d'une fonction rationnelle pour les grandes valeurs de x.*
- *Interpréter ce comportement en terme de limite et graphiquement.*

I. Pour mémoire

1. *Étude du signe d'une expression rationnelle* (voir les thèmes 1 et 2)

Une expression rationnelle comporte un trait de fraction avec « x au-dessous ».

Exemple ▶ Soit $A(x) = -4 + \dfrac{1}{(x+2)^2}$.

- On cherche la (les) **valeur(s) interdite(s)** : $(x+2)^2 = 0 \Longleftrightarrow x + 2 = 0 \Longleftrightarrow x = -2$, donc V.I. = − 2.
- On réduit au même dénominateur (si cela n'est pas déjà fait) : $A(x) = -4 + \dfrac{1}{(x+2)^2} = \dfrac{\qquad\qquad}{(x+2)^2}$, d'où
- On **factorise** le numérateur (si possible) (ici une différence de deux carrés) : $A(x) =$
- On cherche les valeurs annulant le numérateur :
- On dresse le ***tableau de signes*** :

x	
$(x+2)^2$	
$A(x)$	

Ne pas oublier la double barre pour la valeur interdite.

Théorèmes

- **Un carré est toujours positif ou nul.**
- **La somme d'un carré et d'un réel positif est toujours strictement positive.**

EXERCICE

1. Étudier le signe des expressions suivantes :

$B(x) = \dfrac{-5}{(2x+1)^2}$.

$C(x) = -1 - \dfrac{1}{x^2}$.

2. *Calcul de la dérivée de fonction rationnelle* (voir le thème 3.)

Il y a deux formules à utiliser :

quand il y a x seulement **en bas**

ou

quand il y a x **en haut et en bas**

$\dfrac{\textit{nombre}}{u}$	**a pour dérivée**	$\dfrac{\textit{nombre} \times (-u')}{(u)^2}$
$\dfrac{u}{v}$	**a pour dérivée**	$\dfrac{u'v - v'u}{(v)^2}$

EXERCICES

2. $f(x) = \dfrac{-3}{2x-4}$.

$f'(x) =$

3. $f(x) = \dfrac{x^2-9}{x^2-1}$.

$f'(x) =$

4. $f(x) = 2x + 1 - \dfrac{1}{x}$.

$f'(x) =$

5. $f(x) = -x + 3 + \dfrac{4}{x-2}$.

6. $f(x) = \dfrac{x^2-4}{2x}$.

3. *Lectures graphiques* (Toutes ces courbes sont celles de fonctions rationnelles, voir le thème 4.)

7. Tableau complet des variations :

x	
$f'(x)$	
$f(x)$	

Extremums :
$f'(1) =$; $f(5) =$.

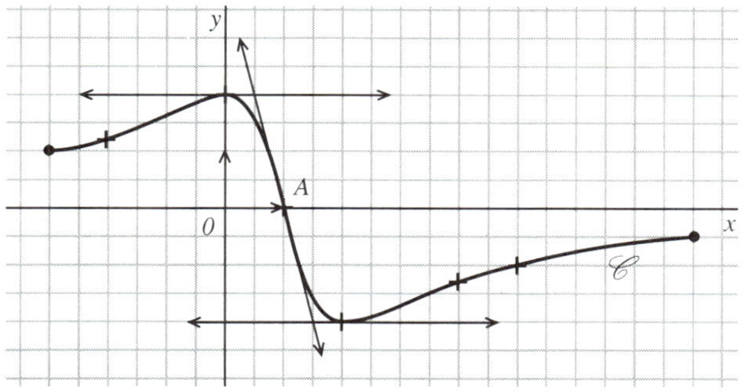

8.

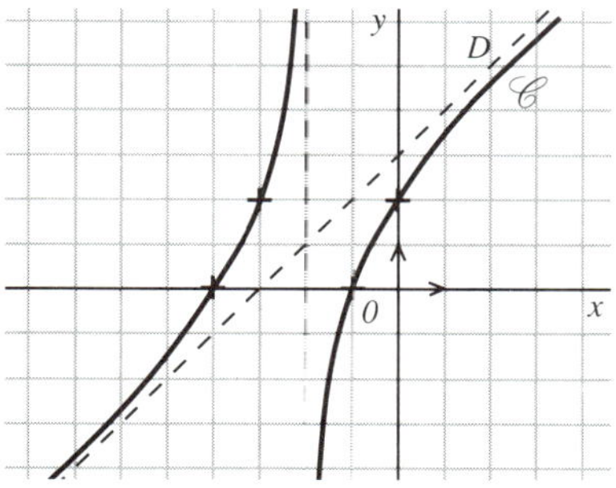

Résoudre $f(x) \leqslant 2$.

9.

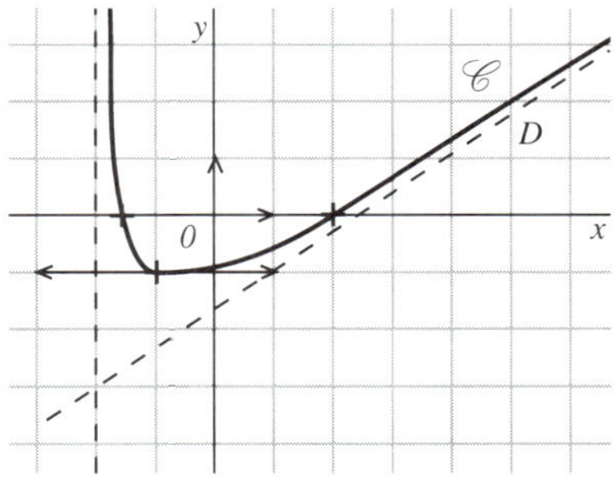

Donner la position de la courbe $\mathscr{C}$ par rapport à la droite D.

10.

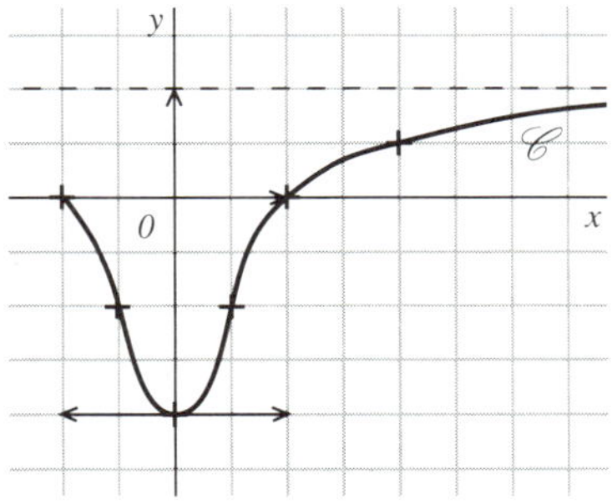

Résoudre $f(x) > -1$.

II. *Étude d'une fonction rationnelle définie sur un intervalle borné**

1. *Généralité : Plan d'étude d'une fonction* (revoir le thème 5 également)

a) Nature et ensemble de définition.
b) Étude des variations :
- **ensemble de dérivabilité ;**
- **calcul de la dérivée, $f'(x)$;**
- **étude du signe de l'expression correspondant à la dérivée dans un tableau ;**
- **tableau des variations *sur l'ensemble de définition ;***
- **énoncé des variations (attention à la précision du vocabulaire).**

c) Indications données par le tableau des variations :
- **tangente(s) horizontale(s) ;**
- **extremums relatifs.**

d) Étude aux bornes de l'ensemble de définition.

* Intervalle borné : intervalle qui n'a pas pour borne l'infini. Exemples : $[-2; 4]$, $[0{,}1; 10]$ sont des intervalles bornés. Par contre $[-2; +\infty[$, $]-\infty, 3]$, $\mathbb{R}$ ne sont pas bornés.

Appliquons ce plan d'étude aux fonctions rationnelles à travers des exemples.

2. Nature et ensemble de définition

■ a. Reconnaissance de la nature d'une fonction

On reconnaît une fonction rationnelle f par son expression $f(x)$ qui comporte un trait de fraction avec la variable x au dénominateur.

EXERCICE

11. Parmi les fonctions suivantes, entourer celles qui sont des fonctions rationnelles :

• $f : x \mapsto \dfrac{-3}{x-2}$ • $g(x) = \dfrac{x^2 - 3x + 1}{2}$ • $h(x) = 3 - 5x + \dfrac{2}{x^2}$ • $k(x) = \dfrac{3}{2}(x-2)^2$ • $l(x) = \dfrac{2 - x\sqrt{3}}{x+4}$.

⚠ $f : x \mapsto \dfrac{x}{\sqrt{x}+1}$ n'est pas une fonction rationnelle, mais une fonction irrationnelle (voir thème 3).

■ b. Ensemble de définition

Théorème 1

Une fonction rationnelle est *définie sur* l'ensemble donné au départ privé des valeurs annulant le dénominateur (valeurs interdites).

Pour chercher les **valeurs interdites**, on résout l'équation **(dénominateur) = 0.**

Exemples ▶

• $f : x \mapsto \dfrac{3x-5}{(x+2)^2}$.

L'ensemble de départ n'est pas précisé, donc c'est $\mathbb{R}$.

Comme $(x+2)^2 = 0 \Longleftrightarrow x + 2 = 0 \Longleftrightarrow x = -2$, V.I. $= -2$.

D'où $\mathscr{D}_f = \mathbb{R} \setminus \{-2\}$ (qui se lit « $\mathbb{R}$ privé de -2 »).

• g définie par $g(x) = 2x - 1 + \dfrac{1}{x+1}$ sur $[0; +\infty[$.

Comme $(x+1) = 0 \Longleftrightarrow x = -1$, alors V.I. $= -1$ qui n'appartient pas à $[0; +\infty[$, l'ensemble donné au départ.

D'où $\mathscr{D}_g = [0; +\infty[$.

EXERCICE

12. Trouver les ensembles de définition des fonctions suivantes :

• f définie sur $]2; 10]$ par $f(x) = x + 1 - \dfrac{1}{x-2}$:

• h définie sur $[0,1 : 7]$ par $g(x) = \dfrac{2x-1}{3x}$:

• $g : x \mapsto \dfrac{6x}{x^2+4}$:

3. Étude des variations d'une fonction, à l'aide de deux exemples à compléter

Exemple 1 ▶

$f : x \mapsto \dfrac{4}{x^2+1}$

avec $\mathscr{D}_f = [-7; 7]$.

Exemple 2 ▶

$g : x \mapsto -x - 4 - \dfrac{4}{x-3}$

avec $\mathscr{D}_g = \left[-7; \dfrac{5}{2}\right]$.

■ a. Ensemble de dérivabilité

Théorème 2

Une fonction rationnelle est dérivable sur son ensemble de définition.

• $\mathscr{D}_{f'} =$

• $\mathscr{D}_{g'} =$

■ b. Calcul de la dérivée avec factorisation s'il y a lieu.

$f'(x) =$

$g'(x) =$

■ c. Signe de l'expression correspondant à la dérivée (factorisée s'il y a lieu)

• Pour f :

• Pour g :

Théorème utilisé

Le dénominateur de la dérivée d'une fonction rationnelle est un carré, toujours positif ou nul (nul pour la (les) valeur(s) interdite(s)).

■ d. Tableau des variations sur l'ensemble de définition

x	-7	7
$f'(x)$		
$f(x)$		

x	-7	$\frac{5}{2}$
$g'(x)$		
$g(x)$		

■ e. Énoncé des variations (en phrases précises)

• Pour f :

• Pour g :

4. Indications données par le tableau des variations

■ a. Tangente horizontale

Théorème 3

Si la dérivée s'annule, alors au point correspondant la tangente à la courbe est horizontale.

• Pour f :

• Pour g :

■ b Extremums relatifs

Théorème 3'

Si la dérivée s'annule en changeant de signe, alors la fonction admet un extremum relatif (maximum ou minimum).

• Pour f :

• Pour g :

5. *Étude aux bornes de l'ensemble de définition*

Lorsque l'ensemble de définition est un intervalle fermé borné, il suffit de calculer les valeurs et de compléter ensuite le tableau des variations avec les valeurs trouvées.

- $f : x \mapsto \dfrac{4}{x^2+1}$ avec $\mathscr{D}_f = [-7\,;\,7]$.

$f(-7) =$

$f(7) =$

- $g : x \mapsto -x-4-\dfrac{4}{x-3}$ avec $\mathscr{D}_g = \left[-7\,;\,\dfrac{5}{2}\right]$.

$g(-7) =$

$g\left(\dfrac{5}{2}\right) =$

6. *Tracé de la courbe représentative* (il faut calculer des valeurs)

- Pour $\mathscr{C}_f$:

x	-7	-3	-2	-1	0	1	2	3	7
y									

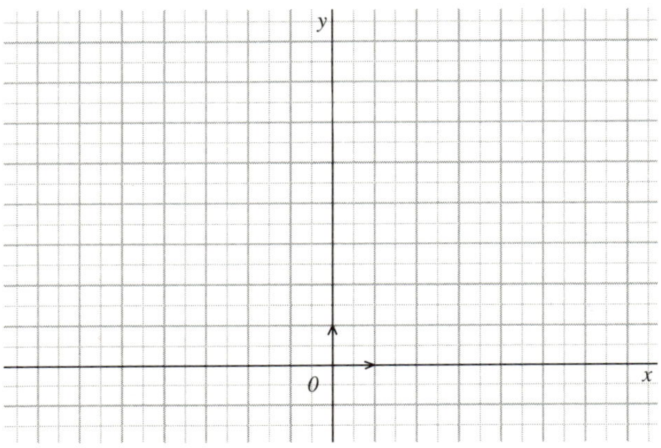

Résoudre graphiquement $f(x) \geqslant 2$.

- Pour $\mathscr{C}_g$:

x	-7	-5	-2	-1	1	2	$\frac{5}{2}$
y							

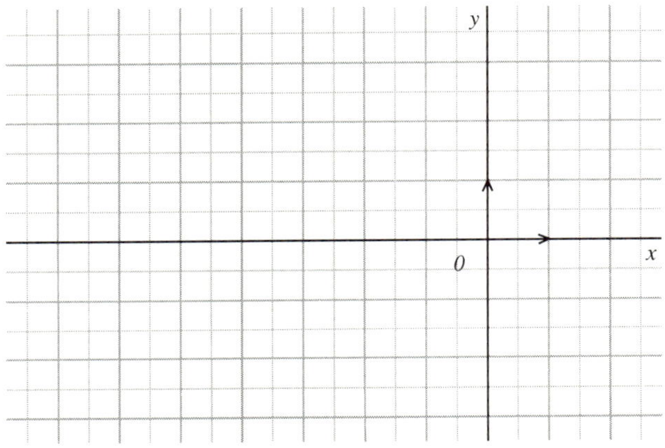

Lectures graphiques :

- Résoudre graphiquement : $-2 \leqslant g(x) \leqslant 1{,}5$.
- Trouver des valeurs approchées des solutions de l'équation $g(x) = 0$.

7. *Questions supplémentaires possibles*

■ a. Équation de la tangente à la courbe au point d'abscisse x_0

Rappel

L'équation réduite de la tangente s'écrit :

$$y = a(x - x_0) + y_0 \quad \text{avec} \quad \begin{cases} a = f'(x_0), \text{ coefficient directeur, calculé dans la dérivée } f'(x). \\ y_0 = f(x_0), \text{ ordonnée du point, calculée dans } f(x). \end{cases}$$

- Pour $f : x \mapsto \dfrac{4}{x^2+1}$, $f'(x) =$
- Équation de la tangente au point d'abscisse -1 :

$a = f'(-1) =$; $y_0 =$

- Pour $g : x \mapsto -x-4-\dfrac{4}{x-3}$; $g'(x) =$
- Équation de la tangente au point d'abscisse 2 :

■ b. Intersection de la courbe avec les axes

• *Axe des ordonnées*

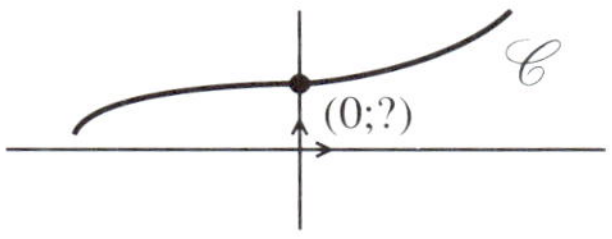

Si la valeur 0 est dans l'ensemble de définition, la courbe coupe l'axe des ordonnées en un seul point d'abscisse 0 :
Pour connaître l'ordonnée de ce point, on calcule $\boldsymbol{f(0)}$.

EXERCICE

13. $f(x) = \dfrac{2x - 3}{x^2 + 4}$ définie sur $[-5\,;6]$, $0 \in \mathscr{D}_f$. $f(0) =$

Donc le point d'intersection de $\mathscr{C}$ avec l'axe des ordonnées est (0;   ).

• *Axe des abscisses*

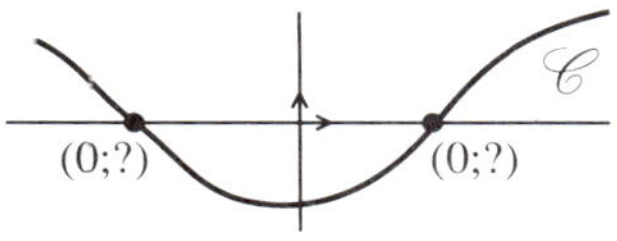

La courbe peut traverser une ou plusieurs fois l'axe des abscisses, ou encore pas du tout.
L'ordonnée de ces points est 0.
Pour connaître les abscisses de ces points, on résout l'équation $\boldsymbol{f(x) = 0}$.

EXERCICE

14. $f(x) = 2x - 3 + \dfrac{2}{x+1}$ définie sur $[0;\,10]$.

On résout $f(x) = 0$, c'est-à-dire $2x - 3 + \dfrac{2}{x+1} = 0$.

Rappel de méthode :
- on réduit au même dénominateur,
- on applique *la règle du quotient nul :*

Un quotient est égal à zéro si le numérateur est égal à zéro.

- Le numérateur est un polynôme du 2ᵉ degré avec 3 termes : donc on cherche une racine évidente ou sinon la forme canonique (voir le thème 1).
- **On vérifie si les solutions trouvées appartiennent à l'ensemble de définition,** ici $[0;\,10]$.

Donc le(s) point(s) d'intersection de $\mathscr{C}$ avec l'axe des abscisses est (sont) :

III. Comportement pour les grandes valeurs de x

1. Rappel : Fonction inverse

$f : x \mapsto \dfrac{1}{x}$. ⚠ À ne pas confondre avec l'opposé : $-x$!

■ a. Petites questions

EXERCICE

15. L'inverse de 5 est :   ; l'inverse de $-\dfrac{2}{5}$ est :   ; l'inverse de 100 est :   ; l'inverse de 0,04 est :   .

Quel est le signe de l'inverse d'un nombre négatif ?

0 a-t-il un inverse ?   Quels sont les nombres qui sont égaux à leurs inverses ?

Si un nombre est grand, que pouvez-vous dire de son inverse ?

Quel est l'inverse de mille ?   ; d'un milliard ?   ; de 10^{-6} ?   .

■ b. Représentation graphique de la fonction inverse

La courbe de la fonction inverse est l'*hyperbole* d'équation $y = \frac{1}{x}$.

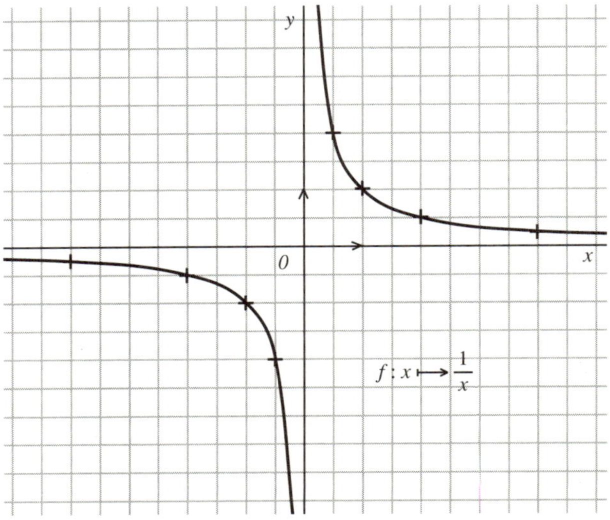

Tableau des variations :

x	$-\infty$	0	$+\infty$
$\frac{1}{x}$	$0 \searrow -\infty$	‖	$+\infty \searrow 0$

- 0 est valeur interdite.
- La fonction inverse est décroissante sur $]-\infty\,;0[$ et sur $]0\,;+\infty[$.

Remarque :
D'après le graphique, pour les grandes valeurs de x positives ou négatives, la courbe de la fonction inverse se rapproche de l'axe des abscisses d'équation $y = 0$.
Pour les valeurs de x proches de zéro, la courbe se rapproche de l'axe des ordonnées.

■ c. Étude de la fonction inverse aux bornes de son ensemble de définition $]-\infty\,;0[\,\cup\,]0\,;+\infty[$

$\lim\limits_{x \to +\infty} \frac{1}{x} = 0$ et $\lim\limits_{x \to -\infty} \frac{1}{x} = 0.$

L'inverse d'une grande valeur est une valeur proche de zéro.

$\lim\limits_{\substack{x \to 0 \\ x > 0}} \frac{1}{x} = +\infty$ et $\lim\limits_{\substack{x \to 0 \\ x < 0}} \frac{1}{x} = -\infty.$

L'inverse d'une petite valeur, proche de zéro, est une grande valeur.

EXERCICE

16. Déterminer les limites suivantes :

$\lim\limits_{x \to +\infty} -\frac{3}{x} =$ | $\lim\limits_{x \to +\infty} \frac{5}{2x} =$ | $\lim\limits_{x \to -\infty} -\frac{2}{x^2} =$ | $\lim\limits_{x \to +\infty} \frac{-4}{x} =$

$\lim\limits_{x \to -\infty} \frac{1}{x^3} =$ | $\lim\limits_{\substack{x \to 0 \\ x > 0}} \frac{-1}{2x} =$ | $\lim\limits_{\substack{x \to 0 \\ x < 0}} \frac{3}{x} =$ | $\lim\limits_{\substack{x \to 0 \\ x < 0}} \frac{-2}{x^2} =$

2. *Calcul d'expressions rationnelles pour des grandes valeurs*

Exemple ► $f(x) = \frac{-2x + 3}{x - 1}$.

$f(1\,000) = \frac{-2 \times 1\,000 + 3}{1\,000 - 1} \approx -1{,}998\,9$; très proche de -2.

$f(-1\,000) = \frac{-2 \times (-1\,000) + 3}{-1\,000 - 1} \approx -2{,}000\,9$; très proche de -2.

EXERCICE

17. À l'aide d'une calculatrice, donner une valeur approchée simple des expressions suivantes pour $x = 1\,000$ et $x = -1\,000$:

- $f(x) = \frac{2x - 1}{x^2 - 4}$
- $g(x) = \frac{x^2 - 3x + 2}{x}$
- $h(x) = 3 + \frac{4}{x + 1}$
- $k(x) = \frac{x}{2} - 1 - \frac{2}{x}$

3. Comportement des fonctions rationnelles pour les grandes valeurs de x : limite à l'infini

a. Étude d'un exemple

On considère la fonction f définie sur $]2;+\infty[$ par $f(x)=\dfrac{2x-1}{x^2-4}$.

On cherche son comportement en $+\infty$, c'est-à-dire pour des grandes valeurs positives de x :
$f(100)\approx 0{,}0199$; $f(1000)\approx 0{,}001999$. Ces valeurs sont très proches de zéro.
Or $2x-1$ et x^2-4 sont des polynômes. À l'infini, une fonction polynôme se comporte comme son terme de plus haut degré.
Ainsi, $2x-1$ se comporte comme $2x$ et x^2-4 se comporte comme x^2.

Donc $\dfrac{2x-1}{x^2-4}$ se comporte comme $\dfrac{2x}{x^2}$. Mais $\dfrac{2x}{x^2}$ se simplifie en $\dfrac{2}{x}$ $\left(\text{car } \dfrac{2x}{x^2}=\dfrac{2\times x}{x\times x}\right)$.

D'où $\lim\limits_{x\to+\infty}\dfrac{2x-1}{x^2-4}=\lim\limits_{x\to+\infty}\dfrac{2x}{x^2}=\lim\limits_{x\to+\infty}\dfrac{2}{x}=0$.

b. Limite à l'infini d'une fonction rationnelle

On peut procéder de la même façon pour n'importe quelle fonction rationnelle.

Théorème 4

> ***À l'infini,* une fonction rationnelle se comporte comme le quotient de ses termes de plus haut degré.**

En conséquence, **à l'infini**, une fonction rationnelle a mêmes limites que le quotient de ses termes de plus haut degré.

Remarque : Suivant le degré de ces termes, cette limite peut être infinie, ou égale à un nombre, ou égale à zéro.

EXERCICES

18. Donner le quotient des termes de plus haut degré des expressions suivantes, puis sa forme simplifiée :

a) $\dfrac{2x^2+x-1}{2x+1}$:

b) $\dfrac{-x^2+1}{x^2-1}$:

c) $\dfrac{3x-1}{2-x}$:

d) $\dfrac{5}{x^2+1}$:

e) $\dfrac{2+3x}{2x}$:

f) $\dfrac{x^2+x-3}{4-x}$:

19. Déterminer les limites suivantes en utilisant le théorème **4** :

a) $\lim\limits_{x\to+\infty}\dfrac{x^2-2x+1}{x^2+1}=$

b) $\lim\limits_{x\to-\infty}\dfrac{2x-1}{x^2+4}=$

c) $\lim\limits_{x\to-\infty}\dfrac{x^2-5}{x-3}=$

d) $\lim\limits_{x\to+\infty}\dfrac{3}{2x+1}=$

e) $\lim\limits_{x\to+\infty}\dfrac{3x+2}{5-x}=$

f) $\lim\limits_{x\to+\infty}\dfrac{4-x^2}{x+3}=$

⚠ Ne pas oublier d'écrire le symbole lim tant qu'il y a x dans l'écriture.

Remarque : On constate que lorsque le dénominateur a un degré supérieur à celui du numérateur, alors la limite à l'infini est nulle, comme pour la fonction inverse.

4. Étude du comportement à l'infini d'une fonction rationnelle

a. Étude d'un exemple

Soit f la fonction définie sur $[\ 0; +\infty[$ par $f(x) = \frac{1}{2}x + 1 + \frac{2}{x+1}$. f est une fonction rationnelle.

- On remarque que l'expression $f(x)$ est la somme de $g(x) = \frac{1}{2}x + 1$ et $\varphi(x) = \frac{2}{x+1}$.

Vérifier les valeurs du tableau suivant et en déduire les valeurs de $f(x)$:

x	1	3	9	100	1 000
$g(x)$	1,5	2,5	5,5	51	501
$\varphi(x)$	1	0,5	0,2	0,019 8	0,001 998
$f(x)$					

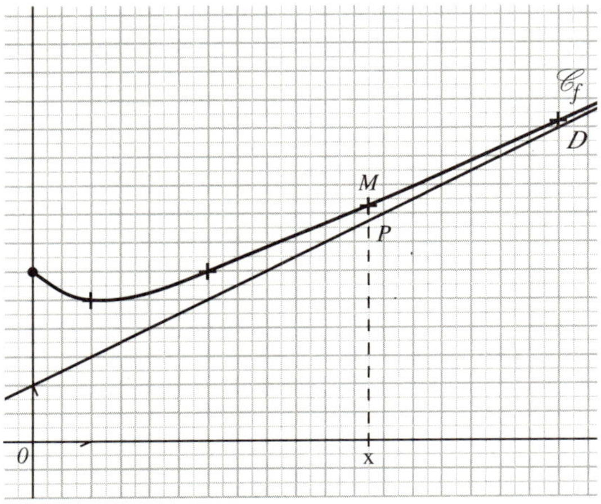

Puisque $\lim\limits_{x \to +\infty} \frac{2}{x+1} = \lim\limits_{x \to +\infty} \frac{2}{x} = 0$, on constate que, pour les grandes valeurs de x, l'expression $\frac{2}{x+1}$ prend des valeurs de plus en plus proches de zéro, ainsi $\frac{1}{2}x + 1 + \frac{2}{x+1}$ se comporte comme $\frac{1}{2}x + 1$.

- Ceci peut s'interpréter graphiquement :

$\mathscr{C}_f$ est la courbe représentative de la fonction f, D la droite d'équation $y = \frac{1}{2}x + 1$, représentative de la fonction affine g, alors à toute valeur x de l'ensemble de définition correspond un point M sur $\mathscr{C}_f$ et un point P sur D;

$\varphi(x)$ permet de quantifier l'écart PM entre la courbe $\mathscr{C}_f$ et la droite D. Et cet écart devient de plus en plus petit pour des grandes valeurs de x, ce qui indique que la courbe $\mathscr{C}_f$ se rapproche de plus en plus de la droite D. On dit que D est asymptote de la courbe $\mathscr{C}_f$.

EXERCICE

20. Soit f la fonction définie sur $[-1; +\infty[$ par $f(x) = -x + 1 + \frac{1}{x+2}$.

- Compléter le tableau suivant :

x	−1	0	1	3	10	100
$-x + 1$						
$\frac{1}{x = 2}$						
$f(x)$						

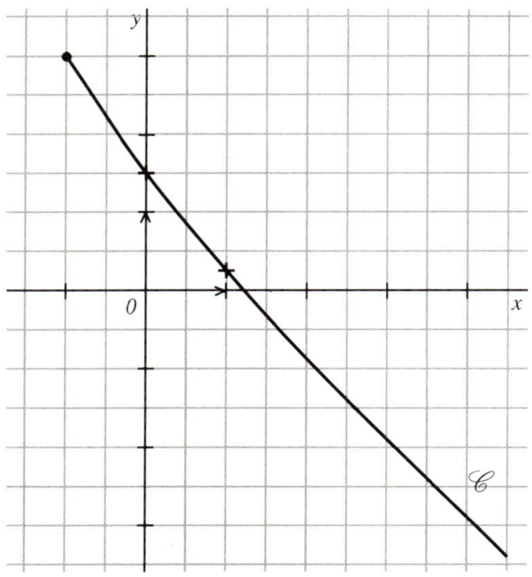

- Tracer la droite d'équation $y = -x + 1$.
- Comment se comporte $f(x)$ pour de grandes valeurs de x ?

EXERCICES

21. On considère la fonction f, définie sur $\left[\frac{1}{2}; +\infty\right[$ par $f(x) = 4 - \frac{2}{x}$.

- Calculer : $f(100) =$; $f(1000) =$.

Quelle est la limite de $f(x)$ quand x tend vers $+\infty$?

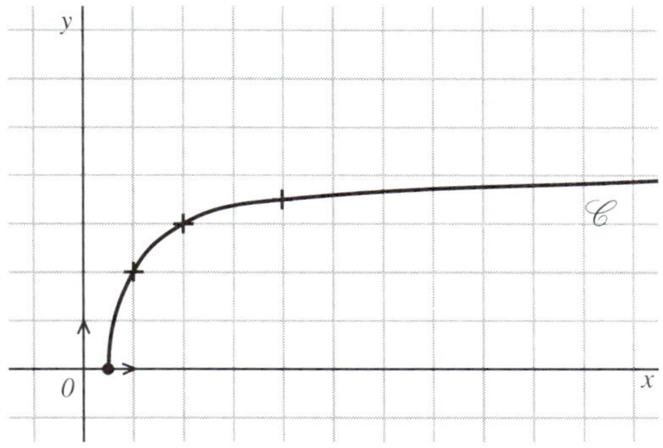

- Tracer la droite d'équation $y = 4$.

Quelle est la position de la courbe $\mathscr{C}_f$ par rapport à cette droite?

Quel est le signe de $-\frac{2}{x}$ sur $\left[\frac{1}{2}; +\infty\right[$?

Que signifie $-\frac{2}{x}$?

22. Soit $f : x \mapsto \frac{x^2 - x + 4}{x - 1}$, définie sur $]-\infty; 0]$.

- Vérifier que $f(x)$ peut s'écrire $x + \frac{4}{x-1}$.
- Déterminer $\lim\limits_{x \to -\infty} \frac{4}{x-1}$.
- Que peut-on en déduire du comportement de $f(x)$ pour les grandes valeurs de x négatives?

b. Généralités

Certaines fonctions rationnelles peuvent s'écrire sous la forme réduite :

$f(x) = ax + b + \varphi(x)$ **ou** $f(x) = ax + \varphi(x)$ **ou** $f(x) = b + \varphi(x)$ **ou** $f(x) = \varphi(x)$,

où a et b sont des réels non nuls et l'expression $\varphi(x)$ prend des valeurs de plus en plus proches de zéro pour des grandes valeurs de x, c'est-à-dire $\lim\limits_{x \to +\infty} \varphi(x) = 0$ ou $\lim\limits_{x \to -\infty} \varphi(x) = 0$.

Dans ces cas, à l'infini, $\varphi(x)$ devient négligeable et suivant sa forme $f(x)$ se comporte comme :

$ax + b$ ou ax ou b ou 0,

et la courbe φ_f se rapproche de plus en plus de la droite D d'équation :

$y = ax + b$ ou $y = ax$ ou $y = b$ ou $y = 0$.

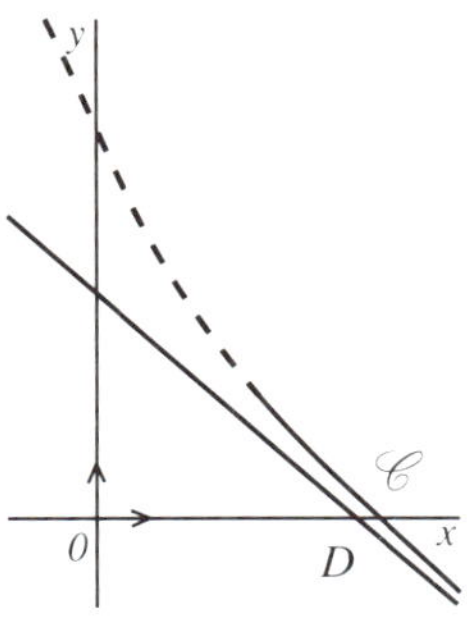

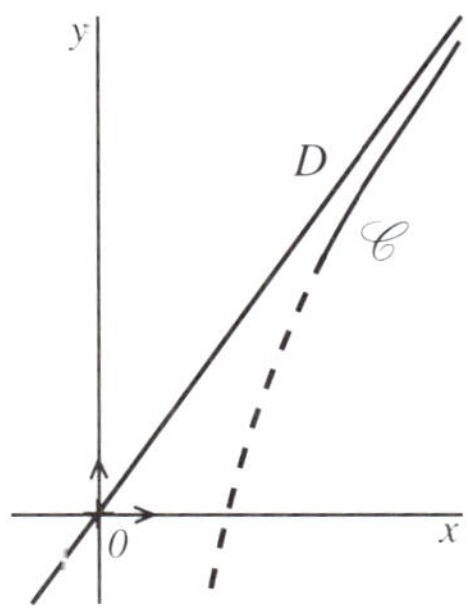

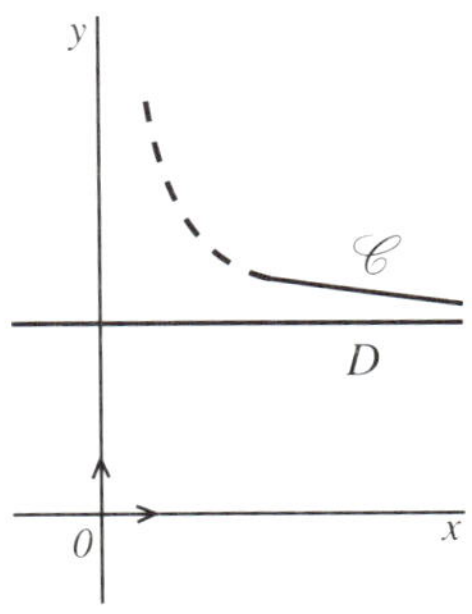

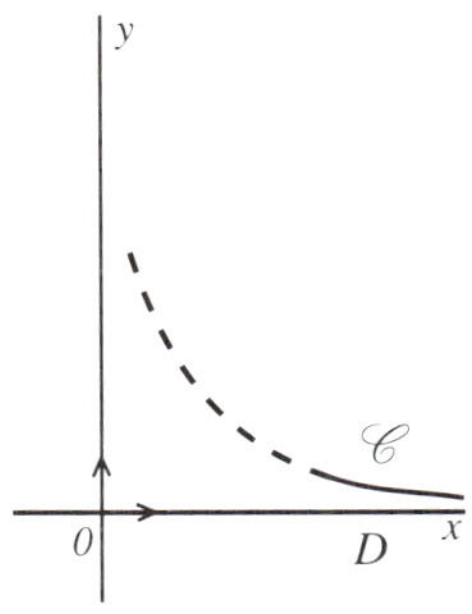

D est l'axe des abscisses.

Remarques : $\varphi(x)$ quantifie l'écart entre la courbe et la droite D.
Pour toutes les valeurs de x de l'ensemble de définition, si :

- $\varphi(x)$ est positif, alors la courbe est située, au-dessus de D,
- $\varphi(x)$ est négatif, alors la courbe est située au-dessous de D.

5. Étude complète d'un exemple

On considère la fonction f définie sur $]-\infty\,;1{,}8]$ par $f(x)=\dfrac{2x^2-x-4}{x-2}$.

f est une fonction rationnelle, la valeur interdite est 2, exclue de l'intervalle donné.

- **Étude aux bornes de l'ensemble de définition $]-\infty\,;1{,}8]$**

En 1,8, borne comprise, $f(1{,}8)=\dfrac{2\times1{,}8^2-1{,}8-4}{1{,}8-2}=\dfrac{0{,}68}{0{,}2}=-3{,}4.$

En $-\infty$, la fonction rationnelle se comporte comme le quotient de ses termes du plus haut degré, donc :

$$\lim_{x\to-\infty} f(x)=\lim_{x\to-\infty}\frac{2x^2-x-4}{x-2}=\lim_{x\to-\infty}\frac{2x^2}{x}=\lim_{x\to-\infty}2x=-\infty.$$

- **Forme réduite de $f(x)$** (donnée dans l'énoncé généralement)

Vérifions que $f(x)$ peut s'écrire sous la forme $2x+3+\dfrac{2}{x-2}$.

Pour cela, **on part de la forme cherchée** et on réduit au même dénominateur :

$$2x+3+\frac{2}{x-2}=\frac{2x(x-2)+3(x-2)+2}{x-2}$$

$$=\frac{2x^2-4x+3x-6+2}{x-2}=\frac{2x^2-x-4}{x-2},$$ ce qui est bien la forme de $f(x)$ donnée au début.

- **Étude du comportement de $f(x)$ pour les grandes valeurs de x** (ici négatives)

On a vérifié que $f(x)=2x+3+\dfrac{2}{x-2}$ avec $x\in]-\infty\,;1{,}8]$.

Or $\displaystyle\lim_{x\to-\infty}\frac{2}{x-2}=\lim_{x\to-\infty}\frac{2}{x}=0.$

Alors $f(x)$ est de la forme $ax+b+\varphi(x)$, avec $ax+b=2x+3$ et $\displaystyle\lim_{x\to-\infty}\varphi(x)=0$,
donc pour les grandes valeurs de x négatives, $f(x)$ se comporte comme $2x+3$.

⚠ Pour conclure, il est nécessaire de vérifier que le terme $\varphi(x)$ a pour limite 0 à l'infini.

Interprétation graphique.
La courbe $\mathscr{C}_f$ se rapproche de plus en plus de la droite D d'équation $y=2x+3$: D est asymptote à la courbe.
Position de la courbe et de la droite : on étudie le signe de $\varphi(x)$ sur l'ensemble de définition.
Comme $x\in]-\infty\,;1{,}8]$, on a $x<2$, alors $\dfrac{2}{x-2}$ est négatif, donc la courbe est située au-dessous de la droite D.

EXERCICES

23. Vérifier que, sur $[0;+\infty[$, $f(x)=\dfrac{3x-1}{x+1}$ peut s'écrire $3-\dfrac{4}{x+1}$.
En déduire le comportement de $f(x)$ pour les grandes valeurs de x positives.

24. Soit $f: x\mapsto\dfrac{2x}{x^2+1}$ définie sur $\mathbb{R}$. Étudier cette fonction aux bornes de son ensemble de définition et interpréter graphiquement le résultat obtenu.

Page 174 Étude de signe d'expression

Exemple

$A(x) = \dfrac{(-2x-3)(2x-5)}{(x+2)^2}$.

Les valeurs annulant le numérateur sont $-\frac{3}{2}$ et $-\frac{5}{2}$ et V.I. = 2.

D'où le tableau de signes :

⚠ Attention à l'ordre des valeurs.

x		$-\frac{5}{2}$		-2		$-\frac{3}{2}$	
$-2x-3$	+		+		+	0	−
$2x+5$	−	0	+		+		+
$(x+2)^2$	+		+	0	+		+
$A(x)$	−	0	+	‖	+	0	−

① a) $B(x) = \dfrac{-5}{(2x+1)^2}$. V.I. $= -\frac{1}{2}$.

x		$-\frac{1}{2}$	
-5	−		−
$(2x+1)^2$	+	0	+
$B(x)$	−	‖	−

b) $C(x) = -1 - \dfrac{1}{x^2} = \dfrac{-x^2-1}{x^2}$

$= \dfrac{-(x^2+1)}{x^2}$.

V.I. = 0 et le numérateur ne s'annule pas.

x		0	
$-(x^2+1)$	−		−
x^2	+	0	+
$C(x)$	−	‖	−

$-(x^2+1)$ est l'opposé de x^2+1 et x^2+1 est toujours strictement positive.

Calcul de dérivées

② $f'(x) = \dfrac{6}{(2x-4)^2}$.

③ $f'(x) = \dfrac{16x}{(x^2-1)^2}$. ④ $f'(x) = 2 + \dfrac{1}{x^2}$.

⑤ $f'(x) = -1 - \dfrac{4}{(x-2)^2}$.

⑥ $f'(x) = \dfrac{2x^2+8}{4x^2}$.

Page 175 Tableau des variations

⑦

x	-3		0		2		8
$f'(x)$		+	0	−	0	+	
$f(x)$	1	↗	2	↘	-2	↗	$-0{,}5$

maximum 2 atteint en 0 ;
minimum − 2 atteint en 2.
$f'(1) = -4$ (pente de la tangente en A).
$f(5) = -1$.

⑧

x	$-\infty$		-2		$+\infty$
$f'(x)$		+	‖	+	
$f(x)$	$-\infty$	↗ $+\infty$	‖	$-\infty$ ↗	$+\infty$

$\mathscr{D}_f =]-\infty ; -2[\cup]-2 ; +\infty[$.
$f(x) \leqslant 2$: S = $]-\infty ; -3] \cup]-2 ; 0]$.

⑨

x	-2		-1		$+\infty$
$f'(x)$	‖	−	0	+	
$f(x)$	‖ $+\infty$	↘	-1	↗	$+\infty$

$\mathscr{D}_f =]-2 ; +\infty[$.
La courbe est située au-dessus de la droite D.

⑩

x	-1		0		$+\infty$
$f'(x)$		−	0	+	
$f(x)$	0	↘	-2	↗	1

$\mathscr{D}_f = [-1 ; +\infty[$. $f(x) > -1$:
S = $\left[-1 ; -\frac{1}{2}\right[\cup \left]\frac{1}{2} ; +\infty\right[$.

Page 176

⑪ Nature : f, h et l sont des fonctions rationnelles. g et k sont des fonctions polynômes.

⑫ $\mathscr{D}_f =]2 ; 10]$;
$\mathscr{D}_g = \mathbb{R}$, car $x^2+4=0 \Leftrightarrow x^2=-4$, ce qui est impossible ; $\mathscr{D}_k = [0{,}1 ; 7]$.

Étude de fonctions rationnelles

Exemple 1.

$f(x) = \dfrac{4}{x^2+1}$; $\mathscr{D}_f = [-7 ; 7]$;

$f'(x) = \dfrac{-8x}{(x^2+1)^2}$ $\qquad -8x = 0 \Leftrightarrow x = 0$

$x^2+1=0 \Leftrightarrow x^2=-1$: impossible.

Page 5

x		0	
$-8x$	+	0	−
$(x^2+1)^2$	+		+
$\dfrac{-8x}{(x^2+1)^2}$	+	0	−

Tableau des variations sur $[-7 ; 7]$:

x	-7		0		7
$f'(x)$		+	0	−	
$f(x)$		↗	4	↘	

- Énoncé des variations :
  sur $[-7 ; 0]$ la dérivée est positive, donc la fonction est croissante ;
  sur $[0 ; 7]$ la dérivée est négative, donc la fonction est décroissante.
- En 0, la dérivée s'annule en changeant de signe, donc la fonction admet un extremum, ici un maximum, qui vaut :
  $f(0) = \dfrac{4}{0+1} = \dfrac{4}{1} = 4$.
  Au point correspondant (0 ; 4), la tangente est horizontale.

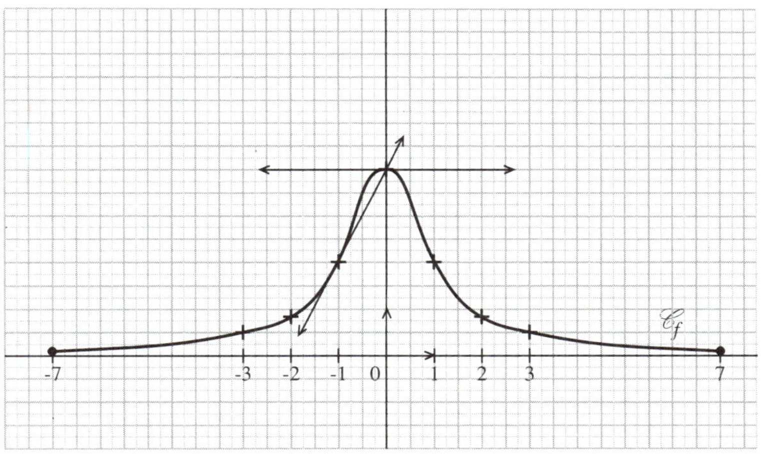

Page 178

$f(-7) = \dfrac{4}{49+1} = 0{,}08$; $f(7) = 0{,}08$.

x	-7	-3	-2	-1	0	1	2	3	7
y	0,08	0,4	0,8	2	4	2	0,8	0,4	0,08

- Lectures graphiques :
  $f(x) \geqslant 2$: on trace la droite horizontale d'équation $y = 2$, et on lit les abscisses des points de la courbe situés au-dessus ou sur cette droite.
  S = $[-1 ; 1]$.
- Tangente à $\mathscr{C}_f$ au point d'abscisse -1 : $y = 2x + 4$.

Exemple 2.

$g(x) = -x - 4 - \frac{4}{x-3}$; $\mathscr{D}_{g'} = \left[-7 ; \frac{5}{2}\right]$; $g'(x) = -1 + \frac{4}{(x-3)^2}$.

Factorisation de $g'(x)$: $\frac{(5-x)(x-1)}{(x-3)^2}$.

Page 177

x		1		3		5	
$5-x$	+		+		+	0	−
$x-1$	−	0	+		+		+
$(x-3)^2$	+		+	0	+		+
$\frac{(5-x)(x-1)}{(x-3)^2}$	−	0	+	‖	+	0	−

• Tableau des variations sur $\left[-7 ; \frac{5}{2}\right]$:

x	-7		1		$\frac{5}{2}$
$g'(x)$		−	0	+	
$g(x)$		↘	-3	↗	

• Énoncé des variations :
sur $[-7 ; 1]$ la dérivée est négative, donc la fonction est décroissante ;
sur $\left[1 ; \frac{5}{2}\right]$ la dérivée est positive, donc la fonction est croissante.

• En 1, la dérivée s'annule en changeant de signe, donc la fonction admet un extremum, ici un minimum qui vaut :
$g(1) = -1 - 4 - \frac{4}{1-3} = -5 - \frac{4}{-2} = -5 + \frac{4}{2} = -5 + 2 = -3.$
Au point correspondant $(-1 ; -3)$, la tangente est horizontale.

• $g(-7) = 7 - 4 - \frac{4}{-7-3} = 3 + \frac{4}{10} = 3,4.$

$g\left(\frac{5}{2}\right) = -\frac{5}{2} - 4 - \frac{4}{\frac{5}{2} - 3} = -2,5 - 4 - \frac{4}{-\frac{1}{2}} = -2,5 - 4 + 8 = 1,5.$

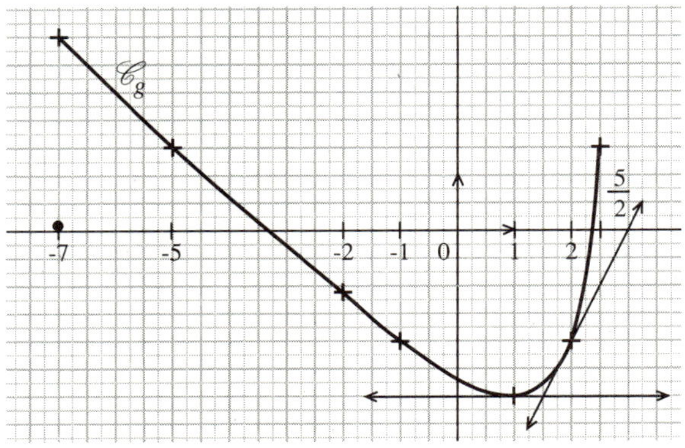

Page 178

x	-7	-5	-2	-1	1	2	$\frac{5}{2}$
y	3,4	1,5	$-1,2$	-2	-3	-2	1,5

• Lectures graphiques :
$-2 \leqslant g(x) \leqslant 1,5$; $S = [-5 ; -1] \cup \left[2 ; \frac{5}{2}\right]$.
Les solutions de $g(x) = 0$ sont les abscisses des points d'intersection de la courbe avec l'axe des abscisses.
$x_1 \approx -3,5$ et $x_2 \approx 2,4$.

• Tangente à $\mathscr{C}_g$: $y = 3x - 8$.

Page 179 **Intersection avec les axes**

⑬ **Axe des ordonnées**
Pour $f(x) = \frac{2x-3}{x^2+4}$; point $\left(0 ; -\frac{3}{4}\right)$.

⑭ **Axe des abscisses**
Pour $f(x) = 2x - 3 + \frac{2}{x+1}$.
On résout $2x^2 - x - 1 = 0$
$\Longleftrightarrow (x-1)(2x+1) = 0$
$\Longleftrightarrow x = 1$, et $1 \in [0 ; 10]$
ou $x = -\frac{1}{2}$, et $1 \notin [0 ; 10]$;
il n'y a qu'un point $(1 ; 0)$.

⑮ Inverses : $\frac{1}{5}$; $-\frac{5}{2}$; $\frac{1}{100} = 0,01$;
$\frac{1}{0,04} = 25$; l'inverse d'un nombre négatif est négatif ; 0 n'a pas d'inverse ; -1 et 1 sont leurs propres inverses.
Si un nombre est grand, son inverse est petit ; l'inverse de mille est 0,001 ;
d'un milliard est $\frac{1}{10^9} = 10^{-9}$;
de 10^{-6} est 10^6 ou un million.

Page 8

⑯ Pour les cinq premières, la limite est 0. Pour les autres la limite est toujours $-\infty$.

⑰
$f(1\,000) \approx 0,001\,999...$
$f(-1\,000) \approx -0,002...$ } à la limite : 0 ;

$g(1\,000) \approx 997,002 \approx 1\,000$
$g(-1\,000) \approx -1\,003,002 \approx -1\,000$;

$h(1\,000) \approx 3,003\,99$
$h(-1\,000) \approx 2,995\,99$ } à la limite : 3 ;

$k(1\,000) = 498,998 \approx 500 = \frac{1\,000}{2}$

$k(-1\,000 = -500,998 \approx -500 = \frac{-1\,000}{2}$.

Page 181

⑱ a) $\frac{2x^2}{2x} = x$; b) $\frac{-x^2}{x^2} = -1$;
c) $\frac{3x}{-x} = -3$; d) $\frac{5}{x^2}$;
e) $\frac{3x}{2x} = \frac{3}{2}$; f) $\frac{x^2}{-x} = -x$.

⑲ a) $\lim\limits_{x \to +\infty} \frac{x^2}{x^2} = 1$;
b) $\lim\limits_{x \to -\infty} \frac{2x}{x^2} = \lim\limits_{x \to -\infty} \frac{2}{x} = 0$;
c) $\lim\limits_{x \to -\infty} \frac{x^2}{x} = \lim\limits_{x \to -\infty} x = -\infty$;
d) $\lim\limits_{x \to +\infty} \frac{3}{2x} = 0$; e) $\lim\limits_{x \to +\infty} \frac{3x}{-x} = -3$;
f) $\lim\limits_{x \to +\infty} \frac{-x^2}{x} = \lim\limits_{x \to +\infty} -x = -\infty$.

Page 183

㉑ • $f(100) = 3,98$; $f(1\,000) = 3,998$.
Comme $\lim\limits_{x \to +\infty} \frac{-2}{x} = 0$, alors
$\lim\limits_{x \to +\infty} \left(4 - \frac{2}{x}\right) = 4.$
Donc $\lim\limits_{x \to +\infty} f(x) = 4.$
• La droite d'équation $y = 4$ est horizontale.
La courbe est située au-dessous de cette droite, car $\frac{-2}{x}$ est négatif.

$-\frac{2}{x}$ permet de quantifier l'écart entre la courbe $\mathscr{C}$ et la droite D.

㉒ $x + \frac{4}{x-1} = \frac{x(x-1)+4}{x-1}$
$= \frac{x^2 - x + 4}{x-1} = f(x).$
$\lim\limits_{x \to -\infty} \frac{4}{x-1} = \lim\limits_{x \to -\infty} \frac{4}{x} = 0.$
Donc pour les grandes valeurs de x négatives, $f(x)$ se comporte comme x.

Page 184

㉓ $3 - \frac{4}{x+1} = \frac{3(x+1)-4}{x+1} = \frac{3x-1}{x+1}$.
$\lim\limits_{x \to +\infty} \frac{-4}{x+1} = \lim\limits_{x \to +\infty} \frac{-4}{x} = 0,$
donc $f(x)$ se comporte comme 3 (on dit aussi que $f(x)$ a pour limite 3).

㉔ $\lim\limits_{x \to +\infty} \frac{2x}{x^2+1} = \lim\limits_{x \to +\infty} \frac{2x}{x^2}$
$= \lim\limits_{x \to +\infty} \frac{2}{x} = 0$
et $\lim\limits_{x \to -\infty} \frac{2x}{x^2+1} = \lim\limits_{x \to -\infty} \frac{2}{x} = 0.$
Donc $f(x)$ se comporte comme 0, ou $f(x)$ a pour limite 0 à l'infini.
La courbe $\mathscr{C}_f$ se rapproche de plus en plus de la droite D d'équation $y = 0$, c'est-à-dire de l'axe des abscisses.

Page 182

⑳

x	-1	0	1	3	10	100
$-x+1$	2	1	0	-2	-9	-99
$\frac{1}{x+2}$	1	0,5	0,33...	0,2	0,083...	0,009 8...
$f(x)$	3	1,5	0,33	$-1,8$	$-8,917$	$-98,99$

La droite D passe juste au-dessous de la courbe $\mathscr{C}$.
$f(x)$ se comporte comme $-x+1$ pour les grandes valeurs de x.

1 ★

Pour chacune des fonctions suivantes, donner sa nature et son ensemble de définition :

1. $f : x \mapsto \dfrac{5x - 1}{x^2}$.

2. g définie par $g(x) = \dfrac{(x - 3)^2(x - 1)}{2}$ pour $x \in [-5 ; 4]$.

3. $h : x \mapsto 3x - 1 + \dfrac{4}{6x - 3}$ pour $x \in [1 ; +\infty[$.

2 ★

Pour chacune des fonctions suivantes, calculer la dérivée et étudier le signe de l'expression correspondant à la dérivée :

1. $f(x) = x + 1 + \dfrac{4}{x - 2}$.

2. $g(x) = \dfrac{-2x}{x^2 - 4}$.

3. $h(x) = 3 + \dfrac{4}{3x - 2}$.

3 ★

Pour chacune des fonctions suivantes, déterminer l'équation réduite de la tangente à la courbe au point d'abscisse x_0 :

1. $f : x \mapsto \dfrac{2x + 1}{x - 3}$; $x_0 = 1$.

2. $g : x \to \dfrac{4 - x^2}{x}$; $x_0 = -2$.

3. $h : x \mapsto x - \dfrac{1}{x - 1}$; $x_0 = 0$.

Exercices complémentaires

4 ★

On considère la fonction $f : x \mapsto \dfrac{-2x+3}{x-1}$.

1. Lire cet ensemble de symboles et l'écrire en toutes lettres.
2. Étudier complètement et avec soin cette fonction sur l'intervalle [1,2; 11].
3. Déterminer le point d'intersection de la courbe $\mathscr{C}_f$ avec l'axe des abscisses.
4. Déterminer l'équation réduite de la tangente à $\mathscr{C}_f$ au point d'abscisse 2.
5. Dans un repère orthonormal, d'unité 1 cm, tracer la tangente puis la courbe $\mathscr{C}_f$.
6. Vérifier que $f(x)$ s'écrit sous la forme $-2 + \dfrac{1}{x-1}$. Quel est le comportement de $f(x)$ pour les grandes valeurs positives de x ? Que peut-on en déduire graphiquement pour la courbe $\mathscr{C}_f$?

5 ★

Soit f, la fonction définie sur $[-3; 3]$ par $f(x) = \dfrac{5}{x^2+1}$.

1. Étudier complètement et avec soin cette fonction.
2. Déterminer l'équation réduite de la tangente à la courbe $\mathscr{C}_f$ au point d'abscisse 2.
3. Dans un repère orthonormal, d'unité 1 cm, tracer la tangente, puis la courbe $\mathscr{C}_f$.
4. Si f était définie pour les valeurs de x supérieures à 3, quelle serait la limite de $f(x)$ quand x tend vers $+\infty$? Que pourrait-on en déduire graphiquement pour la courbe $\mathscr{C}_f$?

6 ★

On considère la fonction f telle que $f(x) = -x + 5 - \dfrac{4}{x}$, avec $x \in \left[\dfrac{1}{2}; 8\right]$.

1. Étudier complètement et avec soin cette fonction.
2. Déterminer les points d'intersection de la courbe $\mathscr{C}_f$ avec l'axe des abscisses.
3. Dans le même repère orthonormal, tracer la droite D d'équation $y = -x + 5$, puis la courbe $\mathscr{C}_f$. D'après le graphique, quelle est la position de la courbe $\mathscr{C}_f$ par rapport à cette droite ?
4. On suppose que l'on prolonge f sur $[8; +\infty[$. Déterminer : $\lim\limits_{x \to +\infty} \dfrac{-4}{x}$.

   Que peut-on en déduire sur le comportement de la fonction f, pour les grandes valeurs de x positives ? Interpréter graphiquement ce comportement.

7 ★

Soit $f : x \mapsto x - \dfrac{1}{x}$ sur l'intervalle $\left[\dfrac{1}{4}; 5\right]$.

1. Étudier complètement et avec soin cette fonction.
2. Tracer la droite D d'équation $y = x$, puis tracer la courbe dans le même repère orthonormal d'unité 1 cm. Quelle est la position de la courbe $\mathscr{C}_f$, par rapport à la droite D ?

8 ★★

1. Pour chacune des fonctions, définie par son expression, calculer la dérivée, puis étudier le signe de l'expression correspondant à la dérivée.

a) $f(x) = \dfrac{x^2 + 6x - 5}{x^2 + 4}$.

b) $g(x) = \dfrac{x}{2} + 1 + \dfrac{2}{x + 1}$.

c) $h(x) = 2x + 1 - \dfrac{2}{x - 1}$.

2. Faire l'exercice 2 de niveau 1, les exercices 5 et 6 de niveau 1.

9 ★★

Soit $f: x \mapsto \dfrac{x^2 + x - 2}{x - 2}$, pour tout x de l'intervalle $\left]-\infty ; \dfrac{3}{2}\right]$.

1. Vérifier que $f(x)$ peut s'écrire sous la forme $x + 3 + \dfrac{4}{x - 2}$.

2. Étudier complètement et avec soin cette fonction (en particulier, pour l'étude aux bornes de l'ensemble de définition, on déterminera $\lim\limits_{x \to -\infty} f(x)$).

3. Déterminer les coordonnées des points d'intersection de la courbe avec l'axe des abscisses.

4. Quelle est la limite de $\dfrac{4}{x - 2}$ quand x tend vers $-\infty$?

Que peut-on en déduire sur le comportement de $f(x)$ pour les grandes valeurs de x négatives? Interpréter graphiquement ce comportement.

5. Dans le même repère, tracer la droite D d'équation $y = x + 3$ et la courbe $\mathscr{C}$, en utilisant au maximum tous les résultats des questions précédentes.

10 ★★

Soit la fonction f de la variable x définie sur $[-6; 6]$ par $f(x) = \dfrac{8x - 12}{x^2 + 4}$.

1. Étudier complètement et avec soin cette fonction $\left(\text{on montrera que } f'(x) = \dfrac{8(x + 1)(-x + 4)}{(x^2 + 4)^2}\right)$.

2. Déterminer l'équation réduite de la tangente à la courbe $\mathscr{C}_f$ au point d'abscisse 0.

3. Déterminer les points d'intersection de la courbe $\mathscr{C}_f$ avec les axes.

4. Dans le même repère orthonormal, tracer la tangente déterminée en 2), puis la courbe $\mathscr{C}$: pour cela, calculer les images de -2; -1; 0; 1; 2; 4, par f.

11 ★★★

Pour chacune des fonctions, définie par son expression, calculer la dérivée puis étudier le signe de l'expression correspondant à la dérivée.

1. $f(x) = \dfrac{(x-1)^2}{2(x-2)}$.

2. $g(x) = -\dfrac{x}{4} + 1 + \dfrac{1}{x+1}$.

3. $h(x) = \dfrac{-2x^2 + 13x + 7}{2x+2}$.

12 ★★★

1. Vérifier que $\dfrac{x^2 - 4x + 5}{1-x}$ peut s'écrire sous la forme $-x + 3 + \dfrac{2}{1-x}$, pour toutes les valeurs de x autres que 1.

En déduire le comportement, pour les grandes valeurs de x, de la fonction f qui à x associe $\dfrac{x^2 - 4x + 5}{1-x}$ et interpréter graphiquement ce comportement.

2. Faire les exercices 6, de niveau 1, et 9, de niveau 2.

13 ★★★

Soit $f : x \mapsto \dfrac{-4(x+1)}{x^2 + 2x + 5}$ sur l'intervalle $[-5;5]$.

1. À l'aide de la forme canonique de $x^2 + 2x + 5$, montrer que $f(x)$ n'a pas de valeur interdite.

2. Étudier complètement et avec soin cette fonction.

3. Déterminer les points d'intersection de la courbe $\mathscr{C}_f$ avec les axes.

4. Tracer la courbe $\mathscr{C}_f$ dans un repère orthogonal d'unité 1 cm en abscisse et 4 cm en ordonnée.

14 ★★★

Soit $f : x \mapsto 3 \times \dfrac{x-3}{(x-2)^2}$ définie sur $\left[\dfrac{5}{2}; +\infty\right[$.

1. Étudier complètement et avec soin cette fonction.

2. Déterminer l'équation réduite de la tangente à la courbe $\mathscr{C}_f$ au point d'intersection de cette courbe avec l'axe des abscisses.

3. Quelle est la limite de $f(x)$ quand x tend vers $+\infty$?
En déduire le comportement graphique de la courbe $\mathscr{C}_f$ pour les grandes valeurs de x positives.

I

On considère la fonction f définie par $f(x) = \dfrac{x^2 - 3x}{x + 1}$.

1. Déterminer la limite en $-\infty$ de $f(x)$, en énonçant le théorème employé.

2. Vérifier que, pour toute valeur prise par x autre que -1, $f(x)$ s'écrit $x - 4 + \dfrac{4}{x + 1}$.

3. D'après la forme trouvée en 2), étudier le comportement de $f(x)$ pour les grandes valeurs de x négatives et en donner l'interprétation graphique.

4. Soit $\mathscr{C}$ la courbe représentative de la fonction précédente.

Déterminer les coordonnées des points d'intersection de $\mathscr{C}$ avec l'axe des abscisses.

II

On considère la fonction f définie sur $\left[-\dfrac{1}{2}; 7\right]$ par $f(x) = -x + 4 - \dfrac{4}{x + 1}$.

1. Étudier complètement, et avec soin, cette fonction.

2. Déterminer l'équation réduite de la tangente T à la courbe $\mathscr{C}$ au point d'abscisse nulle.

3. Dans le repère ci-joint tracer la tangente T, la droite D d'équation $y = -x + 4$ et la courbe $\mathscr{C}$.

Tableau des valeurs pour $f(x) = -x + 4 - \dfrac{4}{x+1}$:

x	$-\frac{1}{2}$		7
$f(x)$			

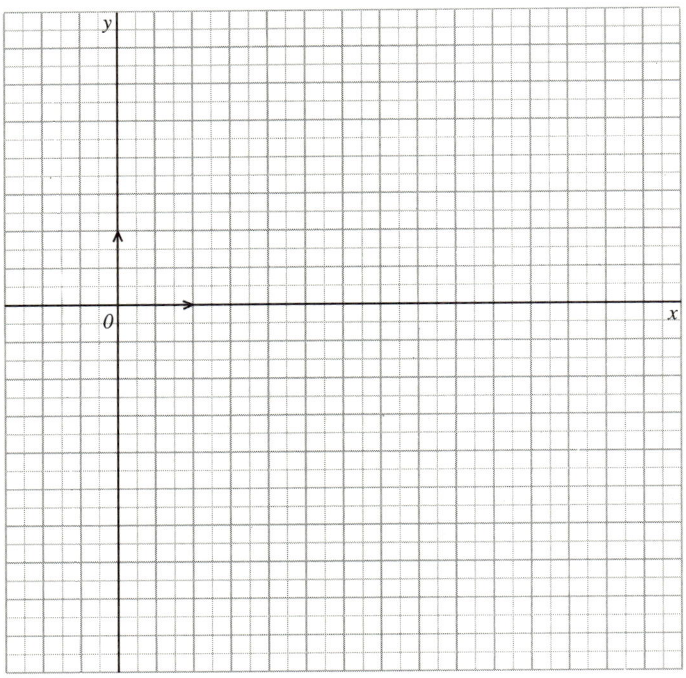

4. Résoudre graphiquement l'inéquation $f(x) \leqslant 0$.

Grille d'évaluation

Fonctions rationnelles Thème 8

A Reconnaître ce qu'il faut faire

B Réaliser ou appliquer

++ réussite totale
\+ réussite partielle
– échec partiel
– – échec total
/ non traité

	n° dans le test	A	B
Reconnaître une fonction rationnelle	I_1 II_1		
Donner l'ensemble de définition d'une fonction rationnelle	II_1		
Connaître le plan d'étude d'une fonction	II_1		
Donner l'ensemble de dérivabilité	II_1		
Calculer la dérivée	II_1		
Étudier le signe de la dérivée, en expliquant	II_1		
Dresser le tableau des variations sur l'ensemble de définition	II_1		
Énoncer les variations à l'aide de phrases	II_1		
Prouver l'existence d'extremums relatifs	II_1		
Étudier la fonction aux bornes de son ensemble de définition	II_1		
Déterminer l'équation réduite d'une tangente	II_2		
Déterminer les coordonnées des points d'intersection de la courbe avec les axes	I_2		
Connaître le comportement d'une fonction rationnelle à l'infini	I_1		
Interpréter graphiquement ce comportement	I_1		
Tracer une droite d'équation donnée	II_3		
Tracer une tangente	II_3		
Tracer la courbe représentative d'une fonction	II_3		
Résoudre graphiquement une équation ou inéquation	II_4		
BILAN			

S'exprimer			Présenter	

Correction du test

1.

① À l'infini, une fonction rationnelle se comporte comme le quotient de ses termes du plus haut degré.

$$\lim_{x \to -\infty} \frac{x^2 - 3x}{x + 1} = \lim_{x \to -\infty} \frac{x^2}{x} = \lim_{x \to -\infty} x = -\infty.$$

② $x - 4 + \dfrac{4}{x+1} = \dfrac{x(x+1) - 4(x+1) + 4}{x+1}$

$= \dfrac{x^2 + x - 4x - 4 + 4}{x+1} = \dfrac{x^2 - 3x}{x+1}$, qui est bien la forme de $f(x)$.

③ On a $f(x) = x - 4 + \dfrac{4}{x+1}$, avec -1 comme valeur interdite.

Or $\lim_{x \to -\infty} \dfrac{4}{x+1} = \lim_{x \to -\infty} \dfrac{4}{x} = 0$,

donc $f(x)$ est de la forme $ax + b + \varphi(x)$,

avec $ax + b = x - 4$ et $\varphi(x) = \dfrac{4}{x+1}$.

On en déduit que, pour les grandes valeurs de x négatives, $f(x)$ se comporte comme $x - 4$ et la courbe $\mathscr{C}_f$, représentative de la fonction f, se rapproche de plus en plus de la droite D d'équation $y = x - 4$.

De plus, comme $\dfrac{4}{x+1}$ est négatif lorsque $x < -1$, alors la courbe $\mathscr{C}_f$ est situé au-dessous de la droite D.

④ Pour déterminer les abscisses des points d'intersection de la courbe avec l'axe des abscisses, on résout l'équation $f(x) = 0$.

$f(x) = 0 \Longleftrightarrow \dfrac{x^2 - 3x}{x+1} = 0$.

Or, un quotient est nul si le numérateur est nul.

On résout

$x^2 - 3x = 0 \Longleftrightarrow x(x-3) = 0 \Longleftrightarrow x = 0$ ou $x = 3$.

Les points d'intersection sont $(0\,;0)$ et $(3\,;0)$.

2.

① • f est une fonction rationnelle dont l'ensemble de définition est donné : $\left[-\frac{1}{2}\,;7\right]$. $f(x) = -x + 4 - \dfrac{4}{x+1}$.

• Une fonction rationnelle est dérivable sur son ensemble de définition, donc l'ensemble de dérivabilité est $\left[-\frac{1}{2}\,;7\right]$.

• $f(x)$ est une somme et la dérivée de $\dfrac{-4}{x+1}$ est $\dfrac{-4 \times (-1)}{(x+1)^2} = \dfrac{4}{(x+1)^2}$,

$\left(\text{forme : } \dfrac{nombre}{u} \text{ qui a pour dérivée } \dfrac{nombre \times (-u')}{u^2}\right)$

d'où $f'(x) = -1 + \dfrac{4}{(x+1)^2}$.

• Signe de la dérivée :

$f'(x) = -1 + \dfrac{4}{x+1)^2} = \dfrac{4}{(x+1)^2} - 1 = \dfrac{4 - (x+1)^2}{(x+1)^2}$

$= \dfrac{(2 + x + 1)(2 - x - 1)}{(x+1)^2} = \dfrac{(3+x)(1-x)}{(x+1)^2}$.

Le dénominateur est un carré, toujours positif ou nul.
Le numérateur s'annule en -3 et en 1.

x		-3		-1		1	
$3+x$	$-$	0	$+$		$+$		$+$
$1-x$	$+$		$+$		$+$	0	$-$
$(x+1)^2$	$+$		$+$	0	$+$		$+$
$\dfrac{(3+x)(1-x)}{(x+1)^2}$	$-$	0	$+$	‖	$+$	0	$-$

• Tableau des variations sur l'ensemble de définition :

x	$-\frac{1}{2}$		1		7
$f'(x)$		$+$	0	$-$	
$f(x)$	$-\frac{7}{2}$	↗	1	↘	$-\frac{7}{2}$

• Sur $\left[-\frac{1}{2}\,;\ 1\right]$ la dérivée est positive, donc la fonction est croissante.
Sur $[1\,;7]$ la dérivée est négative, donc la fonction est décroissante.

• En 1, la dérivée s'annule en changeant de signe, donc la fonction admet un maximum qui vaut :

$f(1) = -1 + 4 - \dfrac{4}{1+1} = 1$ et au point correspondant $(1\,;1)$, la tangente à la courbe est horizontale.

• Étude aux bornes de l'ensemble de définition :

$f\left(-\frac{1}{2}\right) = +\frac{1}{2} + 4 - \dfrac{4}{-\frac{1}{2} + 1} = \frac{1}{2} + 4 - \dfrac{4}{\frac{1}{2}} = \frac{1}{2} + 4 - 4 \times 2$

$= \frac{1}{2} - 4 = \frac{1}{2} - \frac{8}{2} = -\frac{7}{2}$.

$f(7) = -7 + 4 - \dfrac{4}{7+1} = -3 - \dfrac{4}{8} = -3 - \dfrac{1}{2} = -\dfrac{7}{2} = -3{,}5$.

② Équation réduite de la tangente : $y = a(x - x_0) + y_0$,

avec $\begin{cases} a = f'(0) = -1 + \dfrac{4}{(0+1)^2} = -1 + 4 = 3 \\ y_0 = f(0) = -0 + 4 - \dfrac{4}{0+1} = 4 - 4 = 0. \end{cases}$

D'où l'équation réduite $y = 3(x - 0) + 0 \Longleftrightarrow y = 3x$.

③ Tableau des valeurs pour $f(x) = -x + 4 - \dfrac{4}{x+1}$;

x	$-\frac{1}{2}$	0	1	3	5	7
$f(x)$	$-3{,}5$	0	1	0	$\approx -1{,}6$	$-3{,}5$

Pour tracer la droite D d'équation $y = -x + 4$, un point de D est $(0\,;4)$ et sa pente est -1.

④ Résolution graphique de $f(x) \leqslant 0$.
On lit les abscisses des points de la courbe $\mathscr{C}_f$ situés au-dessous ou sur la droite d'équation : $y = 0$, c'est-à-dire l'axe des abscisses ;

d'où $S = \left[-\frac{1}{2}\,;0\right] \cup [3\,;7]$.

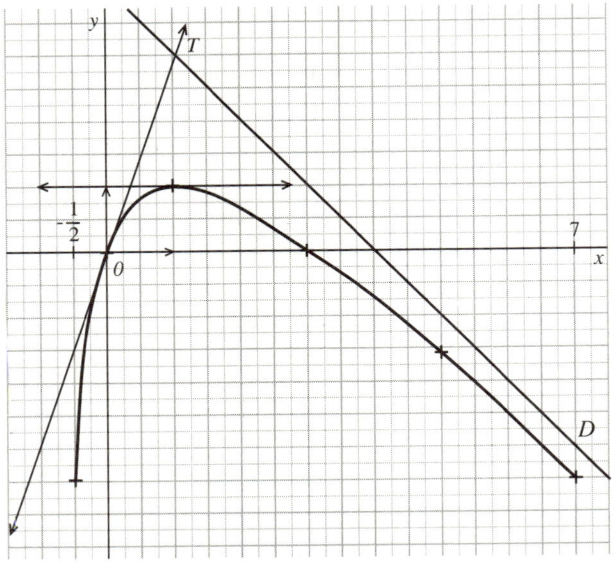

Thème 9 Problèmes

Objectifs

1. Reprendre les thèmes précédents à travers leur utilisation dans des problèmes.
2. Résoudre un problème se ramenant à une équation du 1er degré, ou à une équation du 2e degré – avec utilisation de la forme canonique –, ou à plusieurs équations.
3. Utiliser l'étude d'une fonction et sa représentation graphique pour résoudre des problèmes : recherche des solutions d'une équation, recherche d'extremums, problème d'optimisation...

Plan

Ce que vous devez savoir et savoir faire à la fin de ce thème

- *Connaître le plan pour la résolution d'un problème.*
- *Connaître la méthode pour trouver la forme canonique d'un polynôme du 2e degré.*
- *Connaître le principe de résolution, de façon approchée, d'une équation.*
- *Connaître la méthode à employer pour résoudre un problème d'optimisation.*

- *Mettre en équation un problème.*
- *Résoudre une équation ou un système d'équations simples.*
- *Lire un graphique et effectuer des comparaisons à partir de graphiques.*
- *Tracer la courbe représentative d'une fonction f et résoudre approximativement l'équation f(x) = 0.*
- *Étudier les variations d'une fonction correspondant à un problème à optimiser et trouver les extremums.*

I. Problèmes se ramenant à résoudre des équations simples

1. Phases de résolution d'un problème

Une résolution de problème contient toujours **4 étapes** :

- **Choix de l'inconnue (ce que représente la lettre choisie, quel type de nombre,...).**
- **Traduction mathématique du texte et mise en équation.**
- **Résolution mathématique de l'équation obtenue (c'est la phase technique).**
- **Discussion éventuelle et formulation de la réponse dans les termes de l'énoncé.**

2. Problème de partage ou de répartition

Texte

Un chamelier a trois fils. Ne pouvant plus s'occuper de son troupeau, il le partage entre ses fils. Pour cela, il emprunte un chameau à son cousin : il donne la moitié du troupeau à l'aîné, le tiers à son cadet et le huitième au plus jeune, puis il rend le chameau restant à son cousin. Combien avait-il de chameaux?

Remarque : Il faut toujours lire attentivement le texte : la quantité à trouver est le nombre de chameaux du père, mais les fractions données dans le texte portent sur le troupeau du père auquel on a ajouté le chameau du cousin. Donc, c'est ce nombre que l'on posera comme inconnue.

■ Résolution du problème

- Soit x le nombre total de chameaux. (Le nombre de chameaux du père est $x - 1$.)

x est un entier naturel. (On ne coupe pas les chameaux en 4!)

- **Traduction mathématique du texte**

« L'aîné reçoit la moitié du troupeau » : $\frac{1}{2} \times x$, (« **du** troupeau » se traduit par $\times\ x$) ;

« le cadet reçoit le tiers du troupeau » : $\frac{1}{3} \times x$;

« le plus jeune reçoit le huitième du troupeau » : $\frac{1}{8} \times x$.

- **Équation**

Comme les fils se partagent le troupeau du père, la somme des parts qu'ils reçoivent est égale à $x - 1$.

$\frac{1}{2}x + \frac{1}{3}x + \frac{1}{8}x = x - 1.$

EXERCICE

1. Résolution de l'équation du problème précédent.

$\frac{1}{2}x + \frac{1}{3}x + \frac{1}{8}x = x - 1.$ (Réduire au même dénominateur.)

- **Conclusion :** Il y avait 24 chameaux au total ; le père avait 23 chameaux.

2. Trois enfants se partagent un sac de billes. Le premier prend le tiers du tas, plus 2 billes; le deuxième prend la moitié de ce qui reste, plus 1 bille, et le troisième prend les 4 billes restantes. Combien y avait-il de billes?

Remarque : on peut faire un schéma visualisant le problème :

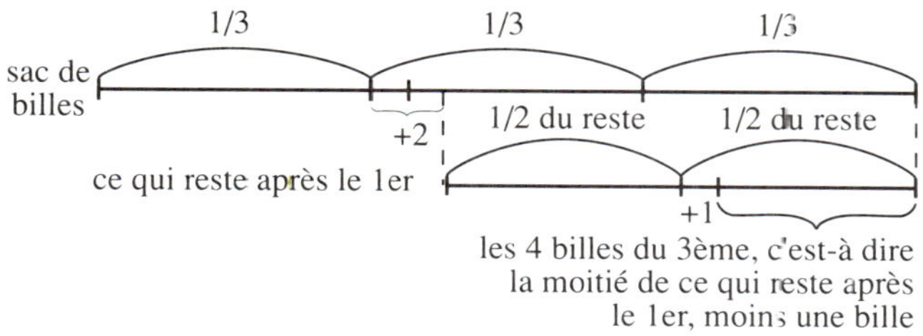

le premier prend : $\frac{1}{3}x + 2$,

lorsque le 1er s'est servi, il reste : $x - \left(\frac{1}{3}x + 2\right)$.

■ Résolution du problème

- Soit x le nombre de billes du sac ; x est un entier naturel.
- **Traduction mathématique du texte** (voir page 214)

(On peut soit écrire que la somme de ce qu'ils reçoivent est égale à x, soit déterminer la partie restant pour le troisième et écrire qu'elle est égale à 4.)

3. Déterminer un nombre tel que la somme du quart de ce nombre et du double de ce nombre, à laquelle on ajoute le tiers de ce nombre, soit égale à 62.

Texte M. Schmitt fait développer et tirer deux films couleurs. Le premier, de 24 poses, lui revient à 55,20 F, développement compris, le deuxième, de 36 poses, lui revient à 76,80 F, développement compris. Aidez-le à trouver le prix du développement seul et le prix du tirage d'une photo.

Remarque : Dans ce type de problèmes, on demande **deux quantités**

■ Résolution du problème

• Soient x le prix du développement seul et y le prix d'un tirage d'une photo.
x et y sont des nombres décimaux positifs ayant au plus 2 chiffres après la virgule (car on peut aller jusqu'au centime).

• **Traduction du texte** (ici elle est immédiate)
Le premier film de 24 poses revient à 55,20 F,
le deuxième film de 36 poses revient à 76,80 F : d'où $\begin{cases} x + 24y = 55{,}2 \\ x + 36y = 76{,}8. \end{cases}$

EXERCICES

4. Résolution du système d'équations du problème précédent.

$\begin{cases} x + 24y = 55{,}2 \\ x + 36y = 76{,}8 \end{cases}$ Dans la 1re équation, on peut isoler x et remplacer (ou substituer) dans la 2e équation.

• **Conclusion :** le prix d'un développement seul est de ... et d'un tirage photo de ...

5. On joue avec un dé pipé à 6 faces.
On appelle p_1 la probabilité d'obtenir le nombre 1, p_2 celle d'obtenir le numéro 2, etc...
On sait que les probabilités des numéros impairs sont toutes égales, ainsi que p_4, que la probabilité d'obtenir 6 est le double de celle d'obtenir 1 et la probabilité d'obtenir 2 est le tiers de celle d'obtenir 6.
Déterminer les probabilités p_1, p_2, p_3, p_4, p_5, p_6 de ce dé pipé.

Remarque : Ici les inconnues sont données ainsi que les lettres les représentant.
Pour la mise en équation, il faut se rappeler que la somme des probabilités est égale à 1.

4. *Problèmes conduisant à une équation du 2e degré* (un peu plus difficile)

Texte : *Division dorée d'un segment*

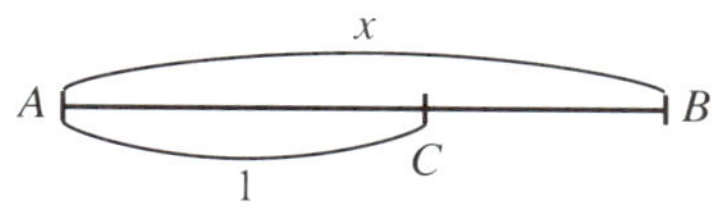

On considère un segment AB de longueur x mètres que l'on coupe en un point C tel que AC mesure 1 mètre.

Déterminer x pour que le rapport du segment coupé AC sur le segment restant CB soit égal au rapport du segment total AB sur le segment coupé AC, c'est-à-dire :

$$\frac{AC}{CB} = \frac{AB}{AC} \Longleftrightarrow AC^2 = AB \times CB.$$

Remarque : Une telle relation, $AC^2 = AB \times CB$, caractérise une division géométrique.

■ Résolution du problème

- Soit x la mesure de AB, en mètre, x est un réel positif (pas nécessairement un entier...)
- **Traduction du texte.**

Ici l'équation est déjà donnée, il suffit de remplacer AC par 1, AB par x et CB par $x - 1$.
D'où $AC^2 = AB \times CB$ s'écrit :

6. Résolution de l'équation : c'est une équation du 2e degré.

$x^2 - x - 1 = 0$. (Il n'y a pas de racine évidente, il *faut* utiliser la forme canonique, puis factoriser.)

- **Conclusion :** comme x est la mesure d'un segment, la solution négative ne convient pas.

La solution positive $x = \dfrac{1 + \sqrt{5}}{2}$ est appelé le nombre d'or Φ des peintres. En donner une valeur approchée avec 3 chiffres après la virgule : $\Phi \approx$

7. *Problème hindou de Mahavira au Xe siècle.*

Un quart d'un troupeau de chameaux a été vu dans la forêt. Deux fois la racine carrée de ce troupeau s'en est allé sur les pentes montagneuses et le restant, c'est-à-dire trois fois cinq chameaux, sont restés sur les berges de la rivière. Combien y a-t-il de chameaux dans ce troupeau ?

Remarque : On pourra prendre comme inconnue non pas le nombre de chameaux, mais la racine carrée de ce nombre et, dans ce cas, le troupeau de chameaux sera représenté par x^2.

■ Résolution du problème (Penser à utiliser la forme canonique.)

II. Problèmes se ramenant à une lecture graphique

1. Lectures directes

Texte On a relevé la production journalière d'une usine durant 40 jours.

EXERCICE

8.

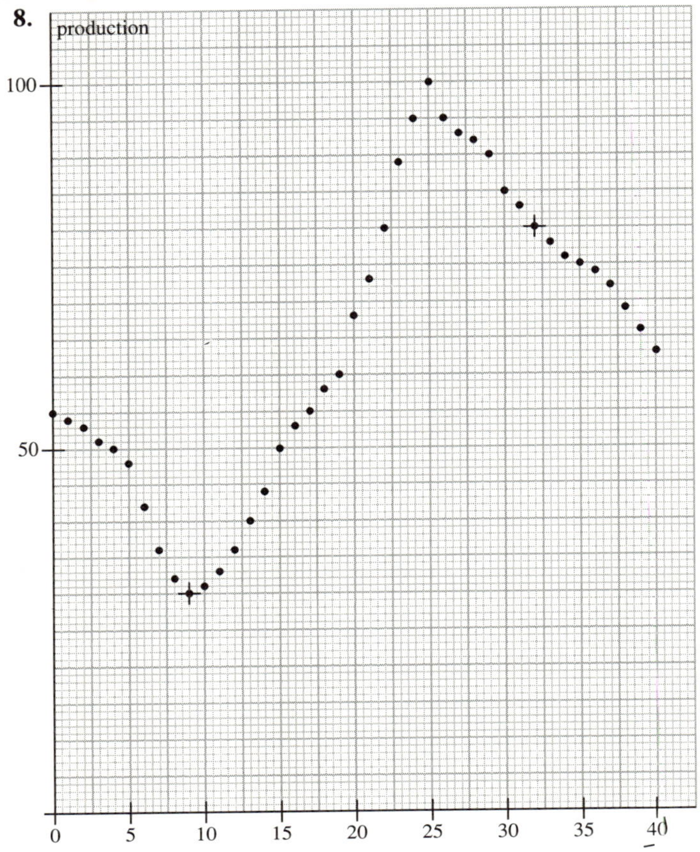

- Quel jour la production a-t-elle été :
  - maximale ?
  - minimale ?
- Sur quels jours la production a-t-elle été :
  - supérieure à la production de départ ?
  - plus du double de la production minimale ?
  - moins de la moitié de la production maximale ?
- À partir de quel jour la production a-t-elle diminuée de 20 % par rapport à la production maximale ?
- Dresser le tableau des variations de la fonction production :

x	
$f(x)$	

- Énoncer les variations de la production :

2. Comparaison

a. Étude directe sur un graphique

Texte Vous achetez un certain nombre d'objets. Après une étude de marché, vous avez le choix entre trois fabricants, connus grâce au graphique ci-contre.

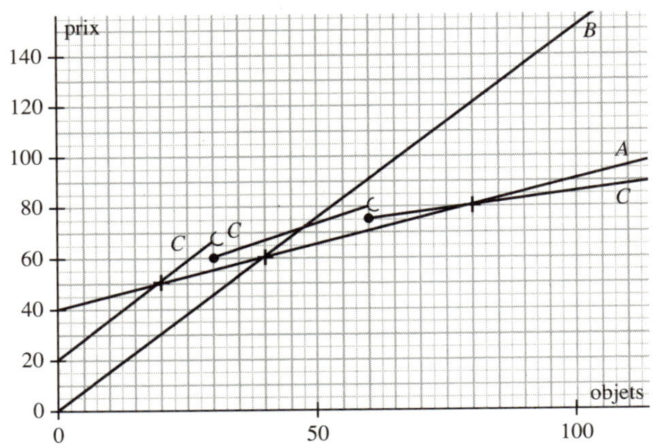

EXERCICE

9.

- Suivant le nombre d'objets, chez quel fabricant les commanderez-vous ?

- Quel est le prix de 100 objets chez chaque fabricant ?

■ b. Le graphique est à faire

Texte

Vous désirez louer une voiture pour le week-end. Vous hésitez entre une Volvo et une Peugeot. Pour la Volvo, vous versez 800 F au départ et 1,50 F par kilomètre parcouru. Pour la Peugeot, vous versez 500 F au départ et 3 F par kilomètre parcouru.

10.

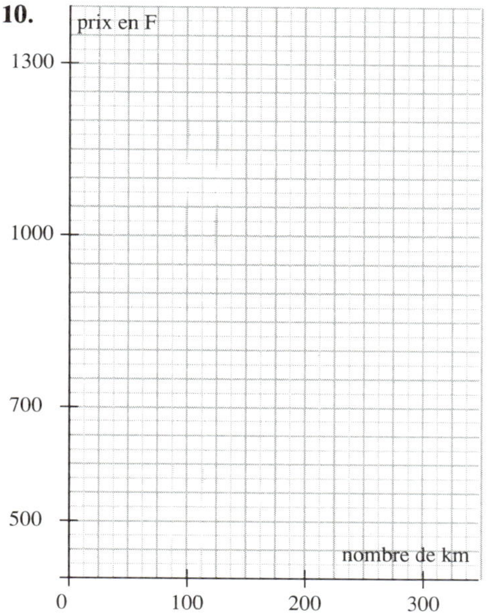

Soit x le nombre de kilomètres parcourus.
Déterminer $f(x)$, prix de la location de la Volvo pour x km.
et $g(x)$, prix de la location de la Peugeot.

Tracer les courbes de ces fonctions sur le même graphique. Suivant le nombre de kilomètres, quel véhicule vaut-il mieux louer ? (On pourra résoudre : $f(x) = g(x)$.)

■ c. On peut aussi faire seulement un tableau de valeurs

Texte

On vous propose deux contrats.
1er contrat : pour commencer 2000 F mensuel, puis une augmentation de 10 % chaque mois.
2e contrat : au départ 2500 F mensuel et une augmentation de 200 F chaque mois.
Comparer les salaires mensuels suivant les deux contrats.

Remarque : Ce problème revient à comparer une croissance exponentielle et une croissance linéaire (reprendre le thème 6).

11. Pour la résolution, on dresse un tableau de valeurs (on peut également faire un graphique).

mois	1^e^	2^e^	3^e^	4^e^	5^e^	6^e^	7^e^	8^e^	9^e^	10^e^	11^e^	12^e^	13^e^
1er contrat	2 000												
2e contrat	2 500												

Calculer le total reçu au bout de 1 an suivant chacun de ces contrats, puis au 13e mois.

Conclusion :

III. Problèmes se ramenant à l'étude d'une fonction

1. Recherche, de façon approchée, des solutions d'une équation

Principe On considère une équation, ne pouvant pas se résoudre simplement.

> • **On transpose de façon à se ramener à une équation du type $f(x) = 0$.**
> • **On étudie les variations de la fonction f, ainsi mise en valeur (éventuellement sur un intervalle si celui-ci est donné).**
> • **On trace la courbe représentative de cette fonction.**
> • **On regarde les points d'intersection de la courbe avec l'axe des abscisses (d'équation $y = 0$) et on lit les valeurs approchées des abscisses de ces points.**
> **Ces valeurs sont les solutions approchées de l'équation.**

Remarque : Ce type de problèmes a déjà été abordé aux thèmes 4, 5 et 8.

Texte On cherche un nombre réel tel que le produit de ce nombre par son carré, auquel on ajoute 1, soit égal à 4. (Ce nombre est entre 0 et 2.)

■ Résolution du problème

• Soit x le réel cherché, $x \in [0; 2]$.
• Traduction du texte : $x \times (x^2 + 1) = 4$, c'est-à-dire $x^3 + x = 4$.

• **Résolution de l'équation**
C'est une équation du 3e degré, dont vous ne connaissez pas de résolution algébrique.
• $x^3 + x = 4 \iff x^3 + x - 4 = 0$. On pose $f(x) = x^3 + x - 4$.

EXERCICE

12. • Étude des variations de f sur $[0 ; 2]$:

Tableau des variations sur $[0 ; 2]$:

x	0 2
$f'(x)$	
$f(x)$	

• Courbe représentative :
Tableau des valeurs :

x	0	0,5	1	1,5	2
y					

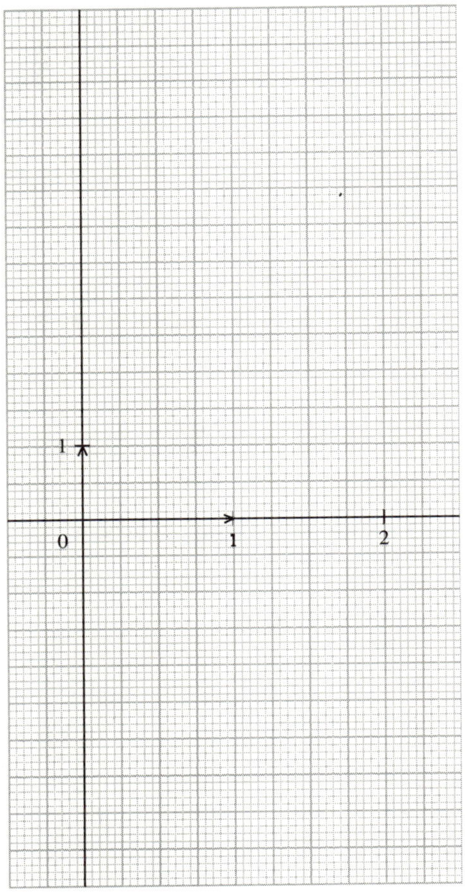

• Lecture de la valeur approchée de la solution :

• **Conclusion :** une valeur approchée par excès du réel cherché est
$x_0 \approx 1,4$.

2. Problèmes d'optimisation

(Optimum : le meilleur, le plus favorable à une situation donnée.)

Principe

Pour résoudre un problème d'optimisation :
• On mathématise la situation donnée sous la forme d'une fonction f ne dépendant que d'une seule variable (généralement notée x).
• On étudie les variations de cette fonction.
• On détermine l'existence d'extremum (maximum ou minimum suivant le problème posé) et on conclut dans les termes de l'énoncé.

■ a. Problème d'optimisation lorsque la fonction est déjà donnée

Texte

Un objet est lancé en l'air. On appelle y la hauteur (mesurée en mètre), au-dessus du sol, de cet objet à l'instant x (mesuré en seconde).
D'après une étude physique, on sait que :
$y = 20 + 19{,}6x - 4{,}9x^2$, x étant un réel positif ou nul.

13.

• De quelle hauteur a-t-on lancé cet objet ?

• Quelle est la hauteur maximale atteinte par l'objet ?
(Pour cela, on étudie les variations de la fonction
$f: \quad x \mapsto 20 + 19{,}6x - 4{,}9x^2$.)

• Représenter cette fonction.

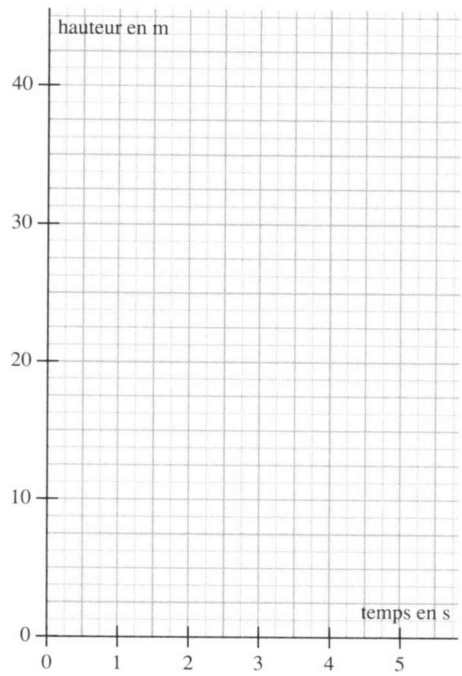

Quelle est le nom d'une telle courbe ?

• À quel instant l'objet retombera-t-il au sol ?

(En donner une valeur approchée obtenue par le graphique.)

■ b. Problème d'optimisation lorsque la fonction est à chercher

Texte

Le produit de deux nombres strictement positifs est 16.
Quels sont ces deux nombres, si la somme du quadruple du 1er et du 2e est minimale?

Remarque : D'après le texte, il y a deux variables, mais la 1re phrase permettra d'écrire l'un des nombres en fonction de l'autre. La fonction à étudier sera la somme décrite, et il faudra montrer l'existence d'un minimum.

■ Résolution du problème

Soient x le 1er nombre cherché et a le 2e, x et a sont des réels de $]0; +\infty[$.

Traduction du texte

- Leur produit est égal à 16 ; d'où $x \times a = 16 \Rightarrow a = \frac{16}{x}$.
- La somme du quadruple du 1er avec le 2e est $S = 4x + a$ ou $S = 4x + \frac{16}{x}$.

On met en évidence la fonction f qui à x associe la somme $4x + \frac{16}{x}$, définie sur $]0; +\infty[$.

$$f : x \mapsto 4x + \frac{16}{x}.$$

EXERCICES

14. • Résolution

Étude des variations de cette fonction sur $]0; +\infty[$.

x	0	$+\infty$
$f'(x)$		
$f(x)$		

- Comme la dérivée s'annule en ... en changeant de signe, la fonction admet un extremum ici un minimum atteint en ... .

Conclusion : le 1er nombre cherché est $x =$ et le deuxième $a = \frac{16}{x} =$

15. Déterminer un nombre tel que la somme du carré et du quadruple de ce nombre soit minimale.

Page 196

① $\frac{1}{2}x + \frac{1}{3}x + \frac{1}{8}x = x - 1$. Le dénominateur commun est 24.

$\Leftrightarrow \frac{12x + 8x + 3x}{24} = \frac{24x - 24}{24}$

$\Leftrightarrow 23x = 24x - 24 \Leftrightarrow x = 24.$

Page 197

② Après le 1er, il reste

$x - \left(\frac{1}{3}x + 2\right) = \frac{2}{3}x - 2.$

Et le 2e prend la moitié du reste plus une bille, c'est-à-dire

$\frac{1}{2}\left(\frac{2}{3}x - 2\right) + 1 = \frac{1}{3}x.$

Équation :

$x = \frac{1}{3}x + 2 + \frac{1}{3}x + 4,$

ou bien $x - \left(\frac{1}{3}x + 2\right) - \frac{1}{3}x = 4$

(si on part du dernier), on isole x :

$x - \frac{1}{3}x - \frac{1}{3}x = 6 \Leftrightarrow \frac{1}{3}x = 6$

$\Leftrightarrow x = 18.$

Il y avait 18 billes dans le sac.

③ Somme : $\left(\frac{1}{4}x + 2x + \frac{1}{3}x\right)$,

Or $\frac{x}{4} + 2x + \frac{x}{3} = \frac{31}{12}x.$

Cette somme doit être égale à 62 :

d'où $\frac{31}{12}x = 62 \Leftrightarrow x = \frac{62 \times 12}{31} = 24.$

Le nombre cherché est 24.

Page 198

④ $\begin{cases} x = 55{,}2 - 24y \\ 55{,}2 - 24y - 36y = 76{,}8 \end{cases}$

$\Leftrightarrow \begin{cases} x = 55{,}2 - 24y \\ 12y = 76{,}8 - 55{,}2 \end{cases}$

$\Leftrightarrow \begin{cases} x = 55{,}2 - 24 \times 1{,}8 \\ y = \frac{21{,}6}{12} = 1{,}8 \end{cases}$

$\Leftrightarrow \begin{cases} x = 12 \\ y = 1{,}8 \end{cases}$

Le développement seul coûte 12 F et le tirage d'une photo 1,80 F.

⑤ On peut exprimer toutes les probabilités à l'aide de p_1 :

$p_1 = p_3 = p_5 = p_4$; $p_6 = 2p_1$;

$p_2 = \frac{1}{3}p_6 = \frac{1}{3} \times 2p_1 = \frac{2}{3}p_1.$

Équation :

$p_1 + p_2 + p_3 + p_4 + p_5 + p_6 = 1$

$p_1 + \frac{2}{3}p_1 + p_1 + p_1 + p_1 + 2p_1 = 1$

$\frac{20}{3}p_1 = 1 \Leftrightarrow p_1 = \frac{3}{20} = 0{,}15,$

d'où $p_6 = 2 \times 0{,}15 = 0{,}30$

et $p_2 = \frac{1}{3}p_6 = \frac{1}{3} \times 0{,}30 = 0{,}10.$

p_1	p_2	p_3	p_4	p_5	p_6
0,15	0,10	0,15	0,15	0,15	0,30

Page 199

⑥ Forme canonique de $x^2 - x - 1$:

$\left(x - \frac{1}{2}\right)^2 - \frac{5}{4}$. C'est une différence de deux carrés, $A^2 - B^2$, avec $A = x - \frac{1}{2}$ et $B = \sqrt{\frac{5}{4}} = \frac{\sqrt{5}}{2}$.

Factorisation de $x^2 - x - 1$:

$\left(x - \frac{1}{2} + \frac{\sqrt{5}}{2}\right)\left(x - \frac{1}{2} - \frac{\sqrt{5}}{2}\right).$

Les solutions de l'équation $x^2 - x - 1 = 0$ sont :

$x = \frac{1}{2} - \frac{\sqrt{5}}{2} = \frac{1 - \sqrt{5}}{2}$, négatif, ou

$x = \frac{1}{2} + \frac{\sqrt{5}}{2} = \frac{1 + \sqrt{5}}{2}$, positif.

La mesure cherchée est $\frac{1 + \sqrt{5}}{2}$, le nombre d'or, dont la valeur approchée est **1,618**.

⑦ • Soit x « la racine carrée du nombre de chameaux », x étant un entier naturel. Le troupeau est représenté par x^2.

• Traduction du texte :

le quart du troupeau : $\frac{1}{4}x^2$; 2 fois la racine carrée du troupeau : $2x$; trois fois cinq chameaux : 15.

Le total est égal au troupeau entier d'où l'équation :

$x^2 = \frac{1}{4}x^2 + 2x + 15.$

• Résolution de l'équation (on transpose et on réduit au même dénominateur) :

$x^2 - \frac{1}{4}x^2 - 2x - 15 = 0$

$\Leftrightarrow \frac{3}{4}x^2 - 2x - 15 = 0$

$\Leftrightarrow 3x^2 - 8x - 60 = 0.$

Or

$3x^2 - 8x - 60 = 3\left[x^2 - \frac{8}{3}x - 20\right]$

$= 3\left[\left(x - \frac{4}{3}\right)^2 - \left(\frac{4}{3}\right)^2 - 20\right]$

$= 3\left[\left(x - \frac{4}{3}\right)^2 - \frac{196}{9}\right]$

$= 3\left[\left(x - \frac{4}{3}\right)^2 - \left(\frac{14}{3}\right)^2\right]$

$= 3\left(x + \frac{10}{3}\right)\left(x - \frac{18}{3}\right)$

$= (3x + 10)(x - 6).$

On résout $(x - 6)(3x + 10) = 0$

$\Leftrightarrow x = 6$ ou $x = -\frac{10}{3}$, impossible car négatif. Donc $x^2 = 6^2 = 36.$

• Conclusion : ce troupeau était constitué de 36 chameaux.

Page 200

⑧ Production
maximale : 100 unités le 25e jour,
minimale : 30 unités le 9e jour.

Production supérieure à la production de départ de 55 unités, du 17e au 40e jour (sur l'intervalle [17 ; 40]).

Production supérieure au double de la production minimale, c'est-à-dire à 60 unités, du 19e au 40e jour (sur [19 ; 40]).

Production inférieure à la moitié de la production maximale, c'est-à-dire à 50 unités, du 4e au 15e jour (sur [4 ; 15]).

Production diminuée de 20 % par rapport à la production maximale, c'est-à-dire inférieure à 80 unités, à partir du 32e jour.

x	0		9		25		40
$f(x)$	55	↘	30	↗	100	↘	63

Du début au 9e jour, la production est décroissante.

Du 9e jour au 25e jour, la production est croissante.

Du 25e jour au 40e jour, la production est décroissante.

⑨ Si l'on commande de 0 à 40 objets, il faut le faire chez le fabricant B.

De 40 à 80 objets chez A et plus de 80 objets chez C.

Chez A, 100 objets valent 90 F ; chez C, 100 objets valent 85 F. Chez B, comme la droite passe par l'origine, le prix est proportionnel au nombre d'objets, et puisque 50 objets valent 75 F, alors 100 objets valent 150 F.

Page 201

⑩ Coût de la Volvo : $f(x) = 800 + 1{,}5x$.
Coût de la Peugeot : $g(x) = 500 + 3x$.
$f(x) = g(x) \Leftrightarrow x = 200.$

Si vous faites moins de 200 km, prenez la Peugeot, sinon prenez la Volvo !

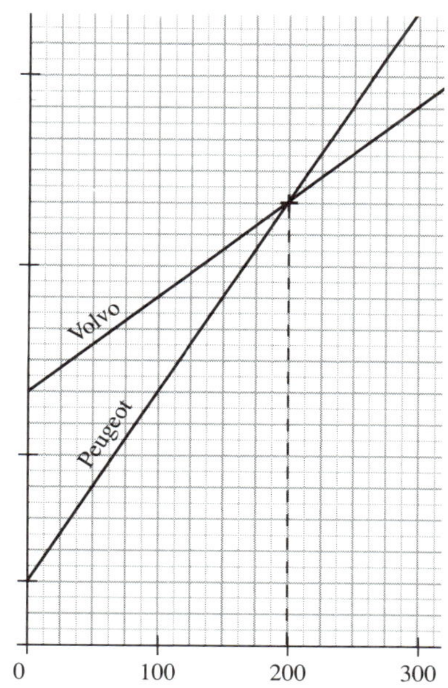

⑪

mois	1er	2e	3e	4e	5e	6e	7e	8e	9e	10e	11e	12e
1er contrat	2 000	2 200	2 420	2 662	2 928	3 221	3 543	3 897	4 287	4 716	5 187	5 706
2e contrat	2 500	2 700	2 900	3 100	3 300	3 500	3 700	3 900	4 100	4 300	4 500	4 700

- Conclusion : si vous restez plus de 9 mois, il faut envisager de prendre le 1er contrat.

Au bout d'un an, avec le 1er contrat vous aurez reçu 42 767 F et au 13e mois :
42 767 + 6 276 = 49 043 F ;
avec le 2e contrat : 43 200 F et au 13e mois : 43 200 + 4 900 = 48 100 F.

Page 202

⑫ Variations de $f : x \mapsto x^3 + x - 4$ sur $[0 ; 2]$.
C'est une fonction polynôme, dérivable sur son ensemble de définition : $\mathscr{D}_f = [0 ; 2]$. $f'(x) = 3x^2 + 1$.
La dérivée est la somme d'un carré et d'un réel positif, donc toujours strictement positive : la fonction f est croissante sur $[0 ; 2]$.

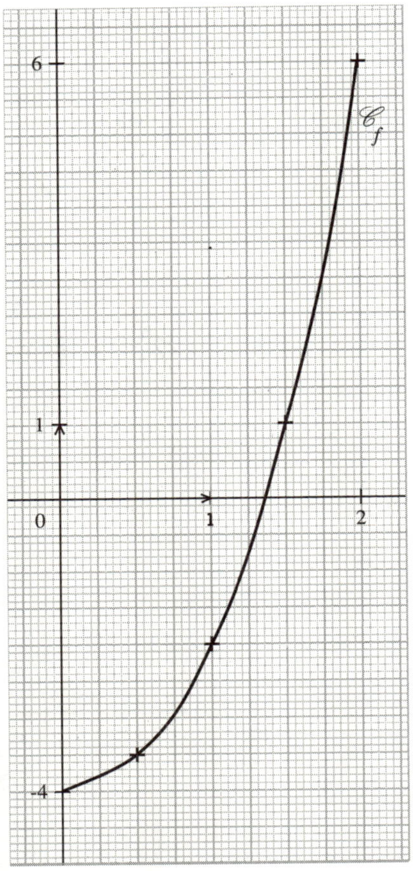

x	0		2
$f'(x)$		+	
$f(x)$	-4	↗	6

- Tableau des valeurs :

x	0	0,5	1	1,5	2
y	-4	$-3,375$	-2	0,875	6

La courbe traverse l'axe des abscisses en un point dont l'abscisse est comprise entre 1,3 et 1,4.

Pour aller plus loin :
$f(1,35)$ est négatif et $f(1, 4)$ est positif, donc $f(x)$ prend la valeur 0 entre 1,35 et 1,4.
$f(1,37)$ est négatif et $f(1,38)$ est positif, donc $f(x)$ prend la valeur 0 entre 1,37 et 1,38.
D'où $x_0 \approx 1,37$ par défaut.

Page 203

⑬ Étude de la hauteur y atteinte par un objet lancé en l'air :
$y = 20 + 19,6x - 4,9x^2$.
On a lancé l'objet à l'instant $x = 0$, donc la hauteur de départ est de 20 m.

- Pour connaître la hauteur maximale atteinte, on étudie les variations de la fonction sur $[0 ; +\infty[$:
$f : \quad x \mapsto 20 + 19,6x - 49x^2$.
C'est une fonction polynôme,
$f'(x) = 19,6 - 4,9 \times 2x$
$= 19,6 - 9,8x$.
La dérivée s'annule en :
$19,6 - 9,8x = 0 \Longleftrightarrow x = \dfrac{19,6}{9,8} = 2.$
Tableau des variations :

x	0		2		$+\infty$
$f'(x)$		+	0	$-$	
$f(x)$		↗		↘	

En 2, la dérivée s'annule en changeant de signe, donc la fonction admet un extremum ; ici un maximum, qui vaut $f(2) = 20 + 19,6 \times 2 - 4,9 \times 4 = 39,6$.
Donc la hauteur maximale de l'objet est de 39,6 m.

- Tracé de la courbe :
cette courbe est une **parabole.**

x	0	1	2	3	4	5
y	20	34,7	39,6	34,7	20	$-4,5$

- L'objet retombera au sol quand la hauteur sera nulle, c'est-à-dire à l'instant x_0 où $f(x) = 0$. D'après le graphique, c'est un peu avant les 5 secondes (car $f(5) = -4,5$, négatif, ce qui est impossible pour une hauteur...).

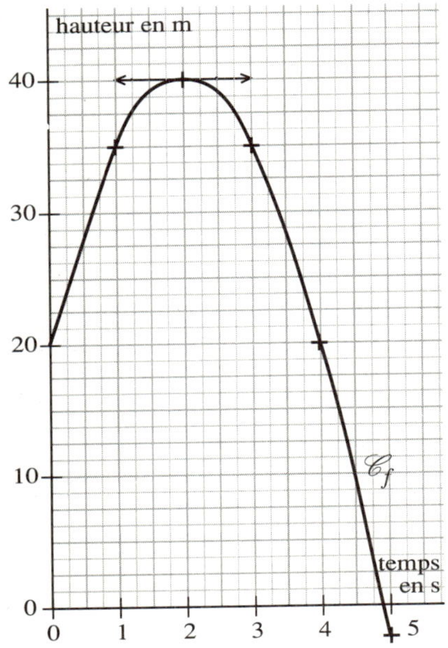

Page 204

⑭ Étude des variations de
$f : x \mapsto 4x + \dfrac{16}{x}$ sur $]0 ; +\infty[$.
f est une fonction rationnelle, dérivable sur son ensemble de définition : $\mathscr{D}_{f'} =]0 ; +\infty[$.
$f'(x) = 4 - \dfrac{16}{x^2} = \dfrac{4x^2 - 16}{x^2}$
$= \dfrac{4(x+2)(x-2)}{x^2}.$

- Signe de l'expression :

x		-2		0		2	
$4(x+2)$	$-$	0	+		+		+
$x - 2$	$-$		$-$		$-$	0	+
x^2	+		+	0	+		+
$\dfrac{4(x+2)(x-2)}{x^2}$	+	0	$-$	‖	$-$	0	+

- Tableau des variations :

x	0		2		$+\infty$
$f'(x)$	‖	$-$	0	+	
$f(x)$	‖	↘		↗	

En 2, la dérivée s'annule en changeant de signe, donc la fonction admet un extremum. Ici un minimum.

- Conclusion : lorsque x vaut 2, la somme est minimale. Le 1er nombre cherché est 2 et le 2e $\dfrac{16}{2} = 8$.

⑮ Somme : $x^2 + 4x$. On cherche le nombre x. On étudie les variations de $f : x \mapsto x^2 + 4x$. $f'(x) = 2x + 4$.

x		-2	
$f'(x)$	$-$	0	+
$f(x)$	↘		↗

Somme minimale en -2.
Le nombre cherché est -2.

1 ★

1. Michèle dépense $\frac{7}{8}$ du salaire de son travail d'été pour ses vacances, puis la moitié de ce qui lui reste pour acheter quelques livres. Elle dispose alors de 350 francs. Quel était son salaire?

2. Patrick, représentant, est payé au fixe et à la commission. Sa commission est de 2 % du chiffre d'affaires qu'il réalise. Ce mois-ci, il a réalisé pour 1,254 millions de chiffre d'affaires et a perçu un salaire de 32 000 F. Quel est le montant du salaire fixe de Patrick ?

2 ★

1. Alban s'occupe d'un petit commerce de quincaillerie. En cette période de l'année, les fournisseurs sont nombreux à lui proposer des promotions intéressantes. Alban hésite, à qualité comparable, entre deux produits. C'est l'avantage financier qui départagera les fournisseurs, mais lequel choisir alors qu'il doit en acheter douze douzaines (douze douzaines = une grosse) ?
Produit A : 100 F pièce, livrés 14 pour 12 achetés. Produit B : 100 F pièce avec remise de 15 %.

2. Le retirage d'une photo coûte 3 F l'unité. Mais le service propose des réductions suivant la quantité : de 5 à 11 photos : 5 % de réduction ; de 12 à 19 photos : 10 % de réduction ; à partir de 20 photos : 20 % de réduction. Calculer les prix de 11, 12, 19, 20, 21, 25 retirages.

3 ★

Une manufacture dégage un profit P donné par $P(x) = -x^2 + 114x - 440$, où x désigne le nombre d'unités produites, supérieures à 4, et $P(x)$ est le profit exprimé en dollars.

1. Trouver la valeur de x qui maximise le profit et évaluer le profit maximal.

2. Résoudre $P(x) = 0$, en utilisant la forme canonique, et en déduire la quantité à ne pas dépasser, sinon le profit deviendrait nul ou négatif. (Auquel cas il n'y aurait pas de profit, mais un déficit.)

4 ★

Petits problèmes

1. Le rapport de deux nombres est 6 et la somme de leurs carrés est 592. Quels sont ces nombres ?

2. Trouver un nombre entier tel que son carré augmenté de son cube donne une somme égale à 9 fois le nombre qui le suit. (Il y a plusieurs solutions.)

3. Trouver deux nombres tels que leur produit soit égal à 63 et l'excès du premier sur le double du second soit égal à 15.

4. Un nénuphar magique double de surface tous les jours. En neuf jours, il a recouvert la moitié de la surface de l'étang. Dans combien de jours le recouvra-t-il entièrement ?

5. Une brique pèse 1 kilo plus la moitié d'une brique. Combien pèse une brique?

6. Une poule et demie pond un œuf et demi en un jour et demi. Combien d'œufs pondent neuf poules en neuf jours?

5 ★★

Une somme de 2832 F a été partagée entre deux personnes. La première ayant dépensé les $\frac{4}{7}$ de sa part et la deuxième les $\frac{3}{8}$ de la sienne, il leur reste des sommes égales. Quelles étaient les parts de chacune ?

6 ★★

La quantité moyenne d'essence (exprimée en litres) restant dans le réservoir d'une automobile est donnée par $f(x) = 50 - \frac{x}{12}$, où x est le nombre de km parcourus.

1. Quelle est la capacité maximale de ce réservoir? Au bout de combien de kilomètres faut-il faire le plein ?

2. Combien faut-il prévoir de litres d'essence pour faire 1080 km ?

7 ★★

Un zoologiste estime que pour les 12 ans à venir à compter d'aujourd'hui, la population d'une espèce sera donnée par $f(x) = 3600 \times \frac{2x + 1}{x + 3}$, où x désigne le nombre d'années et $f(x)$ le nombre d'individus de l'espèce.

1. Quelle est la population actuelle ? D'après le texte, quel est l'ensemble de définition de la fonction f ?

2. Étudier les variations de la fonction f sur son ensemble de définition. En déduire si cette espèce est en expansion ou en voie d'extinction pour ces 12 années.

3. Quand la population sera-t-elle de 5200 individus?

4. La dérivée de cette fonction représente le rythme de croissance de cette espèce (en individus par an). Quel sera le rythme de croissance de cette population dans 7 ans ? Quand le rythme de croissance sera-t-il de 720 individus par an ?

8 ★★

Étudier les variations de la fonction $f : x \mapsto x^3 - 3x^2 + 2{,}5$ sur $[0; 3]$. Tracer la courbe de cette fonction.
Montrer que l'équation $x^2(3 - x) = 2{,}5$ a deux solutions dans l'intervalle $[0; 3]$ et donner leurs valeurs approchées grâce au graphique.
Trouver un réel compris entre 0 et 3 tel que le double de son carré soit égal à 5 fois l'inverse de son écart avec 3.

9 ★★

Une page d'un atlas de poche a un périmètre de 50 cm et des marges de 3 cm en haut, 1 cm en bas, 2 cm sur un côté et 1 cm de l'autre côté. On appelle x la largeur de la page de l'atlas ; $x \in [3; 21]$, exprimée en centimètre. Faire un dessin.

1. Exprimer la surface imprimée en fonction de x. Justifier l'ensemble de définition donné dans le texte.

2. Déterminer la largeur de la page d'atlas pour que la surface imprimée soit maximale.

10 ★★★

1. Dans une salle de concert, 800 personnes sont assises sur des bancs. Sur chaque banc, on installe le même nombre de personnes. S'il y avait 20 bancs de moins, il serait nécessaire de faire asseoir 2 personnes de plus par banc. Trouver le nombre de bancs.

2. L'aire de la surface d'un terrain rectangulaire est de 150 m². On veut clôturer ce terrain et le diviser en deux lots rectangulaires au moyen d'une clôture parallèle à l'un des côtés.

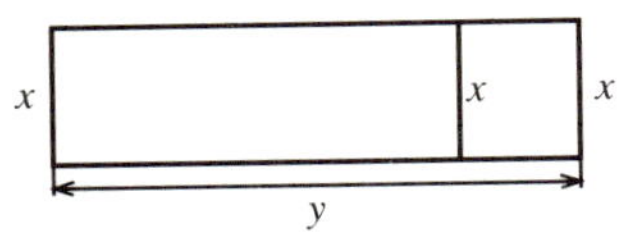

Exprimer la longueur totale de la clôture en fonction du côté x seulement.
On appellera $f(x)$ cette longueur. Étudier les variations de la fonction f. En déduire les dimensions du terrain afin que la longueur de la clôture soit minimale et calculer la longueur de la clôture.

11 ★★★

1. Déterminer un nombre tel que la différence du triple de ce nombre avec le tiers de son inverse soit nulle.

2. Déterminer un nombre tel que le quotient du double du carré de ce nombre par la différence de ce nombre avec 1 soit minimum, sachant que ce nombre est strictement supérieur à 1.

3. Déterminer un nombre positif tel que la somme du tiers de ce nombre et de l'opposé de la somme du cube de ce nombre et de 5 soit maximale.

I

Soit x le capital d'un particulier, exprimé en franc.

Durant un an, ce particulier place les $\frac{2}{3}$ de son capital à 8 % et le reste à 9 %.

1. Exprimer les intérêts acquis au bout d'un an par chaque part de ce capital en fonction de x.

2. Au bout d'un an, la première part lui rapporte 280 F de plus que la seconde.
Calculer le capital x de départ.

II

Déterminer un nombre sachant que la somme du double de ce nombre et de 7 est égale au quadruple de l'inverse de ce nombre.

III

Un plongeur s'élance d'un tremplin. Sa position au-dessus de l'eau est donnée par $f(x) = 10 + 5x - 5x^2$, où x est le temps écoulé depuis le départ, temps exprimé en seconde, et $f(x)$ la hauteur au-dessus de l'eau, exprimée en mètre.

1. Quelle est la hauteur du tremplin?

2. Déterminer la hauteur maximale atteinte par le plongeur.

3. Déterminer le temps que prend le plongeur pour atteindre l'eau et en déduire l'ensemble sur lequel est réellement définie la fonction f.

Grille d'évaluation

A Reconnaître ce qu'il faut faire

B Réaliser ou appliquer

++ réussite totale
\+ réussite partielle
– échec partiel
– – échec total
/ non traité

	n° dans le test	A	B
Traduire mathématiquement un texte	I_1 II		
Mettre en équation un problème	I_2 II		
Résoudre une équation du 1er degré	I_2		
Résoudre une équation du 2e degré, à l'aide éventuellement de la forme canonique	II III_3		
Résoudre un système d'équations			
Lire sur un graphique			
Rechercher, de façon approchée, les solutions d'une équation			
Interpréter un problème d'optimisation	III_2		
Résoudre un problème d'optimisation	III_2		
Étudier les variations d'une fonction	III_2		
Prouver l'existence d'un extremum	III_2		
Faire le lien entre ce que représente la variable et l'ensemble de définition de la fonction à optimiser	III_3		
Formuler la réponse à un problème dans les termes de l'énoncé	I II III		
BILAN			

S'exprimer			Présenter	

Correction du test

I.

Soit x le capital de départ.

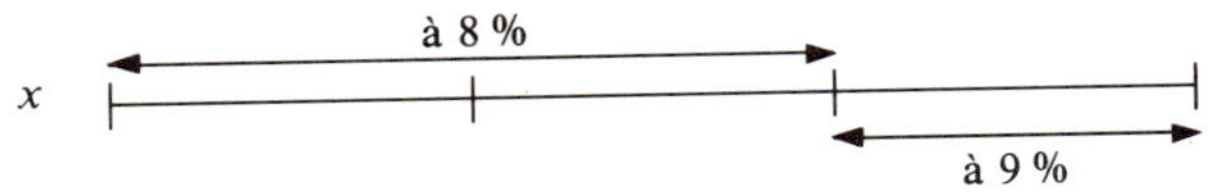

① Intérêts de la 1re partie :

8 % de $\frac{2}{3}$ du capital ; $\frac{8}{100} \times \frac{2}{3} \times x = \frac{16x}{300}$.

Intérêts de la 2e partie :

9 % de $\frac{1}{3}$ du capital ; $\frac{9}{100} \times \frac{1}{3} \times x = \frac{9x}{300}$.

② • Traduction du texte et mise en équation.
La 1re partie rapporte 280 F de plus que la 2e.

$$\frac{16x}{300} \qquad = 280 \qquad + \qquad \frac{9x}{300}.$$

• Résolution.

$$\frac{16x}{300} - \frac{280 \times 300}{300} - \frac{9x}{300} = 0$$

$$7x - 84\,000 = 0$$

$$x = \frac{84\,000}{7} = 12\,000.$$

• Le capital de départ est de 12 000 F.

II.

• Soit x le nombre cherché.

• La somme du double de ce nombre et de 7 est égale au quadruple de l'inverse de ce nombre :

$2x + 7 = 4 \times \frac{1}{x}$.

• Résolution :

$2x + 7 = \frac{4}{x}$; Valeur Interdite 0 ;

$\frac{2x^2 + 7x - 4}{x} = 0$ (on applique la règle du quotient nul) ;

$2x^2 + 7x - 4 = 0$.

Cherchons la forme canonique de ce polynôme afin de le factoriser si possible.

$$2x^2 + 7x - 4 = 2\left[x^2 + \frac{7}{2}x - 2\right]$$

$$= 2\left[\left(x + \frac{7}{4}\right)^2 - \left(\frac{7}{4}\right)^2 - 2\right] = 2\left[\left(x + \frac{7}{4}\right)^2 - \frac{49}{16} - \frac{32}{16}\right]$$

$$= 2\left[\left(x + \frac{7}{4}\right)^2 - \frac{81}{16}\right] = 2\left[\left(x + \frac{7}{4}\right)^2 - \left(\frac{9}{4}\right)^2\right]$$

(Forme canonique) (Différence de deux carrés)

$$= 2\left[\left(x + \frac{16}{4}\right)\left(x - \frac{2}{4}\right)\right] = 2(x + 4)\left(x - \frac{1}{2}\right).$$

L'équation s'écrit $2(x + 4)\left(x - \frac{1}{2}\right) = 0$, avec pour solutions $x = -4$ ou $x = \frac{1}{2}$. Valeurs qui ne sont pas interdites.

• Il y a deux solutions. Le nombre cherché est -4 ou $\frac{1}{2}$.

III.

Hauteur au-dessus de l'eau : $f(x) = 10 + 5x - 5x^2$, avec x positif et $f(x)$ exprimé en mètre.

① La hauteur du tremplin correspond à la position du plongeur au départ, donc au temps $x = 0$.
Or $f(0) = 10$, donc le tremplin a une hauteur de 10 m.

② Pour déterminer la hauteur atteinte par le plongeur, on étudie les variations de la fonction f pour les valeurs positives.

f est une fonction polynôme.

$f'(x) = 5 - 10x$: la dérivée s'annule en $\frac{5}{10} = \frac{1}{2}$.

x	0		$\frac{1}{2}$		
$f'(x)$		+	0	−	
$f(x)$		↗		↘	

En $\frac{1}{2}$ la dérivée s'annule en changeant de signe (positive, puis négative), donc la fonction admet un maximum, atteint en $\frac{1}{2}$, et qui vaut

$$f\left(\frac{1}{2}\right) = 10 + 5 \times \frac{1}{2} - 5 \times \left(\frac{1}{2}\right)^2 = 10 + \frac{5}{2} - \frac{5}{4} = \frac{45}{4} = 11{,}25.$$

Le plongeur atteint une hauteur maximale de 11,25 m.

③ Le plongeur atteint l'eau lorsque la hauteur est nulle, donc lorsque $f(x) = 0$, équation que l'on résout.

$$10 + 5x - 5x^2 = 0$$
$$2 + x - x^2 = 0 \quad (\div 5)$$
$$-x^2 + x + 2 = 0 \qquad \text{(−1 est racine évidente et on met } (x + 1) \text{ en facteur)}$$
$$(x + 1)(-x + 2) = 0$$
$$x = -1 \quad \text{ou} \quad x = 2.$$

Or -1 ne peut être solution, donc le plongeur atteindra l'eau au bout de 2 secondes.
L'ensemble de définition de la fonction f est donc l'intervalle $[0 ; 2]$. En dehors de cet intervalle, la hauteur $f(x)$ n'a pas sens physique.

Vocabulaire	**Traduction mathématique**
20 % d'une quantité x	$\frac{20}{100} \times x$
La somme de a et de b	$a + b$
L'opposé de x	$-x$
Le produit de a par b	$a \times b$
Le quotient de a par b	$\frac{a}{b}$
L'inverse de x	$\frac{1}{x}$
Le double de x	$2x$
Le quadruple de x	$4x$
Le carré de x	x^2
Le cube de x	x^3
Le dixième de x	$\frac{x}{10}$
La différence de a avec b	$a - b$

Correction des exercices d'entraînement

Thème 1

1.

① $x(4x - 3)$.

② $(x - 1)(-x - 4)$.

③ $(x - 1)(x + 2)$.

④ $5(x + 2)(x - 2)$.

⑤ $(x + 1)(x + 1) = (x + 1)^2$.

⑥ $(x - 1)(-2x + 1)$.

⑦ $(x + 2)(x - 3)$.

⑧ $2x(2x - 6)$ ou $4x(x - 3)$.

⑨ VI : 4 ; $\dfrac{(x - 3)(x - 5)}{(x - 4)^2}$.

⑩ $6(x + 1)(x - 1)$ ou $(x + 1)(6x - 6)$.

⑪ $(x - 2)(3x + 5)$.

⑫ $3\left[(x - 1)^2 + \frac{1}{3}\right]$; non factorisable.

⑬ Non factorisable.

⑭ $(2 + x)(2 - x)$.

⑮ VI : $\frac{1}{2}$, non factorisable.

⑯ $(x - 1)(-x + 2)$.

⑰ $(x + 1)(-3x + 5)$.

⑱ $(2x - 5)(2x - 7)$.

⑲ $\left(8x - \frac{5}{2}\right)\left(8x - \frac{7}{2}\right)$.

⑳ Non factorisable.

㉑ $(x - 3)^2(x + 2)(x - 2)$.

㉒ $(x + 1)(3x - 8)$.

㉓ $(3x - 1)^2$ ou $(x - 1)(3x - 3)$.

㉔ $(-x + 4)^2 - (x - 1)^2$
$= 3(-2x + 5)$ ou $-6x + 15$.

㉕ $(x\sqrt{5} + 3)(x\sqrt{5} - 3)$.

㉖ $(x + 1)(-3x - 1)$.

㉗ VI : 1 ; $\dfrac{2x(2x - 4)}{(x - 1)^2}$ ou $\dfrac{4x(x - 2)}{(x - 1)^2}$.

㉘ $(x - 2)(2x + 1)(2x - 1)$.

2.

Exercices complémentaires

㉙ $2(x - 3)^2$ ou $(x - 3)(2x - 6)$.

㉚ Ne se factorise pas.

㉛ $x(4x - 9)$.

㉜ $x(-5x - 3)$.

㉝ $(x - 3)(x - 7)$.

㉞ $(2x + 1)(1 - x - 7)$
$= (2x + 1)(-x - 6)$.

㉟ $\left(x - \frac{7}{2}\right)^2 - \frac{1}{4} = (x - 3)(x - 4)$.

㊱ $\left(x - \frac{1}{4}\right)^2 + \frac{31}{16}$, non factorisable.

㊲ $(x + 2)^2 - (3x - 1)^2$
$= (4x + 1)(-2x + 3)$.

㊳ $2x(5x - 3) - (5x - 3)^2$
$= (5x - 3)(-3x + 3)$.

㊴ $4\left[\left(x + \frac{15}{8}\right)^2 - \frac{289}{64}\right]$
$= 4(x + 4)\left(x - \frac{1}{4}\right)$.

㊵ VI : − 4 ;
$\dfrac{[3(x + 4)]^2 - (5)^2}{(x + 4)^2} = \dfrac{(3x + 17)(3x - 7)}{(x + 4)^2}$.

Thème 2

1. ★

① 1er degré. $S = \left\{-\frac{3}{2}\right\}$.

② $(x + 3)(x - 3) = 0$, $S = \{-3 ; 3\}$;
Différence de deux carrés.

③ $x(-2x + 1) \geqslant 0$

x		0		$\frac{1}{2}$	
x	−	0	+		+
$-2x + 1$	+		+	0	−
$E(x)$	−	0	+	0	−

$S = \left[0 ; \frac{1}{2}\right]$.

④ Déjà factorisé.

x		1		3	
-4	−		−		−
$(x - 1)^2$	+	0	+		+
$3 - x$	+		+	0	−
$E(x)$	−	0	−	0	+

$S =]-\infty ; 1[\cup]1 ; 3[$.

⑤ RE = 1.
$(x - 1)(3x + 1) = 0$, $S = \left\{1 ; -\frac{1}{3}\right\}$.

⑥ VI : $\frac{3}{4}$. $\dfrac{(x + 1)(x - 1)}{4x - 3} = 0$.
Règle du quotient nul. $S = \{-1 ; 1\}$.

⑦ VI : $\frac{3}{2}$.

x		-4		$\frac{3}{2}$	
$-x - 4$	+	0	−		−
$2x - 3$	−		−	0	+
$E(x)$	−	0	+	‖	−

$S =]-\infty ; -4] \cup \left]\frac{3}{2} ; +\infty\right[$.

⑧ Différence de deux carrés :
$(3x - 1)(3x + 3) < 0$.

x		-1		$\frac{1}{3}$	
$3x - 1$	−		−	0	+
$3x + 3$	−	0	+		+
$E(x)$	+	0	−	0	+

$S = \left]-1 ; \frac{1}{3}\right[$.

⑨ Pas de valeur interdite
$\dfrac{5x - 5}{10} = \dfrac{4x + 4}{10}$; $\dfrac{x - 9}{10} = 0$.
Règle du quotient nul. $S = \{9\}$.

⑩ $x^2 + 4$ est la somme d'un carré et d'un nombre positif, donc est toujours strictement positive :

x	
$x^2 + 4$	+

$S = \mathbb{R}$.

2. ★

① $-\frac{3x}{2}(x + \sqrt{2})(x - \sqrt{2}) = 0$
Produit nul : $S = \{0 ; -\sqrt{2} ; \sqrt{2}\}$.

② VI : 1
$\dfrac{4 - (x - 1)^2}{(x - 1)^2} = 0$
Règle du quotient nul.
Différence de deux carrés.
$(x + 1)(-x + 3) = 0$.
-1 et 3, non interdites.
$S = \{-1 ; 3\}$.

③ $x^2 - 6x + 9 \leqslant 0$
Développement d'un carré.
$(x - 3)^2 \leqslant 0$
Un carré est toujours positif ou nul.

x		3	
$(x - 3)^2$	+	0	+

On veut $\boxed{\leqslant 0}$, donc $S = \{3\}$.

④ $-x^2 + 5x - 4 < 0$.
RE : 1, on met $(x - 1)$ en facteur.
$(x - 1)(-x + 4) < 0$.

x		1		4	
$E(x)$	−	0	+	0	−

$S =]-\infty ; 1[\cup]4 ; +\infty[$.

⑤ Pas de racine évidente, il faut chercher la forme canonique :
$(x+2)^2 - 2^2 + 5 = 0$
$(x+2)^2 + 1 = 0$.
Somme d'un carré et d'un nombre positif non factorisable et jamais nul. $S = \emptyset$.

⑥ Déjà factorisé. Règle du produit nul.

$$S = \left\{0 ; 5 ; -\frac{1}{5}\right\}.$$

3. ★
Exercices complémentaires

① $S = \{-\sqrt{3} ; \sqrt{3}\}$.

② $S = \left]-\frac{3}{7} ; +\infty\right[$. ③ $S = \emptyset$.

④ $S = \left]-\frac{2}{5} ; \frac{8}{5}\right[$. ⑤ $S = \{9\}$.

⑥ $S = \left\{0 ; \frac{4}{7}\right\}$. ⑦ $S = \{-5\}$.

⑧ $S =]-\infty ; -2[\cup]5 ; +\infty[$.

⑨ VI : 0 ; $S =]-\infty ; 0[\cup [1 ; 2]$.

⑩ $S = \left\{-1 ; \frac{1}{4}\right\}$.

4. ★★

① VI : 0.
$\frac{4x-2}{2x} = \frac{x}{2x}$, $\frac{3x-2}{2x} = 0$.
Règle du quotient nul.
$\frac{2}{3}$ n'est pas interdite.

$$S = \left\{\frac{2}{3}\right\}.$$

② $5x^2 - 2x = 0$
$x(5x-2) = 0$.
Règle du produit nul. $S = \left\{0 ; \frac{2}{5}\right\}$.

③ $x^2 - 2x + 1 > 0$: développement d'un carré. $(x-1)^2 > 0$.

x		1	
$(x-1)^2$	+	0	+

$S =]-\infty ; 1[\cup]1 ; +\infty[$.

④ Différence de deux carrés :
$(2x+1)(2x-1) \geqslant 0$.

x		$-\frac{1}{2}$		$\frac{1}{2}$	
$2x+1$	−	0	+		+
$2x-1$	−		−	0	+
$E(x)$	+	0	−	0	+

$$S = \left]-\infty ; -\frac{1}{2}\right] \cup \left[\frac{1}{2} ; +\infty\right[.$$

⑤ Différence de deux carrés.
$(5x+4)(-3x+2) = 0$.

$$S = \left\{-\frac{4}{5} ; \frac{2}{3}\right\}.$$

⑥ Déjà factorisé et $\frac{x-1}{2} = \frac{1}{2}x - \frac{1}{2}$.

x		1		3	
$\frac{x-1}{2}$	−	0	+		+
$(x-3)^2$	+		+	0	+
$E(x)$	−	0	+	0	+

$S =]1 ; 3[\cup]3 ; +\infty[$.

⑦ VI : 1.
$\frac{9-(x-1)^2}{x-1} \geqslant 0$ différence de deux carrés
$\frac{(x+2)(-x+4)}{x-1} \geqslant 0$.

x		-2		1		4	
$E(x)$	+	0	−	‖	+	0	−

$S =]-\infty ; -2] \cup]1 ; 4]$.

⑧ On développe :
$9x^2 + 3 < 0$.
Somme d'un carré et d'un nombre positif toujours strictement positive.

x	
$9x^2 + 3$	+

On veut $\boxed{< 0}$: $S = \emptyset$.

5. ★★

① VI : $\frac{1}{5}$. Règle du quotient nul, − 1 et 1 ne sont pas interdites.
$S = \{-1 ; 1\}$.

② RE = − 1, on met $(x+1)$ en facteur :
$(x+1)(x-6) = 0$. $S = \{-1 ; 6\}$.

③ $(x+3)^2 + 4 > 0$. Somme d'un carré et d'un nombre positif, toujours strictement positive : $S = \mathbb{R}$.

④ On développe : $-x^2 + 4x - 4 \geqslant 0$
$-(x-2)^2 \geqslant 0$. $S = \{2\}$.

⑤ VI : 0. $\frac{-2x^2 - 4x - 2}{3x} = 0$
Règle du quotient nul. RE = − 1.
$(x+1)(-2x-2) = 0$
ou $-2(x+1)^2 = 0$. $S = \{-1\}$.

⑥ VI : 1. $\frac{11x-3}{x-1} \leqslant 0$

x		$\frac{3}{11}$		1	
E(x)	+	0	−	‖	+

$$S = \left[\frac{3}{11} ; 1\right[.$$

6. ★★
Exercices complémentaires

① $S = \{-14\}$. ② $S = \left\{0 ; \frac{3}{4}\right\}$.

③ $S = [0 ; +\infty[$.

④ $S = [-3 ; 0[\cup [2 ; +\infty[$.

⑤ $S =]-\infty ; -1] \cup [0 ; +\infty[$.

⑥ $S = \left]0 ; \frac{3}{2}\right[$. ⑦ $S = \left\{1 ; -\frac{2}{3}\right\}$.

⑧ $\left(x + \frac{7}{2}\right)^2 + \frac{3}{4} = 0$, $S = \emptyset$. ⑨ $S = \mathbb{R}$.

⑩ $S = [8 ; +\infty[$. ⑪ $S = \{-4 ; 6\}$.

⑫ $S = \left[-\frac{1}{2} ; 0\right[\cup \left[\frac{1}{2} ; +\infty\right[$.

7. ★★★

① $(x-1)(3x+1) < 0$.

x		$-\frac{1}{3}$		1	
$E(x)$	+	0	−	0	+

$$S = \left]-\frac{1}{3} ; 1\right[.$$

② $\frac{-3x(x^2+1)}{(x+1)(x-1)} \geqslant 0$. VI : − 1 et 1.

x		-1		0		1	
$E(x)$	+	‖	−	0	+	‖	−

$S =]-\infty ; -1[\cup [0 ; 1[$.

③ $(x+3)(x-4) = 0$. $S = \{-2 ; 4\}$.

④ VI = 0.
$\frac{2x^2 + 3x + 1}{x} = 0$. $S = \left\{-1 ; -\frac{1}{2}\right\}$.

⑤ $\frac{x(-x-2)}{x+3} \leqslant 0$.

x		-3		-2		0	
$E(x)$	+	‖	−	0	+		−

$S =]-3 ; -2] \cup [0 ; +\infty[$.

⑥ Pas de factorisation. On développe
$15x - 25 \geqslant 0$. $S = \left[\frac{5}{3} ; +\infty\right[$.

⑦ $x^2(x-2) = 0$. $S = \{0 ; 2\}$.

⑧ Déjà factorisé. $S = \left\{\frac{2}{3} ; \frac{1}{4}\right\}$.

8. ★★★

① $|x+3| = 7$
$x + 3 = 7$ ou $x + 3 = -7$
$S = \{4 ; -10\}$.

② $|x^2 + x - 1| = 1$
$x^2 + x - 1 = 1$ ou $x^2 + x - 1 = -1$
$(x-1)(x+2) = 0$ ou $x(x+1) = 0$
$S = \{1 ; -2 ; 0 ; -1\}$.

③ $\sqrt{x+3} = 1$.
• *Analyse :* $x + 3 = 1^2 \iff x = -2$.
• *Synthèse :* si $x = -2$, alors $\sqrt{x+3} = \sqrt{-2+3} = \sqrt{1} = 1$,
donc − 2 convient : $S = \{-2\}$.

④ $\sqrt{x^2 + 3x} = 2$.
• *Analyse :*
$x^2 + 3x = 4 \iff x^2 + 3x - 4 = 0$
1 est racine évidente.
$(x-1)(x+4) = 0$
$x = 1$ ou $x = -4$
• *Synthèse :*
si $x = 1$, alors
$\sqrt{x^2 + 3x} = \sqrt{1+3} = \sqrt{4} = 2$,
donc 1 convient ;
si $x = -4$, alors
$\sqrt{x^2 + 3x} = \sqrt{16 - 12} = \sqrt{4} = 2$,
donc − 4 convient : $S = \{1 ; -4\}$.

9. Exercices complémentaires

① S = $]-\infty ; -2[\cup [0 ; +\infty[$.

② S = $\left\{\frac{4}{3}\right\}$ VI : 3 et $\frac{1}{2}$.

③ S = {2} et − 2 ne convient pas.

④ S = {3} et 0 ne convient pas.

⑤ S = $]-\infty ; -1] \cup \left]\frac{1}{2} ; \frac{7}{2}\right]$.

⑥ S = $]-\infty ; 1[$.

10. Droites

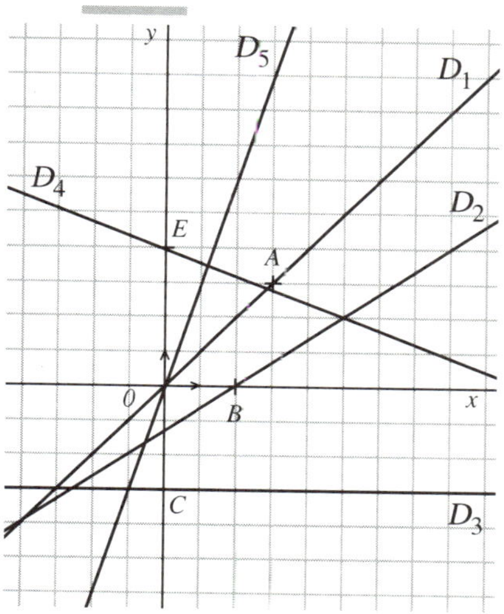

11. Tracé de droites

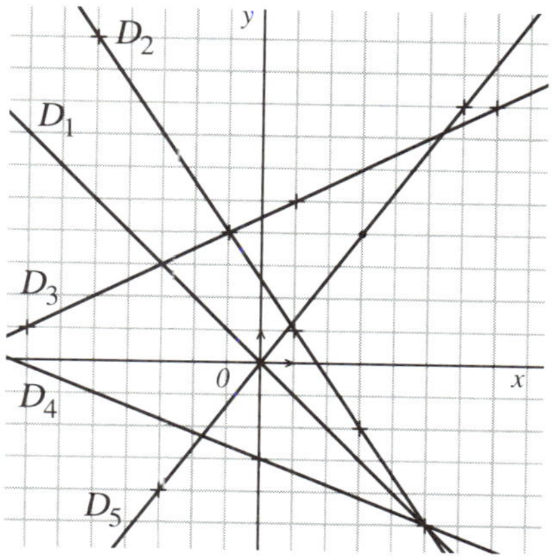

- D_1 : $y = -x$, de pente − 1, passant par l'origine.
- D_2 : $y = -\frac{3}{2}x + \frac{5}{2}$, de pente $-\frac{3}{2}$, passant par (1 ; 1).
- D_3 : $y = \frac{1}{2}x + \frac{9}{2}$, de pente $\frac{1}{2}$, passant par (1 ; 5).
- D_4 : $y = -\frac{2}{5}x - 3$, de pente $-\frac{2}{5}$, passant par (0 ; − 3).
- D_5 : $y = \frac{4}{3}x$, de pente $\frac{4}{3}$, passant par l'origine.

12. Droites définies par deux points

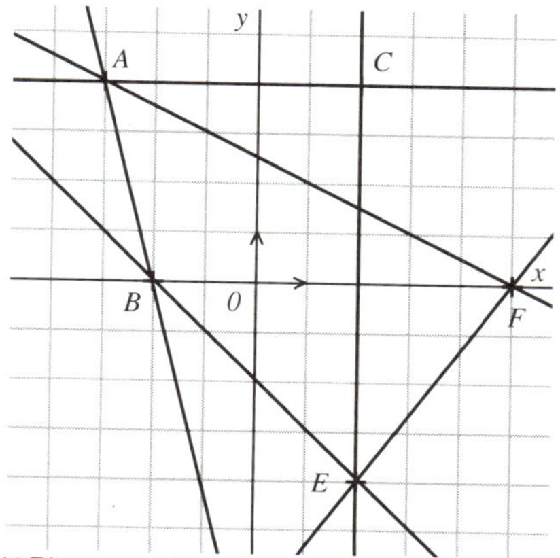

(AB) : $y = -4x - 8$; (AC) : $y = 4$;
(AF) : $y = -\frac{1}{2}x + \frac{5}{2}$; (EB) : $y = -x - 2$;
(EC) : $x = 2$; (EF) : $y = \frac{4}{3}x - \frac{20}{3}$.

13. Lecture d'équations réduites

- D_1 : $y = \frac{1}{4}x - 5$. • D_2 : $x = -2$.
- D_3 : $y = \frac{3}{2}x$. • D_4 : $y = 3$.
- D_5 : $y = -x + 5$.
- D_6 : $y = -\frac{2}{3}x - 1$.

1. ★

① $f'(x) = 6x - 1$. ② $f'(x) = -6(x + 1)$.

③ $f'(x) = \frac{6}{(3x + 5)^2}$. ④ $f'(x) = \frac{-3}{x^2}$.

⑤ $f'(x) = \frac{-1}{2\sqrt{4 - x}}$. ⑥ $f'(x) = \frac{10x - 3}{3}$.

⑦ $f'(x) = \frac{-2x^2 + 8}{(x^2 + 4)^2}$.

⑧ $f'(x) = 4x - 7$. ⑨ $f'(x) = -x + 1$.

⑩ $f'(x) = \frac{2}{2\sqrt{2x - 4}} = \frac{1}{\sqrt{2x - 4}}$.

⑪ $f'(x) = \frac{4x}{(4 - x^2)^2}$.

⑫ $f'(x) = \frac{3}{(x + 1)^2}$.

⑬ $f'(x) = \frac{-3}{\sqrt{4 - 3x}}$. ⑭ $f'(x) = \frac{-14}{(4 + x)^2}$.

⑮ $f'(x) = \frac{x^2 + 2x + 3}{(x + 1)^2}$.

⑯ $f'(x) = \frac{3x^2 - 1}{x^2}$. ⑰ $f'(x) = 2x - \frac{2}{x^3}$.

⑱ $f'(x) = 2 + \frac{2}{(x + 1)^2}$.

2. Exercices complémentaires

① $f'(x) = 6x^2 - 1$;
$g'(x) = \frac{1}{2} \times 10x = 5x$;
$h'(x) = \frac{-1}{(x + 3)^2}$; $k'(x) = -2x + 3$.

② $f'(x) = \frac{-4}{(2x + 1)^2}$;
$g'(x) = \frac{-3}{2\sqrt{-3x + 1}}$;
$h'(x) = 3(x + 5)^2$; $k'(x) = \frac{6}{(3x + 1)^2}$.

③ $f'(x) = \frac{-9}{(x - 2)^2}$; $g'(x) = \frac{x^2 - 2x}{x^4}$;
$h'(x) = -2x^2 + 2x$;
$k'(x) = 1 + \frac{1}{x^2} = \frac{x^2 + 1}{x^2}$.

3. ★

① • Fonction polynôme.
Ensemble de définition [− 2 ; 5]
• $f'(x) = -2x + 4$

•

x		2	
$-2x + 4$	+	0	−

•

x	− 2		2		5
$f'(x)$		+	0	−	
$f(x)$		↗		↘	

• Sur [− 2 ; 2] la dérivée est positive, donc la fonction est croissante.
Sur [2 ; 5] la dérivée est négative, donc la fonction est décroissante.
En 2, la dérivée s'annule.

② • Fonction rationnelle.
Ensemble de définition $\left]-\infty ; \frac{5}{2}\right]$.

• $f'(x) = \frac{-1}{(x - 3)^2}$. Valeur interdite : 3.

•

x		3	
− 1	−		−
$(x - 3)^2$	+	0	+
$\frac{-1}{(x - 3)^2}$	−	‖	−

•

x	$-\infty$	$\frac{5}{2}$
$f'(x)$	−	
$f(x)$	↘	

• Sur $\left]-\infty ; \frac{5}{2}\right]$ la dérivée est négative, donc la fonction est décroissante.

4. ★

• Fonction polynôme.
Ensemble de définition $[0 ; +\infty[$.

• $f'(x) = \frac{9}{2}x^2 - 2 = \frac{9x^2 - 4}{2}$
$= \frac{(3x + 2)(3x - 2)}{2}$.

-

x		$-\frac{2}{3}$		$\frac{2}{3}$	
$3x+2$	$-$	0	$+$		$+$
$3x-2$	$-$		$-$	0	$+$
2	$+$		$+$		$+$
$\frac{9x^2-4}{2}$	$+$	0	$-$	0	$+$

-

x	0		$\frac{2}{3}$		$+\infty$
$f'(x)$		$-$	0	$+$	
$f(x)$		↘		↗	

- Sur $\left[0\,;\frac{2}{3}\right]$ la dérivée est négative, donc la fonction est décroissante.
Sur $\left[\frac{2}{3}\,;+\infty\right[$ la dérivée est positive, donc la fonction est croissante.
En $\frac{2}{3}$ la dérivée s'annule.

5. ★★

① $-6x+1$. ② $2x-\frac{1}{x^2}$.

③ $4x^2-4$. ④ $\frac{6}{x^3}$. ⑤ $-15(2x-1)^2$.

⑥ $\frac{-1}{\sqrt{1-2x}}$. ⑦ $\frac{-3}{x^2}$. ⑧ $\frac{32x}{(1-4x^2)^2}$.

⑨ $\frac{-15}{2\sqrt{3x+1}}$. ⑩ $1-\frac{3}{(x-2)^2}$.

⑪ $\frac{-x^2+4x-1}{(2-x)^2}$. ⑫ $-9x^2+10x+12$.

⑬ $\frac{4x^2-4}{(x^2+1)^2}$. ⑭ $\frac{-5x^2+6x-45}{(x^2-9)^2}$.

⑮ $\sqrt{x+1}+\frac{x}{2\sqrt{x+1}}=\frac{3x+2}{2\sqrt{x+1}}$.

⑯ $2+\frac{2}{(x-1)^2}$. ⑰ $-4-\frac{1}{(x-1)^2}$.

⑱ $\frac{3x^2-4x}{x^4}=\frac{3x-4}{x^3}$.

6. ★★

Exercices complémentaires

① $f'(x)=-15(x+3)^2$;

$g'(x)=2x-\frac{3}{2}$; $h'(x)=x^2-x$;

$k'(x)=\frac{2x}{x^4}=\frac{2}{x^3}$.

② $f'(x)=\frac{-5x^2-5}{(x^2-1)^2}$;

$g'(x)=\frac{-2x^2+12x+4}{(2x^2+4)^2}$;

$h'(x)=\frac{1}{5}\times\frac{-5}{2\sqrt{3-5x}}=\frac{-1}{2\sqrt{3-5x}}$;

$k'(x)=3-\frac{-3}{x^4}=\frac{3x^4+3}{x^4}$.

③ $f'(x)=30(3x-1)$;

$g'(x)=\frac{1}{2\sqrt{x}}-\frac{-2}{x^3}=\frac{1}{2\sqrt{x}}+\frac{2}{x^3}$;

$h'(x)=15x^2-6x-5$;

$k'(x)=\frac{\frac{5}{3}}{2\sqrt{\frac{5}{3}x+4}}$, car $a=\frac{5}{2}$

$=\frac{5}{3}\times\frac{1}{2\sqrt{\frac{5}{3}x+4}}=\frac{5}{6\sqrt{\frac{5}{3}x+4}}$.

7. ★★

① • Fonction rationnelle.
Ensemble de définition $\left[-\frac{1}{2}\,;5\right]$.

- $f'(x)=1-\frac{-1}{(x+1)^2}=1+\frac{1}{(x+1)^2}$
$=\frac{(x+1)^2+1}{(x+1)^2}$.
- $(x+1)^2+1$ est la somme d'un carré et d'un nombre positif, donc est toujours strictement positive.

x		-1	
$(x+1)^2+1$	$+$		$+$
$(x+1)^2$	$+$	0	$+$
$1+\frac{1}{(x+1)^2}$	$+$	∥	$+$

La valeur interdite est -1.

-

x	$-\frac{1}{2}$		5
$f'(x)$		$+$	
$f(x)$		↗	

- Sur $\left[-\frac{1}{2}\,;5\right]$ la dérivée est positive, donc la fonction est croissante.

② • Fonction polynôme.
Ensemble de définition : ℝ.

- $f'(x)=-3x^2+12$
$=3(-x^2+4)=3(4-x^2)$
$=3(2+x)(2-x)$.

-

x		-2		2	
3	$+$		$+$		$+$
$2+x$	$-$	0	$+$		$+$
$2-x$	$+$		$+$	0	$-$
$-3x^2+12$	$-$	0	$+$	0	$-$

-

x		-2		2	
$f'(x)$	$-$	0	$+$	0	$-$
$f(x)$	↘		↗		↘

- Sur $]-\infty\,;-2]$ et sur $[2\,;+\infty[$, la dérivée est négative, donc la fonction est décroissante.
Sur $[-2\,;2]$ la dérivée est positive, donc la fonction est croissante.
En -2 et en 2, la dérivée s'annule.

8. ★★

Exercice complémentaire

- Fonction rationnelle.
Ensemble de définition : $[2\,;5]$.
- $f'(x)=\frac{-x^2-1}{(x^2-1)^2}=\frac{-1(x^2+1)}{(x^2-1)^2}$.
- Les valeurs interdites sont -1 et 1, car $x^2-1=(x+1)(x-1)$.
Au numérateur x^2+1 est toujours strictement positif.

x		-1		1	
-1	$-$		$-$		$-$
x^2+1	$+$		$+$		$+$
$(x^2-1)^2$	$+$	0	$+$	0	$+$
$\frac{-x^2-1}{(x^2-1)^2}$	$-$	∥	$-$	∥	$-$

-

x	2		5
$f'(x)$		$-$	
$f(x)$		↘	

- Sur $[2\,;5]$ la dérivée est négative, donc la fonction est décroissante.

9. ★★★

① $\frac{-5}{2\sqrt{3-5x}}$. ② $-4x^2-4x$.

③ $\frac{6}{x^3}+\frac{1}{2\sqrt{x}}$. ④ $30(2-5x)$.

⑤ $2-\frac{1}{(x+3)^2}$. ⑥ $\frac{-x^2+2x+9}{(x^2+9)^2}$.

⑦ $12(x-1)^2$. ⑧ $\frac{1}{3\sqrt{\frac{2x-5}{3}}}$.

⑨ $\frac{-14x}{(4-x^2)^2}$. ⑩ $\frac{2x^2-2x+5}{(x^2-x-2)^2}$.

⑪ $-4+\frac{1}{(3-x)^2}$. ⑫ $\frac{5x^2-6x+5}{(x^2-1)^2}$.

⑬ $\frac{-6x-1}{\sqrt{1+2x}}$. ⑭ $2x+\frac{1}{x^2}$.

⑮ $2x+\frac{2}{x^3}$. ⑯ $\frac{2(x-3)(-x-3)}{(x-3)^4}$.

⑰ $2(x-1)(3x-1)$.

⑱ $-\frac{1}{x^2}+\frac{1}{\sqrt{3-x}}$.

10. ★★★

Exercices complémentaires

① $f'(x)=\frac{x^2+2x-3}{(x+1)^2}$;

$g'(x)=2(x-1)^2$;

$h'(x)=\frac{-5x^2+6x+20}{(x^2+4)^2}$;

$k'(x)=2-\frac{2}{(x^2+1)^2}$

$=\frac{2(2x+1)^2-2}{(2x+1)^2}$.

② $f'(x)=\sqrt{x+3}+\frac{x}{2\sqrt{x+3}}$

$=\frac{3x+6}{2\sqrt{x+3}}$;

$g'(x)=\frac{-\frac{1}{2}}{2\sqrt{\frac{3-x}{2}}}=\frac{-1}{4\sqrt{\frac{3-x}{2}}}$;

$h'(x)=5(x-1)(3x-1)$;

$k'(x)=\frac{-16x}{(x^2-4)^2}$.

③ $f'(x)=2\sqrt{x-4}+\frac{2x}{2\sqrt{x-4}}$

$=\frac{3x-8}{\sqrt{x-4}}$;

$g'(x)=3-\frac{3}{(x-2)^2}=\frac{3(x-2)^2-3}{(x-2)^2}$;

$h'(x)=-\frac{1}{x^2}+\frac{1}{(x-1)^2}=\frac{2x-1}{x^2(x-1)^2}$;

$k'(x)=-\frac{1}{x^2}\times\sqrt{x}+\frac{1}{2\sqrt{x}}\times\frac{1}{x}$

$=\frac{-\sqrt{x}}{x^2}+\frac{1}{2x\sqrt{x}}=\frac{-2\sqrt{x}}{2x^2}+\frac{\sqrt{x}}{2x^2}$

$=\frac{-\sqrt{x}}{2x^2}$.

11. ★★★

① • Fonction polynôme.
Ensemble de définition [– 5 ; 5].

• $f'(x) = -6(1-x)^2$.

•

x		1	
-6	–		–
$(1-x)^2$	+	0	+
$-6(1-x^2)$	–	0	–

•

x	– 5		1		5
$f'(x)$		–	0	–	
$f(x)$	↘				

• Sur [– 5 ; 5] la dérivée est négative, donc la fonction est décroissante. En 1, la dérivée s'annule.

② • Fonction rationnelle.
Ensemble de définition [– 2 ; + ∞[.

• $f'(x) = \dfrac{(x+2)(x+4)}{(x+3)^2}$. VI = – 3.

•

x		– 4		– 3		– 2	
$x+2$	–		–		–	0	+
$x+4$	–	0	+		+		+
$(x+3)^2$	+		+	0	+		+
$\dfrac{(x+2)(x+4)}{(x+3)^2}$	+	0	–	‖	–	0	+

•

x	– 2		+ ∞
$f'(x)$	0	+	
$f(x)$	↗		

• Sur [– 2 ; + ∞[, la dérivée est positive, donc la fonction est croissante. En – 2, la dérivée s'annule.

12. Exercice complémentaire

• Fonction rationnelle.
Ensemble de définition : $\left[\frac{1}{8} ; 2\right]$.

• $f'(x) = 4 - \dfrac{1}{x^2} = \dfrac{4x^2-1}{x^2}$
$= \dfrac{(2x+1)(2x-1)}{x^2}$. V I = 0.

•

x		$-\frac{1}{2}$		0		$\frac{1}{2}$	
$2x+1$	–	0	+		+		+
$2x-1$	–		–		–	0	+
x^2	+		+	0	+		+
$\dfrac{4x^2-1}{x^2}$	+	0	–	‖	–	0	+

•

x	$\frac{1}{8}$		$\frac{1}{2}$		2
$f'(x)$		–	0	+	
$f(x)$	↘			↗	

• Sur $\left[\frac{1}{8} ; \frac{1}{2}\right]$ la dérivée est négative, donc la fonction est décroissante.
Sur $\left[\frac{1}{2} ; 2\right]$ la dérivée est positive, donc la fonction est croissante.
En $\frac{1}{2}$, la dérivée s'annule.

13. ★★

Fonctions irrationnelles

①

x		$\frac{3}{5}$	
$A(x)$	+	0	

②

x		– 1	
$B(x)$	+	0	

③

x		0	
$C(x)$		0	+

④

x		0	
2	+		+
$\sqrt{-x}$	+	0	
$D(x)$	+	‖	

⑤

x		3	
– 2	–		–
$\sqrt{x-3}$		0	+
$C(x)$		0	–

⑥

x		0		1	
$-3x$	+	0	–		–
$2\sqrt{1-x}$	+		+	0	
$G(x)$	+	0	–	‖	

⑦

x		$\frac{1}{2}$		1	
$x-1$	–		–	0	+
$\sqrt{2x-1}$		0	+		+
$F(x)$		‖	–	0	+

14. ★★

• Fonction irrationnelle.
$\mathscr{D}_f = [-5 ; 0]$.
$\Big(2\sqrt{1-3x}$ existe quand
$1 - 3x \geqslant 0$, c'est-à-dire $x \leqslant \frac{1}{3}.\Big)$
f est dérivable sur [– 5 ; 0], car $\frac{1}{3}$ est exclue de cet intervalle.

• $f'(x) = \dfrac{-3}{\sqrt{1-3x}}$.

•

x		$\frac{1}{3}$
– 3	–	–
$\sqrt{1-3x}$	+	0
$\dfrac{-3}{\sqrt{1-3x}}$	–	‖

•

x	– 5		0
$f'(x)$		–	
$f(x)$	↘		

• Sur [– 5 ; 0], la dérivée est négative, donc la fonction est décroissante.

15. ★★★

① • Fonction irrationnelle.
$\mathscr{D}_f = [2 ; 11]$.
$(4 - \sqrt{x-2}$ existe quand
$x - 2 \geqslant 0$, c'est-à-dire $x \geqslant 2$).
f est dérivable sur]2 ; 11], 2 exclue car 2 annule l'expression sous le radial.

• $f'(x) = 0 - \dfrac{1}{2\sqrt{x-2}} = \dfrac{-1}{2\sqrt{x-2}}$.

•

x		2	
– 1	–		–
$2\sqrt{x-2}$		0	+
$\dfrac{-1}{2\sqrt{x-2}}$		‖	–

•

x	2		11
$f'(x)$	‖	–	
$f(x)$	4 ↘		

• Sur]2 ; 11], la dérivée est négative, donc la fonction est décroissante.

② • Fonction irrationnelle.
$\mathscr{D}_f =]-\infty ; 1]$.
$(x + 2\sqrt{1-x}$ existe quand
$1 - x \geqslant 0$, c'est-à-dire $x \leqslant 1$.)
f est dérivable sur [– ∞ ; 1], 1 exclue car annule l'expression sous le radical.

• $f'(x) = \dfrac{-3x}{2\sqrt{1-x}}$.

• signe : voir $G(x)$ à l'exercice 1.⑥.

•

x	– ∞		0		1
$f'(x)$		+	0	–	‖
$f(x)$	↗			↘	0

• Sur]– ∞ ; 0], la dérivée est positive, donc la fonction est croissante.
Sur [0 ; 1[la dérivée est négative, donc la fonction est décroissante.
En 0, la dérivée s'annule.

16. ★★★

Exercice complémentaire

• Fonction irrationnelle.
$\mathscr{D}_f = [0 ; +\infty[$.
f est dérivable sur]0 ; + ∞[.

• $f'(x) = \dfrac{3x+3}{2\sqrt{x}}$.

•

x		– 1		0	
$3x+3$	–	0	+		+
$2\sqrt{x}$				0	+
$\dfrac{3x+3}{2\sqrt{x}}$				‖	+

•

x	0		+ ∞
$f'(x)$	‖	+	
$f(x)$	0 ↗		

• Sur [0 ; + ∞[, la dérivée est positive, donc la fonction est croissante.

1. ★

Graphique 29

x	-3		0		5
$f'(x)$		$-$	0	$+$	
$f(x)$	5	↘	-2	↗	0

$\mathscr{D}_f = [-3\,;5]$; $f(0) = -2$; $f(3) = -1$.
Le maximum de f sur son ensemble de définition est 5, atteint en -3 ; le minimum est -2, atteint en 0.

Graphique 30

x	$-\infty$		-1		3		5
$g'(x)$		$-$	0	$+$	0	$-$	
$g(x)$	$+\infty$	↘	-3	↗	2	↘	-3

$\mathscr{D}_g =]-\infty\,;5]$; $g(0) = -2$; $g(3) = 2$.

Graphique 31

x	-7		-4		1		$+\infty$
$h'(x)$		$+$	0	$-$	0	$+$	
$h(x)$	-4	↗	0	↘	-6	↗	$+\infty$

$\mathscr{D}_h = [-7\,;+\infty[$, $h(-1) = -4$; $h(3) = -4$.
Le maximum de h sur $[-7\,;1]$ est 0, atteint en -4 ; le minimum absolu de h est -6, atteint en 1. Le maximum absolu n'existe pas.

2. ★

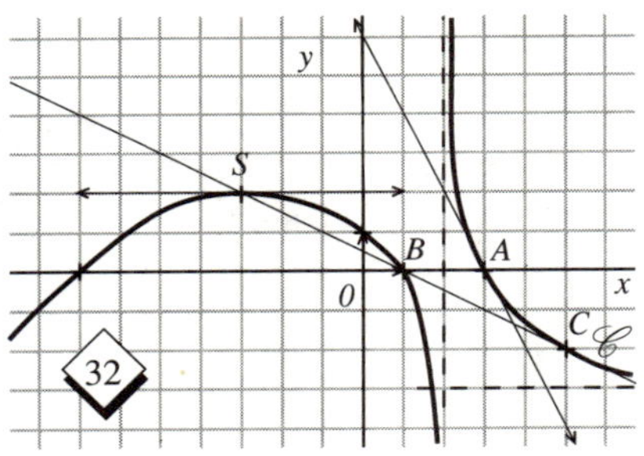

① Image de 3 : 0 ; la pente de la tangente en A est $\frac{-2}{1} = -2$.
Équation réduite de la tangente :
$y = -2(x-3) + 0 \Longleftrightarrow y = -2x + 6$.

②

x	$-\infty$		-3		2		$+\infty$
$f'(x)$		$+$	0	$-$	‖	$-$	
$f(x)$	$-\infty$	↗	2	↘	$-\infty$ ‖ $+\infty$	↘	-3

5. ★★

③ Sur $]-\infty\,;-3]$, la fonction est croissante.
Sur $[-3\,;2[$ et sur $]2\,;+\infty[$, la fonction est décroissante.

④ Lorsque x prend des grandes valeurs positives, alors $f(x)$ devient de plus en plus proche de -3 :
$\lim_{x \to +\infty} f(x) = -3$.
Lorsque x prend des grandes valeurs négatives, alors $f(x)$ devient de plus en plus grand négatif :
$\lim_{x \to -\infty} f(x) = -\infty$.

⑤ Pour résoudre $f(x) \geqslant 0$, on lit les abscisses des points de la courbe situés au-dessus ou sur l'axe des abscisses.
D'où $S = [-7\,;1] \cup]2\,;3]$.

⑥ Résoudre $f'(x) \leqslant 0$ (« dérivée négative ou nulle »), c'est chercher les valeurs de x telles que la fonction est décroissante.
D'où $S = [-3\,;2[\cup]2\,;+\infty[$.

⑦ Le maximum de f sur $]-\infty\,;2[$ est 2, atteint en -3.

9. ★★★

⑧ Si $f'(5) = -\frac{1}{2}$, cela veut dire que, au point d'abscisse 5, le coefficient directeur de la tangente à la courbe est $-\frac{1}{2}$.
Comme $f(5) = -2$, l'équation réduite de la tangente est : $y = -\frac{1}{2}x + \frac{1}{2}$.

Les solutions de l'équation $f(x) = -\frac{1}{2}x + \frac{1}{2}$ sont les abscisses des points S, B et C intersection de la tangente précédente et de la courbe $\mathscr{C}$.
D'où $S = \{-3\,;1\,;5\}$.

3. ★

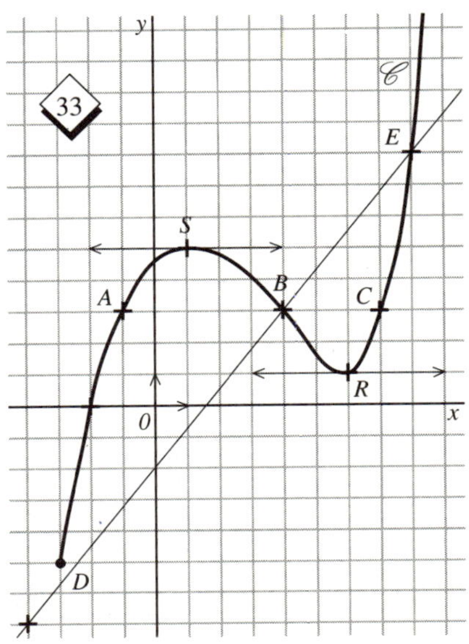

① $\mathscr{D}_f = [-3\,;+\infty[$.

②

x	-3		1		6		$+\infty$
$f'(x)$		$+$	0	$-$	0	$+$	
$f(x)$	-5	↗	5	↘	1	↗	$+\infty$

③ Tangentes horizontales en S et R.

④ $f(x) \geqslant 0$: $S = [2\,;+\infty[$.
$f(x) = 3$: $S = \{-1\,;4\,;7\}$, abscisses de A, B et C.

⑤ $f(x) = \frac{5}{4}x - 2$: $S = \{4\,;8\}$, abscisses de B et E.

4. ★

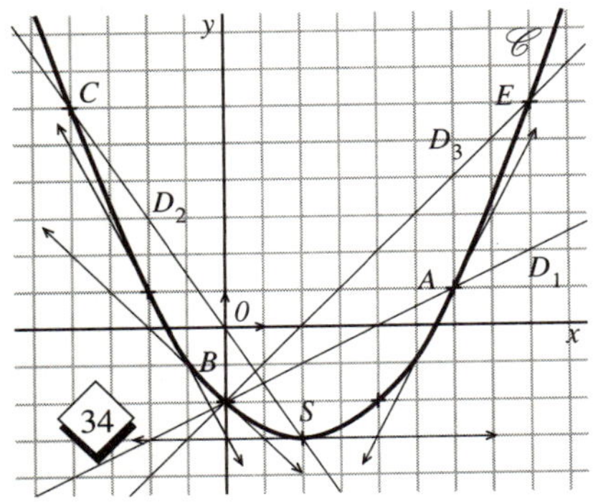

①

x	$-\infty$		1		$+\infty$
$f'(x)$		$-$	0	$+$	
$f(x)$	$+\infty$	↘	$-1{,}5$	↗	$+\infty$

② $f(3) = 0{,}5$; $f'(3) = \frac{2}{1} = 2$, pente de la tangente en A ; $f(0) = -1$; $f'(1) = 0$, pente de la tangente en S ; $f(-2) = 3$.

③ $f(x) \leqslant -1$: $S = [0\,;2]$.
$f'(x) \geqslant 0$ « dérivée positive ou nulle » : $S = [1\,;+\infty[$.

6. ★★

④ Tangente en A : $y = 2x - \frac{11}{2}$ car A a pour abscisse 3.

⑤ • $f(x) = \frac{1}{2}x - 1$:
on trace D_1 d'équation $y = \frac{1}{2}x - 1$;
D_1 coupe $\mathscr{C}$ en A et B.
D'où $S = \{0\,;3\}$.

• $f(x) = -\frac{3}{2}x$:
on trace D_2 d'équation $y = -\frac{3}{2}x$;
D_2 coupe $\mathscr{C}$ en C et S.
D'où $S = \{-2\,;1\}$.

• $f(x) \leqslant x - 1$:
on trace D_3 d'équation $y = x - 1$;
D_3 coupe $\mathscr{C}$ en B et E.
D'où $S = [0\,;4]$.

• $f(x) > -\frac{3}{2}x$:
$S =]-\infty\,;-2[\cup]1\,;+\infty[$.

⑥ Lorsque x prend des valeurs de plus en plus grandes, positives ou négatives, alors $f(x)$ devient de plus en plus grand positif.

$\lim\limits_{x \to +\infty} f(x) = +\infty$ et $\lim\limits_{x \to -\infty} f(x) = +\infty$, qui se lit : la limite de $f(x)$, quand x tend vers plus ou moins l'infini, est égale à plus l'infini.

⑦ Le minimum absolu de f est $-1{,}5$, atteint en 1.

7. ★★

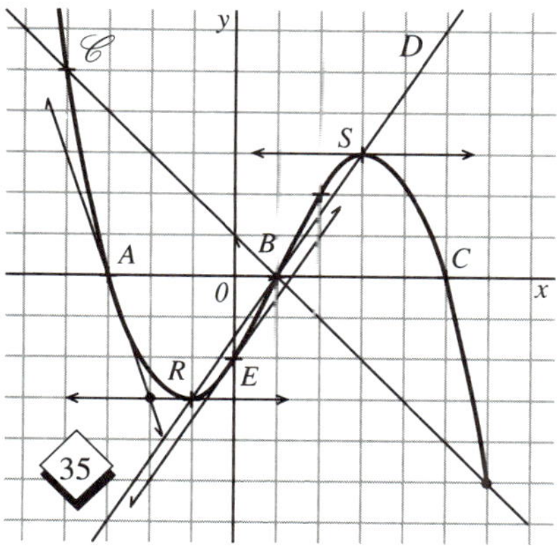

①

x	$-\infty$		-1		3		6
$f'(x)$		$-$	0	$+$	0	$-$	
$f(x)$	$+\infty$	↘	-3	↗	3	↘	-5

- Sur $]-\infty\,;-1]$ et sur $[3\,;6]$, la fonction est décroissante.
- Sur $[-1\,;3]$ la fonction est croissante.

② $\lim\limits_{x \to -\infty} f(x) = +\infty$:
lorsque x prend des grandes valeurs négatives, alors $f(x)$ devient de plus en plus grand positif.

③ • $f(x) = 0$: $S = \{-3\,;1\,;5\}$, abscisses des points A, B et C.
- $f'(x) = 0$ « *dérivée nulle* » : $S = \{-1\,;3\}$. *Voir tableau des variations.*

④ • $f(x)$ est négatif ou nul quand $x \in [-3\,;1] \cup [5\,;6]$, abscisses des points des parties de la courbe situées au-dessous ou sur l'axe des abscisses.
- La dérivée est positive ou nulle lorsque la fonction est croissante, donc quand $x \in [-1\,;3]$.

⑤ $f(-3) = 0$;
$f'(-3) = -3$, pente de la tangente en A ;
$f'(0) = \frac{3}{2}$, pente de la tangente en E.

10. ★★★

⑥ • $f(x) = \frac{3}{2}(x-1)$: $S = \{-1\,;1\,;3\}$, abscisses des points R, B et S.

- $f(x) > \frac{3}{2}(x-1)$:
$S =]-\infty\,;-1[\cup]1\,;3[$.
Si $x \in]-\infty\,;-1[\cup]1\,;3[$, $\mathscr{C}$ est située au-dessus de la droite D.
Si $x \in]-1\,;1[\cup]3\,;6]$, $\mathscr{C}$ est située en dessous de D.
Si $x = -1$, 1 ou 3, $\mathscr{C}$ coupe D.
et si $x \in]6\,;+\infty[$, $\mathscr{C}$ n'existe pas.

⑦ Δ d'équation $y = -x + 1$ coupe $\mathscr{C}$ en trois points, d'où $f(x) = -x + 1$ a pour ensemble solution :
$S = \{-4\,;1\,;6\}$ et $f(x) \leqslant -x + 1$:
$S = [-4\,;1] \cup \{6\}$, abscisses des points situés au-dessous *ou sur* la droite Δ.

8. ★★

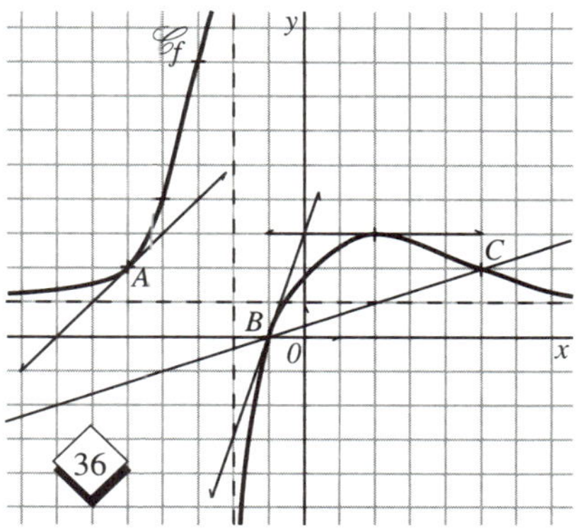

① $\mathscr{D}_f =]-\infty\,;-2[\cup]-2\,;+\infty[$ $= \mathbb{R}\backslash\{-2\}$. V I $= -2$.

②

x	$-\infty$		-2		2		$+\infty$
$f'(x)$		$+$	‖	$+$	0	$-$	
$f(x)$	1	↗	$+\infty$ ‖ $-\infty$	↗	3	↘	1

③ $\lim\limits_{\substack{x \to -2 \\ x < -2}} f(x) = +\infty$; $\lim\limits_{x \to +\infty} f(x) = 1$.

11. ★★★

④ • Lorsque x prend des valeurs de plus en plus proches de -2, mais supérieures à -2, alors $f(x)$ devient de plus en plus grand négatif.

$\lim\limits_{\substack{x \to -2 \\ x > -2}} f(x) = -\infty$,

qui se lit : la limite de $f(x)$, quand x tend vers -2 par valeurs supérieures, est égale à moins l'infini.

- Lorsque x prend des grandes valeurs, positives ou négatives, alors $f(x)$ devient de plus en plus proche de 1.
$\lim\limits_{x \to \infty} f(x) = 1$. On peut écrire si $x \to \infty$, alors $f(x) \to 1$.

⑤ • $f'(-1) = 3$ coefficient directeur de la tangente en B ; $f(2) = 3$; $f'(2) = 0$ tangente horizontale ; $f'(-5) = 1$ tangente en A.

Équation réduite de la tangente en B : $y = 3x + 3$.

⑥ Équation réduite de la droite (BC) :

$$y = \frac{1}{3}x + \frac{1}{3} \quad \text{ou} \quad y = \frac{x+1}{3}.$$

- $f(x) \geqslant \frac{x+1}{3}$,
$S =]-\infty\,;-2[\cup [-1\,;5]$.

12. ★★★

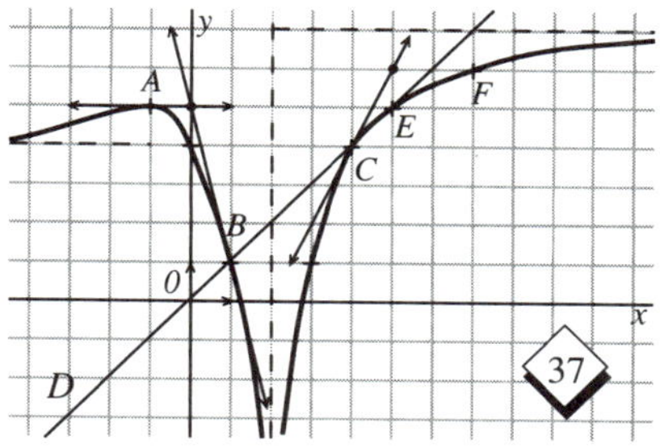

①

x	$-\infty$		-1		2		$+\infty$
$f'(x)$		$+$	0	$-$	‖	$+$	
$f(x)$	4	↗	5	↘	$-\infty$ ‖ $-\infty$	↗	7

La dérivée est positive ou nulle pour $x \in]-\infty\,;-1] \cup]2\,;+\infty[$.

② Tangente en A d'équation $y = 5$.
Tangente en B d'équation $y = -4x + 5$.
Tangente en C d'équation $y = 2x - 4$.

③ • $f(x) = 4$, $S = \{0\,;4\}$.
- $f(x) \leqslant 1$, $S = [1\,;2[\cup]2\,;3]$.
- $f(x) = 5$, $S = \{-1\,;5\}$.
- $f(x) = x$: il faut tracer la droite D d'équation $y = x$; cette droite coupe la courbe $\mathscr{C}$ en B, C et E. D'où $S = \{1\,;4\,;5\}$.

④ • Lorsque x prend des valeurs proches de 2, inférieures ou supérieures à 2, alors $f(x)$ devient de plus en plus grand négatif. C'est-à-dire :

$\lim\limits_{\substack{x \to 2 \\ x < 2}} f(x) = -\infty$ et $\lim\limits_{\substack{x \to 2 \\ x > 2}} f(x) = -\infty$.

- $\lim\limits_{x \to +\infty} f(x) = 7$. La limite de $f(x)$, quand x tend vers plus l'infini, est égale à 7.

⑤ Si $f'(7) = \frac{1}{3}$, cela veut dire que, au point d'abscisse 7, le coefficient directeur de la tangente à la courbe est $\frac{1}{3}$. On peut ainsi tracer la tangente à la courbe en F.

⑥ La fonction f n'admet pas d'extremum absolu. Sur $]-\infty\,;1]$, le maximum est 5, atteint en -1 et le minimum est 1, atteint en 1.

1. ★

①

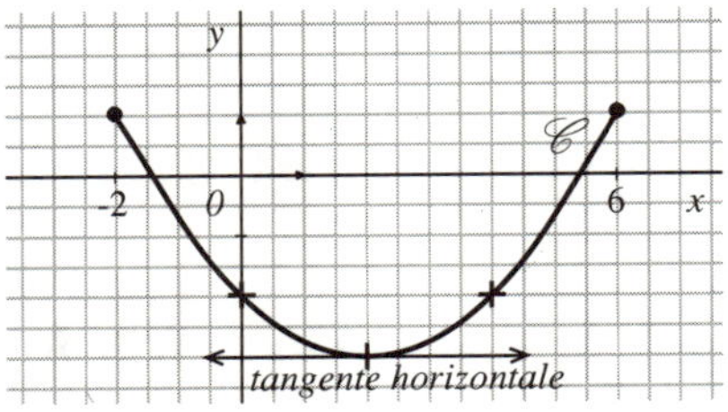

② Extremums :
le maximum est 1, atteint en − 2 et en 6 ; le minimum est − 3, atteint en 2.

③ Le zéro sur la ligne de $f'(x)$ indique que la dérivée est égale à 0 quand $x = 2$. Cela signifie que la tangente à la courbe est horizontale (pente égale à 0) au point (2 ; − 3).
(L'ensemble de définition est : [− 2 ; 6].)

2. ★

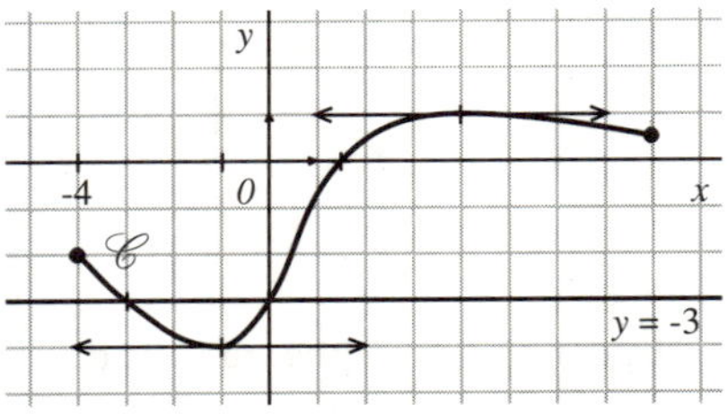

① Extremums :
le maximum est 1, atteint en 4 ;
le minimum est − 4, atteint en − 1.
Ce sont des extremums absolus, mais aussi relatifs.

② Les points de la courbe où la tangente est horizontale sont : (− 1 ; − 4) et (4 ; 1) (ce sont les points où la dérivée est nulle).

③ • $f(x) \leqslant -3$: S = [− 3 ; 0] ;
• $f(x) > 0$: S =]1,5 ; 8].

3. ★

① Fonction polynôme. Ensemble de définition : $\mathscr{D} = [-2\,;+\infty[$ (théorème ①, à énoncer).

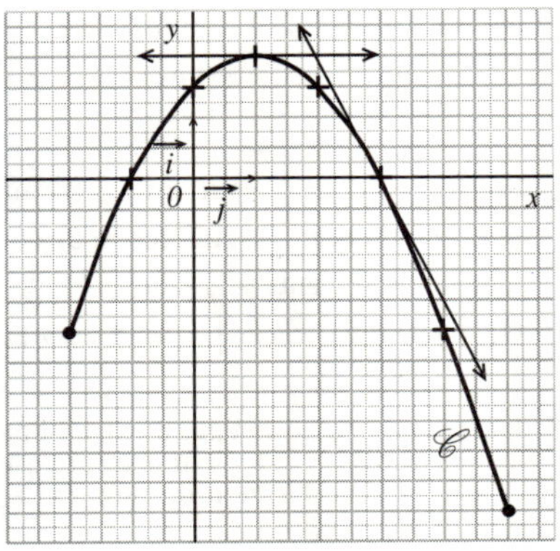

② • Ensemble de dérivabilité :
$\mathscr{D}' = [-2\,;+\infty[$ (théorème ②).

• Dérivée : $f'(x) = -x + 1$.

• Signe de la dérivée

x		1	
$-x+1$	+	0	−

• Tableau des variations sur $[-2\,;+\infty[$

x	− 2		1		+ ∞
$f'(x)$		+	0	−	
$f(x)$		↗		↘	

• Énoncé des variations :
Sur [− 2 ; 1] la dérivée est positive, donc la fonction est croissante.
Sur [1 ; + ∞[la dérivée est négative, donc la fonction est décroissante.
En $x = 1$ la dérivée s'annule, donc au point correspondant la tangente est horizontale.

• En 1 la dérivée s'annule en changeant de signe (positive, puis négative), donc la fonction admet un maximum relatif qui vaut :

$$f(1) = -\frac{1}{2}(1)^2 + 1 + \frac{3}{2}$$
$$= -\frac{1}{2} + 1 + \frac{3}{2} = 2.$$

③ Ensemble de définition : [− 2 ; + ∞[donc les bornes sont − 2 et + ∞, − 2 comprise.

• $f(-2) = -\frac{1}{2}(-2)^2 - 2 + \frac{3}{2}$
$= -\frac{1}{2} \times 4 - 2 + \frac{3}{2} = -\frac{5}{2}$.

• $\lim\limits_{x \to +\infty} f(x) = \lim\limits_{x \to +\infty} -\frac{1}{2}x^2 = -\infty$

(théorème ④, à énoncer).

• Tableau complet

x	− 2		1		+ ∞
$f'(x)$		+	0	−	
$f(x)$	$\left(-\frac{5}{2}\right)$	↗	2	↘	− ∞

⑥ $f(x) \geqslant 0$: S = [− 1 ; 3].

$f(x) = 0 \Longleftrightarrow -\frac{1}{2}x^2 + x + \frac{3}{2} = 0$
$\Longleftrightarrow -x^2 + 2x + 3 = 0$; RE = − 1
$\Longleftrightarrow (x+1)(-x+3) = 0.$
$x = -1$ ou $x = 3$, $-1 \in [-2\,;+\infty[$ et 3 aussi ;
d'où S = {− 1 ; 3}.

4. ★

① $\mathscr{D} = \mathbb{R}$, $\mathscr{D}' = \mathbb{R}$. $f'(x) = 4x - 4$.

x	− ∞		1		+ ∞
$f'(x)$		−	0	+	
$f(x)$		↘	− 2	↗	

$\lim\limits_{x \to +\infty} f(x) = \lim\limits_{x \to +\infty} 2x^2 = +\infty$.
$\lim\limits_{x \to -\infty} f(x) = \lim\limits_{x \to -\infty} 2x^2 = +\infty$.

②

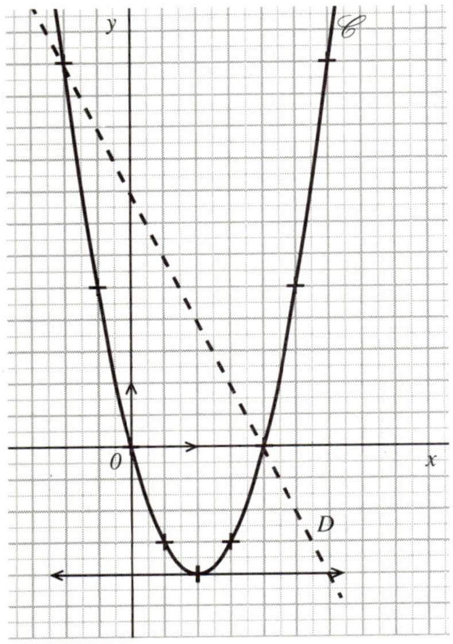

③ $f(x) < 0$: S =]0 ; 2[.

④ $f(x) = -2x + 4$: S = {− 1 ; 2}.

5. ★

① $\mathscr{D} = [-2\,;2]$. $\mathscr{D}' = [-2\,;2]$.
$f'(x) = -3x^2 + 3$
$= -3(x^2 - 1)$
$= -3(x+1)(x-1)$.

x	− 2		− 1		1		2
$f'(x)$		−	0	+	0	−	
$f(x)$	2	↘	− 2	↗	2	↘	− 2

(Pas de limite à calculer.)

②

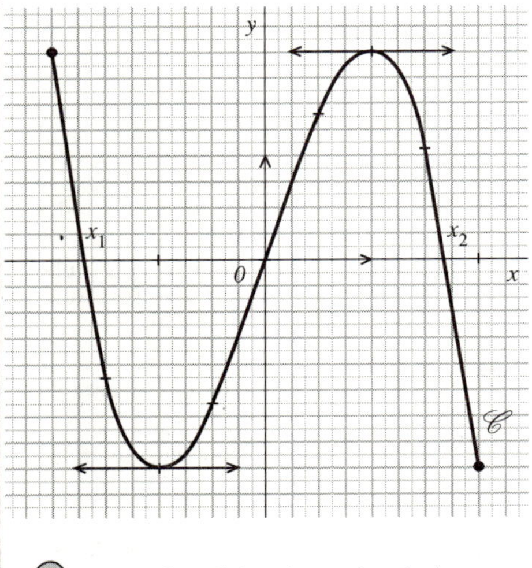

③ L'équation $f(x) = 0$ a trois solutions : 0 ; x_1 et x_2 telles que :
x_1 est entre − 2 et − 1,5
et x_2 est entre 1,5 et 2.

6. ★

① $f'(x) = \frac{1}{4}(2x - 4) = \frac{x}{2} - 1$.

② $f'(x) = \frac{1}{4} \times 2x^2 - 3 = \frac{x^2}{2} - 3$.

③ $f'(x) = 6(3x - 5)$.

④ $f'(x) = \frac{1}{3} \times 3(x - 7)^2 = (x - 7)^2$.

⑤ $f'(x) = 3x^2 + 2x - 5$.

⑥ $f'(x) = -3x^2 + 2x + 1$.

7. ★

① $\mathscr{D} = [-1 ; 2]$. $\mathscr{D}' = [-1 ; 2]$.
$f'(x) = -\frac{3}{4}x^2$.

Un carré est toujours positif ou nul.

x		0	
$-\frac{3}{4}$	$-$		$-$
x^2	$+$	0	$+$
$-\frac{3}{4}x^2$	$-$	0	$-$

x	-1		0		2
$f'(x)$		$-$	0	$-$	
$f(x)$	$\frac{9}{4}$	↘	2	↘	0

Sur $[-1 ; 2]$ la dérivée est négative, donc la fonction est décroissante.

② $\mathscr{D} = [-1 ; 2]$; $\mathscr{D}' = [-1 ; 2]$.
$g'(x) = 3x^2 + 3 = 3(x^2 + 1)$.

La somme d'un carré et d'un réel positif est toujours strictement positive.

x	
3	$+$
$x^2 + 1$	$+$
$3x^2 + 3$	$+$

x	-1		2
$g'(x)$		$+$	
$g(x)$	-5	↗	13

Sur $[-1 ; 2]$ la dérivée est positive, donc la fonction est croissante.

8. ★★

①

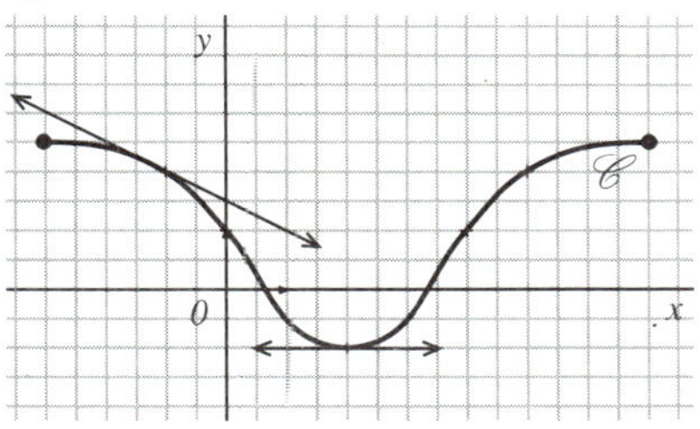

② Ensemble de définition : $[-3 ; 7]$.

③ Variations : sur $[-3 ; 2]$ la dérivée est négative, donc la fonction est décroissante ; sur $[2 ; 7]$ la dérivée est positive, donc la fonction est croissante.
En 2, la dérivée s'annule, donc au point correspondant la tangente est horizontale.

④ Le maximum est 2,5, atteint en -3 et en 7, le minium est -1, atteint en 2.

9. ★★

①

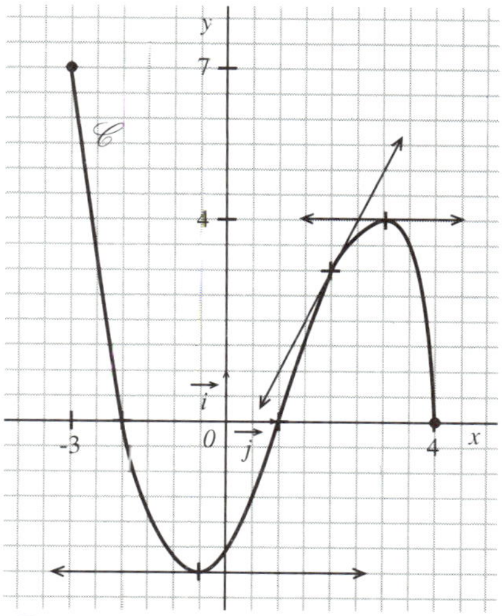

② $\mathscr{D} = [-3 ; 4]$.

③ Sur $[-3 ; -0{,}5]$ et sur $[3 ; 4]$ la fonction est décroissante ; sur $[-0{,}5 ; 3]$ la fonction est croissante.
En $-0{,}5$ et en 3 la dérivée s'annule.

④ Le maximum est 7, atteint en -3, le minimum est -3, atteint en $-0{,}5$.
Sur $[-0{,}5 ; 4]$ le maximum *relatif* 4 est atteint en 3.

⑤ $f(x) \leqslant 0$: $S = [-2 ; 1] \cup \{4\}$.

10. ★★

① • Fonction polynôme.

$\mathscr{D} = \left[-\frac{1}{2} ; 4\right]$ (théorème ①).

$\mathscr{D}' = \left[-\frac{1}{2} ; 4\right]$ (théorème ②).

• $f'(x) = -2x + 4$.

• Signe de la dérivée :

x		2	
$-2x + 4$	$+$	0	$-$

• Tableau des variations sur $\mathscr{D} = \left[-\frac{1}{2} ; 4\right]$:

x	$-\frac{1}{2}$		2		4
$f'(x)$		$+$	0	$-$	
$f(x)$		↗	5	↘	

• Énoncé des variations :

Sur $\left[-\frac{1}{2} ; 2\right]$, la dérivée est positive, donc la fonction est croissante.
Sur $[2 ; 4]$, la dérivée est négative, donc la fonction est décroissante.

• En 2, la dérivée s'annule, donc la tangente est horizontale au point correspondant.

• L'ensemble de définition est $\left[-\frac{1}{2} ; 4\right]$, donc les bornes sont $-\frac{1}{2}$ et 4, comprises.

$f\left(-\frac{1}{2}\right) = -\left(-\frac{1}{2}\right)^2 + 4\left(-\frac{1}{2}\right) + 1$

$= -\frac{1}{4} - \frac{4}{2} + 1 = \frac{-1 - 8 + 4}{4} = -\frac{5}{4}$

et $f(4) = -4^2 + 4 \times 4 + 1 = 1$.

② Le maximum de f sur $\left[-\frac{1}{2} ; 4\right]$ est 5, atteint en 2, car en 2 la dérivée s'annule en changeant de signe (positive, puis négative).

③ Tangente à la courbe au point d'abscisse 3 :
abscisse $x_0 = 3$;
ordonnée $y_0 = f(3) = 4$;
pente $a = f'(3) = -2 \times 3 + 4 = -2$.
équation : $y = a(x - x_0) + y_0$,
d'où :
$y = -2(x - 3) + 4 \Longleftrightarrow y = -2x + 10$.

④

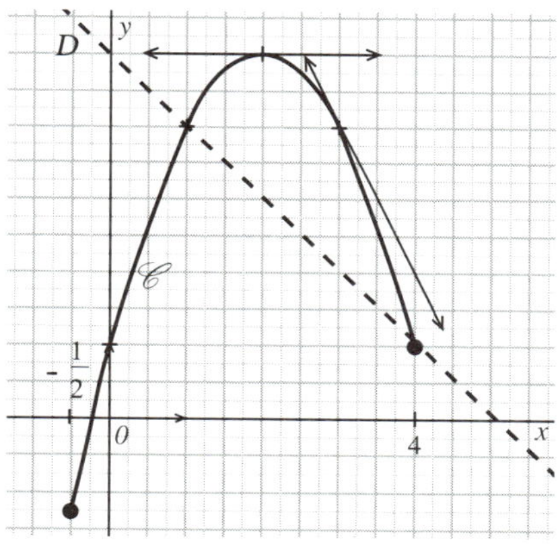

⑤ • $f(x) \geqslant -x + 5$: $S = [1 ; 4]$.

• $f(x) = -x + 5 \Longleftrightarrow$
$-x^2 + 4x + 1 = -x + 5$
$-x^2 + 5x - 4 = 0$; RE = 1.
$(x - 1)(-x + 4) = 0$, soit
$x = 1$ ou $x = 4$, $1 \in \mathscr{D}$ et $4 \in \mathscr{D}$,
d'où $S = \{1 ; 4\}$.

11. ★★

① Polynôme. $\mathscr{D} = [-3 ; +\infty[$.

② $\mathscr{D}' = [-3 ; +\infty[$.

$f'(x) = -\frac{3}{4}x^2 + 3 = \frac{-3x^2 + 12}{4}$

$= \frac{-3(x + 2)(x - 2)}{4}$.

x	-3		-2		2		$+\infty$
$f'(x)$		$-$	0	$+$	0	$-$	
$f(x)$		↘	-5	↗	3	↘	

Les bornes sont -3 et $+\infty$, -3 comprise. $f(-3) = \frac{13}{4}$.

$\lim\limits_{x \to +\infty} f(x) = \lim\limits_{x \to +\infty} -\frac{1}{4}x^3 = -\infty$

(Théorème ④ à énoncer).

③ Sur $[-3\,;2]$ le minimum relatif est -5, atteint en -2.
Sur $[-2\,;+\infty[$ le maximum relatif est 3, atteint en 2.

④ Tangente au point d'abscisse 0 :

$$y = 3x - 1.$$

⑤

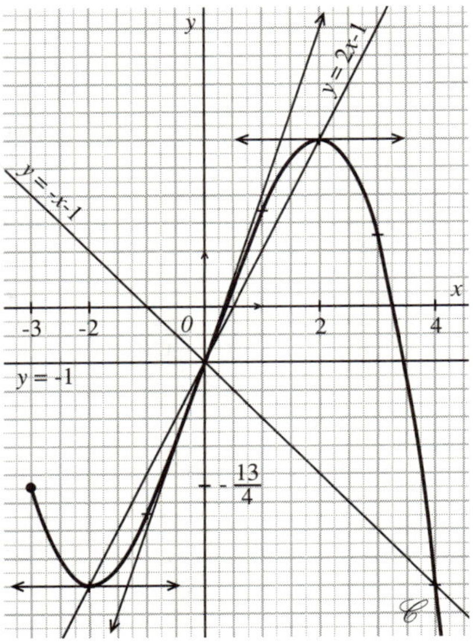

⑥ $f(x) = -x - 1$: $S = \{0\,;4\}$.
$f(x) \leqslant 2x - 1$:
$S = [-2\,;0] \cup [2\,;+\infty[$.

⑦ $f(x) = -1 \Leftrightarrow -\frac{1}{4}x^3 + 3x - 1 = -1$
$\Leftrightarrow -x^3 + 12x = 0$
$\Leftrightarrow -x(x^2 - 12) = 0$
$\Leftrightarrow -x(x + \sqrt{12})(x - \sqrt{12}) = 0.$
$S = \{0\,;\sqrt{12}\}$,
car $-\sqrt{12} \notin [-3\,;+\infty[$.

12. ★★

- Polynôme ; $\mathscr{D} = \mathbb{R} =]-\infty\,;+\infty[$.
- $f'(x) = 3x^2 + 2x - 5$
  RE = 1, d'où $f'(x) = (x - 1)(3x + 5)$.

x	$-\infty$		$-\frac{5}{3}$		1		$+\infty$
$f'(x)$		$+$	0	$-$	0	$+$	
$f(x)$		↗	$\frac{121}{27}$	↘	-5	↗	

- $\lim\limits_{x \to +\infty} f(x) = \lim\limits_{x \to +\infty} x^3 = +\infty$.
  $\lim\limits_{x \to -\infty} f(x) = \lim\limits_{x \to -\infty} x^3 = -\infty$.
- $f(x) = x - 2$:
  $S = \{-3\,;0\,;2\}$.
  $f(x) \geqslant -x + 2$:
  $S = [-2\,;-1] \cup [2\,;+\infty[$.

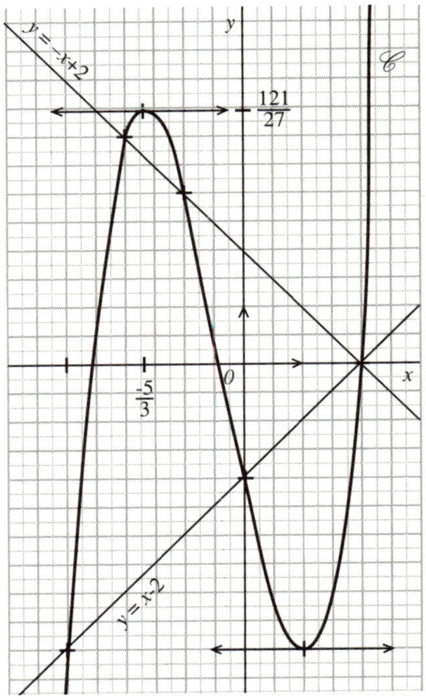

13. ★★

Fonction f définie par $f(x) = -\frac{1}{8}(x - 1)^3$.

- $\mathscr{D} = \mathbb{R}$; $\mathscr{D}' = \mathbb{R}$.
- $f'(x) = -\frac{1}{8} \times 3(x - 1)^2 = -\frac{3}{8}(x - 1)^2$.

Un carré est toujours positif ou nul.

x	$-\infty$		1		$+\infty$
$f'(x)$		$-$	0	$-$	
$f(x)$	$+\infty$	↘	0	↘	$-\infty$

Sur $\mathbb{R}$, la dérivée est négative, donc la fonction est décroissante.
En 1 la dérivée s'annule, donc au point correspondant la tangente à la courbe est horizontale.

$f(1) = -\frac{1}{8}(1 - 1)^3 = 0.$

- Les bornes de l'ensemble de définition sont $-\infty$ et $+\infty$.
  À l'infini, une fonction polynôme se comporte comme son terme de plus haut degré : ici $-\frac{1}{8}x^3$.
  $\lim\limits_{x \to +\infty} f(x) = \lim\limits_{x \to +\infty} -\frac{1}{8}x^3 = -\infty$
  et $\lim\limits_{x \to -\infty} f(x) = \lim\limits_{x \to -\infty} -\frac{1}{8}x^3 = +\infty$.
- Tangentes :
  au point d'abscisse -1 :
  $y = -\frac{3}{2}x - \frac{1}{2}$;
  au point d'abscisse 3 :
  $y = -\frac{3}{2}x + \frac{7}{2}$.
  Ces tangentes sont parallèles.
- Tableau des valeurs pour tracer la courbe :

x	-3	-2	-1	0
y	8	3,375	1	0,125

1	2	3	4	5
0	$-0{,}125$	-1	$-3{,}375$	-8

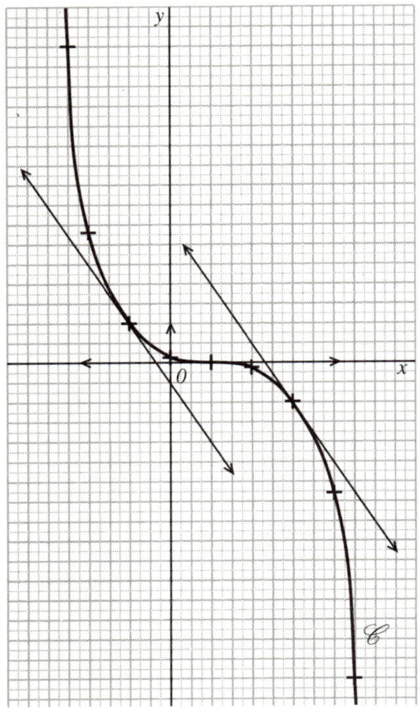

14. ★★★

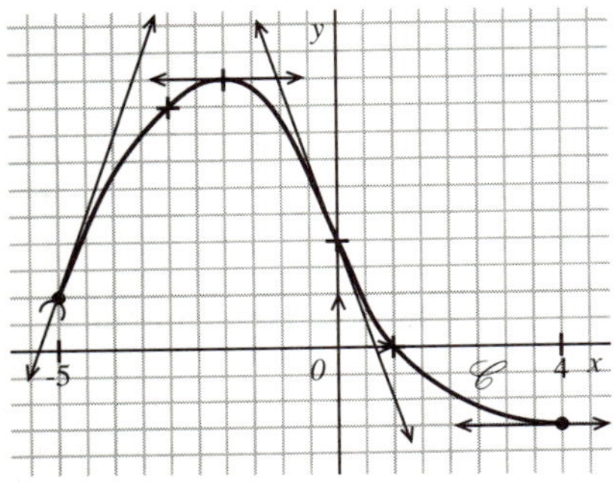

- Maximum : 5, atteint en -2.
  Minimum : $-1{,}5$, atteint en 4.
- $f(x) \geqslant 0$: $S =]-5\,;1]$.
- La double-barre indique que -5 est valeur interdite, donc le point $(-5\,;1)$ n'est pas compris dans la courbe.

15. ★★★

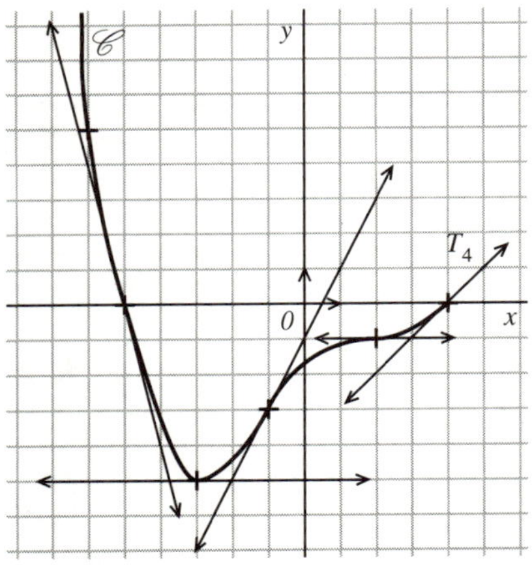

- Comme $f(x) = 0$ a pour solutions -5 et 4, alors $(-5\,;0)$ et $(4\,;0)$ sont points de $\mathscr{C}$.
- Lorsque $x = 4$, alors $f'(x) = 1$; donc on a $f'(4) = 1$, d'où la pente de la tangente au point d'abscisse 4 égale à 1.

- Il n'y a pas de maximum absolu. Minimum : -5, atteint en -3.

(théorème 3').

- $f(x) \geqslant 0$: $S =]-\infty\,;-5] \cup \{4\}$.

16. ★★★

① Fonction polynôme. Ensemble de définition :
$\mathscr{D} = [0\,;+\infty[$ (théorème ①).

② • $\mathscr{D}' = [0\,;+\infty[$ (théorème ②).

- Dérivée :
$f'(x) = \frac{3}{4}x^2 - 3x = \frac{3}{4}x(x-4)$.

- Signe de la dérivée

x		0		4	
$\frac{3}{4}x$	$-$	0	$+$		$+$
$x-4$	$-$		$-$	0	$+$
$\frac{3}{4}x(x-4)$	$+$	0	$-$	0	$+$

- Tableau des variations sur l'ensemble de définition

x	0		4		$+\infty$
$f'(x)$	0	$-$	0	$+$	
$f(x)$	0	↘	-8	↗	

- Énoncé des variations :
sur $[0\,; 4]$ la dérivée est négative, donc la fonction est décroissante ;
sur $[4\,;+\infty[$ la dérivée est positive, donc la fonction est croissante.

En 0 et en 4, la dérivée s'annule donc aux points correspondants les tangentes sont horizontales.

- Sur $[0\,;+\infty[$, en 4, la dérivée s'annule en changeant de signe (négative, puis positive), donc la fonction admet un minimum relatif :
$f(4) = -8$, atteint en 4.

③ $\mathscr{D} = [0\,;+\infty[$, les bornes sont 0 et $+\infty$, 0 comprise.

- $f(0) = \frac{1}{4} \times 0^3 - \frac{3}{2} \times 0^2 = 0$

$\lim\limits_{x \to +\infty} f(x) = \lim\limits_{x \to +\infty} \frac{1}{4}x^3 = +\infty$

⑤

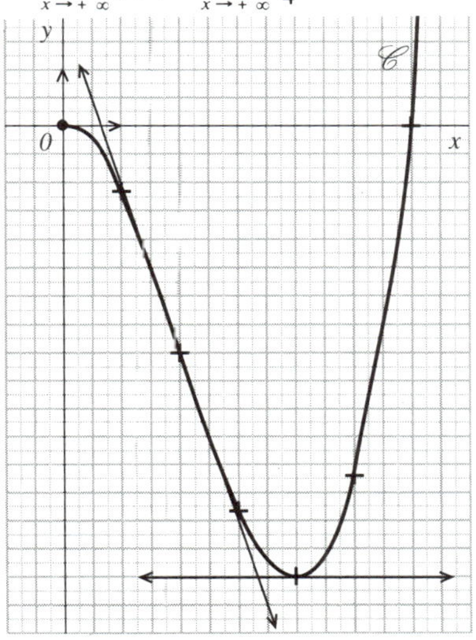

④ Tangente au point d'abscisse 2 :
abscisse : $x_0 = 2$;
ordonnée : $y_C = f(2) = -4$;
pente : $a = f'(2) = \frac{3}{4} \times 2^2 - 3 \times 2 = -3$
d'où l'équation réduite :
$y = -3(x-2) - 4 \Longleftrightarrow y = -3x + 2$.

⑥ $f(x) = -\frac{5}{4}x$: $S = \{1\,;5\}$;
$f(x) < -\frac{5}{4}x$: $S =]1\,;5[$.

⑦ $f(x) = 0$ a deux solutions, dans $[0\,;+\infty[$, qui sont 0 et 6.
Algébriquement :
$f(x) = 0 \Longleftrightarrow \frac{1}{4}x^3 - \frac{3}{2}x^2 = 0$
$\Longleftrightarrow \frac{x^2}{4}(x-6) = 0$; $x = 0$ ou $x = 6$;
$S = \{0\,;6\}$.
$0 \in [0\,;+\infty[$ et $6 \in [0\,;+\infty[$.

17. ★★★

① • Polynôme, $\mathscr{D} = [-2\,;2]$.
$\mathscr{D}' = [-2\,;2]$.

- $f'(x) = -3x^2 + 4x + 4$ (RE = 2)
$= (x-2)(-3x-2)$.

x	-2		$-\frac{2}{3}$		2
$f'(x)$		$-$	0	$+$	
$f(x)$	5	↘	$-\frac{121}{27}$	↗	5

$\mathscr{D} = [-2\,;2]$ donc les bornes sont 2 et -2 comprises. $f(2) = 5$. $f(-2) = 5$.

② Sur $[-2\,;2]$ la dérivée s'annule en changeant de signe, donc la fonction admet un minimum :
$f\left(-\frac{2}{3}\right) = -\frac{121}{27}$, atteint en $-\frac{2}{3}$.
D'après le tableau des variations, le maximum est 5, atteint en -2 et en 2.

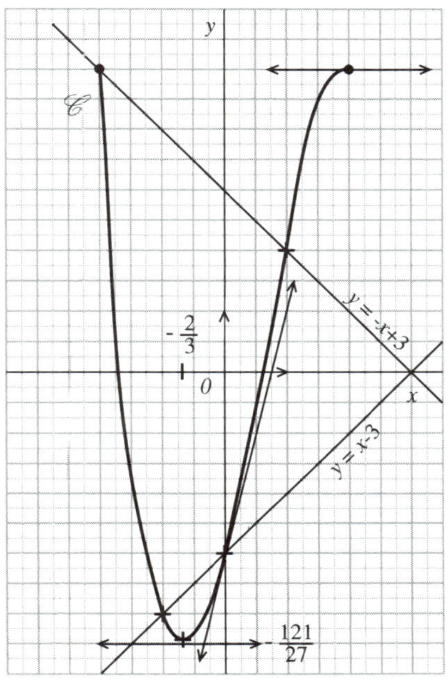

③ Tangente au point d'abscisse nulle :
$y = 4x - 3$.

④ $f(x) = 0$ a deux solutions : x_1 entre -2 et $-1{,}5$ et x_2 entre $0{,}5$ et 1.
$f(x) = x - 3$: $S = \{-1\,;0\}$;
$f(x) = -x + 3$: $S = \{-2\,;1\}$.

18. ★★★

① • Polynôme, $\mathscr{D} = \mathbb{R}$. $\mathscr{D}' = \mathbb{R}$.

- $f'(x) = -x^2 - 2x + 3$ (RE = 1)
$= (x-1)(-x-3)$.

x	$-\infty$		-3		1		$+\infty$
$f'(x)$		$-$	0	$+$	0	$-$	
$f(x)$	$+\infty$	↘	-9	↗	$\frac{5}{3}$	↘	$-\infty$

$\mathscr{D} =]-\infty\,;+\infty[$, les bornes sont $-\infty$ et $+\infty$. (théorème ④, à énoncer).

$\lim\limits_{x \to +\infty} f(x) = \lim\limits_{x \to +\infty} -\frac{1}{3}x^3 = -\infty$

$\lim\limits_{x \to -\infty} f(x) = \lim\limits_{x \to -\infty} -\frac{1}{3}x^3 = +\infty$.

②

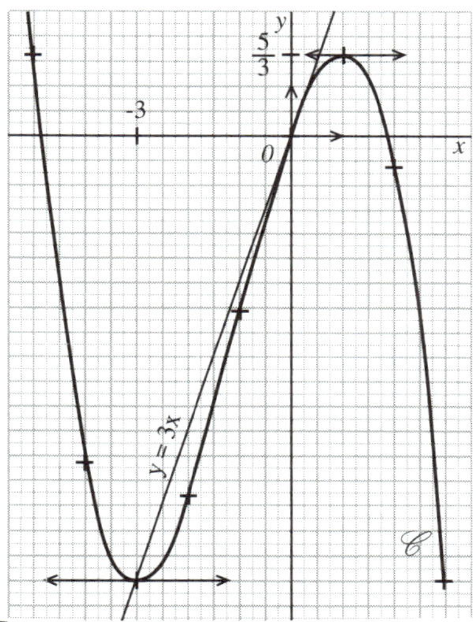

③ $f(x) \geqslant 3x$: $S =]-\infty\,;-3] \cup \{0\}$.

④ • $f(x) = 3x \Longleftrightarrow -\frac{1}{3}x^3 - x^2 + 3x = 3x$.

$\Longleftrightarrow -\frac{1}{3}x^3 - x^2 = 0 \Longleftrightarrow x^2\left(-\frac{x}{3} - 1\right) = 0$
$x = 0$ ou $x = -3$; $S = \{0\,;-3\}$.

- $f(x) = 0 \Longleftrightarrow -\frac{1}{3}x^3 - x^2 + 3x = 0$

$-\frac{x}{3}(x^2 + 3x - 9) = 0$

$-\frac{x}{3}\left[\left(x + \frac{3}{2}\right)^2 - \frac{45}{4}\right] = 0$

$-\frac{x}{3}\left(x + \frac{3}{2} - \sqrt{\frac{45}{4}}\right)\left(x + \frac{3}{2} + \sqrt{\frac{45}{4}}\right) = 0$

$x = 0$; ou $x = -\frac{3}{2} + \sqrt{\frac{45}{4}} \approx 1{,}8$;

ou $x = -\frac{3}{2} - \sqrt{\frac{45}{4}} \approx -4{,}8$

$S = \left\{0\,; -\frac{3}{2} + \sqrt{\frac{45}{4}}\,; -\frac{3}{2} - \sqrt{\frac{45}{4}}\right\}$.

1. ★

Répartition selon l'âge

Âges	17	18	19	20	Total
Nombre	1	15	22	7	45
Pourcentage	2,2	33,3	48,9	15,6	100

$\frac{1 \times 100}{45}$ $\frac{15 \times 100}{45}$ $\frac{22 \times 100}{45}$ $\frac{7 \times 100}{45}$

2. ★

① $CM = \frac{NV}{AV} = \frac{351}{325} = 1,08$;
donc cet article a subi une augmentation de 8 %.

② $CM = 1,08$
$NV = CM \times AV$
$= 1,08 \times 135 = 145,80$;
l'article vaut 145,80 F.

③

AV	NV	rabais
	676	
100	100 − 6	6

$AV = \frac{100 \times 676}{94} \approx 719,15$;
l'article valait 719,15 F.

3. ★

① Pourcentage de pourcentage

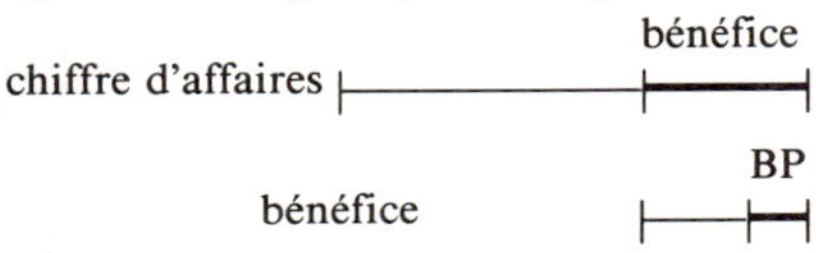

Le bénéfice sur le produit, BP, représente 12 % de 5 % du chiffre d'affaires, c'est-à-dire $\frac{12 \times 5}{100}$ % = 0,6 %.

②

Bénéfice	0,6	360 000	$\frac{360\,000 \times 100}{0,6}$
Chiffre d'affaires	100		= 60 000 000.

Le chiffre d'affaires est de 60 millions.

4. ★

Peu importe !
Pour le commerçant A
↗ 10 % ↘ 10 % $CM = 1,1 \times 0,9 = 0,99$
Pour le commerçant B
↘ 10 % ↗ 10 % $CM = 0,9 \times 1,1 = 0,99$
Dans les deux cas, on a une baisse de 1 %.

5. ★

Prix HT	TVA	Prix TTC
100	18,6	118,6
223	≈ 41,48	≈ 264,48
400	74,40	474,40
225	41,85	266,85
≈ 455,31	≈ 84,69	540
≈ 84,32	≈ 15,68	100

Prix HT	TVA	Prix TTC
100	28	128
2 500	700	3 200
35 406,25	9 913,75	45 320
≈ 3 571,43	1 000	≈ 4 571,43
7 812,5	2 187,5	10 000

6. ★

① Production de houille

	65	70	75	80	85
Coefficient multiplicateur	0,672	0,453	0,579	0,529	
Diminution en %	32,8%	54,7%	42,1%	47,1%	

② Coefficient multiplicateur de 75 à 85 :
$CM_{75-85} = \frac{NV_{85}}{AV_{75}} = \frac{2,36}{7,7}$
$\approx 0,306$ ou
$CM_{75\text{-}85} = 0,579 \times 0,529$.
Coefficient multiplicateur de 65 à 85 :
$CM_{65-85} = \frac{NV_{85}}{AV_{65}} = \frac{2,36}{25,3} \approx 0,093\,3$.
(Cela correspond à une diminution de 90 %, c'est-à-dire 10 fois moins.)

7. ★★

① Période : 1 an ; $V_0 = 5\,000$;
$CM = 1 + \frac{8}{100} = 1,08$;
$n = 10$; V_{10} cherché.
$V_n = V_0 \times (CM)^n$ et
$V_{10} = 5\,000 \times 1,08^{10} \approx 10\,794,62$ F.

② Période : 1 an ; V_0 : inconnue ;
$CM = 1 + \frac{4,5}{100} = 1,045$;
$n = 7$; $V_7 = 13\,609$.
$V_7 = V_0 \times (1,045)^7$ d'où
$V_0 = \frac{V_7}{(1,045)^7} = \frac{13\,609}{(1,045)^7} \approx 10\,000$ F.

8. ★★

Population mondiale : croissance de 1,7 % l'an.

① $CM_{1\text{ an}} = 1 + \frac{1,7}{100} = 1,017$.
$CM_{5\text{ ans}} = (CM_{1\text{ an}})^5 = 1,017^5$
$\approx 1,087\,9$.
$P_{1990} = P_{1985} \times CM_{5\text{ ans}} \approx 5\,250$ millions.
$CM_{15\text{ ans}} = 1,017^{15} \approx 1,287\,7$.
$P_{2000} = P_{1985} \times CM_{15\text{ ans}} \approx 6\,214$ millions ou 6,214 milliards.

② On cherche le plus petit entier n tel que $1,017^n > 2$, à l'aide de la calculatrice, or
$1,017^{41} \approx 1,996 < 2$
$1,017^{42} \approx 2,0299 > 2$ } donc $n = 42$.
En 1985 + 42, c'est-à-dire 2 027, la population mondiale aura doublé par rapport à celle de 1985.

9. ★★

Pourcentage de pourcentage.
Les demi-pensionnaires filles représentent 50 % de 60 % de la classe, c'est-à-dire $\frac{50 \times 60}{100}$ % = 30 % de la classe.
Les demi-pensionnaires garçons représentent 40 % de 40 % de la classe, c'est-à-dire $\frac{40 \times 40}{100}$ % = 16 % de la classe.
Donc les demi-pensionnaires représentent 30 % de la clase + 16 % de la classe = 46 % de la classe.

11. ★★

① Voir exercice 7 de niveau 1.

② Capital acquis au bout de 12 ans :
$3\,250 \times 1,038^{12} \approx 5\,084,54$ F.

③ Capital de base :
$\frac{15\,0180}{(1,085)^{23}} \approx 23\,000$ F.

④ $y = 10\,000\,(1,08)^x$.
• si $x = 5$, alors
$y = 10\,000\,(1,08)^5 \approx 14\,693,28$;
• si $x = 8,5$, alors
$y = 10\,000\,(1,08)^{8,5} \approx 19\,235,43$;
• si $x = 10,25$, alors
$y = 10\,000\,(1,08)^{10,25} \approx 22\,008,65$;

10. ★★

Étude du SMIC (salaire minimum de croissance) de 1981 à 1990.

①

Croissance en % à 0,1 % près	22,7	11,8	12,3	6,9	6,9	3,4	3,4	3,3	4
Sur l'année	81	82	83	84	85	86	87	88	89

② $CM_{81\text{ à }84} = \frac{NV_{84}}{AV_{81}} = \frac{22,78}{14,79} \approx 1,540$. D'où un taux d'augmentation de 54 %.

③ $CM_{81\text{ à }90} = \frac{NV_{90}}{AV_{81}} = \frac{29,91}{14,79} \approx 2,022$. D'où un taux d'augmentation de 102,2 %.
Le SMIC a plus que doublé de 81 à 90.

12. ★★

L'adolescent a intérêt à choisir la 2e proposition, s'il pense à long terme...
Pour la 1re proposition : $y_1 = 68 + 3x$, croissance linéaire. Pour la 2e proposition : $y_2 = 68 \times (1{,}04)^x$, croissance exponentielle.

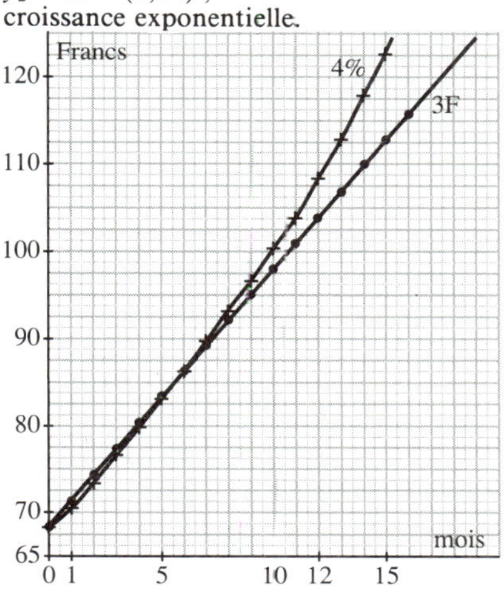

Quelques valeurs :

x	0	1	5	10	12	15
y_1	68	71	83	98	104	113
y_2	68	70,72	82,73	100,65	108,87	122,46

14. ★★★

Pourcentage de pourcentage

① Investissement pour A :
12 % de 35 % du chiffre d'affaires,
c'est-à-dire $\frac{12 \times 35\ \%}{100} = 4{,}2\ \%$.
Investissement pour B :
25 % de 18 % du chiffre d'affaires,
c'est-à-dire $\frac{25 \times 18\ \%}{100} = 4{,}5\ \%$.
Investissement total :
4,2 % + 4,5 % = 8,7 % du chiffre d'affaires.

②

8,7	2,54 millions
100	

Le chiffre d'affaires est de :
$\frac{2{,}54 \times 100}{8{,}7} \approx 29{,}195$ millions.

15. ★★★

Ne jouez pas ! Vous recevrez :
30×300 000 F = 9 000 000 F, c'est-à-dire 9 millions de F ou 900 millions de centimes.

Au 1er jour du mois, vous donnerez 1 cte.
au 2e jour : 2
au 3e jour : 4, c'est-à-dire 2^2
au 4e jour : 8, c'est-à-dire $2^3 = 2^{4-1}$
... ...
au n[ième] jour : 2^{n-1}
au 30e jour : $2^{30-1} = 2^{29} \approx 5$ millions.

Au total, vous donnerez :
$1 + 2 + 2^2 + 2^3 + ... + 2^{29}$
= 1 073 741 823, c'est-à-dire
≈ 1,07 milliard de centimes. Vous allez perdre 173 741 823 centimes, c'est-à-dire presque 2 millions de francs !
Par contre, si c'est le mois de février, jouez, même une année bissextile.

13. ★★★

① $CM = 1 + 13 = \frac{4}{3}$,
donc $P_{3s} = 3\,000 \times \left(\frac{4}{3}\right)^3$
$\approx 7\,111$ et $P_{10j} = 3\,000 \left(\frac{4}{3}\right)^{\frac{10}{7}}$
$\approx 4\,525$.

② 1 jour $= \frac{1}{7}$ de semaine ;
$CM_{1j} = \left(\frac{4}{3}\right)^{\frac{1}{7}} \approx 1{,}041\,9$,
donc une augmentation de 4,2 % environ.

③ a) $y = 3\,000 \times \left(\frac{4}{3}\right)^x$
avec $x \in [0 ; 5]$.
b) Tableau de valeurs
$\left(3\text{ j} = \frac{3}{7}\right.$ semaines,
$25\text{ j} = \frac{25}{7}$ semaines.$\left.\right)$

Temps	0	3 j	1 sem	10 j
Nb d'insectes	3 000	3 393	4 000	4 524

2 sem	18 j	3 sem	25 j	4 sem	32 j	5 sem
5 333	6 286	7 111	8 381	9 481	11 175	12 642

c) D'après le graphique, la population a doublé au cours du 17e jour, elle a triplé le 28e jour et quadruplé le 34e jour.

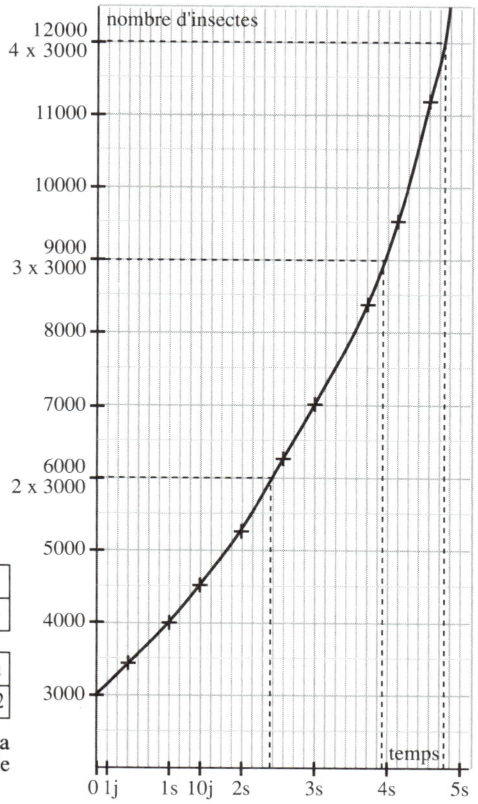

16. ★★★

La Tour Eiffel et ses visiteurs.

Exemple de calcul : de 63 à 70, il y a 7 ans.
$CM_{63-70} = \frac{2\,758}{2\,013{,}5} \approx 1{,}369\,7$ à 10^{-4} près.
$CM_{1\text{ an}} = (CM_{63-70})^{\frac{1}{7}} \approx 1{,}045\,9$, donc 4,59 %.

Période	de 60 à 63	de 63 à 70	de 70 à 80	de 80 à 85	de 85 à 88
Nb d'années	3	7	10	5	3
CM sur la période	1,160 5	1,369 7	1,303 1	1,215 3	1,068 7
CM 1 an	1,050 8	1,045 9	1,026 8	1,039 7	1,022 4
Croissance annuelle	5,08 %	4,59 %	2,68 %	3,97 %	2,24 %

De 60 à 63, la Tour Eiffel a connu la plus forte croissance.

17. ★★★

① 5^n : 1 ; 5 ; 25 ; 125 ; 625 ; 3 125 ; 15 625
n^5 : 0 ; 1 ; 32 ; 243 ; 1 024 ; 3 125 ; 7 776
La suite qui croît la plus vite est 5^n lorsque $n > 5$.

② Dès que $n > 60$ la suite 2^n dépasse la suite n^{10}. En effet
si $n = 58$: $2^{58} \approx 2{,}8 \times 10^7 < 58^{10}$
$\approx 4{,}3 \times 10^{17}$.
$n = 59$: $2^{59} \approx 5{,}7 \times 10^{17} > 59^{10}$
$\approx 5{,}1 \times 10^{17}$.
Si $n \geqslant 59$, alors $2^n > n^{10}$.

③ Dans la 1re journée, la 2e culture est la plus nombreuse. Dans la 1re semaine, c'est toujours la 2e culture. Mais dans la 2e semaine, la 1re culture a dépassé la 2e.

1.

Schéma de partition.

	Cubique	Sphérique	
Vert	6	1	} 17
Rouge	8	9	
	14		

$p(A) = \frac{14}{24} = \frac{7}{12} \approx 0{,}583\,3$;

$p(B) = \frac{10}{24} = \frac{5}{12} \approx 0{,}416\,6$;

$p(C) = \frac{7}{24} \approx 0{,}291\,6$;

$p(D) = \frac{1}{24} \approx 0{,}041\,6$.

$E = B \cup C$ et $D = B \cap C$

d'où $p(E) = p(B) + p(C) - p(B \cap C)$

$= \frac{5}{12} + \frac{7}{24} - \frac{1}{24} = \frac{16}{24} = \frac{2}{3} \approx 0{,}666\,6$;

ou bien avec le tableau :

$p(E) = \frac{6 + 1 + 9}{24} = \frac{16}{24} = \frac{2}{3}$.

$F = \bar{E} : p(F) = 1 - p(E) = 1 - \frac{2}{3} := \frac{1}{3}$,

ou F = « tirer un objet qui n'est pas vert ou sphérique »

= « tirer un objet qui est rouge et cubique »,

d'où $p(F) = \frac{8}{24} = \frac{1}{3}$.

$G = \bar{D}$, car :

G = « tirer un objet qui n'est pas vert et sphérique »

= « tirer un objet qui est rouge ou cubique »,

d'où $p(G) = 1 - p(D) = 1 - \frac{1}{24}$

$= \frac{23}{24} \approx 0{,}958\,3$

ou $p(G) = \frac{8 + 9 + 6}{24} = \frac{23}{24}$.

2.

Attention : l'action est le rangement des voitures ! Une voiture arrive : elle a 7 choix, la 2e arrive : il n'y a plus que 6 choix, la 3e arrive : il reste 5 choix.

①

1re voiture	2e voiture	3e voiture	4e voiture
↑ 7	↑ 6	↑ 5	↑ 4

Nombre de rangements possibles :
$7 \times 6 \times 5 \times 4 = 840$.

② Seules les 4 premières places doivent être occupées, donc la 1re voiture qui arrive n'a plus que 4 choix.

↑ 4	↑ 3	↑ 2	↑ 1

Nombre de rangements des 4 voitures dans les 4 premières places :
$4 \times 3 \times 2 \times 1 = 24$, d'où la probabilité $\frac{24}{840} = \frac{1}{35} \approx 0{,}028\,6$.

Si les voitures ne peuvent se garer que sur les 4 dernières places, le raisonnement sera toujours le même : il n'y a que 4 places qui peuvent être occupées, donc 4 choix pour la 1re voiture.

③ S'il reste une place entre chaque voiture, cela veut dire que les voitures seront garées comme l'indique le dessin ci-contre. Donc il n'y a que 4 places qui peuvent être occupées. La probabilité de cet événement est $\frac{1}{35}$.

3.

Schéma d'équiprobabilité.

①

Chemisier	Jupe	Blazer
↑ 3 choix	↑ 4 choix	↑ 2 choix

Nombre d'ensembles possibles :
$3 \times 4 \times 2 = 24$.

② A = « choisir un ensemble avec la jupe noire et le blazer noir ».

C	J	B
	Noire	Noir
↑ 3 choix	↑ 1 choix	↑ 1 choix

Nombre d'ensembles, favorables à A :
$3 \times 1 \times 1 = 3$,
d'où $p(A) = \frac{3}{24} = \frac{1}{8} = 0{,}125$.

③ B = « choisir un ensemble ne contenant ni la jupe noire, ni le blazer noir »
= « choisir une jupe autre que noire **et** le blazer marron ».

C	J	B
	non noire	non noir
↑ 3 choix	↑ 3 choix	↑ 1 choix

Nombre d'ensembles, favorables à B :
$3 \times 3 \times 1 = 9$,
d'où $p(B) = \frac{9}{24} = \frac{3}{8} = 0{,}375$.

④ C = « choisir un ensemble sans le tailleur noir »
= « choisir un ensemble ne contenant pas la jupe noire et le blazer noir en même temps ».
C est l'évènement contraire à l'évènement A. $C = \bar{A}$.
$p(C) = 1 - p(A) = 1 - \frac{1}{8} = \frac{7}{8} = 0{,}875$.

4.

Schéma de partition.

	TA	TB	
Filles	30 %	40 %	} 70 %
Garçons	15 %	15 %	
	45 %		

① Les filles représentent 70 % des présents, les TA représentent 45 % des présents et 30 % des présents sont des filles de TA } donc { les filles ou les TA représentent (70 + 45 − 30) % des présents, c'est-à-dire 85 % des présents.

Les présents sont les garçons de TB restants, c'est-à-dire 100 % − 85 % = 15 %.

② Il y a 70 % des présents qui sont des filles et 30 % des présents qui sont des filles de TA } donc { les filles de TA représentent $\frac{30}{70} = \frac{3}{7} \approx 42{,}8$ % des filles.

③ a) C = « interroger une fille de TB » : $p(C) = 40\,\% = 0{,}4$;
D = « interroger un garçon de TA » : $p(D) = 15\,\% = 0{,}15$.
b) E = « interroger une fille de TA, sachant que c'est une fille » : $p(E) = \frac{3}{7}$.

5.

① Tableau de répartition.

Couleur des yeux	Bleu	Vert	Noisette	Marron	Total
Nombre d'élèves	7	5	9	14	35
Fréquence en %	20 %	14,29 %	25,71 %	40 %	100 %

② a) 25 à 26 chances sur 100 pour que l'élève qui se lève ait les yeux noisette ; 34 à 35 chances sur 100, les yeux bleus ou verts (20 % + 14,29 %) ;
40 chances sur 100, les yeux marron-noir.

b) $p = 20\ \% = 0{,}2$.

③ On répète plusieurs fois la même chose et on ne regarde que si l'élève a les yeux bleus ou noirs. Donc on a un « jeu » répété à deux issues possibles : yeux bleus - yeux non bleus, ayant des probabilités différentes :
$p = 0{,}2$ et $q = 1 - p = 0{,}8$.
On dresse un arbre-gui :

$p(A) = p(YB,\ YB) = 0{,}2 \times 0{,}2 = 0{,}04$;
$p(B) = p(\overline{YB},\ \overline{YB}) = 0{,}8 \times 0{,}8 = 0{,}64$;
« au moins un » fait penser au contraire « aucun ».

$p(C) = p$ (« **au moins un** a les yeux bleus »)
$= 1 - p$ (« aucun n'a les yeux bleus »)
$= 1 - p(B) = 1 - 0{,}64 = 0{,}36$.

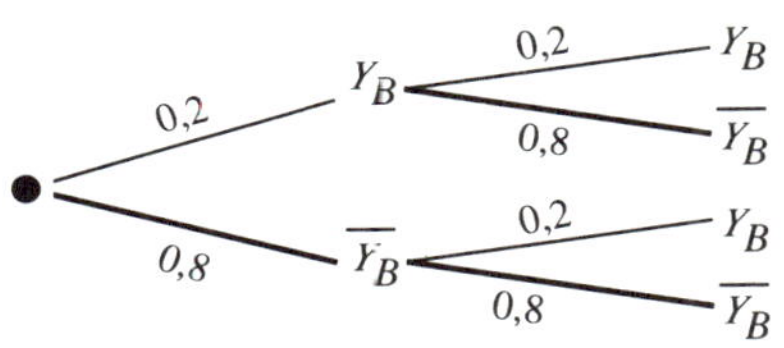

6.

①

Tête	Corps	Jupe
↑ 5 choix	↑ 5 choix	↑ 5 choix

a) Nombre de dessins possibles :
$5 \times 5 \times 5 = 125$.

b)

Tête	Corps	Jupe
Rose		
↑ 1 choix	↑ 5 choix	↑ 5 choix

Nombre de dessins avec la tête rose :
$1 \times 5 \times 5 = 25$.

c) La probabilité pour que la tête soit rose est :
$\dfrac{\text{nombre de dessins avec tête rose}}{\text{nombre de dessins possibles}} = \dfrac{25}{125} = \dfrac{1}{5}$.

② Tête et jupe de même couleur :

Tête	Corps	Jupe
↑ 5 choix	↑ 5 choix	↑ 1 choix (la couleur de la tête)

$p(A) = \dfrac{5 \times 5 \times 1}{125} = \dfrac{1}{5}$.

Les trois zones de couleurs différentes

Tête	Corps	Jupe
↑ 5 choix	↑ 4 choix	↑ 3 choix

$p(B) = \dfrac{5 \times 4 \times 3}{125} = \dfrac{12}{25}$.

Deux zones au moins ont la même couleur, le contraire est aucune zone de la même couleur, c'est-à-dire toutes différentes. Donc C est l'évènement contraire de B.
$p(C) = 1 - p(B) = 1 - \dfrac{12}{25} = \dfrac{13}{25}$.

7. ★

①

1re lettre	2e lettre
↑ 6	↑ 5 choix parmi les lettres qui restent.

Nombre de mots de deux lettres :
$6 \times 5 = 30$.

② Pour A, il y a 4 consonnes.

Consonne	
↑ 4	↑ 5 choix parmi les lettres qui restent.

$p(A) = \dfrac{4 \times 5}{30} = \dfrac{2}{3}$.

$p(B) = \dfrac{4 \times 3}{30} = \dfrac{2}{5}$.

$p(C) = \dfrac{1 \times 5}{30} = \dfrac{1}{6}$.

Le mot ne contient ni V, ni L, donc il y a 4 choix de lettres pour D.
$p(D) = \dfrac{4 \times 3}{30} = \dfrac{2}{5}$.
E est l'évènement contraire de D :
$p(E) = 1 - p(D) = \dfrac{3}{5}$.

8.

① Arbre de choix : on commence en choisissant B_1.
Il y a 20 cas possibles.

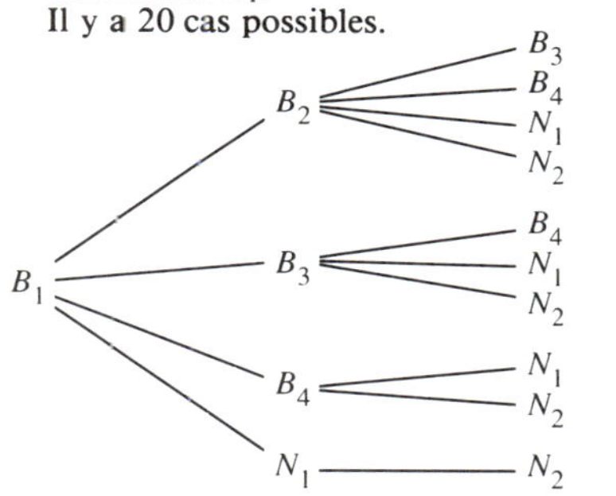

On enlève B_1 et on choisit B_2

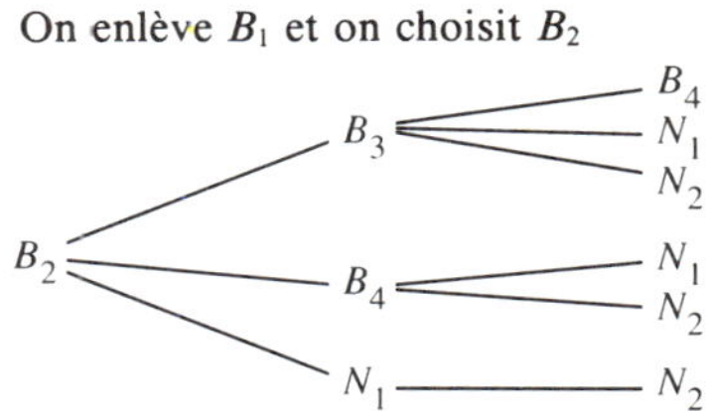

On enlève B_2 et on choisit B_3 :

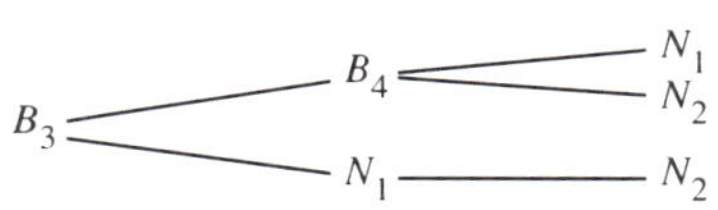

On enlève B_3 et il ne reste que 3 boules :

B_4 ———— N_1 ———— N_2

② A = « avoir 3 non-noires »
= « avoir 3 blanches ».
$p(A) = \dfrac{4}{20} = \dfrac{1}{5}$.

B = « avoir 2 noires »
= « avoir 2 noires et 1 blanche »
$p(B) = \dfrac{4}{20} = \dfrac{1}{5}$.

C = « avoir au moins une noire »
c'est le contraire de A.
$p(C) = 1 - \dfrac{1}{5} = \dfrac{4}{5}$.

D = « avoir 3 noires ».
Impossible, il n'y a que 2 noires dans l'urne.
$p(D) = 0$.
La probabilité de gagner correspond à la probabilité de C.
$p(\text{gagné}) = \dfrac{4}{5}$.

③ $p(\text{gagné}) = p(C) = \dfrac{4}{5}$.

$p(\text{perdu}) = p(A) = \dfrac{1}{5}$.

Arbre-gui

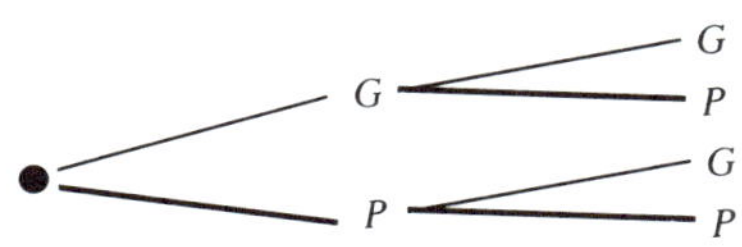

• « gagner 20 F », gagner 2 fois.
$p(20\text{ F}) = p(G,\ G) = \dfrac{4}{5} \times \dfrac{4}{5} = \dfrac{16}{25}$.

• « gagner au moins 10 F », c'est gagner au moins une fois.
$p(10\text{ F}) = p(G,\ G) + p(G,\ P) + p(P,\ G)$
$= \dfrac{4}{5} \times \dfrac{4}{5} + \dfrac{4}{5} \times \dfrac{1}{5} + \dfrac{1}{5} \times \dfrac{4}{5} = \dfrac{24}{25}$.

9.

① Schéma : à chaque paire de chaussettes, il y a 3 choix possibles.

1re paire	2[e]	3[e]	4[e]
↑ 3	↑ 3	↑ 3	↑ 3 tiroirs

a) Nombre de rangements possibles :
$3 \times 3 \times 3 \times 3 = 81$.

b)

↑ 3	↑ 1	↑ 1	↑ 1

(le même tiroir que la 1re paire)

p(« toutes dans le même tiroir »)
$= \dfrac{3 \times 1 \times 1 \times 1}{81} = \dfrac{3}{81} = \dfrac{1}{27}$.

c) On ne peut pas les mettre dans des tiroirs différents, car il n'y a que 3 tiroirs et 4 paires de chaussettes.
p(« tiroirs différents ») = 0.
Donc la probabilité pour qu'il y ait au moins deux paires de chaussettes dans le même tiroir est de 1.

② Il y a 5 tiroirs (plus que de chaussettes). Il y a donc maintenant 5 choix.

p(« toutes dans le même tiroir ») $= \dfrac{5 \times 1 \times 1 \times 1}{5 \times 5 \times 5 \times 5} = \dfrac{1}{125}$.

↑ 5	↑ 4	↑ 3	↑ 2 tiroirs

p(« tiroirs différents ») $= \dfrac{5 \times 4 \times 3 \times 2}{5 \times 5 \times 5 \times 5} = \dfrac{24}{125}$.

p(« au moins 2 paires dans le même tiroir ») $= 1 - p$ (« tiroirs différents ») $= 1 - \dfrac{24}{125} = \dfrac{101}{125}$.

10.

Le tiercé dans l'ordre.
Il y a 12 possibilités pour le 1er cheval à l'arrivée, 11 pour le 2e et 10 pour le 3e.

①

1er cheval	2e	3e
↑ 12	↑ 11	↑ 10 chevaux possibles

Nombre d'arrivées possibles, ou nombre de tiercés dans l'ordre : $12 \times 11 \times 10 = 1\,320$.

② Si on joue 3 chevaux dans l'ordre, on a joué le tiercé dans l'ordre, donc il n'y a qu'un seul cas favorable. La probabilité de gagner est de $\dfrac{1}{1\,320}$.

③ Si on joue sur 5 chevaux, le nombre d'arrivées de trois de ces chevaux est : $5 \times 4 \times 3 = 60$.
Donc la probabilité de gagner sur 5 chevaux est $\dfrac{60}{1\,320} = \dfrac{1}{22}$.

Pour tous ces exercices, la rédaction des théorèmes, l'énoncé des variations, les extremums relatifs, les points où la tangente est horizontale, ... sont à faire et non à négliger car ils ont autant d'importance que le résultat par lui-même.

1. ★

① f est rationnelle. La valeur interdite est 0.
$\mathscr{D}_f =]-\infty\,;0[\cup]0\,;+\infty[= \mathbb{R}\backslash\{0\}$.

② g est une fonction polynôme.
$\mathscr{D}_g = [-5\,;4]$, intervalle donné.

③ h est rationnelle. La valeur interdite est $\frac{1}{2}$, or $\frac{1}{2} \notin [1\,;+\infty[$ intervalle donné, donc $\mathscr{D}_h = [1\,;+\infty[$.

2. ★

① $f(x) = x + 1 + \dfrac{4}{x-2}$; V.I. = 2.
$f'(x) = 1 - \dfrac{4}{(x-2)^2} = \dfrac{x(x-4)}{(x-2)^2}$.

x		0		2		4	
x	−	0	+		+		+
$x-4$	−		−		−	0	+
$(x-2)^2$	+		+	0	+		+
$\dfrac{x(x-4)}{(x-2)^2}$	+	0	−	‖	−	0	+

② $g(x) = \dfrac{-2x}{x^2-4}$;
V.I. = 2 et − 2, car :
$x^2 - 4 = (x-2)(x+2)$.
$g'(x) = \dfrac{-2(x^2-4) - 2x(-2x)}{(x^2-4)^2} = \dfrac{-2x^2+8+4x^2}{(x^2-4)^2} = \dfrac{2(x^2+4)}{(x^2-4)^2}$.

x		− 2		2	
2	+		+		+
x^2+4	+		+		+
$(x^2-4)^2$	+	0	+	0	+
$\dfrac{2(x^2+4)}{(x^2-4)^2}$	+	‖	+	‖	+

③ $h(x) = 3 + \dfrac{4}{3x-2}$; V.I. $= \dfrac{2}{3}$.
$h'(x) = 0 + \dfrac{-4 \times 3}{(3x-2)^2} = \dfrac{-12}{(3x-2)^2}$.

x		$\frac{2}{3}$	
− 12	−		−
$(3x-2)^2$	+	0	+
$\dfrac{-12}{(3x-2)^2}$	−	‖	−

3. ★

① $f'(x) = \dfrac{-7}{(x-3)^2}$. $T : y = -\dfrac{7}{4}x + \dfrac{1}{4}$.

② $g'(x) = \dfrac{-x^2-4}{x^2}$. $T : y = -2x - 4$.

③ $h'(x) = 1 + \dfrac{1}{(x-1)^2}$. $T : y = 2x + 1$.

4. ★

① $f : x \mapsto \dfrac{-2x+3}{x-1}$ se lit « la fonction f qui à x associe $\dfrac{-2x+3}{x-1}$ ».
Faire attention à cet ensemble de symboles et à ne pas oublier : $\boldsymbol{x \mapsto}$.

② Fonction rationnelle, de valeur interdite 1 exclue de l'intervalle donné [1,2 ; 11].
$\mathscr{D}_f = \mathscr{D}_{f'} = [1,2\,;11]$.
$f'(x) = \dfrac{-1}{(x-1)^2}$.

x		1	
− 1	−		−
$(x-1)^2$	+	0	+
$\dfrac{-1}{(x-1)^2}$	−	‖	−

Tableau complet des variations sur [1,2 ; 11] :

x	1,2		11
$f'(x)$		−	
$f(x)$	3	↘	− 1,9

③ Intersection avec l'axe des abscisses : $\left(\dfrac{3}{2}\,;0\right)$.

④ Tangente : $y = -x + 1$.

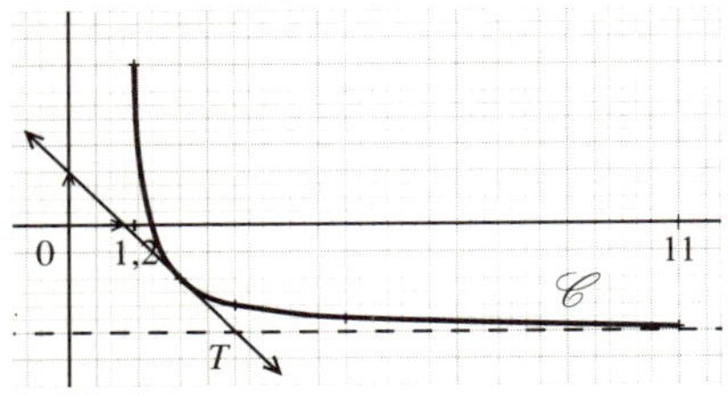

⑥ $\lim\limits_{x \to +\infty} \dfrac{1}{x+1} = \lim\limits_{x \to +\infty} \dfrac{1}{x} = 0$.
Donc $f(x)$ se comporte comme − 2.
La courbe $\mathscr{C}_f$ se rapproche de plus en plus de la droite d'équation $y = -2$.

5. ★★

① Fonction rationnelle, sans valeur interdite. $\mathscr{D}_f = \mathscr{D}_{f'} = [-3\,;3]$.
$f'(x) = \dfrac{-10x}{(x^2+1)^2}$. La dérivée est nulle en 0, car $-10x = 0 \Longleftrightarrow x = 0$.

x		0	
$-10x$	+	0	−
$(x^2+1)^2$	+		+
$\dfrac{-10x}{(x^2+1)^2}$	+	0	−

x	− 3		0		3
$f'(x)$		+	0	−	
$f(x)$	$\frac{1}{2}$	↗	5	↘	$\frac{1}{2}$

② Tangente au point d'abscisse 2 :
$a = f'(2) = -\dfrac{4}{5}$ et $y_0 = f(2) = 1$;
d'où $T : y = -\dfrac{4}{5}x + \dfrac{13}{5}$.

③ $\lim\limits_{x\to+\infty} f(x) = \lim\limits_{x\to+\infty} \dfrac{5}{x^2} = 0$.

La courbe se rapproche de plus en plus de la droite d'équation $y = 0$, c'est-à-dire de l'axe des abscisses.

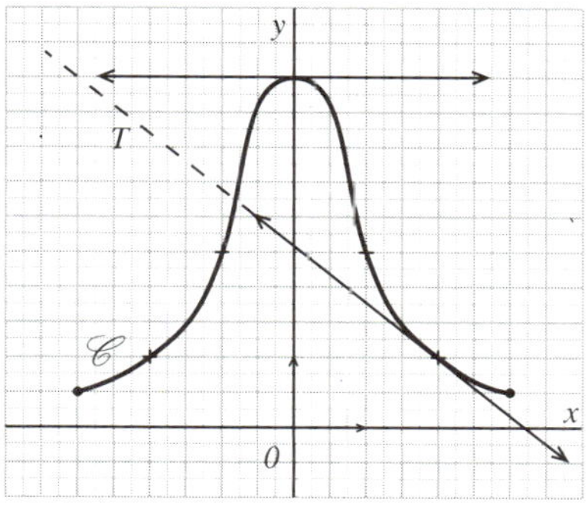

6. ★

① Fonction rationnelle, V.I. = 0 exclue de l'intervalle donné,

$\mathcal{D}_f = \mathcal{D}_{f'} = \left[\frac{1}{2} ; 8\right]$.

$f'(x) = -1 + \dfrac{4}{x^2} = \dfrac{(2-x)(2+x)}{x^2}$.

x		-2		0		2	
$2-x$	+		+		+	0	−
$2+x$	−	0	+		+		+
x^2	+		+	0	+		+
$\dfrac{(2-x)(2+x)}{x^2}$	−	0	+	‖	+	0	−

Tableau des variations sur $\left[\frac{1}{2} ; 8\right]$:

x	$\frac{1}{2}$		2		8
$f'(x)$		+	0	−	
$f(x)$	$-3{,}5$	↗	1	↘	$-3{,}5$

② Intersection avec l'axe des abscisses : on résout

$f(x) = 0 \iff \dfrac{-x^2 + 5x - 4}{x} = 0$.

Règle du quotient nul.

RE = 1, on met $(x - 1)$ en facteur : $(x - 1)(-x + 4) = 0$; on obtient les points $(1 ; 0)$ et $(4 ; 0)$.

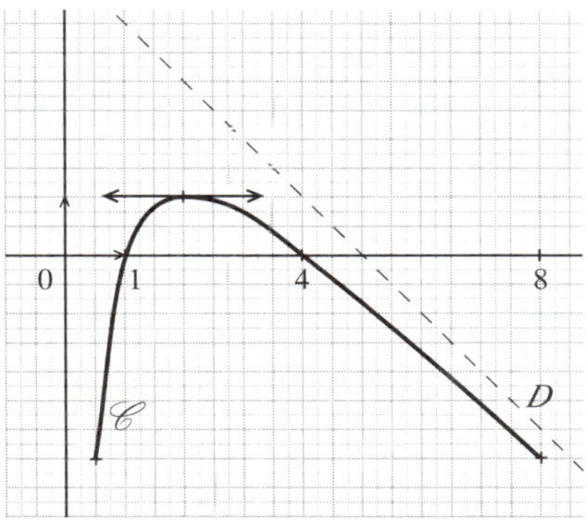

③ La courbe est située au-dessous de la droite D.

④ $\lim\limits_{x\to+\infty} \dfrac{-4}{x} = 0$. Donc $f(x)$ se comporte comme $-x + 5$.

La courbe 𝒞 se rapproche de plus en plus de la droite D d'équation $y = -x + 5$, pour les grandes valeurs de x positives.

7. ★

① $f(x) = x - \dfrac{1}{x}$.

Fonction rationnelle ;
V.I. = 0, exclue de l'intervalle donné.

$\mathcal{D}_f = \mathcal{D}_{f'} = \left[\frac{1}{4} ; 5\right]$.

$f'(x) = 1 - \dfrac{-1}{x^2} = 1 + \dfrac{1}{x^2} = \dfrac{x^2+1}{x^2}$,

or $x^2 + 1$ ne s'annule jamais et est toujours strictement positif.

x		0	
x^2+1	+		+
x^2	+	0	+
$\dfrac{x^2+1}{x^2}$	+	‖	+

Tableau des variations sur $\left[\frac{1}{4} ; 5\right]$:

x	$\frac{1}{4}$		5
$f'(x)$		+	
$f(x)$	$-3{,}75$	↗	$4{,}8$

$f\left(\frac{1}{4}\right) = \frac{1}{4} - 4 = -\frac{15}{4} = -3{,}75$;

$f(5) = 5 - \frac{1}{5} = \frac{24}{5} = 4{,}8$.

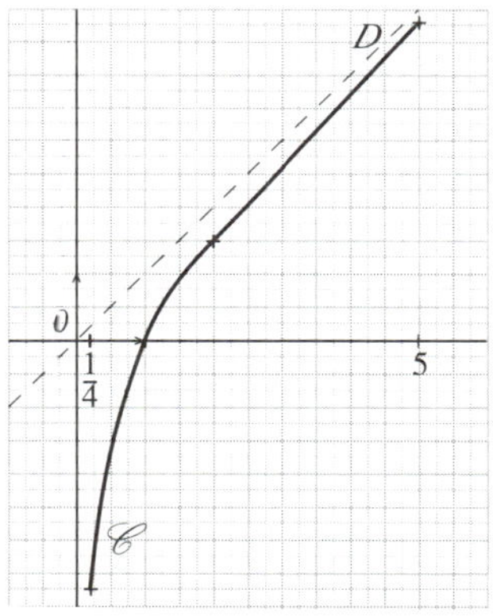

② La courbe est située au-dessous de la droite D.

8. ★★

① $f'(x) = \dfrac{-6x^2 + 18x + 24}{(x^2+4)^2}$

$= \dfrac{6(x+1)(-x+4)}{(x^2+4)^2}$.

Pas de valeur interdite.

x		-1		4	
$\dfrac{6(x+1)(-x+4)}{(x^2+4)^2}$	−	0	+	0	−

② $g'(x) = \dfrac{1}{2} - \dfrac{2}{(x+1)^2} = \dfrac{(x+1)^2 - 4}{2(x+1)^2}$

$= \dfrac{(x-1)(x+3)}{2(x+1)^2}$. V.I. = − 1.

x		-3		-1		1	
$\dfrac{(x-1)(x+3)}{2(x+1)^2}$	+	0	−	‖	−	0	+

③ $h'(x) = 2 + \dfrac{2}{(x-1)^2} = \dfrac{2((x-1)^2+1)}{(x-1)^2}$

$(x - 1)^2 + 1$ est toujours strictement positif.

x		1	
$\dfrac{2((x-1)^2+1)}{(x-1)^2}$	+	‖	+

9. ★★

① $x + 3 + \dfrac{4}{x-2}$

$= \dfrac{x(x-2) + 3(x-2) + 4}{x-2}$

$= \dfrac{x^2 - 2x + 3x - 6 + 4}{x-2}$

$= \dfrac{x^2 + x - 2}{x-2}$, qui est bien $f(x)$.

② Fonction rationnelle.
V.I. = 2, exclue de l'intervalle donné ;

$\mathcal{D}_f = \mathcal{D}_{f'} = \left]-\infty ; \frac{3}{2}\right]$.

$f'(x) = 1 - \dfrac{4}{(x-2)^2} = \dfrac{x(x-4)}{(x-2)^2}$.

x		0		2		4	
x	−	0	+		+		+
$x-4$	−		−		−	0	+
$(x-2)^2$	−		+	0	+		+
$\dfrac{x(x-4)}{(x-2)^2}$	+	0	−	‖	−	0	+

x	$-\infty$		0		$\frac{3}{2}$
$f'(x)$		+	0	−	
$f(x)$	$-\infty$	↗	1	↘	$-\frac{7}{2}$

$\lim\limits_{x\to-\infty} f(x) = \lim\limits_{x\to-\infty} \dfrac{x^2 + x - 2}{x - 2}$

$= \lim\limits_{x\to-\infty} \dfrac{x^2}{x} = \lim\limits_{x\to-\infty} x = -\infty$.

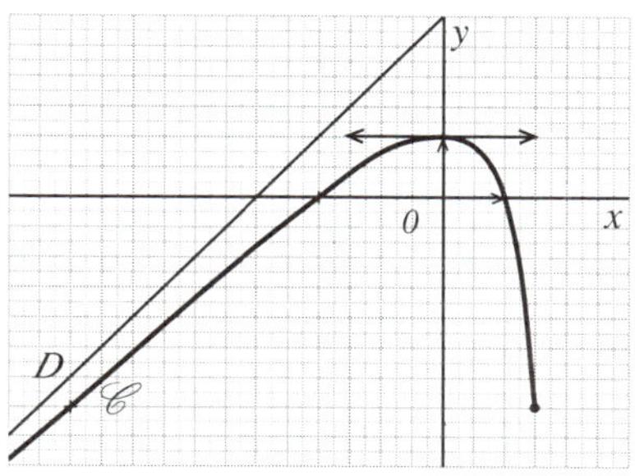

③ Intersection de la courbe avec l'axe des abscisses : (1 ; 0) et (– 2 ; 0).
Pour cela on résout $x^2 + x - 2 = 0$, c'est-à-dire $(x - 1)(x + 2) = 0$.
Et les solutions 1 et – 2 appartiennent à l'ensemble de définition $\left]-\infty ; \frac{3}{2}\right]$.

④ $\lim\limits_{x \to -\infty} \frac{4}{x - 2} = \lim\limits_{x \to -\infty} \frac{4}{x} = 0$. Donc $f(x)$ se comporte comme $x + 3$ pour les grandes valeurs de x négatives et la courbe $\mathscr{C}$ se rapproche de plus en plus de la droite D d'équation $y = x + 3$.

10. ★★

① $f(x) = \frac{8x - 12}{x^2 + 4}$, fonction rationnelle, sans valeur interdite.
$\mathscr{D}_f = \mathscr{D}_{f'} = [-6 ; 6]$, intervalle donné.

$f'(x) = \frac{-8x^2 + 24x + 32}{(x^2 + 4)^2}$
$= \frac{8(-x^2 + 3x + 4)}{(x^2 + 4)^2}$.

RE = – 1 ; on met $(x + 1)$ en facteur :
$f'(x) = \frac{8(x + 1)(-x + 4)}{(x^2 + 4)^2}$.

x		-1		4	
8	+		+		+
$x + 1$	–	0	+		+
$-x + 4$	+		+	0	–
$(x^2 + 4)^2$	+		+		+
$\frac{8(x + 1)(-x + 4)}{(x^2 + 4)^2}$	–	0	+	0	–

x	-6		-1		4		6
$f'(x)$		–	0	+	0	–	
$f(x)$	$-1{,}5$	↘	-4	↗	1	↘	$0{,}9$

② Tangente T : $y = 2x - 3$.

③ Intersection avec les axes :
axe des ordonnées : $(0 ; -3)$;
axe des abscisses : $\left(\frac{3}{2} ; 0\right)$.

④ Tableau de valeurs :

x	-6	-2	-1	0	1	2	4	6
$y = f(x)$	$-1{,}5$	$-3{,}5$	-4	-3	$-0{,}8$	$0{,}5$	1	$0{,}9$

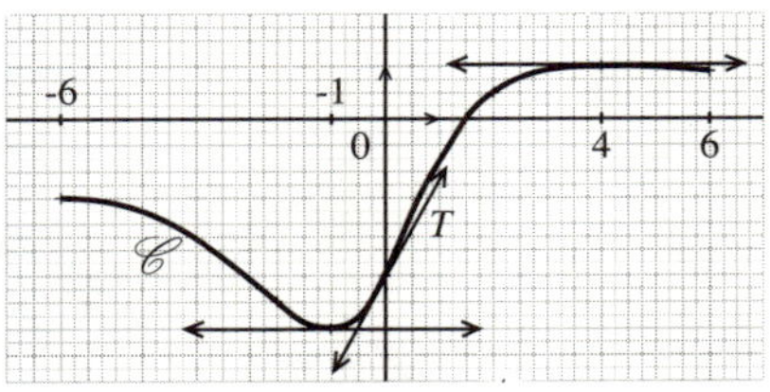

11. ★★★

① $f'(x) = \frac{2(x - 1)(x - 3)}{4(x - 2)^2}$
$= \frac{(x - 1)(x - 3)}{2(x - 2)^2}$. V.I. = 2.

x		1		2		3	
$\frac{(x - 1)(x - 3)}{2(x - 2)^2}$	+	0	–	‖	–	0	+

② $g'(x) = -\frac{1}{4} - \frac{1}{(x + 1)^2} = \frac{-(x + 1)^2 - 4}{4(x + 1)^2}$.
Or $-(x + 1)^2 - 4 = -[(x + 1)^2 + 4]$, toujours strictement négatif.
Valeur interdite : – 1.

x		-1	
$\frac{-(x + 1)^2 - 4}{4(x + 1)^2}$	–	‖	–

③ $h'(x) = \frac{-4x^2 - 8x + 12}{(2x + 2)^2}$
$= \frac{-4(x - 1)(x + 3)}{(2x + 2)^2}$. V.I. = – 1.

x		-3		-1		1	
$\frac{-4(x - 1)(x + 3)}{(2x + 2)^2}$	–	0	+	‖	+	0	–

12. ★★★

• $-x + 3 + \frac{2}{1 - x}$
$= \frac{-x(1 - x) + 3(1 - x) + 2}{1 - x}$
$= \frac{-x + x^2 + 3 - 3x + 2}{1 - x} = \frac{x^2 - 4x + 5}{1 - x}$,
qui est bien $f(x)$.

• $\lim\limits_{x \to +\infty} \frac{2}{1 - x} = \lim\limits_{x \to +\infty} \frac{2}{-x} = 0$ et
$\lim\limits_{x \to -\infty} \frac{2}{1 - x} = \lim\limits_{x \to -\infty} \frac{2}{-x} = 0$. Donc $f(x)$ est de la forme $ax + b + \varphi(x)$, avec $ax + b = -x + 3$. Cette droite est asymptote à la courbe.
Et pour les grandes valeurs de x, $f(x)$ se comporte comme $-x + 3$ et la courbe $\mathscr{C}_f$ se rapproche de plus en plus de la droite d'équation $y = -x + 3$.

Remarque :
si $x > 1$, alors $\frac{2}{1 - x}$ est négatif et la courbe $\mathscr{C}_f$ se situe au-dessous de la droite D ;
si $x < 1$, alors $\frac{2}{1 - x}$ est positif et la courbe $\mathscr{C}_f$ se situe au-dessus de la droite D.

13. ★★★

• $f(x) = \frac{-4(x + 1)}{x^2 + 2x + 5}$. Fonction rationnelle.

① Forme canonique : $(x + 1)^2 + 4$ toujours strictement positif, donc $(x + 1)^2 + 4$ ne s'annule jamais. La fonction n'a pas de valeur interdite.

② $\mathscr{D}_f = \mathscr{D}_{f'} = [-5 ; 5]$.
$f'(x) = \frac{4x^2 + 8x - 12}{(x^2 + 2x + 5)^2}$ (RE = 1)
$= \frac{4(x - 1)(x + 3)}{(x^2 + 2x + 5)^2}$.

x	-5		-3		1		5
$f'(x)$		+	0	–	0	+	
$f(x)$	$0{,}8$	↗	1	↘	-1	↗	$0{,}6$

Les ordonnées sont à multiplier par 4 pour le tracé en centimètres.

③ Intersection avec les axes :
axe des ordonnées : $\left(0 ; \frac{-4}{5}\right)$
axe des abscisses : $(-1 ; 0)$.

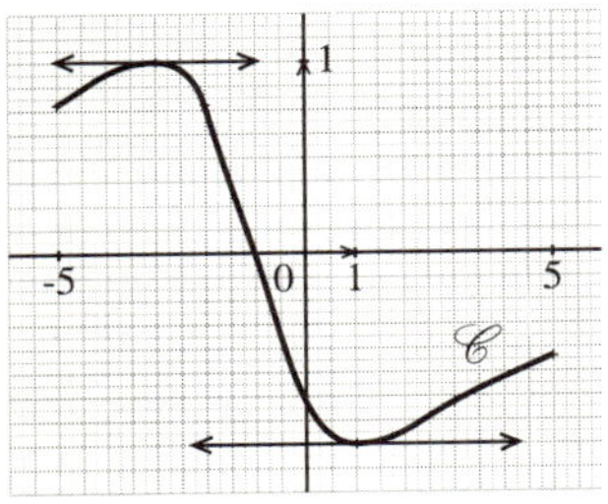

14. ★★★

$f(x) = 3 \times \frac{x - 3}{(x - 2)^2}$.

① Fonction rationnelle de valeur interdite 2, exclue de l'intervalle donné.
$\mathscr{D}_f = \mathscr{D}_{f'} = \left[\frac{5}{2} ; +\infty\right[$.

$f'(x) = 3 \times \frac{1(x - 2)^2 - 2(x - 2)(x - 3)}{(x - 2)^4}$
$= 3 \times \frac{(x - 2)(x - 2 - 2x + 6)}{(x - 2)^4}$
$= \frac{3(x - 2)(-x + 4)}{(x - 2)^4}$.

x		2		4	
$3(x - 2)$	–	0	+		+
$-x + 4$	+		+	0	–
$(x - 2)^4$	+	0	+		+
$\frac{3(x - 2)(-x + 4)}{(x - 2)^4}$	–	‖	+	0	–

Tableau des variations sur $\left[\frac{5}{2} ; +\infty\right[$:

x	$\frac{5}{2}$		4		$+\infty$
$f'(x)$		+	0	–	
$f(x)$	-6	↗	$\frac{3}{4}$	↘	0

② Tangente au point $(3 ; 0)$: $y = 3x - 9$.

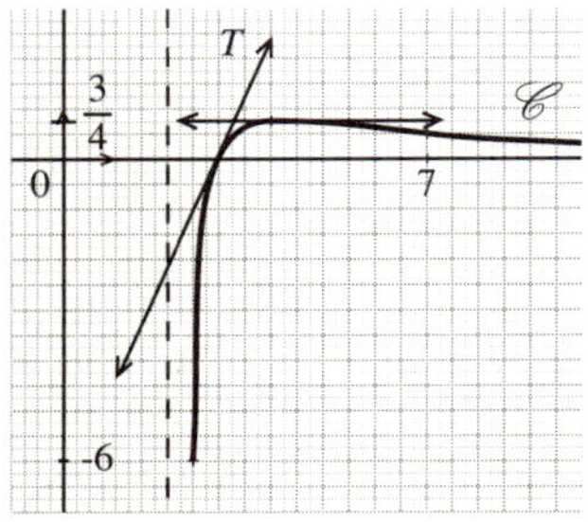

③ $\lim\limits_{x \to +\infty} f(x) = \lim\limits_{x \to +\infty} \frac{3x}{(x)^2} = \lim\limits_{x \to +\infty} \frac{3}{x} = 0$.

Donc la courbe $\mathscr{C}_f$ se rapproche de plus en plus de l'axe des abscisses d'équation $y = 0$.

1. ★

① • Soit x le salaire, exprimé en franc, x positif.

• $\frac{7}{8}x + \frac{1}{2}\left[x - \frac{7}{8}x\right] + 350 = x.$

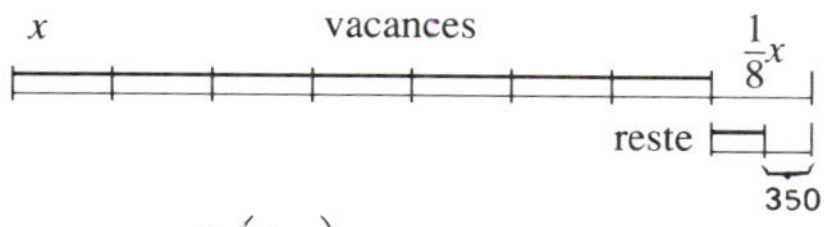

ou $\frac{1}{2}\left(\frac{1}{8}x\right) = 350.$

• $\frac{x}{16} = 350 \Longleftrightarrow x = 350 \times 16 = 5\,600.$

• Le salaire de Michèle était de 5 600 F.

② • Soit x le salaire fixe de Patrick, exprimé en franc, x positif.

• x + 2 % de 1,254 million = 32 000.

• $x + \frac{2}{100} \times 1\,254\,000 = 32\,000.$
$x = 32\,000 - 25\,080 = 6\,920.$

• Le salaire fixe de Patrick est de 6 920 F.

2. ★

① • Une grosse représente 144 unités ($12 \times 12 = 144$).

• Pour acheter une grosse de produit A, il faut commander 10 douzaines et 4 unités.
On lui livrera $10 \times 14 + 4 = 144$ unités, et il payera $10 \times 12 \times 100 + 4 \times 100 = 12\,400$ F.

• Pour le produit B, il commandera 144 unités qu'il payera 85 F pièce, donc au total $85 \times 144 = 12\,240$ F.

• Alban doit acheter du produit B.

② • Soit x le nombre de photos et $f(x)$ le prix des x retirages.

• Si $x \in [0 ; 5[$, alors $f(x) = 3x$;
si $x \in [5 ; 12[$, alors
$f(x) = 3 \times 0{,}95x = 2{,}85x$;
si $x \in [12 ; 20[$, alors
$f(x) = 3 \times 0{,}90x = 2{,}70x$;
si $x \in [20 ; +\infty[$, alors
$f(x) = 3 \times 0{,}80x = 2{,}40x$.
$f(11) = 31{,}35$; $f(12) = 32{,}40$;
$f(19) = 51{,}30$; $f(20) = 48$;
$f(21) = 50{,}4$; $f(25) = 60$.
Il vaut mieux faire retirer 20 ou 21 photos au lieu de 19 !

3. ★

$P(x) = -x^2 + 114x - 440$ avec x supérieur à 4.

① Recherche du profil maximal

$P'(x) = -2x + 114$. La dérivée s'annule en 57.

x	4		57		
$P'(x)$		+	0	−	
$P(x)$		↗		↘	

En 57, la dérivée s'annule en changeant de signe (positive, puis négative), donc la fonction admet un maximum qui vaut $P(57) = 2\,809$.
Cette manufacture doit produire 57 unités pour réaliser un profit maximal de 2 809 \$.

② Résolution de $P(x) = 0$, c'est-à-dire
$-x^2 + 114x - 440 = 0$
$\Longleftrightarrow x^2 - 114x + 440 = 0.$

• On remarque que
$P(4) = -4^2 + 114 \times 4 - 440 = 0$, donc 4 est racine évidente ; on met $(x - 4)$ en facteur, l'équation devient : $(x - 4)(x - 110) = 0$
$x = 4$ ou $x = 110$.

• ou à l'aide de la forme canonique
$(x - 57)^2 - (57)^2 + 440 = 0$
$(x - 57)^2 - 3\,249 + 440 = 0$
$(x - 57)^2 - 2\,809 = 0,$
or $2\,809 = 53^2$.
$(x - 57)^2 - (53)^2 = 0$
$(x - 4)(x - 110) = 0.$

D'après le tableau des variations, comme la fonction P est croissante sur $[57 ; -\infty[$, si $x \geqslant 110$ alors $P(x) \leqslant P(110)$ et $P(110) = 0$, donc $P(x) \leqslant 0$.
On aura un profit négatif ou nul dès que la quantité est supérieure à 110 unités.

4. ★

① $\frac{x}{y} = 6$ et $x^2 + y^2 = 592.$

Si $\frac{x}{y} = 6$, alors $x = 6y$, d'où $x^2 = 36y^2$ que l'on remplace dans la 2e équation :
$36y^2 + y^2 = 592 \Longleftrightarrow 37y^2 = 592$

$\Longleftrightarrow y^2 = \frac{592}{37} = 16.$ D'où

• $y = 4$ et $x = 6 \times 4 = 24$;

• $y = -4$ et $x = 6 \times (-4) = -24$.
Les nombres sont 24 et 4 ou − 24 et − 4.

② $x^2 + x^3 = 9(x + 1).$
$x^2(1 + x) - 9(x + 1) = 0$
$(x + 1)(x^2 - 9) = 0$
$(x + 1)(x + 3)(x - 3) = 0$
$x = -1$ ou $x = -3$ ou $x = 3$.
Le nombre cherché peut être − 1, − 3 ou 3 qui sont des entiers relatifs.

③ $xy = 63$ et $x - 2y = 15$, c'est-à-dire $x = 15 + 2y$, que l'on remplace dans la 1re équation : $(15 + 2y)y = 63$.
On résout cette équation du 2e degré :
$2y^2 + 15y - 63 = 0$
$\Longleftrightarrow (y - 3)(2y + 21) = 0$; RE = 3.
D'où

• $y = 3$ et $x = 15 + 2 \times 3 = 21$,

ou $y = -\frac{21}{2}$ et

$x = 15 + 2 \times \frac{-21}{2} = 15 - 21 = -6.$

Les deux nombres sont 21 et 3 ou -6 et $-\frac{21}{2}$.

④ Au bout du 10e jour.

⑤ La brique pèse 2 kg.

⑥ Les 9 poules pondent 54 œufs.
(Dans 9 jours il y a 6 fois 1 jour et demi.)

5. ★★

• Soit x la part de la 1re personne, exprimée en franc, x positif.

• la part de la 2e est $2\,832 - x$ et on a
$x - \frac{4}{7}x = (2\,832 - x) - \frac{3}{8}(2\,832 - x).$

• $\frac{3}{7}x = \frac{5}{8}(2\,832 - x)$
$\frac{24x - 35(2\,832 - x)}{56} = 0$ (quotient nul) :
$59x - 99\,120 = 0$
$\Longleftrightarrow x = \frac{99\,120}{59} = 1\,680.$

• La 1re avait 1 680 F et la 2e 1 152 F.

6. ★★

① 50 litres (quand $x = 0$). 600 km (quand le réservoir est vide : $f(x) = 0$).

③ Pour 1 080 km : il faut un plein à 600 km, soit 50 l, puis après les 480 km, il restera $f(480) = 10$ l ce qui veut dire que l'on a consommé 40 l.
Donc il faut prévoir 50 + 40 + 90 l d'essence.

7. ★★

Population : $f(x) = 3\,600 \times \frac{2x + 1}{x + 3}.$

① La population actuelle est de 1 200 individus (quand $x = 0$).
L'ensemble de définition est [0 ; 12] d'après le texte.

② Étude des variations : c'est une fonction rationnelle dérivable sur [0 ; 12].

$$f'(x) = 3\,600 \times \frac{2(x + 3) - 1(2x + 1)}{(x + 3)^2}$$
$$= 3\,600 \times \frac{5}{(x + 3)^2} = \frac{18\,000}{(x + 3)^2}.$$

x	0		12
$f'(x)$		+	
$f(x)$		↗	

$(x + 3)^2$ est un carré toujours positif ou nul en − 3, mais − 3 n'est pas entre 0 et 12, alors la dérivée est toujours positive et la fonction est croissante sur [0 ; 12].

Donc cette population est en expansion.

③ Population de 5 200 individus : on résout $f(x) = 5\,200$.

$$3\,600 \times \frac{2x+1}{x+3} = 5\,200$$

$$\frac{3\,600(2x+1) - 5\,200(x+3)}{x+3} = 0.$$

Quotient nul :
$7\,200x + 3\,600 - 5\,200x - 15\,600 = 0$
$\iff 2\,000x - 12\,000 = 0$
$x = \frac{12\,000}{2\,000} = 6.$

6 est entre 0 et 12, donc dans 6 ans, cette population sera de 5 200 individus.

④ • Rythme de croissance dans 7 ans :

$f'(x) = \frac{18\,000}{(x+3)^2}$ d'où

$f'(7) = \frac{18\,000}{(7+3)^2} = 180.$

180 individus par an.

• Rythme de croissance de 720 individus par an : on résout $f'(x) = 720$:
$\frac{18\,000}{(x+3)^2} = 720$ on divise chaque membre par 720 ;
$\frac{25}{(x+3)^2} = 1 \iff \frac{25-(x+3)^2}{(x+3)^2} = 0.$

Règle du quotient nul :
$(5)^2 - (x+3)^2 = 0$
$\iff (x+8)(-x+2) = 0$
$x = -8$ *(mais -8 n'est pas entre 0 et 12)* ou $x = 2$).

Dans 2 ans, le rythme de croissance de la population sera de 720 individus par an.

8. ★★

• Variation de $f : x \mapsto x^3 - 3x^2 + 2,5$ sur $[0\,;3]$.
$f'(x) = 3x^2 - 6x = 3x(x-2)$

Tableau des variations sur $[0\,;3]$:

x	0		2		3
$f'(x)$	0	−	0	+	
$f(x)$	2,5	↘	− 1,5	↗	2,5

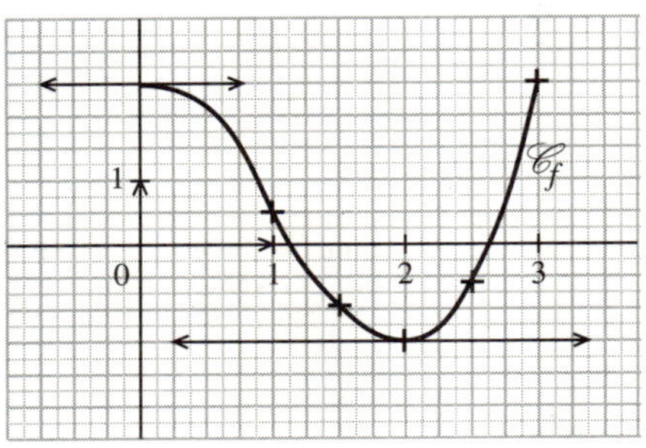

• L'équation :
$x^2(3-x) = 2,5$ équivaut à :
$3x^2 - x^3 = 2,5$
$\iff 0 = x^3 - 3x^2 + 2,5 \iff f(x) = 0.$
On trace donc la courbe de la fonction f.

Tableau des valeurs :

x	0	1	1,5	2	2,5	3
y	2,5	0,5	− 0,875	− 1,5	− 0,625	2,5

Les valeurs approchées des solutions sont : 1,1 et 2,6 par défaut ou 1,2 et 2,7 par excès.

• Traduction du texte donné :
Soit x le réel cherché, $x \in]0\,;3[$ tel que :
$2 \times x^2 = 5 \times \frac{1}{3-x} \iff 2x^2 = \frac{5}{3-x}$
$\iff 2x^2(3-x) = 5 \iff x^2(3-x) = 2,5.$ ($\div 2$)

Cela vient à résoudre la même équation.
Les solutions sont 1,2 et 2,7, par excès.

9. ★★

① Périmètre : $2x + 2y = 50$
d'où $y = 25 - x$.
Surface imprimée : $(x-3)(y-4)$, c'est-à-dire $(x-3)(25-x-4)$ ou $(x-3)(21-x)$.

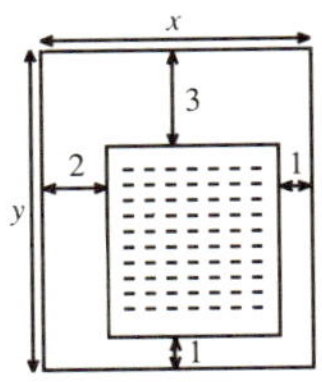

Pour que cette surface existe, il faut que son aire soit positive, c'est-à-dire que : $(x-3)(21-x) \geqslant 0$.

x		3		21	
$x-3$	−	0	+		+
$21-x$	+		+	0	−
$(x-3)(21-x)$	−	0	+	0	−

Donc il faut que $x \in [3\,;21]$.

② Soit $f : x \mapsto (x-3)(21-x)$ définie sur $[3\,;21]$.
C'est une fonction polynôme, dérivable sur son ensemble de définition.
$f(x) = 21x - x^2 - 63 + 3x$
$= -x^2 + 24x - 63$
d'où $f'(x) = -2x + 24$. La dérivée s'annule en 12, entre 3 et 21.

x	3		12		21
$f'(x)$		+	0	−	
$f(x)$		↗		↘	

En 12, la dérivée s'annule en changeant de signe (positive, puis négative), donc la fonction admet un maximum, atteint en 12.

Donc, la largeur de cet atlas de poche est de 12 cm et sa longueur de 13 cm.

10. ★★★

① • Soit x le nombre de bancs, x entier naturel, et y le nombre de personnes assises par bancs, y entier naturel.

• $xy = 800$ et $(x-20)(y+2) = 800$.

• On développe la 2e et on remplace xy par 800 : $xy - 20y + 2x - 40 = 800$, avec $xy = 800$;
$2x - 20y - 40 = 0$.
On isole x : $x = 10y + 20$, et l'on remplace dans la 1re :
$(10y+20)y = 800$, équation du 2e degré ; $10y^2 + 20y - 800 = 0$, que l'on divise par 10 ;
$y + 2y - 80 = 0$
$(y+1)^2 - 1^2 - 80 = 0$
$(y+1)^2 - (9)^2 = 0$
$(y+10)(y-8) = 0$
$y = -10$ *(impossible pour un nombre de personnes)*, ou $y = 8$ et alors
$x = \frac{800}{8} = 100.$

• Il y a 100 bancs dans cette salle.

② L'aire est de 150 m², donc $xy = 150$; d'où $y = \frac{150}{x}$, avec x et y strictement positifs.

a) $f(x) = 3x + 2y = 3x + 2 \times \frac{150}{x}$
$= 3x + \frac{300}{x}$, $x \in]0\,;+\infty[$.

b) Variations de cette fonction
$f'(x) = 3 + \frac{-300}{x^2} = \frac{3x^2 - 300}{x^2}$
$= \frac{3(x^2-100)}{x^2} = \frac{3(x+10)(x-10)}{x^2}.$

x		− 10		0		10	
3	+		+		+		+
$x+10$	−	0	+		+		+
$x-10$	−		−		−	0	+
x^2	+		+	0	+		+
$\frac{3x^2-300}{x^2}$	+	0	−	‖	−	0	+

x	0		10		$+\infty$
$f'(x)$	‖	−	0	+	
$f(x)$	‖	↘		↗	

La longueur de la clôture est minimale lorsque le côté mesure 10 m et l'autre côté $\left(\frac{150}{10} = 15\right)$ 15 m.

La longueur de la clôture sera de 60 m.

11. ★★★

① Différence : $3x - \frac{1}{3} \times \frac{1}{x} = 3x - \frac{1}{3x}$,
valeur interdite : 0.
Cette différence est nulle si
$3x - \frac{1}{3x} = 0 \iff \frac{9x^2-1}{3x} = 0.$
Règle du quotient nul :
$9x^2 - 1 = 0 \iff (3x+1)(3x-1) = 0$
$x = -\frac{1}{3}$ ou $x = \frac{1}{3}$ non interdites.

Le nombre cherché est $-\frac{1}{3}$ ou $\frac{1}{3}$.

② Quotient : $\frac{2x^2}{x-1}$. On étudie les variations de $f : x \mapsto \frac{2x^2}{x-1}$, et comme le nombre cherché est strictement supérieur à 1, alors l'ensemble de définition est $]1 ; +\infty[$.

$$f'(x) = \frac{2x^2 - 4x}{(x-1)^2} = \frac{2x(x-2)}{(x-1)^2}.$$

x		0		1		2	
$2x$	$-$	0	$+$		$+$		$+$
$x-2$	$-$		$-$		$-$	0	$+$
$(x-1)^2$	$+$		$+$	0	$+$		$+$
$\frac{2x(x-2)}{(x-1)^2}$	$+$	0	$-$	‖	$-$	0	$+$

x	1		2		$+\infty$
$f'(x)$	‖	$-$	0	$+$	
$f(x)$	‖	↘		↗	

Le quotient est minimum en 2.

Le nombre cherché est 2.

③ Somme :

$\frac{x}{3} + (-(x^3+5)) = \frac{x}{3} - x^3 - 5.$

On étudie les variations de

$f : x \mapsto \frac{x}{3} - x^3 - 5$, avec $x \in [0 ; +\infty[$

$$f'(x) = \frac{1}{3} - 3x^2 = \frac{1-9x^2}{3} = \frac{(1+3x)(1-3x)}{3}.$$

x		$-\frac{1}{3}$		$\frac{1}{3}$	
$1+3x$	$-$	0	$+$		$+$
$1-3x$	$+$		$+$	0	$-$
3	$+$		$+$		$+$
$\frac{1-9x^2}{3}$	$-$	0	$+$	0	$-$

x	0		$\frac{1}{3}$		$+\infty$
$f'(x)$		$+$	0	$-$	
$f(x)$		↗		↘	

La somme est maximale en $\frac{1}{3}$.

Le nombre cherché est $\frac{1}{3}$.

Aubin Imprimeur
LIGUGÉ, POITIERS

Achevé d'imprimer en mars 1991
N° d'édition 01 / N° d'impression P 37182
Collection n° 63
Dépôt légal 2222-03/1991
Imprimé en France

13/4826/7